W0268045

HANDBUCH DER ANALYTISCHEN CHEMIE

HERAUSGEGEBEN

VON

R. FRESENIUS UND G. JANDER
WIESBADEN GREIFSWALD

ZWEITER TEIL
QUALITATIVE NACHWEISVERFAHREN

BAND Ia
ELEMENTE DER ERSTEN HAUPTGRUPPE
⟨EINSCHL. AMMONIUM⟩

SPRINGER-VERLAG BERLIN HEIDELBERG GMBH 1944

ELEMENTE DER
ERSTEN HAUPTGRUPPE
⟨EINSCHL. AMMONIUM⟩

WASSERSTOFF · LITHIUM · NATRIUM · KALIUM
AMMONIUM · RUBIDIUM · CAESIUM

BEARBEITET

VON

HORST SCHILLING † · HANS SPANDAU
OLDŘICH TOMÍČEK

MIT 80 ABBILDUNGEN

SPRINGER-VERLAG BERLIN HEIDELBERG GMBH 1944

ISBN 978-3-642-45805-7 ISBN 978-3-642-45804-0 (eBook)
DOI 10.1007/978-3-642-45804-0

URSPRÜNGLICH ERSCHIENEN BEI SPRINGER-VERLAG OHG. IN BERLIN 1944
SOFTCOVER REPRINT OF THE HARDCOVER 1ST EDITION 1944

Inhaltsverzeichnis.

Verzeichnis der Zeitschriften und ihrer Abkürzungen.

Abkürzung	Zeitschrift
A.	LIEBIGS Annalen der Chemie; bis **172** (1874): Annalen der Chemie und Pharmacie.
Acc. Sci. med. Ferrara	Accademia delle scienze mediche di Ferrara.
A. Ch.	Annales de Chimie; vor 1914: Annales de Chimie et de Physique.
Acta Comment. Univ. Tartu	Acta et Commentationes Universitatis Tartuensis (Dorpatensis).
Acta med. Scand.	Acta Medica Scandinavica.
Agricultura	Agricultura.
Am. Chem. J.	American Chemical Journal; seit 1917 vereinigt mit Am. Soc.
Am. Fertilizer	The American Fertilizer.
Am. J. Physiol.	American Journal of Physiology.
Am. J. Sci.	American Journal of Science.
Am. Soc.	Journal of the American Chemical Society.
Analyst	The Analyst.
An. Argentina	Anales de la asociación química Argentina.
An. Españ.	Anales de la sociedad española de física y química.
An. Farm. Bioquim.	Anales de farmacia y bioquímica (Buenos Aires).
Angew. Ch.	Angewandte Chemie, vor 1932: Zeitschrift für angewandte Chemie.
Ann. Acad. Sci. Fenn.	Annales academiae scientiarum fennicae.
Ann. agronom.	Annales agronomiques.
Ann. Chim. anal.	Annales de Chimie analytique et de Chimie appliquée.
Ann. Chim. applic.	Annali di chimica applicata.
Ann. Falsific.	Annales des Falsifications et des Fraudes.
Ann. Phys.	Annalen der Physik (GRÜNEISEN und PLANCK).
Ann.Sci.agronom.Franç.	Annales de la Science agronomique française et étrangère; nach 1930: Annales agronomiques.
Ann.Soc.Sci.Bruxelles	Annales de la société scientifique de Bruxelles, Série A: Sciences mathématiques; Série B: Sciences physiques et naturelles.
Anz. Krakau. Akad.	Anzeiger der Akademie der Wissenschaften, Krakau.
Apoth. Z.	Apotheker-Zeitung.
Ar.	Archiv der Pharmazie.
Arch. Eisenhüttenw.	Archiv für das Eisenhüttenwesen.
Arch. exp. Pathol.	Archiv für experimentelle Pathologie und Pharmakologie (NAUNYN-SCHMIEDEBERG).
Arch.Néerland.Physiol.	Archives Néerlandaises de Physiologie de l'Homme et des Animaux.
Arch. Phys. biol.	Archives de Physique biologique et de Chimie-Physique des Corps organisés.
Arch. Physiol.	Archiv für die gesamte Physiologie des Menschen und der Tiere (PFLÜGER).
Arch. Sci. biol.	Archivio di scienze biologiche (Italy).
Arch. Sci. phys. nat. Genève	Archives des Sciences physiques et naturelles, Genève.
Atti Accad. Lincei	Atti della Reale Accademia nazionale dei Lincei.
Atti Accad. Sci. Torino	Atti della Reale Accademia delle Scienze di Torino.
Atti Congr. naz. Chim. pura applic.	Atti del congresso nazionale di chimica pura ed applicata.
Austr.J.exp.Biol.med. Sci.	Australian Journal of Experimental Biology and Medical Science.
B.	Berichte der Deutschen Chemischen Gesellschaft.
Ber. Dtsch. pharm. Ges.	Berichte der Deutschen Pharmazeutischen Gesellschaft.
Ber. oberhess. Ges. Naturk.	Bericht der oberhessischen Gesellschaft für Natur- und Heilkunde.

Abkürzung	Zeitschrift
Ber. Wien. Akad.	Sitzungsberichte der Akademie der Wissenschaften, Wien.
Betriebslab.	Betriebslaboratorium; russ.: Sawodskaja Laboratorija.
Biochem. J.	Biochemical Journal.
Biol. Bl.	Biological Bulletin of the Marine Biological Laboratory; seit 1930: Biological Bulletin.
Bio. Z.	Biochemische Zeitschrift.
Bl.	Bulletin de la Société chimique de France; vor 1907: Bulletin de la Société chimique de Paris.
Bl. Acad. Roum.	Bulletin de la section scientifique de l'Académie Roumaine.
Bl. Acad. Russie	Bulletin de l'Académie des Sciences de Russie; seit 1925: Bl. Acad. URSS.
Bl. Acad. Sci. Pétersb.	Bulletin de l'Académie impériale des Sciences, Pétersbourg; seit 1917: Bl. Acad. Russie.
Bl. Acad. URSS.	Bulletin de l'Académie des Sciences d l'U[nion des] R[épubliques] S[oviétiques] S[ocialistes].
Bl. agric. chem. Soc. Japan	Bulletin of the Agricultural Chemical Society of Japan.
Bl. Am. phys. Soc.	Bulletin of the American Physical Society.
Bl. Biol. pharm.	Bulletin des Biologistes pharmaciens.
Bl. Bur. Mines Washington	Bulletin, Bureau of Mines, Washington.
Bl. Inst. physic. chem. Res. (Abstr.) Tôkyô	Bulletin of the Institute of Physical and Chemical Research, Abstracts, Tôkyô.
Bl. Sci. pharmacol.	Bulletin des Sciences pharmacologiques.
Bl. Soc. chim. Belg.	Bulletin de la Société chimique de Belgique.
Bl. Soc. Chim. biol.	Bulletin de la Société de Chimie biologique.
Bl. Soc. chim. Paris	Vgl. Bl.
Bl. Soc. Min.	Bulletin de la Société française de Minéralogie.
Bl. Soc. Mulhouse	Bulletin de la Société industrielle de Mulhouse.
Bl. Soc. Pharm. Bordeaux	Bulletin des Travaux de la Société de Pharmacie de Bordeaux.
Bl. Soc. România	Buletinul societatii de chimie din România.
Bodenkunde Pflanzenernähr.	Bodenkunde und Pflanzenernährung; 1. Folge (Band **1** bis **45**) heißt: Zeitschrift für Pflanzenernährung, Düngung und Bodenkunde.
Boll. chim. farm.	Bolletino chimico-farmaceutico.
Brit. chem. Abstr.	British Chemical Abstracts.
Bur. Stand. J. Res.	Bureau of Standards Journal of Research.
C.	Chemisches Zentralblatt.
Canadian J. Res.	Canadian Journal of Research.
Časopis českoslov. Lékárn.	Časopis československého, Lékárnictva.
Cereal Chem.	Cereal Chemistry.
Chem. Abstr.	Chemical Abstracts.
Chem. Age	Chemical Age.
Chem. eng. min. Rev.	Chemical Engineering and Mining Review.
Chem. Ind.	Chemistry and Industry.
Chemist-Analyst	The Chemist-Analyst.
Chem. J. Ser. A	Chemisches Journal Serie A, Journal für allgemeine Chemie; russ.: Chimitscheski Shurnal Sser. A, Shurnal obschtschei Chimii.
Chem. J. Ser. B	Chemisches Journal Serie B, Journal für angewandte Chemie; russ.: Chimitscheski Shurnal Sser. B, Shurnal prikladnoi Chimii.
Chem. Listy	Chemické Listy pro vedu a prumysl.
Chem. N.	Chemical News.
Chem. Obzor	Chemický Obzor.
Chem. social. Agric.	Chemisation of socialistic Agriculture; russ.: Chimisazia ssozialistitscheskogo Semledelija.
Chem. Weekbl.	Chemisch Weekblad.
Ch. Fabr.	Die chemische Fabrik.
Chim. Ind.	Chimie & Industrie.

Abkürzung	Zeitschrift
Chim. Ind. 17. Congr. Paris	Chimie & Industrie, 17. Congrès, Paris.
Ch. Ind.	Die chemische Industrie.
Ch. Z.	Chemiker-Zeitung.
Ch. Z. Chem. techn. Übersicht	Chemiker-Zeitung, Chemisch-technische Übersicht.
Ch. Z. Repert.	Chemiker-Zeitung, Repertorium.
Coll.Trav.chim.Tchécosl.	Collection des Travaux chimiques de Tchécoslovaquie.
C. r.	Comptes rendus de l'Académie des Sciences.
C. r. Acad. URSS.	Comptes rendus (Doklady) de l'académie des sciences de l'U[union des] R[épubliques] S[oviétiques] S[ocialistes].
C. r. Carlsberg	Comptes rendus des Travaux du Laboratoire de Carlsberg.
C. r. Soc. Biol.	Comptes rendus de la Société de Biologie.
Dansk Tidsskr. Farm.	Dansk Tidsskrift for Farmaci.
Dingl. J.	DINGLERS Polytechnisches Journal.
Dtsch. med. Wchschr.	Deutsche medizinische Wochenschrift.
Dtsch. tierärztl. Wchschr.	Deutsche tierärztliche Wochenschrift.
Fenno-Chem.	Fenno-Chemica.
Finska Kemistsamfundets Medd.	Finska Kemistsamfundets Meddelanden; fortgesetzt unter der Bezeichnung: Fenno-Chemica.
Fr.	Zeitschrift für analytische Chemie (FRESENIUS).
G.	Gazzetta chimica italiana.
Gas- und Wasserfach	Das Gas- und Wasserfach; vor 1922: Journal für Gasbeleuchtung sowie für Wasserversorgung.
Giorn. Chim. ind. ed applic.	Giornale di Chimica industriale ed applicata.
Glückauf	Glückauf, berg- und hüttenmännische Zeitschrift.
H.	Zeitschrift für physiologische Chemie (HOPPE-SEYLER).
Helv.	Helvetica chimica acta.
Ind. Chemist	The Industrial Chemist and Chemical Manufacturer.
Ind. chimica	L'Industria chimica, mineraria e metallurgica.
Ind. eng. Chem.	Industrial and Engineering Chemistry.
Ind. eng. Chem. Anal. Edit.	Industrial and Engineering Chemistry, Analytical Edition.
Internat. Sugar J.	International Sugar Journal.
J. agric. Sci.	Journal of Agricultural Science.
J. Am. ceram. Soc.	Journal of the American Ceramic Society.
J. Am. Leather Chem.	Journal of the American Leather Chemists' Association.
J. Am. med. Assoc.	Journal of the American Medical Association.
J. Am. Soc. Agron.	Journal of the American Society of Agronomy.
J. Am. Water Works Assoc.	Journal of the American Water Works Association.
J. Assoc. offic. agric. Chem.	Journal of the Association of Official Agricultural Chemists.
J. Biochem.	Journal of Biochemistry (Japan).
J. biol. Chem.	Journal of Biological Chemistry.
Jbr.	Jahresberichte über die Fortschritte der Chemie (LIEBIG und KOPP), 1847–1910.
Jb. Radioakt.	Jahrbuch der Radioaktivität und Elektronik.
J. Chem. Education	Journal of Chemical Education.
J. chem. Ind.	Journal der chemischen Industrie; russ.: Shurnal Chimitscheskoi Promyschlennosti.
J. chem. Soc. Japan	Journal of the Chemical Society of Japan.
J. Chim. phys.	Journal de Chimie physique; seit 1931: ... et Revue générale des Colloides.
J. chos. med. Assoc.	Journal of the Chosen Medical Association (Japan).
Jernkont. Ann.	Jernkontorets Annaler.
J. ind. eng. Chem.	Journal of Industrial and Engineering Chemistry; seit 1923: Ind. eng. Chem.
J. Indian chem. Soc.	Journal of the Indian Chemical Society.
J. Indian Inst. Sci.	Journal of the Indian Institute of Science.
J. Inst. Brew.	Journal of the Institute of Brewing.

Abkürzung	Zeitschrift
J. Inst. Petrol. Tech.	Journal of the Institution of Petroleum Technologists.
J. Labor. clin. Med.	Journal of Laboratory and Clinical Medicine.
J. Landwirtsch.	Journal für Landwirtschaft.
J. opt. Soc. Am.	Journal of the Optical Society of America.
J. Pharm. Belg.	Journal de Pharmacie de Belgique.
J. Pharm. Chim.	Journal de Pharmacie et de Chimie.
J. pharm. Soc. Japan	Journal of the Pharmaceutical Society of Japan.
J. physic. Chem.	Journal of Physical Chemistry.
J. Physiol.	Journal of Physiology.
J. pr.	Journal für praktische Chemie.
J. Pr. Austr. chem. Inst.	Journal and Proceedings of the Australian Chemical Institute.
J. Res. Nat. Bureau of Standards	Journal of Research of the National Bureau of Standards, früher: Bur. Stand. J. Res.
J. Russ. phys.-chem. Ges.	Journal der russischen physikalisch-chemischen Gesellschaft.
J. S. African chem. Inst.	Journal of the South African Chemical Institute.
J. Sci. Soil Manure	Journal of the Science of Soil and Manure (Japan).
J. Soc. chem. Ind.	Journal of the Society of Chemical Industry (Chemistry and Industry).
J. Soc. chem. Ind. Japan (Suppl.)	Journal of the Society of Chemical Industry, Japan. Supplement.
J. Zucker-Ind.	Journal der Zuckerindustrie; russ.: Shurnal Sakharnoi Promyschlennosti.
Keem. Teated	Keemia Teated (Tartu).
Kem. Maanedsbl. nord. Handelsbl. kem. Ind.	Kemisk Maanedsblad og Nordisk Handelsblad for Kemisk Industri.
Klin. Wchschr.	Klinische Wochenschrift.
Kolloid-Z.	Kolloid-Zeitschrift.
Lantbruks-Akad. Handl. Tidskr.	Kungl. Lantbruks-Akademiens Handlingar och Tidskrift.
Lantbruks-Högskol. Ann.	Lantbruks-Högskolans Annaler.
L. V. St.	Landwirtschaftliche Versuchsstationen.
M.	Monatshefte für Chemie.
Magyar Chem. Folyóirat	Magyar Chemiai Folyóirat (Ungarische chemische Zeitschrift).
Malayan agric. J.	Malayan Agricultural Journal.
Medd. Centralanst. Försöksväs. jordbruks., landwirtsch.-chem. Abt.	Meddelande från Centralanstalten för Försöksväsendet på Jordbruksområdet, landbrukskemi.
Medd. Nobelinst.	Meddelanden från K. Vetenskapsakademiens Nobelinstitut.
Med. Doswiadczalna i Spoleczna	Medycyna Doswiadczalna i Spoleczna.
Mem. Sci. Kyoto Univ.	Memoirs of the College of Science, Kyoto Imperial University.
Met. Erz	Metall und Erz.
Mikrochim. A.	Mikrochimica acta.
Milchw. Forsch.	Milchwirtschaftliche Forschungen.
Mitt. berg- u. hüttenmänn. Abt. kgl. ung. Palatin-Joseph-Universität Sopron	Mitteilungen der berg- und hüttenmännischen Abteilung der königlich ungarischen Palatin-Joseph-Universität, Sopron.
Mitt. Kali-Forsch.-Anst.	Mitteilungen der Kali-Forschungsanstalt.
Nachr. Götting. Ges.	Nachrichten der Kgl. Gesellschaft der Wissenschaften, Göttingen; seit 1923 fällt „Kgl." fort.
Nature	Nature (London).
Naturwiss.	Naturwissenschaften.
Natuurwetensch. Tijdschr.	Natuurwetenschappelijk Tijdschrift.
Nederl. Tijdschr. Geneesk.	Nederlandsch Tijdschrift voor Geneeskunde.
Neues Jahrb. Mineral. Geol.	Neues Jahrbuch für Mineralogie, Geologie und Paläontologie.
New Zealand J. Sci. Tech.	New Zealand Journal of Science and Technology.
Öst. Ch. Z.	Österreichische Chemiker-Zeitung.
Onderstepoort J. Vet. Sci.	Onderstepoort Journal of Veterinary Science and Animal Industry.
P. C. H.	Pharmazeutische Zentralhalle.

Abkürzung	Zeitschrift
Ph. Ch.	Zeitschrift für physikalische Chemie.
Pharm. Weekbl.	Pharmaceutisch Weekblad.
Pharm. Z.	Pharmazeutische Zeitung.
Phil. Mag.	Philosophical Magazine and Journal of Science.
Phil. Trans.	Philosophical Transactions of the Royal Society of London.
Phys. Rev.	Physical Review.
Phys. Z.	Physikalische Zeitschrift.
Plant Physiol.	Plant Physiology.
Pogg. Ann.	Annalen der Physik und Chemie, herausgegeben von POGGENDORFF (1824—1877); dann Wied. Ann. (1877—1899); seit 1900: Ann. Phys.
Pr. Am. Acad.	Proceedings of the American Academy of Arts and Sciences, Boston.
Pr. chem. Soc.	Proceedings of the Chemical Society (London).
Pr. internat. Soc. Soil Sci.	Proceedings of the International Society of Soil Science.
Pr. Leningrad Dept. Inst. Fert.	Proceedings of the Leningrad Departmental Institute of Fertilizers.
Pr. Roy. Soc. Edinburgh	Proceedings of the Royal Society of Edinburgh.
Pr. Roy. Soc. London Ser. A	Proceedings of the Royal Society (London). Serie A: Mathematical and Physical Sciences.
Pr. Soc. Cambridge	Proceedings of the Cambridge Philosophical Society.
Problems Nutrit.	Problems of Nutrition; russ.: Woprossy Pitanija.
Pr. Oklahoma Acad. Sci.	Proceedings of the Oklahoma Academy of Science.
Pr. Roy. Soc. New South Wales	Proceedings of the Royal Society of New South Wales.
Pr. Soc. exp. Biol. Med.	Proceedings of the Society for Experimental Biology and Medicine.
Pr. Utah Acad. Sci.	Proceedings of the Utah Academy of Sciences.
Przemysl Chem.	Przemysl Chemiczny.
Publ. Health Rep.	Public Health Reports.
R.	Recueil des Travaux chimiques des Pays-Bas.
Radium	Le Radium, seit 1920: Journal de Physique et Le Radium.
Rep. Connecticut agric. Exp. Stat.	Report of the Connecticut Agricultural Experiment Station.
Repert. anal. Chem.	Repertorium der analytischen Chemie (1881—1887).
Répert. Chim. appl.	Répertoire de Chimie pure et appliquée (von 1864 ab: Bulletin de la Société chimique de France).
Rev. Centro Estud. Farm. Bioquim.	Revista del centro estudiantes de farmacia y bioquímica.
Rev. Mét.	Revue de Métallurgie.
Roczniki Chem.	Roczniki Chemji.
Rev. univ. des Min.	Revue universelle des Mines.
Schweiz. Apoth. Z.	Schweizerische Apotheker-Zeitung.
Schweiz. med. Wchschr.	Schweizerische medizinische Wochenschrift.
Schw. J.	SCHWEIGGERS Journal für Chemie und Physik (Nürnberg, Berlin 1811—1833, 68 Bde.).
Science	Science (New York).
Sci. Pap. Inst. Tôkyô	Scientific Papers of the Institute of Physical and Chemical Research Tôkyô.
Sci. quart. nat. Univ. Peking	Science Quarterly of the National University of Peking.
Skand. Arch. Physiol.	Skandinavisches Archiv für Physiologie.
Soc.	Journal of the Chemical Society of London.
Soc. chem. Ind. Victoria (Proc.)	Society of Chemical Industry of Victoria, Proceedings.
Soil Sci.	Soil Science.
Sprechsaal	Sprechsaal für Keramik-Glas-Email.
Stahl Eisen	Stahl und Eisen.
Svensk Tekn. Tidskr.	Svensk Teknisk Tidskrift.
Techn. Mitt. Krupp	Technische Mitteilungen KRUPP.
Tôhoku J. exp. Med.	Tôhoku Journal of Experimental Medicine.

Abkürzung	Zeitschrift
Trans. Am. electrochem. Soc.	Transactions of the American Electrochemical Society.
Trans. Butlerov Inst. chem. Technol. Kazan	Transactions of the BUTLEROV Institute; (seit 1935: KIROV Institute) for Chemical Technology of Kazan.
Trans. Dublin Soc.	Scientific Transactions of the Royal Dublin Society.
Trans. Faraday Soc.	Transactions of the FARADAY Society.
Trans. Roy. Soc. Edinburgh	Transactions of the Royal Society of Edinburgh.
Trans. sci. Inst. Fert.	Transactions of the Scientific Institute of Fertilizers and Insectofungicides (USSR.).
Trans. Sci. Soc. China	Transactions of the Science Society of China.
Trav. Lab. biogéochim. Acad. Sci. URSS.	Travaux du laboratoire biogéochimique de l'académie des sciences de l'U[nion des] R[épubliques] S[oviétiques] S[ocialistes].
Uchen. Zapiski Kazan. Gosud. Univ.	Uchenye Zapiski Kazanskogo Gosudarstvennogo Universiteta (USSR.).
Ukrain. chem. J.	Ukrainian Chemical Journal (Journal chimique de l'Ukraine).
Union pharm.	Union pharmaceutique.
Union S. Africa Dept. Agric.	Union of South Africa, Department of Agriculture.
Univ. Illinois Bl.	University of Illinois, Bulletin.
U. S. Dept. Agric. Bl.	United States Department of Agriculture, Bulletins.
Verh. phys. Ges.	Verhandlungen der Deutschen physikalischen Gesellschaft.
Wchschr. Brauerei	Wochenschrift für Brauerei.
Wied. Ann.	Annalen der Physik und Chemie, herausgegeben von WIEDEMANN; s. Pogg. Ann.
Wien. klin. Wchschr.	Wiener klinische Wochenschrift.
Wien. med. Wchschr.	Wiener medizinische Wochenschrift.
Wiss. Nachr. Zucker-Ind.	Wissenschaftliche Nachrichten der Zuckerindustrie (ukrain.).
Wiss. Veröffentl. Siemens-Konzern	Wissenschaftliche Veröffentlichungen aus dem SIEMENS-Konzern (seit 1935: aus den SIEMENS-Werken).
Z. anorg. Ch.	Zeitschrift für anorganische und allgemeine Chemie.
Zbl. Min. Geol. Paläont. Abt. A	Zentralblatt für Mineralogie, Geologie und Paläontologie, Abt. A: Mineralogie und Petrographie.
Z. Chem. Ind. Kolloide	Zeitschrift für Chemie und Industrie der Kolloide; seit 1913: Kolloid-Zeitschrift.
Z. El. Ch.	Zeitschrift für Elektrochemie.
Zentr. wiss. Forsch.-Inst. Leder-Ind.	Zentrales wissenschaftliches Forschungsinstitut für die Lederindustrie; russ.: Zentralny nautschno-issledowatelski Institut koshewennoi Promyschlennosti, Sbornik Rabot.
Z. ges. Brauw.	Zeitschrift für das gesamte Brauwesen.
Z. Hygiene	Zeitschrift für Hygiene und Infektionskrankheiten.
Z. klin. Med.	Zeitschrift für klinische Medizin.
Z. Kryst.	Zeitschrift für Krystallographie und Mineralogie.
Z. landw. Vers.-Wes. Österr.	Zeitschrift für das landwirtschaftliche Versuchswesen in Deutsch-Österreich; 1925—1933 genannt: Fortschritte der Landwirtschaft.
Z. Lebensm.	Zeitschrift für Untersuchung der Lebensmittel; bis 1925: Zeitschrift für Untersuchung der Nahrungs- und Genußmittel sowie der Gebrauchsgegenstände.
Z. öffentl. Ch.	Zeitschrift für öffentliche Chemie.
Z. Pflanzenernähr. Düng. Bodenkunde.	Vgl. Bodenkunde Pflanzenernähr.
Z. Phys.	Zeitschrift für Physik.
Z. pr. Geol.	Zeitschrift für praktische Geologie.
Zprávy česk. keram. společnosti	Zprávy československé keramické společnosti.

Abkürzungen oft benutzter Sammelwerke.

Abkürzung	Sammelwerk
Berl-Lunge	BERL-LUNGE: Chemisch-technische Untersuchungsmethoden, 8. Aufl. Berlin 1931—1934. Bis zur 7. Aufl. „LUNGE-BERL" genannt.
GM.	GMELINS Handbuch der anorganischen Chemie, 8. Aufl. Berlin.
Handb. Pflanzenanal.	Handbuch der Pflanzenanalyse (KLEIN).
Lunge-Berl	Vgl. BERL-LUNGE.

Wasserstoff.

H, Atomgewicht 1,0080; Ordnungszahl 1.

D, Atomgewicht 2,0417; Ordnungszahl 1.

Von HORST SCHILLING, Greifswald.

Mit 7 Abbildungen.

Inhaltsübersicht.

Wasserstoff.

H, Atomgewicht 1,0080; Ordnungszahl 1.

D, Atomgewicht 2,0147; Ordnungszahl 1.

Der Wasserstoff gehört zu den häufigsten Elementen in der Erdrinde. Wegen seiner großen Affinität zum Sauerstoff kommt er hier fast ausschließlich als Wasser vor. Dieses findet sich in den Ozeanen, Seen und Flüssen in freier Form, ferner in vielen Mineralien als Krystall- oder Konstitutionswasser. Große Mengen sind auch als Feuchtigkeit überall anzutreffen. Der Wasserstoff kommt weiter in Kohlenstoffverbindungen im Erdöl und im Erdgas vor. In fast allen organischen Verbindungen findet sich ebenfalls Wasserstoff in großem Maße. In vulkanischen Exhalationen entweicht er als Schwefelwasserstoff, Wasser, Kohlenwasserstoff und manchmal auch als freier Wasserstoff. Auch in Erdgasen und Grubenwettern kann mitunter freier Wasserstoff auftreten. Die Atmosphäre enthält in großer Höhe freien Wasserstoff. Manche Mineralien und Gesteine geben beim Erhitzen mehr oder weniger wasserstoffhaltige Gase ab. Auch beim tierischen oder pflanzlichen Stoffwechsel kann Wasserstoff frei werden.

Wasserstoff ist ein farbloses, geruchloses Gas. Im freien Zustand ist es biatomar. Es hat also das Molekulargewicht 2,016. H_2 siedet bei 20,4° K und erstarrt bei 12,9° K. Wasserstoff besitzt noch ein schwereres Isotop, das Deuterium. D_2 hat das Molekulargewicht 4,0294. Infolge des beträchtlichen Unterschiedes der Masse, hat es, im Gegensatz zu den Isotopen der übrigen Elemente, erheblich abweichende physikalische Eigenschaften. D_2 siedet bei 23,5° K und erstarrt bei 18,6° K. Auch in ihren Verbindungen unterscheiden sich die beiden Isotopen. Aus diesen Gründen hat man für den schweren Wasserstoff ein eigenes Symbol eingeführt.

Das chemische Verhalten des Wasserstoffs ist durch seine große Affinität zum Sauerstoff bzw. zur positiven Ladung gekennzeichnet. Der Nachweis von Wasserstoff beruht meist darauf, daß er bei Gegenwart von Platin oder Palladium oder in der Hitze reduzierend wirkt. Infolgedessen stören andere reduzierende Gase den Nachweis sehr leicht. Die meisten können dadurch erkannt werden, daß sie schon bei viel tieferer Temperatur als Wasserstoff oder schon ohne Katalysator reduzieren. Nur Kohlenmonoxyd und Kohlenwasserstoffe bereiten Schwierigkeiten, da sie ebenfalls erst bei höherer Temperatur reagieren. Besonders Kohlenoxyd verhält sich am Katalysator ebenso wie Wasserstoff. Kleine Mengen von Wasserstoff können nur spektroskopisch nachgewiesen werden.

Nachweismethoden.

§ 1. Nachweis auf spektralanalytischem Wege[1].

Allgemeines.

Bei dem spektralanalytischen Nachweis von Wasserstoff sind zwei verschiedene Fragen zu lösen: Es besteht die Aufgabe, Wasserstoff erstens in anderen Gasen und zweitens in flüssigen und festen Stoffen nachzuweisen, in denen er in Form einer chemischen Verbindung, okkludiert oder adsorbiert enthalten ist.

Zum Nachweis des Wasserstoffs stehen einige empfindliche Linien zur Verfügung, die sämtlich der sogenannten Balmer-Serie angehören und mit den griechischen Buchstaben α, β, γ usw. bezeichnet sind. Die für spektralanalytische Zwecke empfindlichste Linie ist H_α, $\lambda = 6562{,}8$ Å. Es folgen dann die violetten und ultravioletten Linien H_β, $\lambda = 4861{,}3$ Å, H_γ, $\lambda = 4340{,}5$ Å und H_δ, H_ε usw. Koinzidenzen dieser Linien mit Linien anderer Elemente sind bisher nicht näher überprüft.

Nachweisverfahren.

1. Nachweis in Gasen. Zum Nachweis von Wasserstoff in anderen Gasen sind eine Reihe von Untersuchungen angestellt worden, die vor allem zeigen, daß die spektralanalytische Nachweisempfindlichkeit außerordentlich stark von den Entladungsbedingungen und von der Anwesenheit anderer Gase abhängig ist. Aus der großen Zahl von Untersuchungen über diese Frage seien hier nur die spektralanalytisch wichtigeren Arbeiten von Gatterer sowie Günther und Paneth genannt. In beiden Arbeiten wird der Wasserstoff bei vermindertem Druck in einem Entladungsrohr zum Leuchten angeregt. Günther und Paneth benutzen hierzu eine elektrodenlose Hochfrequenzentladung in der Capillare eines Mc. Leods. Eine sehr lichtstarke elektrodenlose Ringentladung im hochfrequenten Magnetfeld wird von Fenner angewandt. In einer Anordnung von Gerlach, die Lundegårdh speziell für die Analyse von Gasgemischen anwandte, weist Heyes Wasserstoff in Stickstoff nach. Er verwendet die Gasgemische bei Atmosphärendruck und läßt in ihnen zwischen Metallelektroden einen kondensierten Funken übergehen. Eine Hochfrequenz-Glimmentladung wendet Klauer zum Nachweis von Wasserstoff in Helium und Argon an. Bei all diesen Untersuchungen, die in abgeschlossenen Glas- oder Quarzgefäßen angestellt wurden, sind Verunreinigungen der Gase durch Dämpfe von dem Hahnfett oder durch Gasreste, die an den Gefäßwänden haften, möglich und als Fehlerquelle zu beachten.

2. Nachweis in Lösungen. Läßt man einen kondensierten Funken oder einen Lichtbogen gegen eine wäßrige Lösung brennen, so zeigen sich im Spektrum der Entladung im allgemeinen auch die Wasserstofflinien, die von dem zersetzten Wasser herrühren.

3. Nachweis in Metallen. Pfeilsticker gelingt der Nachweis von Wasserstoff in Metallen durch Verwendung einer besonders energiereichen Entladungsart, des sogenannten Niederspannungsfunkens. Hier wird die Entladung eines sehr großen auf

[1] Bearbeitet von J. van Calker, Münster (Westf.).

die Netzspannung von 220 Volt aufgeladenen Kondensators (400 bis 2000 MF), die durch Hochfrequenz gezündet wird, in einem besonderen Entladungsgefäß bei vermindertem Druck verwendet, um die Spektren der Untersuchungsmaterialien anzuregen. Mit dem Niederspannungsfunken wird neben dem Spektrum des Metalls auch das Spektrum etwa darin enthaltenen Wasserstoffs angeregt. PFEILSTICKER gibt Spektralaufnahmen von wasserstoffhaltigen Aluminiumproben, auf denen die Linie H_α $\lambda = 6562{,}8$ Å deutlich zu erkennen ist.

§ 2. Nachweis von freiem oder nascierendem Wasserstoff auf chemischem Wege.

I. Katalytische Reaktionen.

A. Nachweis mit Natriummolybdat.

Natriummolybdatlösung wird durch nascierenden oder durch Palladium oder Platin okkludierten Wasserstoff reduziert und färbt sich blau. Kohlenwasserstoffe geben diese Reaktion nicht, so daß noch kleine Mengen Wasserstoff neben Kohlenwasserstoffen nachgewiesen werden können. Reduzierende Gase wie AsH_3, PH_3, H_2S, SO_2 usw. müssen vorher entfernt werden, da sie Molybdatlösung ebenfalls, teilweise schon ohne Katalysator, bläuen. Auch Kohlenmonoxyd stört die Reaktion, da es sich bei der Okklusion durch Palladium oder Platin genau so verhält wie Wasserstoff.

Die Aktivierung des nachzuweisenden Wasserstoffs erfolgt entweder nach ZENGHELIS an Platin oder Palladiumblech oder nach FLEISSNER durch kolloides Palladium.

1. Nach ZENGHELIS. Das Reagens für die Methode von ZENGHELIS wird wie folgt bereitet: 1 g Molybdänsäureanhydrid wird in verdünnter Natronlauge gelöst und darauf wird mit verdünnter Salzsäure schwach angesäuert. Die Lösung wird dann mit destilliertem Wasser auf 200 cm³ aufgefüllt. Bei Anwendung von Palladium darf der Säureüberschuß nur ganz gering sein, da sonst die Gefahr besteht, daß das Palladium beim Erwärmen durch die Säure angegriffen wird und dadurch nascierender Wasserstoff entsteht, der den Nachweis stört.

Ausführung. Zum Nachweis wird das Gas zur Entfernung von Schwefelwasserstoff, Schwefeldioxyd usw. mit Natronlauge und zur Entfernung des Kohlenoxyds mit ammoniakalischer Kupfer(I)chloridlösung gründlich gewaschen. Dann wird das Gas in ein Reagensglas geleitet, das einige Kubikzentimeter warmer Molybdatlösung enthält. Das Einleiten geschieht mit einem ausgezogenen Glasrohr, um dessen Spitze ein dünnes, vorher sorgfältig ausgeglühtes Platinblech oder besser ein Platindrahtnetz gewickelt ist. Nach Durchgang einiger Bläschen Wasserstoff färbt sich die Lösung intensiv blau. Ist jedoch die durchgeleitete Menge sehr klein, oder ist die Lösung kalt, so erscheint sie hell grünlichblau.

Palladium wirkt viel energischer als Platin, doch genügt das letztere für einen schnellen und zuverlässigen Nachweis, wenn Wasserstoff nicht nur in kleinen Spuren anwesend ist oder nur kleine Mengen von Gas zur Untersuchung kommen.

Bei der Verwendung von Palladium darf das Molybdänreagens nur wenig freie Säure enthalten. Wenn es sich um den Nachweis von kleinen Spuren von Wasserstoff handelt, empfiehlt ZENGHELIS in folgender Weise zu verfahren:

An eine etwa 25 cm lange Röhre, deren eines Ende offen und deren anderes mit einem Hahn verschlossen ist, bläst man etwas unterhalb des Hahnes eine kleine Erweiterung an, so daß dieselbe ein linsengroßes Stückchen Palladium aufnehmen kann (s. Abb. 1). Das Palladium muß man vorher im Kohlendioxydstrom gut ausglühen. Es kann dazu Palladiumschwamm oder Palladiumfolie dienen, die man sich durch Elektrolyse einer 3%igen Lösung von Kalium-

Abb. 1.

Palladiumchlorür unter Verwendung von Platinelektroden herstellen kann. Das Palladium scheidet sich hierbei an der Kathode in Form eines leicht abnehmbaren, sehr dünnen Bleches ab. Diese Folie okkludiert den Wasserstoff sehr leicht und ist auch elastisch genug, um in der Erweiterung der Röhre befestigt zu werden.

Zur Durchführung des Nachweises wird das Rohr zunächst mit Kohlendioxyd gefüllt, der Hahn geschlossen und das Rohr in Wasser getaucht. Dann öffnet man den Hahn und läßt durch allmähliches Eintauchen des Rohres das Kohlendioxyd bis etwa zum Anfang der Erweiterung entweichen. Man schließt den Hahn wieder und führt das zu untersuchende Gas von unten in die Röhre ein. Dann erwärmt man das Palladium von außen durch eine kleine Flamme auf 80 bis 120° C und bewirkt die Mischung und Absorption des im Wasser enthaltenen Wasserstoffs durch Heben und Senken des Rohres während einiger Minuten. Nach dem Erkalten nimmt man das Palladium heraus und erwärmt mit einigen Kubikzentimetern ganz schwach saurer Molybdatlösung. 5 cm³ Wasserstoff ergeben auf diese Weise eine intensive blaue Farbe und selbst ein einziges Bläschen, das weniger als 0,00001 g wiegt, ist leicht auf obige Weise durch das Auftreten einer hellblauen Farbe zu erkennen.

2. Nach FLEISSNER. FLEISSNER verwendet als Katalysator kolloides Palladium mit protalbinsaurem Natrium als Schutzkolloid. Eine mit dem Kolloid versetzte neutrale oder schwach alkalische Lösung von Natriummolybdat wird gerade so weit angesäuert, daß das Kolloid ausflockt. In dieser Form ist das Palladium sehr wirksam.

Das Reagens wird wie folgt bereitet: 1 g Molybdänsäureanhydrid wird in verdünnter Natronlauge gelöst und mit 0,1 g des mit protalbinsaurem Natrium vermischten kolloiden Palladiums versetzt. Die Lösung wird dann mit Wasser auf 200 cm³ verdünnt. Die Lösung ist klar und schwarz, in dünner Schicht braun, gefärbt. Sie kann in einer Flasche lange unverändert aufbewahrt werden. Zum Gebrauch wird die jeweils zu verwendende Menge mit verdünnter Schwefelsäure gerade so weit angesäuert, daß das Kolloid ausflockt.

Ausführung: Zum Nachweis von Wasserstoffgehalten von über 0,05% wird das Gas in einen 1 bis 2 Liter fassenden Erlenmeyerkolben gebracht, wie bei der Kohlendioxydbestimmung nach HESSE, und dann 5 bis 10 cm³ der Reagenslösung durch eine Bohrung im Stopfen zugesetzt. Das Ansäuern kann vor oder nach dem Einfüllen erfolgen.

Nach dem Zusetzen der Reagenslösung bleibt der Kolben längere Zeit, mindestens 1 Std., unter wiederholtem Umschütteln, verschlossen stehen. Dann hält man den Kolben schräg, läßt das Palladium absitzen und beurteilt die Farbe. Noch deutlicher wird der Nachweis, wenn man in einen zweiten Kolben die gleiche Menge Reagenslösung, aber ohne Wasserstoff bringt und dann die beiden Kolben mit dem Boden gegeneinander hält und, nach dem Absitzen des Palladiums, die beiden Lösungen gegen das Licht hält und die Farbe vergleicht (s. Abb. 2).

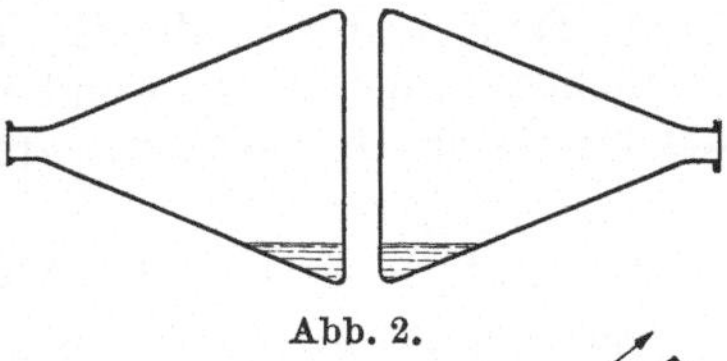

Abb. 2.

Für den Nachweis geringerer Wasserstoffgehalte bedient man sich zweckmäßig folgender Ausführung der Reaktion: Ein 40 cm langes Glasrohr von 5 mm Weite wird 10 cm vom Ende rechtwinklig abgebogen. An der Biegung wird das Rohr etwas verengt (siehe Abb. 3). Der verengte Teil wird nun mit der angesäuerten Reagenslösung gefüllt und das von störenden Gasen befreite Gas in das kurze Rohr eingeleitet. Dadurch wird die Reagenslösung in den längeren Schenkel gedrückt und bildet mit dem Gas einen

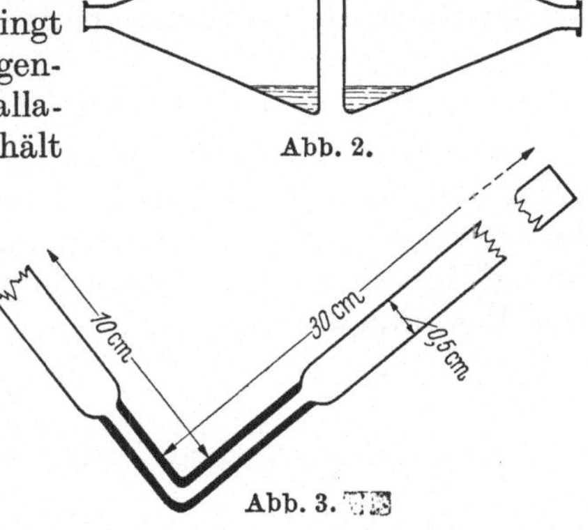

Abb. 3.

Schaum. Durch Regulierung der Strömungsgeschwindigkeit und Heben oder Neigen des Schenkels erreicht man, daß das Reaktionsgemisch ungefähr $^2/_3$ des längeren Schenkels ausfüllt. Nach Durchleiten von 1 bis 2 Litern Gas stellt man den Gasstrom ab, läßt das Palladium absitzen und beurteilt die Farbe. Noch 0,01% Wasserstoff kann man auf diese Weise schnell und sicher feststellen. Bei Anwendung größerer Mengen von Gas kann man die Empfindlichkeit auch noch weiter erhöhen.

Der Verbrauch an Palladium ist zwar gering, trotzdem ist es wohl selbstverständlich, daß man die verbrauchten Reagensmengen wieder aufarbeitet. Dazu werden die gesammelten Reste, die abgeschiedenes Palladium enthalten, noch mit einer kleinen Menge verdünnter Schwefelsäure versetzt, um sicher alles auszufällen. Der abgeschiedene Niederschlag bestehend aus Palladium und Protalbinsäure, wird unter Dekantieren so lange gewaschen, bis alles Molybdat verschwunden ist. Darauf wird er durch tropfenweisen Zusatz von Natronlauge wieder in Lösung gebracht. Wenn alle Reste der früher erwähnten Menge von 200 cm³ zusammen aufgearbeitet wurden, braucht man nur zu der erhaltenen Lösung wieder 1 g Molybdäntrioxyd zu geben und das Ganze mit Wasser auf 200 cm³ aufzufüllen. Im Laufe der Zeit wird sich natürlich ein geringer Verlust von Palladium nicht vermeiden lassen.

Mit nascierendem Wasserstoff reagiert Molybdatlösung schon ohne Katalysator.

B. Nachweis mit Tetramethyl-p-Phenylendiamin (Violamin).

Auch auf organische Substanzen wirkt okkludierter Wasserstoff reduzierend. GRÜSS benutzt zum Wasserstoffnachweis durch Luft oxydierte Lösung von Tetramethyl-p-Phenylendiamin, $(CH_3)_2N{-}C_6H_4{-}N(CH_3)_2$. Er wies damit den Wasserstoff bei Gärprozessen nach. Der Wasserstoff wird durch ein großes (23 × 70 mm) dünnes Palladiumblech innerhalb der Lösung aufgenommen, am besten in der Wärme. Das Blech bleibt je nach der zu erwartenden Wasserstoffmenge einige Stunden oder Tage in der Lösung. Die Lösung darf nicht zu sauer sein, da sich sonst mit dem Palladium Wasserstoff entwickeln kann. Danach nimmt man das Blech heraus, spült mit Wasser gut ab und steckt es aufgerollt in einen Meßzylinder von 5 cm³ Inhalt, so daß es nicht ganz auf den Boden kommt. Dort hinein gibt man die oxydierte Violaminlösung, überschichtet 1 cm hoch mit Paraffinöl, verkorkt gut und überzieht den Stopfen mit Paraffin zum Schutze gegen den Luftsauerstoff. Hat das Palladiumblech Wasserstoff aufgenommen, so entfärbt sich die Lösung langsam. Beim Erwärmen geht die Entfärbung bedeutend schneller vor sich. Die Reaktion ist nicht sehr empfindlich und eignet sich daher besonders für solche Fälle, in denen der Nachweis einer Wasserstoffentwicklung erbracht werden soll.

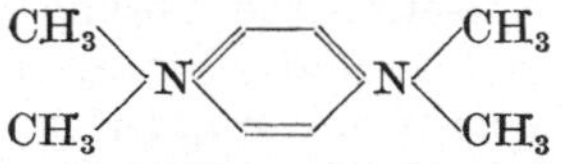

C. Nachweis mit Resazurin.

EICHLER (a) beschreibt einen Nachweis von nascierendem Wasserstoff mit Resazurin. Resazurin (I) wird leicht durch nascierenden Wasserstoff oder andere starke Reduktionsmittel zum Hydroresorufin (III) oder durch schwächere zum Resorufin (II) reduziert. Das Hydroresorufin läßt sich leicht, schon durch Luftsauerstoff, zum Resorufin oxydieren.

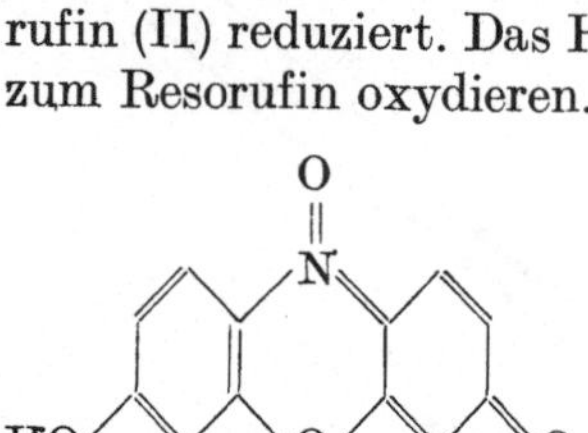

I 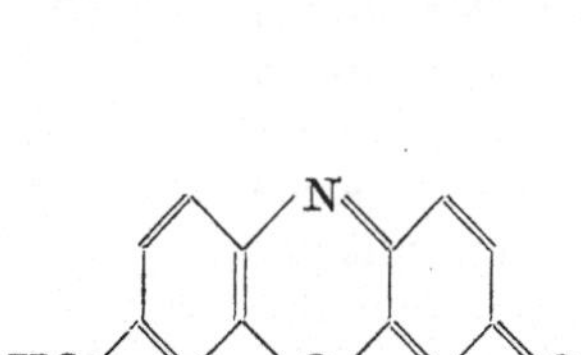 II 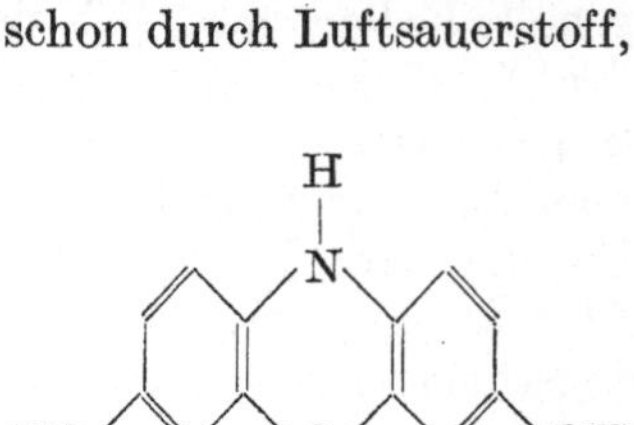 III

Das Resazurin (I) ist in schwach alkalischer Lösung dunkelblau und besitzt eine schwache bräunlichrote Fluorescenz. Das Hydroresorufin (III) ist farblos und fluoresciert nicht. Es läßt sich, wie erwähnt, durch Schütteln mit Luft leicht in das Resorufin (II) überführen, das in schwach alkalischer Lösung rot gefärbt ist und eine intensive gelbrote Fluorescenz aufweist. Die sauren Lösungen von Resazurin und Resorufin sind beide rot, doch weist das erste einen Stich ins Bläuliche, das zweite einen ins Gelbliche auf. Sie fluorescieren beide in saurer Lösung nicht. Für die Reaktionen bereitet man sich eine Lösung von 0,1 g Resazurin und 3 g Natriumcarbonat in 100 cm³ luftfreiem Wasser. Das Resazurin kann man sich nach Weselsky und Benedikt durch mehrtägige Einwirkung von rauchender Salpetersäure auf eine ätherische Resorcinlösung, nach Nietzki durch Behandeln von Resorcin und Nitroresorcin in alkoholischer Lösung mit Mangandioxyd und Schwefelsäure oder nach Eichler (b) durch Behandeln von Resorufin mit konzentrierter Schwefelsäure und Wasserstoffsuperoxyd herstellen. Es kann auch von der Firma Th. Schuchardt käuflich bezogen werden.

Wie schon bei der Molybdatprobe erwähnt, verhält sich okkludierter Wasserstoff genau so wie nascierender. Es war deshalb anzunehmen, daß auch Resazurin durch an Platin okkludiertem Wasserstoff reduziert werden würde. Eigene Versuche bestätigten dies. Schon eine kleine Blase reduzierte die warme, saure Lösung sofort. Bei Abwesenheit von Platin veränderte sich die Lösung selbst bei längerem Einleiten nicht. Die Reduktion geht zunächst vom Resazurin zum Resorufin und durch weiteren Wasserstoff bis zum Hydroresorufin. In Luft konnten am Platinkontakt ohne Schwierigkeiten in 300 cm³ noch 1% Wasserstoff nachgewiesen werden. Palladium wird auch hier viel energischer wirken. Kohlenmonoxyd stört hier ebenfalls den Nachweis.

Zum Nachweis wird hier dieselbe Apparatur benutzt, wie bei dem Nachweis mit Molybdat nach Zenghelis (s. S. 4). Die obige Reagenslösung wird in einer Verdünnung von ungefähr 1:150 benutzt. Sie wird mit Schwefelsäure schwach angesäuert. Salzsäure darf hierfür nicht benutzt werden, da diese das Resazurin in ein Gemisch der Chlorderivate des Resorufins überführt. Ein Teil der Lösung wird abgetrennt und zum Vergleich stehengelassen, in den anderen leitet man, nachdem man ihn erhitzt hat, das zu untersuchende Gas ein. Hat man lange genug Gas hindurchgeleitet, so werden beide Proben mit verdünntem Ammoniak oder verdünnter Sodalösung alkalisch gemacht. Ist Wasserstoff zugegen, so wird die Versuchsprobe rot und fluoresciert intensiv gelbrot, während die Vergleichsprobe blau und nur schwach fluorescierend ist.

Will man in einer Lösung nascierenden Wasserstoff nachweisen, so gibt man möglichst wenig der unverdünnten Reagenslösung zu der zu untersuchenden Lösung. Nachdem die Lösung alkalisch gemacht ist, erkennt man an der Farbe und Fluorescenz, ob nascierender Wasserstoff zugegen war. Ist die Lösung durch Bildung von Hydroresorufin farblos geworden, schüttelt man sie mit Luft, bis sie wieder rot wird.

D. Nachweis mit Luziferin.

Harvey benutzt zum Wasserstoffnachweis eine Lösung von Luziferin und Oxyluziferase. Diese Lösung zeigt bei Gegenwart von nascierendem oder durch Platin oder Palladium aktiviertem Wasserstoff eine lebhafte Luminescenz.

Allgemein ist zu den katalytischen Nachweisreaktionen noch zu sagen, daß auch ein großer Überschuß von Sauerstoff stört, da dann ein Teil des Wasserstoffes durch katalytische Verbrennung dem Nachweis entzogen wird. Was die Empfindlichkeit betrifft, ist zu sagen, daß sie in hohem Maße von den verwendeten Katalysatoren abhängt, so daß es zweckmäßig ist, die Empfindlichkeit durch einige Vorversuche festzustellen.

II. Reaktionen in der Hitze.

A. Nachweis mit Kupferoxyd.

Wasserstoff reduziert erhitztes Kupferoxyd zu metallischem Kupfer oder zum Kupferoxydul, die beide an ihrer roten Farbe deutlich erkannt werden können. HEYNE (a) gründet hierauf einen Nachweis von Wasserstoff. Wird wasserstoffhaltiges Gas über erhitztes drahtförmiges Kupferoxyd geleitet, so röten sich die Stückchen mehr oder weniger. Bei Anwendung von 100 Litern Gas (mit einer Strömungsgeschwindigkeit von 50 Litern je Stunde) beobachtet man bei 0,05% Wasserstoff eine starke Rötung und bei 0,03% noch deutliche Bildung von rotem Kupferoxydul. Bei 0,015% ist sie noch deutlich zu erkennen, wenn man das Kupferoxyd auf weißem Papier ausbreitet. Besser ist die Rotfärbung zu erkennen, wenn man statt drahtförmigen Kupferoxyds mit Kupferoxyd imprägnierte Tonstücke verwendet.

Kohlenoxyd und Kohlenwasserstoffe geben dieselbe Reaktion. Sauerstoff stört ebenfalls, wenn er im Überschuß vorhanden ist, da er das Kupfer wieder oxydiert.

B. Nachweis mit Wolframverbindungen.

Außer dem Kupferoxyd gibt HEYNE (a) noch einige Wolframverbindungen an, die in der Hitze ebenso von Wasserstoff unter Farbänderung reduziert werden.

1. Mit Cadmiumparawolframat. *Cadmiumparawolframat* eignet sich hiervon am besten für den Nachweis. Das hellgrüne, geglühte Präparat wurde beim Erhitzen auf 600° bei 0,05% Wasserstoff in 2 Std. blau, wenn man 50 Liter Gas in der Stunde darüberströmen läßt. An kälteren Teilen des Rohres setzt sich ein Cadmiumspiegel ab. Bei einer Konzentration von weniger als 0,01% Wasserstoff tritt keine Blaufärbung mehr ein. Die Bildung des Cadmiumspiegels beginnt erst oberhalb 0,025% Wasserstoff.

2. Mit Wolframsäure. *Gelbe Wolframsäure* färbt sich beim Überleiten eines wasserstoffhaltigen Gases bei höherer Temperatur grün. In 100 Litern Gas waren 0,03% Wasserstoff noch deutlich mit dieser Reaktion zu erkennen. Bisweilen trat aber auch mit reinem Gas eine Grünfärbung ein, besonders, wenn das Prüfröhrchen aus Hartglas mit einer Flamme direkt erhitzt wurde.

3. Mit Silberwolframat. *Silberwolframat* ist noch etwas empfindlicher. Es reagiert schon bei 100° und noch 0,005% Wasserstoff geben schon nach 10 Min. eine Grau- oder Schwarzfärbung. Es tritt jedoch auch leicht Schwärzung auf, die nicht vom Wasserstoff herrührt. Es gibt auch erheblich unempfindlichere Präparate. Silberwolframat ist nicht lagerbeständig. Die Reaktion ist deshalb wohl wenig zum Nachweis geeignet.

Alle Wolframverbindungen geben dieselben Reaktionen auch mit Kohlenoxyd und mit Kohlenwasserstoffen.

III. Fällungsreaktionen.

A. Nachweis mit Palladium(II)chlorid.

PHILLIPS (a) benutzt zum Nachweis von Wasserstoff seine Eigenschaft aus Edelmetallösungen die Edelmetalle auszufällen. Die Reduktion geht im allgemeinen nur sehr langsam, nur bei Palladiumchlorür und bei Silbernitrat erfolgt sie etwas schneller. Die Reaktion wird so ausgeführt, daß das Gas möglichst fein durch die Lösung perlt.

Palladium(II)chlorid wird in der Kälte und bei 100° langsam, aber vollständig reduziert. Der Palladiumniederschlag fällt als schwarzes Pulver aus und setzt sich nach einiger Zeit als dünne Schicht am Glas ab. Kohlenoxyd reduziert schon in der Kälte sehr schnell.

B. Nachweis mit Silbernitrat.

Wenn man Silbernitrat mit frisch gefälltem und gewaschenem Silberoxyd schüttelt und dann filtriert, so zeigt die Lösung gegen Lackmus eine schwach alkalische Reaktion und wird von Wasserstoff langsam reduziert. Beim Kochen der Lösung mit Silberoxyd nimmt ihr alkalischer Charakter zu, ebenso auch die Empfindlichkeit gegen Wasserstoff.

IV. Nachweis als Salzsäure.

Zum Nachweis von Wasserstoff in indifferenten Gasen kann man ihn mit Chlor zur Reaktion bringen und den entstandenen Chlorwasserstoff mit großer Schärfe durch Silbernitrat nachweisen. Das Chlor wird von leicht reduzierbaren Metallsalzen geliefert.

A. Nachweis als Salzsäure mit Kaliumkupferchlorid.

Als Chlor liefernde Substanz kann nach HEYNE (a und b) Kaliumkupferchlorid dienen. Das zu untersuchende, vollkommen trockene Gas wird über das geschmolzene Salz geleitet. Dabei belädt es sich mit Chlor. Dann wird es über glühende Quarzstücke geführt, die als Kontakt für die Reaktion des Wasserstoffs mit dem Chlor dienen, und das überschüssige Chlor wird durch ein erhitztes Silberdrahtnetz entfernt. Der dabei gebildete Chlorwasserstoff kann in einer Vorlage mit Silbernitrat leicht nachgewiesen werden. Die Reaktion verläuft zwar nicht quantitativ, es lassen sich aber noch 0,005% sicher erkennen. Das Gas muß vor der Untersuchung sehr sorgfältig getrocknet werden, da sonst durch Hydrolyse ebenfalls Chlorwasserstoff entsteht, der dann einen Wasserstoffgehalt vortäuscht. Kohlenwasserstoffe geben dieselbe Reaktion. Ob Kohlenoxyd Phosgen bildet, das dann in der Vorlage hydrolysiert und den Nachweis stört, ist nicht bekannt.

B. Nachweis als Salzsäure mit Nickelchlorid.

Wasserfreies Nickelchlorid reagiert nach HEYNE (b) bei 600° sogar quantitativ mit kleinen Mengen Wasserstoff in indifferenten Gasen unter Bildung von Salzsäuregas. Als Reaktionsrohr dient ein 14 mm weites Hartglasrohr von 50 cm Länge. In das eine Ende des Rohres ist ein dünnes Einleitungsrohr eingeschmolzen. Das Einleitungsrohr ist innen am Ende verschlossen und hat eine seitliche Öffnung (s. Abb. 4). Zur Füllung wird das Reaktionsrohr senkrecht gestellt und ungefähr 20 cm hoch mit entwässertem Nickelchlorid gefüllt. Um die letzten Spuren Wasser zu entfernen, wird das Rohr im trockenen Chlorwasserstoffstrom einen Tag auf 600° erhitzt. (Bei 700° ist Nickelchlorid schon merklich flüchtig.) Dann wird so lange mit sauerstoffreiem Stickstoff gespült, bis das austretende Gas keine Chlorreaktion mehr gibt. Selbst 0,001% Wasserstoff können auf diese Art noch quantitativ bestimmt werden. Auch hier muß das Gas sorgfältig getrocknet werden, da Nickelchlorid mit Wasser sehr leicht hydrolysiert. Für Kohlenoxyd und Kohlenwasserstoffe gilt das gleiche wie beim Kaliumkupferchlorid.

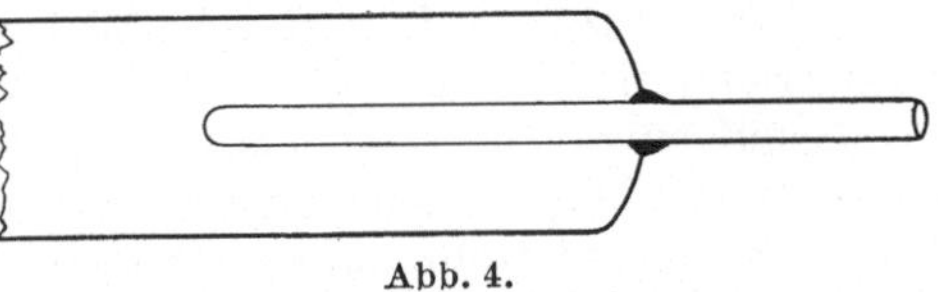

Abb. 4.

C. Nachweis als Salzsäure mit Palladium(II)chlorid.

Wegen der hohen Bildungswärme von Chlorwasserstoff lassen sich eine ganze Reihe von Edelmetallchloriden, wie PHILLIPS (b) mitteilt, schon bei erheblich tieferen Temperaturen durch Wasserstoff reduzieren, so z. B. Rutheniumchlorid bei 190°, Rhodiumchlorid bei 200°, Goldchlorid bei 150° und Platinchlorid bei 80°. Besonders bemerkenswert ist die Tatsache, daß Palladium(II)chlorid schon bei Zimmertemperatur vollkommen reduziert wird. Der Grund hierfür ist der stark exotherme

Charakter der Reaktion. Zu der Bildungswärme des Chlorwasserstoffs, die schon beträchtlich größer ist, als die des Palladium(II)chlorids, kommt die Lösungswärme des Wasserstoffs im Palladium hinzu, die bekanntlich viel größer ist als bei anderen Metallen. Wenn Wasserstoff über wasserfreies Palladium(II)chlorid geleitet wird, so beginnt sofort die Reduktion zu Palladiummetall unter Chlorwasserstoffentwicklung. Die Temperatur der Masse steigert sich dabei stark. Wasserfreies Palladium(II)-chlorid ist daher ein sehr empfindliches Reagens auf Wasserstoff.

Das zu diesem Nachweis benötigte reine Salz wird auf folgende Weise hergestellt: Palladium wird in Königswasser gelöst und die Lösung einige Tage in einem bedeckten Becherglas auf einem Wasserbad erhitzt. Von Zeit zu Zeit setzt man etwas Salzsäure zu, um alle Stickoxyde sicher zu entfernen. Die Lösung wird dann zur Trockne verdampft und in einem Glasrohr im trockenen Chlorwasserstoffstrom auf 180^0 erhitzt. Der Überschuß des Chlorwasserstoffs wird dann durch einen trockenen Kohlendioxydstrom entfernt. Wenn das entweichende Kohlendioxyd keine Chloridreaktion mehr gibt, so ist das Palladiumchlorid genügend rein. In Versuchen wurde festgestellt, daß das so gewonnene Präparat gegen Wasserstoff viel empfindlicher ist, als durch Eindampfen einer wäßrigen Palladiumchloridlösung auf dem Wasserbad erhaltenes. Die Reaktion ist so empfindlich, daß in einem indifferenten Gas noch 0,05% schnell und sicher erkannt werden können, wenn das Gas über das wasserfreie Chlorid und dann durch eine Silbernitratlösung geleitet wird. Es ist aber unbedingt notwendig, besonders wenn es sich um Spuren von Wasserstoff handelt, mit vollkommen trockenem Gas zu arbeiten, da sich das Wasser leicht mit dem Salzsäuregas in Tröpfchen an den Wänden der Apparatur kondensiert und dieses daran hindert, in die vorgelegte Silbernitratlösung zu gelangen. Äthylen reduziert Palladium(II)chlorid erst über 100^0, Paraffine noch höher. Wird Palladium(II)chlorid allein in einem indifferenten Gas, z. B. Kohlendioxyd, erhitzt, so gibt es über 250^0 Chlor ab. Bei Gegenwart von Sauerstoff verhält es sich verschieden. Beim Erhitzen in trockener Luft gibt es leicht bei 160^0 Chlor ab und geht in das Oxychlorid über. Nach lang anhaltendem Erhitzen auf 100^0 kann man auch schon Spuren von Chlor nachweisen. Enthält die Luft Kohlenwasserstoffe, z. B. Paraffine, Olefine oder Acetylene, so tritt beim Überleiten über schwach erwärmtes Palladiumchlorid sofort Umsetzung ein, das Palladiumsalz wird reduziert und Chlorwasserstoff in Freiheit gesetzt. Alkohol-, Äther- und Benzoldämpfe reagieren ähnlich. Zusammenfassend kann gesagt werden, daß weniger als 0,1% Wasserstoff in Luft durch die beschriebene Reaktion nachgewiesen werden kann, wenn die Temperatur des Palladiumchlorids 50^0 nicht überschreitet.

Ausführung. Die bequemste Ausführung dieses Nachweises ist folgende: Das sorgfältig mit Calciumchlorid und Phosphorpentoxyd getrocknete Gas wird durch ein ausgezogenes Rohr auf den Boden eines trockenen Reagensglases geführt, das ungefähr 0,2 g Palladium(II)chlorid enthält und durch einen doppelt durchbohrten Gummistopfen verschlossen ist. Durch die zweite Bohrung wird das Gas durch ein kleines Trockenrohr in eine Vorlage mit Silbernitratlösung geleitet. Das Reagensglas bleibt kalt, nur wenn Sauerstoff und Kohlenwasserstoffe abwesend sind, ist es besser das Reagensglas durch Eintauchen in Wasser auf 40 bis 50^0 zu erwärmen. Das Salz selber wird in einem kleinen, 3 mm weitem Glasröhrchen untergebracht, das mit Asbest leicht verschlossen ist, damit es vom Gasstrom nicht mitgerissen wird. Wenn der Wasserstoff nur in Spuren neben Sauerstoff nachgewiesen werden soll, so muß der Sauerstoff durch längere Behandlung mit Pyrogallol und Natriumcarbonat oder durch Ferrosulfat und Kalkmilch entfernt werden. Die letzte Methode ist zur Entfernung des Sauerstoffs vorzuziehen, obwohl sie viel langsamer geht.

An Empfindlichkeit ist diese Methode fast allen anderen überlegen. Leider sagt PHILLIPS nichts darüber, wie Kohlenoxyd reagiert (s. Kaliumkupferchlorid S. 9). Für quantitative Zwecke läßt sich diese Reaktion nicht verwenden, da sich ja ein Teil des Wasserstoffs im Palladium löst.

V. Nachweis als Wasser durch Oxydation.

Eine weitere Möglichkeit zum Nachweis von Wasserstoff bietet seine Überführung in Wasser. Sie kann durch leicht reduzierbare Metalloxyde oder durch katalytische Verbrennung mit Luftsauerstoff erfolgen.

A. Nachweis durch Oxydation mit Oxyden.

1. Mit Palladiumoxyd. PHILLIPS (c) gibt an, daß durch Erhitzen in Luft oxydiertes Palladium von freiem Wasserstoff leicht, schon in der Kälte, reduziert wird. Das vollkommen trockene, Wasserstoff enthaltende Gas wird durch ein enges Rohr geleitet, das etwas Palladiumoxyd enthält. Am Ende des Rohres ist eine kleine Menge eines Feuchtigkeitsindikators angebracht. Als Indikator schlägt PHILLIPS eine Mischung von trockenem, feingepulvertem Kaliumferricyanid und Ferrosulfat vor. Weitere Nachweismethoden siehe bei „Nachweis von Wasser“ (S. 13).

2. Mit Iridiumdioxyd. Auch Iridiumdioxyd wird von Wasserstoff zum Metall reduziert. Die Reaktion geht ebenfalls in der Kälte vor sich und ist von einer prächtigen Szintillation begleitet. Mit Hilfe eines empfindlichen Feuchtigkeitsindikators ist es möglich, mit diesem Reagens noch sehr kleine Mengen von Wasserstoff nachzuweisen. Kohlenoxyd kann bei diesen Reaktionen nicht stören, da es ja kein Wasser bildet. Wie weit Kohlenwasserstoffe diese Reaktion geben, gibt PHILLIPS nicht an.

3. Mit Silberoxyd. Silberoxyd kann auch als Reagens dienen, doch reagiert es erst bei 100°. Kupferoxyd eignet sich ebenfalls, muß aber noch erheblich höher erhitzt werden. Bei Kupferoxyd stören Kohlenwasserstoffe sicher. Für die Ausführung der Reaktion gilt das gleiche wie für Palladiumoxyd.

B. Nachweis als Wasser durch katalytische Oxydation mit Sauerstoff.

Wasserstoff kann auch durch Oxydation mit Luftsauerstoff in Wasser überführt werden [PHILLIPS (a)]. Als Katalysator eignet sich am besten Palladiumasbest, der auf folgende Weise hergestellt wird. Langfaseriger Asbest wird mit Salzsäure gründlich gewaschen, mit Wasser nachgespült, getrocknet, gewogen und mit Palladium(II)-chloridlösung befeuchtet. Dann wird etwas Alkohol daraufgetropft und angezündet. Ist der Alkohol verbrannt, so wird der Asbest über einem Bunsenbrenner erhitzt und die Behandlung mit Palladium(II)chlorid und Alkohol wiederholt. Bei einiger Sorgfalt ist es möglich, einen schönen gleichmäßigen Überzug von Palladium zu erhalten, obwohl das Metall danach strebt sich an einigen Stellen der Faseroberfläche zu sammeln. Es wurde als Katalysator ein Asbest benutzt, der ungefähr 6% seines Gesamtgewichtes an Palladium enthielt. 0,3 g dieses Asbestes werden in einem Glasrohr von etwa 3 mm Weite untergebracht, das durch einen mit Eisenspänen gefüllten eisernen Ofen erhitzt werden kann. Leitet man durch dieses Rohr ein Gemisch von Wasserstoff und überschüssiger Luft, so wird der Wasserstoff bei 60° vollständig verbrannt. Der Asbest kommt bei großem Wasserstoffgehalt oder großer Strömungsgeschwindigkeit stellenweise ins Glühen. Explosionen wurden selbst bei Mischungen von Luft und Wasserstoff im Verhältnis 5:1 nicht beobachtet. Bei Mischung mit reinem Sauerstoff traten sie jedoch leicht auf. Das zu untersuchende Gas wird mit konzentrierter Schwefelsäure und Phosphorpentoxyd getrocknet und, wenn kein Sauerstoff anwesend ist, mit trockener Luft gemischt. Das beim Überleiten über den Katalysator entstandene Wasser wird am Ende des Reaktionsrohres mit einem Feuchtigkeitsindikator nachgewiesen. PHILLIPS schlägt, außer dem schon oben (bei Palladiumoxyd) erwähnten Indikator, noch wasserfreies Kobalt(II)chlorid und entwässertes Kupfersulfat ($CuSO_4 \cdot 1\,H_2O$) vor. Diese Indikatoren sind jedoch wenig empfindlich. Andere Wassernachweise sind bei „Nachweis von Wasser“ (S. 13) zu finden. Kohlenwasserstoffe werden am Palladiumkatalysator erst bei Temperaturen über 150° verbrannt. Sie stören also nicht, wenn der Wasserstoffgehalt und die Strömungsgeschwindigkeit so klein sind, daß sich der Katalysator nicht durch die Reaktionswärme stellenweise auf diese Temperatur erwärmt. Den Gehalt kann man ja durch Zusetzen von weiterer Luft leicht herabdrücken.

§ 3. Nachweis von gebundenem Wasserstoff.

I. Allgemeine Nachweismethode.

Lidow gibt eine Methode zur volumetrischen Bestimmung von Wasserstoff in anorganischen und organischen Verbindungen an. Die Substanz wird mit Magnesiumpulver geglüht, wodurch der Wasserstoff meist quantitativ in Freiheit gesetzt wird. Qualitativ läßt sich die Methode so verwenden, daß man den entstandenen Wasserstoff nach einer der vorherbeschriebenen Methoden nachweist.

Der Versuch wird in einem Probierröhrchen aus schwer schmelzbarem Glas ausgeführt. 50 bis 100 mg der gut getrockneten und gepulverten Substanz werden sorgfältig mit im Wasserstoffstrom ausgeglühtem (um die anhaftende Feuchtigkeit zu entfernen) Magnesiumpulver vermischt. Die Mischung wird dann in die ausgeglühte Röhre gefüllt und mit einer 2 bis 3 cm hohen Schicht Magnesiumpulver bedeckt. Das Ganze wird mit einer Spirale aus Aluminiumband verschlossen. Das Röhrchen wird dann luftdicht an die Nachweisapparatur angeschlossen. Zur Ausführung der Analyse erhitzt man zunächst die oberste Schicht und schreitet nach unten fort. Ist viel Sauerstoff anwesend, so muß man natürlich eine entsprechend größere Menge Magnesiumpulver nehmen.

II. Nachweis in organischer Substanz.

A. Nachweis als Wasser.

Die zu untersuchende Substanz wird bei 100° getrocknet und mit frisch geglühtem Kupferoxyd in einem trockenen Reagensglas erhitzt. Das Glas ist mit einem durchbohrten Stopfen und einem gebogenen Glasrohr versehen. Ist Wasserstoff zugegen, so schlägt sich an den kälteren Teilen des Glases das gebildete Wasser als Tröpfchen nieder. Durch weiteres Erwärmen kann es durch das Rohr in eine Vorlage mit einer wasserfreien Flüssigkeit übergetrieben werden. Hierin kann das Wasser mit der später (§ 4) beschriebenen Carbidmethode nachgewiesen werden. Feuchtigkeit und Krystallwasser müssen vollkommen entfernt sein.

B. Nachweis als Schwefelwasserstoff.

Die organische Substanz wird in einem sauberen Reagensglas mit Natriumsulfit oder Thiosulfat erhitzt. Falls Wasserstoff vorhanden ist, entsteht sofort der charakteristische Geruch von Schwefelwasserstoff, der mit Bleiacetatlösung oder mit ammoniakalischer Nitroprussidnatriumlösung nachgewiesen werden kann. Schwefelwasserstoff entsteht nur, wenn die Substanz Wasserstoff enthält, nicht aber mit Feuchtigkeit oder Krystallwasser. Schwefel reagiert auch schon mit Wasser (Schweket).

Nach Rosenthaler spaltet Thiosulfat beim Erhitzen Schwefel ab, der mit Feuchtigkeit oder, bei Benutzung einer Vorlage mit Natronlauge, leicht Schwefelwasserstoff bildet, der zu Fehlschlüssen Anlaß geben kann. Rosenthaler empfiehlt daher, nur Natriumsulfit zu benutzen.

C. Nachweis mit Selen.

Beim Erhitzen mit Selen entsteht Selenwasserstoff, der folgendermaßen nachgewiesen werden kann: Die gasförmigen Reaktionsprodukte werden in alkalische Permanganatlösung eingeleitet. Diese wird nach Ansäuern mit verdünnter Schwefelsäure mit genügend Natriumsulfit versetzt, worauf bei positivem Ausfall wieder elementares Selen entsteht. Auch diese Probe gelingt nicht immer.

Nach ROSENTHALER ist bei positivem Ausfall dieser Reaktionen bestimmt Wasserstoff vorhanden. Ein negativer Ausfall schließt die Anwesenheit jedoch nicht völlig aus.

§ 4. Nachweis von Wasser.

I. Allgemeine Nachweise.

A. Nachweis mit Calciumcarbid.

WEAVER beschreibt einen sehr allgemeinen qualitativen Nachweis von Wasser. Die zu untersuchende Substanz wird mit Calciumcarbid in Gegenwart eines Lösungsmittels für Acetylen zusammengebracht. Das durch die Reaktion des Carbids mit dem Wasser entstandene Acetylen löst sich in dem Lösungsmittel und wird dadurch nachgewiesen, daß man die entstandene Lösung mit einer ammoniakalischen Cuprisalzlösung zusammenbringt. Hierbei fällt das rote Kupferacetylid aus.

Der Nachweis von Wasser in organischen Flüssigkeiten ist sehr bequem, wenn die Flüssigkeit selbst als Lösungsmittel für Acetylen dienen kann. In diesem Fall ist eine vorherige Herstellung von wasserfreien Lösungsmitteln nicht notwendig. Bei Anwendung des Nachweises für feste Stoffe, ist es immer nötig, die Reaktion mit dem Carbid in Gegenwart einer wasserfreien Flüssigkeit vor sich gehen zu lassen, am besten eines Lösungsmittels für die zu prüfende Substanz. Die Schwierigkeit dieser Methode liegt in der Herstellung der hinreichend trockenen Lösungsmittel. Proben von Benzin, Benzol, Äther, Essigester, Amylalkohol, Amylacetat, Äthylalkohol, Methanol, Aceton, Chloroform, Tetrachlorkohlenstoff, Schwefelkohlenstoff und Pyridin wurden mit Calciumchlorid, Kalk, Natrium, Calcium und Phosphorpentoxyd getrocknet, außer wenn sie mit dem Trockenmittel reagieren. Die fünf zuerst erwähnten Lösungsmittel waren auf diese Weise so gut wasserfrei hergestellt, daß es unmöglich war eine Spur von gelöstem Acetylen nachzuweisen, nachdem sie einige Minuten mit Calciumcarbid behandelt waren. Natrium erwies sich als das beste Trockenmittel für Kohlenwasserstoffe und Äther sowie Calcium für Ester. Die Trocknung der übrigen war durch die obige Behandlung nicht so vollständig, aber, außer Pyridin, waren alle genügend trocken, um als Lösungsmittel für solche Substanzen zu dienen, die beträchtliche Mengen von Wasser enthielten. Diese Liste könnte ohne Zweifel noch unbegrenzt verlängert werden. Fast alle, vielleicht sogar alle, der erwähnten Lösungsmittel können bei Anwendung der geeigneten Trockenmittel und Beachtung passender Vorsichtsmaßregeln vollkommen getrocknet werden. Alle Lösungsmittel, die bei diesen Versuchen geprüft wurden, lösten genug Acetylen, um die Fällung der Kupferverbindung zu geben. Da die meisten von ihnen, auch wenn sie nur kurze Zeit mit der Luft in Berührung sind, so viel Wasser absorbieren, daß sie eine positive Reaktion zeigen, sollen sie nach dem Trocknen in Flaschen, die etwas von dem Trockenmittel enthalten und mit einem Phosphorpentoxydrohr verschlossen sind, aufbewahrt werden. Es ist schwer beim Gebrauch von gewöhnlichen Glas-, Kork- oder Gummistopfen die Luft vollkommen auszuschließen, wenn nicht die Druckunterschiede, die durch Temperaturschwankungen hervorgerufen werden, durch ein Trockenrohr ausgeglichen werden. Die empfindlichste Reaktion beobachtet man, wenn das Lösungsmittel nicht mit Wasser mischbar ist, weil der Niederschlag, der sich bei der folgenden Behandlung mit der Kupfersalzlösung bildet, sich bei kleinen Mengen an der Trennungsschicht sammelt und so leicht zu erkennen ist. Bei großen Mengen löst das Wasser genug Acetylen, um auch ohne Mischung einen Niederschlag zu erzeugen. Wenn die Flüssigkeit mit Wasser mischbar ist, so bildet sich zuerst eine rote kolloide Kupfercarbidlösung. Ein sichtbarer Niederschlag scheidet sich aber bald ab. Da der Niederschlag hier über ein viel größeres Volumen verteilt ist, ist der Nachweis nicht annähernd so empfindlich wie im ersten Fall. Ferner ist bei einigen mit Wasser mischbaren Flüssigkeiten, besonders beim Aceton, die Fällung nicht vollständig. Man kann die Farbe der kolloiden Kupfercarbidlösung durch einen großen Überschuß von Aceton wieder entfärben.

Ausführung. Zum Nachweis des Acetylens benutzt WEAVER nach den Vorschriften von ILOSVAY hergestellte Kupfersalzlösungen. Die blauen ammoniakalischen Kupfersalzlösungen werden durch einen Zusatz von Hydroxylaminchlorhydrat entfärbt. Für je 50 cm³ Lösung werden folgende Mengen angewandt:

I. 0,75 g Kupferchlorid ($CuCl_2 \cdot 3\,H_2O$), 1,5 g Ammoniumchlorid, 3 cm³ Ammoniak (etwa 20% NH_3), 2,5 g Hydroxylaminchlorhydrat.

II. 1 g Kupfernitrat [$Cu(NO_3)_2 \cdot 5\,H_2O$], 4 cm³ Ammoniaklösung (20% NH_3), 3 g Hydroxylaminchlorhydrat.

III. 1 g krystallisiertes Kupfersulfat ($CuSO_4 \cdot 5\,H_2O$), 4 cm³ Ammoniaklösung (20% NH_3), 3 g Hydroxylaminchlorhydrat.

Man löst in einem Kölbchen von 50 cm³ Inhalt das Kupfersalz in wenig Wasser, setzt die Ammoniaklösung tropfenweise zu und gibt das Hydroxylaminchlorhydrat hinein. Darauf schüttelt man gut durch und füllt sofort auf 50 cm³ mit Wasser auf. Nach wenigen Augenblicken ist die Lösung entfärbt. Die mit Kupferchlorid bereitete Lösung ist schwach trübe, ohne Ammoniumchlorid jedoch noch stärker. Die anderen sind vollkommen klar und farblos. Die Lösungen sind nur etwa 3 Tage nach der Herstellung brauchbar. Danach nimmt ihre Empfindlichkeit stark ab, auch wenn sie sich äußerlich scheinbar längere Zeit nicht verändern. Am besten benutzt man stets frisch bereitete Lösungen.

Das Handelscarbid enthält immer beträchtliche Mengen okkludiertes Acetylen, entstanden durch die Einwirkung von feuchter Luft, das entfernt werden muß, um eine empfindliche Reaktion zu ermöglichen. Es ist schwierig, das Acetylen durch Erhitzen im Vakuum zu entfernen, aber es kann leicht vollkommen durch Kochen des Calciumcarbids mit der doppelten Menge eines wasserfreien Lösungsmittels ausgetrieben werden. Das Lösungsmittel wird dann vor der Benutzung des Carbids abgedampft. Es ist nicht zweckmäßig, hierfür das Lösungsmittel zu gebrauchen, in dem später das Wasser nachgewiesen werden soll. Wasserfreier Äther läßt sich aber immer verwenden.

Zur Ausführung des Nachweises auf Wasser gibt man einfach die zu untersuchende Substanz mit dem wasserfreien Lösungsmittel in ein trockenes Reagensglas, und fügt einige Stückchen des ausgekochten Calciumcarbids hinzu. Das Reagensglas wird mit einem trockenen Kork- oder Gummistopfen verschlossen und gelegentlich so umgeschüttelt, daß die Flüssigkeit den Stopfen nicht berührt. Nach 2 bis 3 Min. läßt man vollkommen absitzen und gießt die klare Lösung in ein Reagensglas, das etwas von der Kupfersalzlösung enthält, mit der sie kräftig geschüttelt wird. Man könnte nun annehmen, daß leicht kleine Teilchen von Carbid beim Umgießen in die wäßrige Lösung gelangen und dort Acetylen entwickeln können, das den ganzen Nachweis unbrauchbar macht. Diese Möglichkeit hat WEAVER näher untersucht und festgestellt, daß sich auch kleine Teilchen von Calciumcarbid infolge der hohen Dichte leicht absetzen. Teilchen, die doch in die Kupfersalzlösung gelangen, sind sofort von einer dichten Niederschlagshaut umgeben, die bewirken, daß sie sich als schwarze Stückchen leicht von dem prächtigen roten, flockigen Niederschlag, den das gelöste Acetylen hervorbringt, unterscheiden.

Will man einen exakteren Nachweis von Wasser haben, so kann man die Methode leicht so abändern, daß man durch geeignete Vorsichtsmaßregeln die Luftfeuchtigkeit ausschließt und die Möglichkeit eines Irrtums durch mechanisch eingetragene Calciumcarbidteilchen dadurch verhindert, daß man die Acetylenlösung in das Kupferreagens hineindestilliert. Bei Anwendung dieser Methode ist es angebracht, im trockenen Wasserstoffstrom zu destillieren. Der Wasserstoff wird mit Phosphorpentoxyd getrocknet.

Für die Untersuchung fester Stoffe ist es gut, als Lösungsmittel für Acetylen eine Flüssigkeit zu nehmen, die auch den zu untersuchenden Stoff löst. Dies ist jedoch nicht unbedingt notwendig, da wasserfreie Flüssigkeiten ganz allgemein den festen Körpern das in ihnen enthaltene Wasser leicht entziehen, vorausgesetzt, daß der feste Körper genügend fein verteilt ist. Beim Wassernachweis in nicht flüchtigen Säuren oder anderen Verbindungen, bei denen es unerwünscht ist, daß sie mit dem Calciumcarbid in Berührung kommen, verfährt man in der Weise, daß man die wasserfreie Flüssigkeit zufügt, nach einer Weile abdestilliert und sie auf Wasser prüft, entweder, indem man sie dampfförmig über das Carbid streichen läßt, kondensiert und auf Acetylen prüft, oder indem man sie nach der Kondensation in der oben beschriebenen Weise behandelt. Gase werden einfach über von Acetylen befreites Calciumcarbid und anschließend durch ein kleines Trockenrohr, um ein Zurücksteigen von Wasserdämpfen zu verhindern, in die Kupfersalzlösung geleitet.

Welche Methode man auch wählt, immer ist es nötig, einen Blindversuch zu machen, bevor man sie zum Nachweis in der Untersuchungsprobe benutzt. Will man eine organische Flüssigkeit durch einfache Behandlung mit Calciumcarbid und anschließendes Dekantieren untersuchen, so ist es nur nötig, das Carbid vorher vom okkludierten Acetylen zu befreien. Das Auskochen mit einem Teil der zu untersuchenden Flüssigkeit oder mit absolutem Äther in der schon beschriebenen Weise genügt immer, um das Acetylen vollständig zu entfernen. Wird später in dem mit ausgekochten Calciumcarbid behandelten Teil der Probe Acetylen gefunden, so ist sicher Wasser zugegen. Hier braucht kein Blindversuch gemacht zu werden. Wenn wasserfreie Lösungsmittel oder die Destillationsmethode angewandt werden, so muß ein Blindversuch in derselben Weise gemacht werden wie der Wassernachweis.

Die Brauchbarkeit des Nachweises wird beeinträchtigt durch die Zahl der Verbindungen, die ebenfalls mit dem Carbid reagieren. Masson ist jedoch der Ansicht, daß unter gewöhnlichen Umständen nur Wasser reagiert, während die Säuren erst mit dem gebildeten Calciumhydroxyd unter Neutralisation reagieren, wobei das Wasser zurückgebildet wird.

$$CaC_2 + 2H_2O = Ca(OH)_2 + C_2H_2; Ca(OH)_2 + 2H(R) = Ca(R)_2 + 2H_2O.$$

Bei den schwächeren organischen Säuren geschieht dies nicht, wahrscheinlich, weil in der fast wasserfreien Lösung keine Neutralisation vor sich geht. Die Entwicklung von Acetylen scheint also trotz der Reaktion zwischen Säure und Hydroxyd ein brauchbarer Wassernachweis zu sein. Masson fand, daß krystallisierte Säuren und saure Salze, einschließlich solcher, die durch Calciumcarbid leicht entfernbares Krystallwasser enthalten, wenn sie mit Calciumcarbid getrocknet waren, weder mit dem Calciumcarbid noch mit dem Calciumhydroxyd, das bei dem Trocknen entstanden war, reagierten. Versuche, die Weaver mit wasserfreien Lösungsmitteln anstellte, konnten dies, wenigstens zum Teil, bestätigen. So wurde geschmolzene Benzoesäure in absolutem Äther gelöst und 15 Min. mit Carbid am Rückflußkühler gekocht, ohne daß eine Spur von Acetylen nachgewiesen werden konnte. Dasselbe Ergebnis wurde bei Ölsäure, Phthalsäure, Glycerin, Essigsäureanhydrid und bei stark anhydridhaltiger Essigsäure erhalten. Gewöhnlicher Eisessig dagegen entwickelt stürmisch Acetylen. Schwefelsäure gibt in allen Konzentrationen, auch als rauchende Schwefelsäure, eine langsame Gasentwicklung. In den Fällen, wo Acetylen bei der Untersuchung schwächerer organischer Säuren entwickelt wird, ist es nicht möglich, ohne Probe mit der vollständig trockenen Säure zu entscheiden, ob die Acetylenentwicklung durch Wasser oder die Säure selbst verursacht wird. Ist die Säure nicht flüchtig, so wendet man die vorher erwähnte Destillationsmethode vorteilhaft an.

Die **Empfindlichkeit** ist für die verschiedenen Lösungsmittel verschieden. WEAVER gibt die Erfassungsgrenze in 1 cm^3 Flüssigkeit mit 0,01 bis 0,03 mg für Benzin, Benzol, Äther, Essigester, Chloroform und Tetrachlorkohlenstoff an. Alkohole zeigen eine geringere Empfindlichkeit. Aceton ist noch wesentlich unempfindlicher.

B. Nachweis mit Kaliumbleijodid.

W. BILTZ benutzt zum Nachweis von Wasser die Tatsache, daß farbloses Kaliumbleijodid bei Anwesenheit von Wasser in Kaliumjodid und Bleijodid zerfällt. Da das Bleijodid intensiv gelb gefärbt ist, so macht sich die Gegenwart von Wasser durch Auftreten der gelben Farbe bemerkbar.

Das Reagens wird nach HERTY wie folgt hergestellt: Eine filtrierte warme Lösung von 4 g Bleinitrat in 15 cm^3 Wasser wird mit einer warmen Lösung von 15 g Kaliumjodid in 15 cm^3 Wasser gemischt. Zunächst fällt ein gelber Niederschlag von Bleijodid aus. Beim Erkalten jedoch verschwindet er mehr und mehr und schließlich besteht die ganze Masse aus einem Brei fast weißer, innig verfilzter Nädelchen des Doppelsalzes. Das scharf abgesaugte Präparat wird in 15 bis 20 cm^3 Aceton zu einer gelben Flüssigkeit gelöst und die Lösung filtriert. Man kann das Reagens entweder als solches verwenden, oder, wenn man den Körper in Substanz trocken zu haben wünscht, mit dem doppelten Volumen Äther ausfällen. Man erhält einen fast weißen, amorphen Niederschlag, der mit absolutem Äther gewaschen und im Vakuumexsiccator getrocknet wird. Beim Aufbewahren färbt sich das Salz schwach gelb.

Zur Prüfung wird ein Stück getrocknetes Filtrierpapier in einen gut getrockneten und verschlossenen Erlenmeyerkolben gebracht. Der Stopfen ist vierfach durchbohrt und trägt zwei Tropftrichter, ein Gaseinleitungsrohr und ein Ableitungsrohr. Zuerst wird das Papier mit der im ersten Tropftrichter befindlichen Reagenslösung getränkt. Dann entfernt man das Aceton durch Durchleiten eines mit konzentrierter Schwefelsäure getrockneten Luftstroms. Aus dem zweiten Tropftrichter gibt man darauf die zu untersuchende Lösung bzw. Flüssigkeit hinein. Bei Gegenwart von Wasser färbt sich dann das farblose Papier mehr oder weniger schnell gelb. Will man ein Gas auf Feuchtigkeit prüfen, so leitet man es einfach nach Entfernung des Acetons an Stelle des Luftstroms über das getränkte Papier. Flüssigkeiten kann man auch in der Weise prüfen, daß man das trockene Salz mit ihnen schüttelt.

C. Nachweis mit Aluminiumäthylat.

HENLE beschreibt einen einfachen Nachweis von Wasser in organischen Lösungsmitteln. Er benutzt zum Nachweis die aus normalem Aluminiumäthylat durch Erhitzen darstellbaren, anhydridartigen, äthoxylärmeren Umwandlungsprodukte, die sich in wasserfreien Lösungsmitteln klar lösen, mit Spuren von Wasser aber einen voluminösen Niederschlag von Aluminiumhydroxyd ergeben.

Darstellung des Reagenses. Für die Darstellung des Reagenses wird folgende Vorschrift gegeben: In einem mit Rückflußkühler versehenen Kolben werden 27 g Aluminiumspäne mit 276 g 100%igem Alkohol und 0,2 g Quecksilberchlorid versetzt. Wenn die nach wenigen Sekunden einsetzende und sich allmählich steigernde Wasserstoffentwicklung und Selbsterwärmung wieder nachläßt, erhitzt man mehrere Stunden auf dem Wasserbad, bis der dicke, graue Brei von Aluminiumäthylat sich aufgebläht hat und blättrig und trocken erscheint. Dann destilliert man auf einem Ölbad von 210 bis 220° den Krystallalkohol ab und erhitzt die dunkle, dünnflüssige Masse im Sandbad auf etwa 340° (Thermometer in der Schmelze), wobei Äther, Alkohol und Äthylen abgespalten werden. Wenn ungefähr nach 1 Std. das eintauchende Thermometer trotz weiterer Wärmezufuhr auf 330° gesunken ist, bricht man das Erhitzen ab. Die durch die Verunreinigungen des metallischen Aluminiums getrübte Schmelze wird vor dem völligen Erkalten in ungefähr einem Liter kochendem Xylol gelöst und die Lösung heiß durch ein trockenes Filter auf einer Nutsche abgesaugt. Das klare gelbbraune Filtrat wird in Flaschen mit Gummistopfen aufbewahrt und ist bei Wasser- und Luftabschluß lange haltbar. Zur Prüfung auf Wasser werden einige Kubikzentimeter der organischen Flüssigkeit in einem Reagensglas mit einigen Tropfen der Reagenslösung versetzt. Je nach der Menge des anwesenden Wassers fällt sofort oder nach einigen Sekunden eine voluminöse Gallerte von Aluminiumhydroxyd. Man überzeuge sich durch einen Blindversuch, daß absolut wasserfreie Vergleichspräparate mit dem gleichen Reagens völlig klar bleiben. Acetaldehyd und Aceton fällen das überschüssige Äthylat als feine Trübung aus, die sich jedoch im Gegensatz zum Hydroxyd bei Zusatz von weiterem wasserfreien Xylol wieder löst. In Methylalkohol geht die Reaktion etwas langsamer.

D. Nachweis mit Hydrochinon und Alkali.

FRENCH und SAUNDERS berichten über einige Farbreaktionen, die auch zum Nachweis von Wasser geeignet sind. Mischungen von trockenem Hydrochinon und trockenen alkalischen Substanzen sind farblos. Bei Gegenwart einer geringen Menge von Wasser, färbt sich die Mischung jedoch stark. Der Farbton ist stark von der Dissoziationskonstanten abhängig. Mit schwach alkalischen Substanzen ist die Mischung farblos und mit zunehmender Alkalität vertieft sich die Farbe von Grau über Blau und Grün nach Schwarz. Tertiäres Natriumarsenat und Natriumborat ergaben eine blaugraue, Natriumsilicat und Natriumcyanid eine blaue, tertiäres Natriumphosphat und Natriumcarbonat eine blaugrüne und Ätznatron eine schwarze Färbung. Natriumbicarbonat und sekundäres Natriumphosphat zeigten schon keine Farbe mehr. Diejenigen Salze, die eine Farbe hervorbrachten, waren Salze von Säuren, deren Dissoziationskonstante geringer ist, als die der ersten Dissoziationsstufe des Hydrochinons. Diese Tatsachen können zur Unterscheidung von sauren oder neutralen Salzen zur annähernden Feststellung des p_H-Wertes im festen Zustand, zum Nachweis von Hydrochinon und nicht zuletzt zum bequemen Nachweis von Feuchtigkeit oder Hydratwasser in alkalisch reagierenden Salzen dienen. Wasserfreie Salze zeigen beim Verreiben noch keine Farbe, sondern erst beim Stehen in feuchter Atmosphäre, während bei feuchten und hydratwasserhaltigen Salzen sofort beim Verreiben die Farbe erscheint.

E. Grobe Nachweise.

Zum groben Nachweis von Wasser kann man entwässertes Kupfersulfat oder auch wasserfreies Kobaltchlorid benutzen. Das erste ist weiß und färbt sich blau, während das zweite von Blau nach Rosa umschlägt. Wasserfreies Nickelchlorid ist gelblich und färbt sich mit Wasser grün. PHILLIPS (a) benutzt zum Nachweis von Wasser eine Mischung von gepulvertem Kaliumferricyanid und Ferrosulfat ($FeSO_4 \cdot 7\,H_2O$). Bei Anwesenheit von Wasser färbt sich dieses Gemisch intensiv blau.

F. Mikronachweis nach BEHRENS und KLEY.

Die Prüfung auf Wasser ist nach BEHRENS und KLEY leicht, wenn man auf mindestens ½ mg Wasser rechnen kann. Hierfür wird eine enge Glasröhre so ausgezogen, wie es die Abbildung 5 zeigt. Die Probe wird auf einem Streifen Platin oder Glimmer bis b eingeschoben. Dann wird durch Erhitzen auf 110° und Saugen bei e getrocknet, die Röhre bei d abgeschnitten und zwischen a und b ausgezogen und abgeschmolzen. Nun faßt man das Röhrchen bei c mit einer Pinzette an und erhitzt ihr dickes Ende mit einer kleinen Bunsenflamme. Durch geeignete Verteilung der Hitze kann das Wasser zu einem schmalen Ring kleiner Tröpfchen bei c zusammengetrieben oder als Wasserfaden in dem capillaren Teil des Röhrchens zu weiterer Untersuchung gesammelt werden, z. B. zur Identifikation durch Mikroschmelzpunktsbestimmung nach EMICH (a).

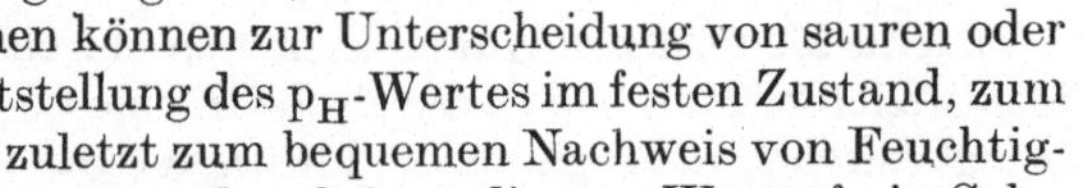

Abb. 5.

Für kleinere Mengen von Wasser dürfen die Röhrchen nur halb so groß genommen werden (1 bis 1,5 mm lichte Weite am dickeren Ende, 0,2 bis 0,3 mm am ausgezogenen Teil, Länge von a bis c 25 bis 30 mm). Das Trocknen wird in der Weise bewerkstelligt, daß man das dickere Ende mit einer heißen Zange anfaßt und bei e saugt. Handelt es sich um weniger als 0,1 mg Wasser, so färbt man das Destillat. Wasserlösliche Teerfarbstoffe, wie Methylenblau oder Malachitgrün, können zu diesem Zweck dienen. Ein Glasfaden oder dünner Draht, an dem Stäubchen des fein gepulverten Farbstoffes haften, wird in den engen Teil des Röhrchens eingeführt und während des Erhitzens darin gelassen. Mit dieser Abänderung des Verfahrens gelingt es noch 0,03 mg Wasser nachzuweisen, jedoch leidet es an zwei Mängeln, erstens wird der Indikator nicht in der Proberöhre getrocknet, und zweitens kann das Ergebnis erst nach Herausziehen des Drahtes beurteilt werden. Ein Überzug von Kaliumpermanganat in dem capillaren Teil genügt den angedeuteten Anforderungen, wird aber unbrauchbar, wenn reduzierende Substanzen mit dem Wasser ausgetrieben werden. Um den Überzug herzustellen, bringt man an die Öffnung bei d ein kleines Körnchen Kaliumpermanganat und 1 Tröpfchen Wasser, erwärmt gelinde und saugt bei a. Der trockene Überzug sieht grau aus. Durch Befeuchten wird er prächtig violett. So lange das staubige Grau in der Nähe der Öffnung bei d bestehen bleibt, kann man überzeugt sein, daß während des Versuches kein Wasser von außen eingedrungen ist. Die Empfindlichkeit dieses Indikators ist dieselbe wie bei der Anwendung von Teerfarben. Will man in einer Substanz Feuchtigkeit nachweisen, so trocknet man nur das leere Röhrchen.

G. Nachweis durch Mikroschmelzpunktsbestimmung.

Kleine Mengen von Wasser kann man durch eine Mikroschmelzpunktsbestimmung identifizieren. Man bringt die Probe in eine Capillare, schmilzt das eine Ende zu und bringt durch Zentrifugieren die Flüssigkeit auf den Boden. In der gleichen Weise füllt man in eine zweite Capillare etwas destilliertes Wasser. Die beiden Röhrchen werden dann an einem Thermometer mit einem Gummiring so befestigt, daß sich die Proben ungefähr in der Mitte der Quecksilberkugel befinden. Darauf wird das Thermometer in ein Reagensglas mit Alkohol gesteckt und mit einem Stopfen darin befestigt. Das Reagensglas kühlt man mit einer Eis-Kochsalzmischung auf ungefähr —10° ab, bis die Proben gefrieren. Sollte die zu untersuchende Probe bei —10° noch nicht gefrieren, so spritzt man etwas Äthylchlorid auf die Kugel des herausgenommenen Thermometers. Sind die Proben gefroren, so nimmt man das Reagensglas mit dem Thermometer aus der Kältemischung heraus, wischt gut ab und bringt es in ein weites Reagensrohr, das Wasser von 1 bis 2° enthält. Man beobachtet, während man das Rohr schüttelt, bei welcher Temperatur die Proben schmelzen. Wasser muß zwischen 0° und 0,5° schmelzen [EMICH (a)].

H. Nachweis mit dem Gelatinehygroskop.

REBENSTORFF gibt zum Nachweis geringer Mengen von Feuchtigkeit ein Gelatinehygroskop an. Es besteht im wesentlichen aus einem 2 mm breiten und 40 mm langen dünnen Gelatinestreifen, der auf der einen Seite einen dünnen Lackanstrich trägt. Der Streifen wird an einem Ende befestigt. In Luft nimmt der Streifen eine bestimmte Krümmung an; bringt man ihn in eine trocknere Atmosphäre, so krümmt er sich nach der einen, in einer feuchten Atmosphäre nach der anderen Seite. Der Apparat (s. Abb. 6) besteht aus einem Kölbchen K, das unten ein Rohr R und oben einen Schliff S trägt. Dieser hat eine kleine, rinnenförmige, seitliche Erweiterung E. Den zweiten Teil bildet das mit Calciumchlorid gefüllte Trockenrohr T, das unten den Kern des Kolbenschliffes trägt. Das Rohr endet seitlich im Schliff, so daß das

Abb. 6.

Trockenrohr durch Drehen des Schliffes mit dem Kölbchen durch die Rinne verbunden oder anderseits abgeschlossen werden kann. Das obere Ende des Trockenrohres ist durch einen zweiten Schliff mit einem engen Aufsatzrohr A verbunden, das als Verschluß die ebenfalls aufgeschliffene Kappe D trägt. Der Kern des Schliffes S hat unten eine Verlängerung, die in den Kolben ragt und an der das Gelatineblättchen B befestigt ist. Zur Prüfung auf Feuchtigkeit, geht man folgendermaßen vor: Das zu untersuchende feste Präparat befindet sich in einer ausgeheitzten Flasche auf Zimmertemperatur. Zuerst bringt man die in der Flasche befindliche Luft, durch Saugen bei D, in das Kölbchen und läßt sich das Gelatineblättchen einstellen. Dann wird das Präparat in der Flasche auf einem Ölbad auf ungefähr 50^0 erwärmt. Dadurch nimmt die Luft zusätzlich etwas von dem Wasser auf. Die warme Luft wird nun in das Kölbchen gesaugt, wobei sie sich wieder abkühlt und nun einen höheren Sättigungsgrad hat als vorher. Das Blättchen krümmt sich infolgedessen nach der Seite, die Feuchtigkeit zeigt. REBENSTORFF meint, daß man bei einem Kolbeninhalt von 50 cm^3 noch 0,04 mg Wasser in 50 cm^3 Luft mit Sicherheit nachweisen kann. Der Wassergehalt der Substanz muß natürlich erheblich größer sein, da ja nur ein kleiner Bruchteil zum Nachweis kommt. Die Gelatinestreifchen können sehr lange gebraucht werden, wenn sie in der oben beschriebenen Apparatur sind. Die Apparatur ist immer gebrauchsfertig, wenn man die Schliffe gut verschlossen hält. Bei sehr häufiger Benutzung sind die Streifen von Zeit zu Zeit zu erneuern.

J. Nachweis durch Leitfähigkeit.

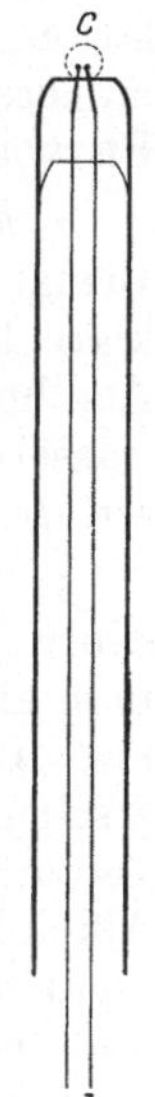

EMICH (b) beschreibt einen Mikronachweis nach der Leitfähigkeitsmethode. Kleine Mengen hygroskopischer Substanzen zerfließen in wasserdampfhaltiger Atmosphäre. Da das Zerfließen nicht sicher beobachtet werden kann, stellt EMICH die Aufnahme von Wasser durch eine Leitfähigkeitsmessung fest. Die Apparatur ist nebenstehend abgebildet (s. Abb. 7). Zwei Platindrähte a und b von 0,1 mm Durchmesser werden in ein Glasrohr eingeschmolzen. Dieses wird dann plan geschliffen, etwas geätzt, damit die Drähte freiliegen und poliert. Der Abstand der beiden Drähte beträgt etwa 0,01 mm. Sie werden mit einer Stromquelle und einem Galvanometer verbunden. Dann bringt man einen möglichst kleinen Tropfen von der konzentrierten Lösung einer hygroskopischen Substanz auf die beiden Drähte (c). Ist der Teildruck des Wasserdampfes der umgebenden Atmosphäre größer als der Sättigungsdruck der Lösung, so nimmt die Leitfähigkeit stark zu. EMICH meint, daß man noch 0,00001 mg Wasser mit dieser Methode sicher nachweisen kann. Da für die Reaktion ein gewisser Teildampfdruck nötig ist, so können sich kleine Wassermengen dem Nachweis entziehen, wenn sie auf große Räume verteilt sind, besonders da man auf Glasgefäße angewiesen ist, deren Hygroskopie sich schon störend bemerkbar macht.

c

a b

Abb. 7.

II. Spezielle Nachweise von Wasser in organischen Lösungsmitteln.

A. Nachweis in Äthylalkohol.

1. Mit Natriumformiat. ADICKES benutzt zum Nachweis von Wasser in Alkohol Natriumformiat. Die Löslichkeit von Natriumformiat in Alkohol bei Gegenwart von 0,05% Natriumäthylat ist bei 0^0 so klein, daß bei einem Wassergehalt von 0,013% aufwärts bei Zugabe von Äthylatlösung und Ameisensäureester eine Fällung entstehen muß. Man ist hierbei nicht auf die Herstellung von wasserfreiem Ester und Äthylatlösung angewiesen, da sich die Wasserfreiheit des Reagenses von selbst einstellt. Das Reagens bereitet man aus 50 g Alkohol, 1 g Natrium und 10 g Ameisensäureester bei 0^0 in einem Erlenmeyerkolben und läßt absitzen.

Der zu untersuchende Alkohol befindet sich in einem Saugrohr, das mit einem Chlorcalciumrohr und einer weitporigen Jenaer Glasfrittennutsche versehen ist. Die Glasgefäße werden vorher scharf getrocknet. Dann läßt man die Äthylat-Esterlösung durch die Nutsche, nötigenfalls unter schwachem Über- oder Unterdruck zufließen. Ist Wasser vorhanden, so fällt Natriumformiat aus.

2. Mit Kaliumpermanganat. Nach DEBRUWELL dient Kaliumpermanganat zur Erkennung kleiner Mengen von Wasser in Alkohol. Kaliumpermanganat ist in absolutem Alkohol völlig unlöslich. Enthält der Alkohol geringe Mengen von Wasser, so löst sich etwas Kaliumpermanganat, was an der Färbung des Alkohols erkannt werden kann.

3. Mit Magnesiumamalgam. 5 bis 10%iges Magnesiumamalgam zersetzt Wasser schnell unter Entwicklung von Wasserstoff, reagiert aber mit kaltem, durch Destillation mit Natrium hergestelltem, absolutem Alkohol nicht sichtbar. Erst beim längeren Kochen entwickelt sich Wasserstoff. Diese Tatsache benutzen EVANS und FETSCH zum Nachweis von Wasser in Alkohol.

4. Mit Paraffinöl. Absoluter Alkohol mischt sich mit Paraffinöl nur teilweise. Bringt man ihn mit einer größeren Menge zusammen, so scheiden sich zwei klare Flüssigkeiten, das reine Paraffinöl und eine gesättigte Lösung desselben in Alkohol. Setzt man zu der Lösung des Paraffinöls in Alkohol eine kleine Menge wasserhaltigen Alkohol zu, so tritt sofort Trübung ein. CRISMER gibt an, daß sich auf diese Weise noch 0,2% Wasser leicht nachweisen lassen.

5. Mit Citronensäure. Wenn man 2 Teile Citronensäure und 1 Teil Molybdänsäure in einer Porzellanschale bis zum beginnenden Schmelzen erhitzt, so erhält man eine dunkelblaue Masse, die sich in Wasser mit schwach gelbbräunlicher Farbe löst. Tränkt man Papierstreifen mit der Flüssigkeit und trocknet sie bei 100°, so erscheinen sie wieder blau, verlieren aber ihre Farbe wieder, sobald sie feucht werden. Die auf diese Weise hergestellten Papierstreifen verwendet MANN zur Prüfung von Alkohol und Äther auf einen Wassergehalt. Diese Stoffe wirken in reinem Zustand nicht auf die blaue Farbe ein, enthalten sie aber Wasser, so tritt Entfärbung ein, und zwar um so schneller, je mehr Wasser sie enthalten.

6. Mit Kieselsäureestern. Wasser im Alkohol kann nach DRP. 637532 (KLEIN und NIENBURG) auch mit Monoaminoalkylolorthokieselsäureestern nachgewiesen werden. Bis 2% Wassergehalt hydrolysieren die Ester sofort, bis 1% noch in einigen Stunden.

7. Mit Dioxyweinsäure und Calciumchlorid. Wenn Dioxyweinsäure und Calciumchlorid in wasserfreiem Methyl- oder Äthylalkohol gelöst werden, so bleiben die Lösungen beim Mischen vollkommen klar. Zusatz von 1 Tropfen Wasser bewirkt sofort die Bildung eines gelatinösen Niederschlags. Dieser löst sich zwar bei weiterem Wasserzusatz, aber dann gerinnt bald die ganze Flüssigkeit. Diese Reaktion schlägt FENTON zum Nachweis von Wasser in Alkohol vor. Gebundenes Wasser gibt die Reaktion nicht. Die Empfindlichkeit beträgt in Alkohol etwa 1%.

B. Nachweis in Äther.

Überschüttet man in einem Reagensglas etwa 10 cm³ reinen Schwefelkohlenstoff mit dem gleichen Volumen des zu untersuchenden Äthers, so erhält man beim schwachen Schütteln, wenn der Äther wasserfrei war, ein vollkommen ungetrübtes Gemisch. Enthielt dagegen der Äther die kleinste Menge Wasser, so erscheint die Flüssigkeit milchig trübe (BÖTTGER).

Siehe auch allgemeine Wassernachweise und Nachweis in Alkohol und Chloroform.

C. Nachweis in Aceton.

Nach SCHWEITZER und LUNGWITZ soll man 50 cm³ des zu untersuchenden Präparates mit 50 cm³ Petroläther (Sdz. 40 bis 60°) versetzen. Bei Gegenwart von

Wasser bilden sich zwei Schichten aus, was nicht geschieht, wenn man chemisch reines Aceton derselben Behandlung unterwirft. Die Höhe der unteren Schicht gibt jedoch keinen Anhalt für die Menge des Wassers.

D. Nachweis in Chloroform.

1. Mit Quecksilber-Ammoniumjodid. Béhal und François geben an, daß man zum Nachweis von Wasser in Chloroform dieses so weit abkühlt, bis sich Krystalle bilden. Man gießt von ihnen ab und bringt an die Stellen, an denen sich weiße Flecken gebildet haben, etwas gelbes Quecksilber-Ammoniumjodid. Das gelbe Salz wird bei Anwesenheit von Wasser deutlich rot.

2. Mit Paraffinöl. Nach Crismer löst sich Paraffinöl in Chloroform und Äther, wenn sie ganz wasserfrei sind in allen Verhältnissen zu einer klaren Flüssigkeit, die jedoch durch die geringste Menge Wasser getrübt wird.

E. Nachweis in Eisessig.

Völlig wasserfreier Eisessig ist nach Schoorl in Tetrachlorkohlenstoff in jedem Verhältnis löslich. Schüttelt man mit wasserhaltigem Eisessig, so bilden sich zwei Schichten, von denen die eine fast vollkommen aus Wasser besteht. Aus dem Verhältnis der beiden zueinander ergibt sich der Wassergehalt der untersuchten Probe.

Ein Zusatz von Jod macht den Nachweis noch empfindlicher, da es in Eisessig mit brauner, in Tetrachlorkohlenstoff dagegen mit violetter Farbe löslich ist, so macht sich bei Gemischen dieser Stoffe der Übergang von Braun nach Violett um so mehr bemerkbar, je mehr Tetrachlorkohlenstoff vorhanden ist. Beträgt der Gehalt des letzteren das 5fache des Eisessigs, so ist nur noch die violette Färbung sichtbar. Bei wasserhaltigem Eisessig dagegen bildet sich auch bei Anwesenheit von noch soviel Tetrachlorkohlenstoff eine untere violette und eine darüberstehende braune Schicht.

F. Nachweis in ätherischen Ölen.

Alle durch Wasser aus Pflanzenteilen destillierten ätherischen Öle enthalten auch bei klarem Aussehen Wasser. Setzt man zu solchen Ölen etwas Petroläther (Benzin) zu, so tritt eine Trübung auf, um so stärker, je größer der Wassergehalt ist (G. Leuchs).

G. Nachweis in Celluloselack-Lösungsmitteln.

Stillwell versetzte Proben von reinem Äthylacetat, Butylacetat, Äthylglykol, Äthylglykolacetat und Butylalkohol mit steigenden Mengen von Wasser und prüfte sie durch Benzinzusatz. Opalescenz trat bei folgenden Wassergehalten auf:

Butylacetat ..	0,1%	Äthylglykolacetat ..	0,5 %	Äthylacetat ..	0,25%
Butylalkohol ..	1,5%	Äthylglykol	0,25%		

Geringere Wassergehalte sind nicht nachweisbar. Verschiedene Benzine zeigen eine etwas verschiedene Empfindlichkeit. Der Benzinzusatz muß bis zu praktisch unendlicher Verdünnung durchgeführt werden.

§ 5. Nachweis von Wasserstoff- und Hydroxyl-Ionen.

Wasserstoff- und Hydroxyl-Ionen werden mit Indikatoren nachgewiesen. Diese dienen gleichzeitig zur Bestimmung der Konzentration. Auf diesem Gebiet ist eine sehr umfangreiche Literatur erschienen, auf die hier nicht im einzelnen eingegangen werden kann, zumal sie sich fast ausschließlich (wie z. B. bei der potentiometrischen Bestimmung der Wasserstoff-Ionen-Konzentration) nur mit der quantitativen Bestimmung beschäftigt.

Der einfachste Nachweis geschieht durch Lackmuspapier oder -seide, da Lackmus gerade am Neutralpunkt umschlägt.

Hydroxyl-Ionen kann man nach SCHMITZ auch folgendermaßen nachweisen: 1 cm³ 1%ige Kupfersulfatlösung wird mit 1 cm³ 3%igem Wasserstoffsuperoxyd gemischt und dann 0,5 cm³ der zu untersuchenden Lösung mit einer Pipette mit umgebogener Spitze überschichtet. Es entsteht hierbei kein Kupferhydroxyd, sondern es kommt zur sofortiger Ausscheidung von Kupferoxyd (eventuell Kupferoxyduloxyd), das in braunschwarzen bis hellbraunen Flocken, je nach Konzentration ausfällt. Bei starken Verdünnungen gibt es sich durch eine dunkel- bis hellgelbe Farbe zu erkennen. Außer freien Hydroxyden geben auch hydrolysierende Salze eine ähnliche, wenn auch weniger starke Reaktion.

Nachweis von freiem Hydroxyd in Alkalicarbonat. Wasser wird durch Auskochen und Erkalten in kohlendioxydfreiem Luftstrom vom Kohlendioxyd befreit, das Carbonat darin gelöst und mit einem Überschuß von Bariumchlorid und 1 Tropfen Phenolphthalein versetzt. Bei Anwesenheit von freiem Hydroxyd färbt sich das Phenolphthalein rot. Die Reaktion ist nicht sehr empfindlich, da sich auch basisches Bariumcarbonat bildet. Die Empfindlichkeit beträgt etwa 1%. Bei zu geringem Überschuß von Bariumchlorid kann infolge von Hydrolyse des Bariumcarbonats auch Rotfärbung eintreten (SCHMIDT und SÖRENSEN).

Literatur.

ADICKES, F.: B. **63**, 2755 (1930).

BÉHAL, A. u. M. FRANÇOIS: J. Pharm. Chim. (6) **5**, 417 (1897); durch C. **1897 I**, 1258. — BEHRENS-KLEY: Mikrochemische Analyse, 3. Aufl., S. 192. — BILTZ, W.: B. **40**, 2182 (1907). — BÖTTGER, R.: Polytechn. Notizblatt **17**, 288; durch Fr. **11**, 463 (1872).

CRISMER, L.: B. **17**, 649 (1884).

DEBRUWELL, H. G.: Ar. (3 R) **15**, 535; durch Fr. **19**, 209 (1880).

EICHLER, H.: (a) Fr. **99**, 271 (1934); (b) J. pr. (N. F.) **139**, 113 (1934). — EMICH, F.: (a) Mikrochemisches Praktikum, S. 80, München 1924; (b) M. **22**, 678 (1901). — EVANS, TH. u. W. C. FETSCH: Am. Soc. **26**, 1158 (1904).

FENNER, E.: Spectrochim. Acta **1**, 164 (1939). — FENTON, H. J. H.: Pr. Soc. Cambridge **13**, 73 (1905). — FLEISSNER, H.: Bergbau u. Hütte, Wien **2**, 129 (1916). — FRENCH, J. u. D. J. SAUNDERS: Am. Soc. **58**, 689 (1936).

GATTERER, A.: Phys. Z. **33**, 64 (1932). — GERLACH, W.: Die chemische Emissionsspektralanalyse, Bd. 1, S. 32, Leipzig 1930. — GRÜSS, J.: Wchschr. f. Brauerei **43**, 265 (1926). — GÜNTHER, P. L. u. F. A. PANETH: Ph. Ch. A **173**, 401 (1935).

HARVEY, N.: J. physic. Chem. **33**, 1456 (1929). — HENLE, F.: B. **53**, 719 (1920). — HERTY: Am. Chem. J. **14**, 107 (1892). — HEYES, J.: Ph. Ch. (A) **172**, 95 (1935). — HEYNE, G.: (a) Angew. Ch. **38**, 1100—1101 (1925); (b) Fr. **70**, 179—180 (1927). — HOUBEN, J.: Methoden d. org. Chem., 3. Aufl., Bd. 1, S. 5, Leipzig 1925.

ILOSVAY: B. **32**, 2697 (1899).

KLAUER, E.: Ann. Phys. **20**, 145 (1934). — KLEIN, G. u. H. NIENBURG: DRP. 637532.

LEUCHS, G.: J. pr. (N. F.) 6, 159 (1872). — LIDOW, A.: J. Russ. phys.-chem. Ges. **39**, 195 (1907); durch C. **1907 II**, 181. — LUNDEGÅRDH, H.: Z. Phys. **66**, 109 (1930).

MANN, C.: Ar. (3 R) **17**, 122; durch Fr. **21**, 271 (1882). — MASSON, I.: Chem. N. **103**, 37 (1911); Soc. **97**, 851 (1910).

NIETZKI, R.: B. **24**, 3366 (1891).

PFEILSTICKER, K.: Z. El. Ch. **43**, 719 (1937). — PHILLIPS, C.: (a) Am. Chem. J. **16**, 256 (1894); (b) **16**, 261 (1894); (c) **16**, 164 (1894).

REBENSTORFF, H.: Z. ges. Schieß- u. Sprengwes. **3**, 61 (1908). — ROSENTHALER, L.: Fr. **109**, 31 (1937).

SCHMITT, K. O.: Fr. **70**, 327 (1927). — SCHMITZ, E.: Ar. **265**, 115 (1927). — SCHOORL, N.: Pharm. Weekbl. **54**, 945; durch Fr. **60**, 276 (1921). — SCHWEKET, Ö.: Bio. Z. **224**, 329 (1930). — SCHWEITZER, H. u. E. LUNGWITZ: Ch. Z. **19**, 1384 (1896). — SÖRENSEN, S.: Fr. **44**, 156 (1905). — STILLWELL, A. G.: Brit. ind. Finishing 2 N. **13**, 12—22 (1931); durch C. **1931 I**, 2686.

WEAVER, E. R.: Am. Soc. **36**, 2462 (1914). — WESELSKY, P. u. R. BENEDIKT: M. **99**, 272 (1934).

ZENGHELIS, C.: Fr. **49**, 729 (1910).

Lithium.

Li, Atomgewicht 6,940; Ordnungszahl 3.

Von HANS SPANDAU, Greifswald.

Mit 6 Abbildungen.

Inhaltsübersicht.

Lithium.

Li, Atomgewicht 6,940; Ordnungszahl 3.

Das Lithium, dessen Menge in der Erdrinde etwa 0,003% beträgt, findet man in vielen Urgesteinen als Begleiter des Natriums und Kaliums; allerdings ist der Gehalt dieser Gesteine an Lithium im Vergleich zu ihrem Natrium- und Kaliumgehalt sehr gering. Daneben kommt das Lithium aber auch in einigen Mineralien in größeren Mengen (1 bis 5%) vor. Von ihnen seien erwähnt: Die Silicate, Lepidolith oder Lithiumglimmer mit der ungefähren Zusammensetzung $Si_3O_9Al_2(Li, K)_2(OH, F)_2$ Spodumen oder Triphan, $LiAlSi_2O_6$ und Petalit, (Li, Na) $AlSi_4O_{10}$, die Phosphate Triphylin, Li(Fe, Mn)PO_4, und Amblygonit, $LiAlPO_4$(F, OH) und das Fluorid Kryolithionit, $Na_3Li_3(AlF_6)_2$. Das zuletzt genannte Mineral ist mit einem Gehalt von 5,35% Lithium das lithiumreichste. Ferner findet man Lithium in vielen Mineralquellen. auch das Meerwasser enthält etwas Lithium. Manche Pflanzen, besonders einige Tabaksorten, reichern das in sehr geringer Menge im Ackerboden vorkommende Lithium an.

In allen bekannten Verbindungen ist das Lithium 1wertig. In seinem chemischen Verhalten nimmt es eine Zwischenstellung zwischen den Alkalien und den Erdalkalien ein. Gemäß seiner Stellung im periodischen System als Anfangselement der ersten Gruppe ähnelt es einerseits in mancher Beziehung dem Natrium, seinem Folgeelement. Andrerseits steht es aber auf Grund der ,,Schrägbeziehung" in vielen Eigenschaften dem Magnesium näher als dem Natrium. Das zeigt sich unter anderem besonders im Löslichkeitsverhalten seiner Salze. So sind das Phosphat, Fluorid und Carbonat in Wasser verhältnismäßig schwer löslich, so daß sie als Erkennungsform beim analytischen Nachweis des Lithiums geeignet sind. Wegen seiner geringen Löslichkeit in Wasser hat das Lithiumbialuminat, $LiH(AlO_2)_2 \cdot 5\,H_2O$, das wesentlich unlöslicher als das Phosphat, Fluorid und Carbonat ist, für den Lithiumnachweis eine große Bedeutung, weil die Aluminate der übrigen Alkalien leicht löslich sind. Eine weitere Möglichkeit zur Unterscheidung des Lithiums von den übrigen Alkalien beruht auf der verschiedenen Löslichkeit der Alkalichloride in Amylalkohol und der Unlöslichkeit des Lithiumstearats in diesem Lösungsmittel. Während nämlich Natrium- und Kaliumchlorid in Amylalkohol praktisch unlöslich sind, geht Lithiumchlorid leicht in Lösung und kann durch Ammoniumstearat ausgefällt werden. Platinchlorwasserstoffsäure, Perchlorsäure, Weinsäure, Natriumkobaltinitrit, Natrium-Wismut-Thiosulfat geben mit Lithiumsalzlösungen keine Fällungen.

Weitaus am empfindlichsten und zugleich am einfachsten ist der Nachweis des Lithiums auf spektralanalytischem Wege.

Im Trennungsgang findet man nach der Entfernung der Schwermetalle und der Ausfällung der Erdalkalien mit Ammoniumcarbonat in ammoniakalischer Lösung im Filtrat das Lithium zusammen mit den übrigen Alkalien und dem Magnesium. Wegen der großen Verwandtschaft des Lithiums zum Magnesium liegen die Schwierigkeiten bei der weiteren Trennung hauptsächlich in der Abtrennung des Magnesiums, auf die zunächst eingegangen werden soll. Nach der alten Methode von BERZELIUS wird nach dem Abrauchen der Ammonsalze das Magnesium durch Kochen mit Quecksilberoxyd in schwach ammoniakalischer Lösung als Magnesiumhydroxyd ausgefällt. Bei Anwendung dieses Verfahrens ist aber nach MOSER und SCHÜTT keine vollständige

Trennung des Magnesiums und Lithiums zu erzielen. Einwandfrei soll dagegen nach MOSER und SCHÜTT die Methode von BERG sein, die darauf beruht, daß das Magnesium in ammoniakalischer, ammonsalzhaltiger Lösung in der Siedehitze mit o-Oxychinolin ausgefällt wird, während Lithium und die übrigen Alkalien in Lösung bleiben. Nach dem Entfernen des überschüssigen Fällungsmaterials, des Quecksilberoxyds bei dem Verfahren von BERZELIUS bzw. des Oxychinolins bei der Methode von BERG und dem Vertreiben der Ammonsalze kann das Lithium nach einem der in § 3 besprochenen Verfahren, z. B. als Phosphat, Arsenat, Aluminat oder Stearat, neben den übrigen Akalien nachgewiesen werden. Besser ist es jedoch, vorher noch eine Trennung der Alkalien nach einem der folgenden Trennungsgänge vorzunehmen. NOYES und BRAY behandeln das Gemisch der Alkalisalze mit Perchlorsäure und 99%igem Äthylalkohol, wobei Kalium, Rubidium und Caesium als Perchlorate ausfallen, während Lithium und Natrium in Lösung bleiben. Nach dem Abfiltrieren des Niederschlags leiten sie in die äthylalkoholische Lösung von Lithium- und Natriumperchlorat unter Kühlung einen schnellen Strom von trocknem HCl-Gas; das dabei ausfallende Natriumchlorid wird abfiltriert; die restliche Lösung enthält nur noch Lithium, das nach dem Verdampfen des Alkohols und dem Vertreiben des Chlorwasserstoffs der Perchlorsäure in der üblichen Weise nachgewiesen werden kann. Der Trennungsgang von BENEDETTI-PICHLER und BRYANT ist demjenigen von NOYES und BRAY analog, nur mit dem einen Unterschied, daß die Abtrennung von Kalium, Rubidium und Caesium an Stelle von Perchlorsäure mit Platinchlorwasserstoffsäure vorgenommen wird. Der Trennungsgang von GASPAR Y ARNAL beruht auf der verschiedenen Löslichkeit der Alkali-Erdalkaliferrocyanide in wäßrigem Alkohol. Durch eine Lösung von Calciumferrocyanid in einem Gemisch aus gleichen Teilen Wasser und Alkohol werden Kalium, Ammonium, Rubidium und Caesium als Doppelferrocyanide ausgefällt, während Lithium und Natrium in Lösung bleiben. Weitere Trennungsgänge für die Alkalien sind von YAGODA und von ATO und WADA ausgearbeitet worden. Wenn nur Lithium nachgewiesen werden soll, so benutzt man besser eines der folgenden Verfahren, bei denen das Lithium auf Grund der Löslichkeit seiner Salze in organischen Lösungsmitteln von sämtlichen übrigen Alkalien abgetrennt wird. SINKA trennt Lithium von Natrium und Kalium durch Extraktion des Gemisches ihrer Chloride mit Dioxan; Natrium- und Kaliumchlorid sind in Dioxan gänzlich unlöslich, während Lithiumchlorid nach etwa 2stündiger Extraktion vollständig in Lösung gegangen ist. Aus dem Gemisch der Alkalichloride kann man das Lithiumchlorid auch nach WINKLER mit Isobutylalkohol, nach TREADWELL mit Amylalkohol, nach KAHLENBERG und KRAUSKOPF mit Pyridin extrahieren. Durch mehrmalige Extraktion der Alkalichloride mit Äthylalkohol lassen sich Natrium und Kalium von Lithium, Rubidium und Caesium trennen; aus dem Gemisch von LiCl, RbCl und CsCl kann man Lithiumchlorid mit einer Äther-Alkohol-Mischung extrahieren. SMITH und ROSS empfehlen, die Alkalichloride durch Abdampfen mit einem Überschuß von Perchlorsäure in Perchlorate umzuwandeln und diese mit einem Gemisch gleicher Teile n-Butylalkohol und Essigsäureäthylester mehrmals zu extrahieren, wobei $NaClO_4$ und $LiClO_4$ vollständig gelöst werden. Aus der Lösung wird der Essigsäureäthylester durch Erhitzen vertrieben; auf Zugabe einer Lösung von Chlorwasserstoff in Butylalkohol fällt Natriumchlorid aus, und es resultiert die Na-freie und K-freie Lithiumlösung.

Nachweismethoden.

§ 1. Nachweis auf spektralanalytischem Wege[1].

A. Ohne spektrale Zerlegung (durch Flammenfärbung).

Die nicht leuchtende Bunsenflamme wird charakteristisch karminrot gefärbt, wenn man Lithiumverbindungen mit Hilfe eines Platindrahtes oder Magnesiastäb-

[1] Mitbearbeitet von J. VAN CALKER, Münster (Westf.).

chens in die Flamme bringt. Bei Betrachtung der Lithiumflamme durch violettes Glas beobachtet man keine Änderung der Farbe, durch blaues Glas erscheint sie rotviolett, während sie durch grünes Glas vollständig verschwindet (MERZ). Voraussetzung für das Erscheinen der Flammenfärbung ist, daß die zur Untersuchung gelangende Lithiumverbindung genügend verdampft. Das ist der Fall, wenn das Lithium als Halogenid, Carbonat, Nitrat oder Sulfat vorliegt. Solche lithiumhaltigen Verbindungen, die infolge sehr geringer Flüchtigkeit und kleiner thermischer Dissoziation nur eine schwache oder gar keine Flammenfärbung zeigen, z. B. Phosphate und Silicate, müssen vorher in leichter flüchtige Verbindungen überführt werden. Das gelingt in manchen Fällen schon durch Befeuchten mit Salzsäure; sicherer ist jedoch ein Aufschluß mit Gips oder einem Gemisch aus äquivalenten Mengen Gips und Calciumfluorid bzw. einem Gemisch aus Kaliumbifluorid und Kaliumbisulfat (CLASSEN, POOLE). Silicate können auch durch Behandlung mit Flußsäure und anschließend mit Schwefelsäure aufgeschlossen werden.

CLARK führt die Flammenreaktion in der Weise durch, daß er ein mit Wasser gefülltes Pyrexreagensglas in die Probelösung eintaucht und das benetzte untere Ende des Reagensglases in der Bunsenflamme erhitzt. Dieses Verfahren soll der Platindrahtmethode überlegen sein.

Bei der Platindrahtmethode ist die Flammenfärbung immer nur von verhältnismäßig kurzer Dauer. Eine gleichmäßige, dauerhafte Flammenreaktion erhält man, wenn man die Substanz durch Zerstäubung in die Flamme bringt. Ein sehr einfaches derartiges Verfahren ist von TÖRÖK angegeben. In einen kleinen Porzellantiegel bringt man die Untersuchungslösung, gibt ein Drittel ihres Volumens an konzentrierter Salzsäure hinzu und wirft einige Stückchen reines Zink hinein. Dicht über dem Tiegel läßt man die Flamme eines horizontal gestellten Bunsenbrenners brennen. Der entwickelte Wasserstoff reißt Flüssigkeitströpfchen mit, die sofort in der Flamme verdampfen und der ganzen Flamme eine 5 bis 10 Min. dauernde Färbung erteilen.

Die Nachweisgrenze liegt bei 1 bis $2 \cdot 10^{-6}$ mg Lithium (BUNSEN und KIRCHHOFF, SCHULER). Nach der Methode von TÖRÖK läßt sich Lithium noch nachweisen, wenn die Untersuchungslösung $5 \cdot 10^{-4}$% Lithium enthält.

Störungen treten bei Gegenwart von Natrium, Kalium, Rubidium und Strontium auf, da diese Elemente ähnliche Flammenfärbungen hervorrufen bzw. die rote Farbe der Lithiumflamme überdecken. Trotzdem ist es aber möglich, Lithium neben diesen Elementen durch seine Flammenfärbung dadurch nachzuweisen, daß man die Flamme durch geeignete Absorptionsmittel, die das Spektrum der störenden Elemente zurückhalten, betrachtet oder der Untersuchungssubstanz ein Salz zusetzt, welches die Flammenfärbung des störenden Elementes verhindert.

So läßt sich Lithium neben Natrium nachweisen, wenn man die Flamme durch ein kräftiges Kobaltglas oder durch eine Indigolösung betrachtet (CARTMELL). Diese Absorptionsmittel halten die Natriumflamme zurück, nicht aber die Lithiumflamme, die hellrot-violett erscheint. Eine andere, von CHAPMAN angegebene Methode zum Nachweis des Lithiums neben Natrium beruht darauf, daß man die Untersuchungssubstanz mit Bariumchlorid zusammen schmilzt. Dabei wird die Flamme zunächst durch Natrium gelb, dann durch Barium grün und schließlich durch Lithium rot gefärbt. Zur Erkennung des Lithiums neben Natrium und Kalium wird empfohlen, ein mit einer Indigolösung gefülltes Prisma zu verwenden (KIRCHHOFF und BUNSEN, CARTMELL). Wie schon erwähnt, hält dieses Natrium zurück, während es Lithium und Kalium durchläßt, Lithium allerdings nur, wenn die Schicht der Indigolösung nicht zu dick ist. Auf die Strahlung der Kaliumflamme ist die Schichtdicke ohne Einfluß. Wenn also mit zunehmender Schichtdicke die Intensität der Flamme bis zu einem bestimmten Grenzwert abnimmt, so ist Lithium neben Kalium anwesend. Zum Nachweis von Lithiumspuren neben viel Kalium bringt man gleichzeitig in zwei einander gegenüberliegende Randgebiete der Flamme die Untersuchungsprobe und ein reines Kaliumsalz und betrachtet die beiden Flammenfärbungen durch gleich starke, dünnere Schichten des Indigoprismas. Erscheint nun die Flamme des reinen Kaliumsalzes weniger intensiv gefärbt als die der Untersuchungssubstanz, so ist in dieser Lithium anwesend.

Neuerdings ist zum Nachweis des Lithiums neben Natrium und Kalium von Török ein Lichtfilter angegeben, das der Indigolösung offenbar überlegen ist. Die Filterlösung von Török enthält 0,14% Coccinin, 0,0014% Dahliaviolett und 0,7% krystallisiertes Kupfersulfat. Bei Verwendung dieser Absorptionslösung behält die Lithiumflamme ihre karminrote Färbung bei. Mit einer 2 cm dicken Schicht dieser Filterlösung gelang es Török, in einer Mischung gleicher Mengen Natriumchlorid und Kaliumchlorid mit einem Lithiumchloridgehalt von 0,3% das Lithium einwandfrei nachzuweisen.

In Gegenwart von Strontium kann man Lithium nachweisen, wenn man der Untersuchungssubstanz Bariumchlorid zusetzt (Plattner, Chapman). Bariumchlorid verhindert nämlich die Rotfärbung der Flamme durch Strontium, ist aber ohne Einfluß auf die Lithiumflamme. Nach Marciotta sollen bei Abwesenheit von Natrium und Barium die Flammenfärbungen des Lithiums und Strontiums nacheinander zu erkennen sein. Danach soll man zuerst die trockene Substanz in den unteren Teil der Bunsenflamme bringen, worauf bei Gegenwart von Lithium sofort eine intensive Rotfärbung der ganzen Flamme auftritt. Erst wenn man die Substanz mit Salzsäure befeuchtet und sie nochmals in den unteren Teil der Flamme hält, soll bei Anwesenheit von Strontium plötzlich ein roter Sprühregen zu beachten sein.

Nach Török haben die Anionen auf die Lithium-Flammenfärbung keinen merklichen Einfluß.

B. Durch spektrale Zerlegung.

1. Emissionsspektrum.

Allgemeines[1]. Sicherer als durch die Betrachtung der Flammenfärbung ist der Nachweis des Lithiums neben den übrigen Elementen auf spektrographischem Wege. Die Anregung des Lithiumspektrums macht keinerlei Schwierigkeiten. Es lassen sich alle bekannten Anregungsarten zum Lithiumnachweis einsetzen. Die Wahl der Anregungsart richtet sich nach dem allgemeinen Zustand der Proben. Von den im gesamten Spektralbereich verteilten Linien liegen die empfindlichsten Linien im sichtbaren Gebiet bei den Wellenlängen 6707,9; 6103,6; 4603 Å; im UV. liegt die stärkste Spektrallinie bei 3232,7 Å. Die empfindlichste Nachweislinie 6707,9 Å läßt sich bei visueller Beobachtung sehr gut bestimmen; bei photographischer Registrierung ist auf die Farbempfindlichkeit der Platte zu achten; es kann dabei unter Umständen 4602,5 Å die empfindlichste Nachweislinie sein.

[1] **Allgemeine Bemerkungen zum spektralanalytischen Nachweis der Alkalimetalle.** Die Alkalien sind wegen der leichten Anregbarkeit ihrer Spektren zu Musterbeispielen für den Einsatz spektralanalytischer Nachweismethoden geworden. Es erscheint zweckmäßig, einige allen Alkalien gemeinsame Gesichtspunkte herauszustellen, da diese Hinweise im allgemeinen zu einer erfolgreichen Durchführung der Analyse genügen.

Wenn man den Nachweis von Spuren zunächst außer acht läßt, also Mengen unter 1 bis 10 γ, so führt jede Anregungsmethode zum Erfolg. (Panchromatisches Plattenmaterial, Glas- oder Quarzspektrograph.) Beim Nachweis von Spuren ist es notwendig die empfindlichsten Linien zur Analyse heranzuziehen. Für Caesium, Rubidium und Kalium muß man ultrarot sensibilisierte Platten verwenden, deren Empfindlichkeitsschwerpunkt für das nachzuweisende Element ausgewählt sein muß. Die Spurenanalyse soll im folgenden nicht besonders berücksichtigt werden. Am zweckmäßigsten ist es, einen Glasspektrographen zu benützen, da die Nachweislinien fast alle im sichtbaren Gebiet liegen. Bei Verwendung eines Quarzspektrographen ist es gut, ein Gerät größerer Dispersion zu wählen, da dann die Alkalianalyse im sichtbaren Gebiet durchgeführt werden kann. Wegen der leichten Verdampfbarkeit der Alkalisalze ist darauf zu achten, daß die Registrierung oder Beobachtung des Spektrums von Beginn der Anregung an erfolgt, da in den ersten Augenblicken die Emission am stärksten ist. Bei der Flamme muß der ganze Kegel erfaßt werden, weil die Emission der Alkalilinien nicht in allen

Wegen der leichten Anregbarkeit des Elements erreicht man schon mit der Flamme, besonders in der verbesserten Form von LUNDEGÅRDH sowie WAIBEL hohe Nachweisempfindlichkeit; für nicht allzu kleine Mengen genügt auch die nicht leuchtende Bunsenflamme. Allen im folgenden angegebenen Sonderuntersuchungen kommt keine irgendwie ausschlaggebende Bedeutung zu. Es besteht an sich keinerlei Veranlassung zum Nachweis von Lithium die üblichen Methoden der qualitativen Spektroskopie abzuändern.

Im allgemeinen ist eine Störung des Nachweises durch Koinzidenzen mit Linien anderer Elemente nicht zu erwarten, da fast ausschließlich schwache Linien dieser Elemente in der Nähe der Analysenlinien liegen.

Brauchbare Analysenlinien sowie Koinzidenzen nach GERLACH-RIEDL:

Für Lithium werden vier Bogenlinien zur Analyse angegeben: $\lambda = 6707{,}9$ Å; $\lambda = 6103{,}6$ Å; $\lambda = 4603{,}2$ Å und $\lambda = 3232{,}7$ Å. Die empfindlichste Nachweislinie bei Verwendung eines Glasspektrographen und einer Perchromo-B-Platte ist 6707,9 Å 6103,6 Å ist schwächer als 6707,9 Å und stärker als 4603,2 Å, 4132,4 Å wesentlich schwächer als 4603,2 Å. Bei Verwendung eines Quarzspektrographen ist $\lambda = 4603{,}2$ Å sehr viel stärker als $\lambda = 3232{,}7$ und diese nur wenig stärker als $\lambda = 4132{,}4$ Å.

Koinzidenzen. (Bis auf die Elemente Aluminium, Kupfer, Eisen, Nickel, Blei, Zinn und Zink beruht diese Aufzählung der Koinzidenzen für Li 6707,9 und Li 6103,6 Å entgegen den sonstigen experimentellen Unterlagen von GERLACH-RIEDL nur auf den Angaben von KAYSER, Handbuch der Spectroscopie V bis VIII_1, wobei die Messungen zum Teil für Bogen oder Funken nicht vollständig sind, zum Teil ganz fehlen, wie für Bor, Osmium, Phosphor, Silicium, Tellur.)

Bei $\lambda = 6707{,}9$ Å sind Koinzidenzen möglich mit einer Kobaltlinie und schwachen Linien von Rhodium, Calcium und Mangan, wobei die beiden letzteren vor allem im Bogen auftreten. Bei kleiner Dispersion des Spektrographen stören ferner Linien von Aluminium, Eisen, Quecksilber, Thallium und eine besonders im Bogen auftretende Platinlinie, die eventuell eine Linienverbreiterung verursacht; weiterhin schwache Linien von Chrom und Ruthenium, eine schwache Bogenlinie des Molybdäns und eine schwache Funkenlinie des Antimons. Ob bei 6707,9 Å auch schwache Linien von Barium, Strontium und Titan liegen, ist zweifelhaft.

Bei $\lambda = 6103{,}6$ Å mit Linien vom Eisen, Zink — besonders im Funken — Calcium, Kobalt, Molybdän, Rhodium sowie schwachen Linien vom Chrom, Vanadin und einer sehr schwachen Linie des Iridiums im Bogen. Bei kleiner Dispersion sind auch Störungen durch Linien vom Blei, Barium, Cadmium, Indium — besonders im Funken — Antimon — besonders im Bogen — und Titan und durch schwache Linien

---

Bereichen der Flamme gleich intensiv ist und daher beim Ausblenden einzelner Flammenteile die Gefahr besteht, daß gerade Stellen schwacher Anregung zur Aufnahme des Spektrums benützt werden.

Besonders zu empfehlen sind die folgenden Anregungsarten:

1. Bunsenflamme. Beobachtung im Spektrographen visuell oder über die photographische Platte. Empfindlichkeit in den meisten Fällen ausreichend.
2. Flammenanalyse nach LUNDEGÅRDH. Eine sehr gut ausgearbeitete und verlässige Methode mit hoher Nachweisempfindlichkeit.
3. Flammenanalyse nach WAIBEL. Diese Anordnung unterscheidet sich von der vorhergehenden nur dadurch, daß sie mit weniger Analysenmaterial ausreicht.
4. Bogenentladung; z. B. Dauerbogen, Gleichstrom; 2 bis 3 Amp. Strombelastung; Probe als Elektroden oder auf die untere Trägerelektrode aufgelegt oder aufgetropft. Empfindlichste Methode.
5. Funkenentladung mit den heute geläufigen Anregungsaggregaten (FEUSSNER, SCHEIBE).

Die bei den einzelnen Elementen besprochenen verschiedenen Anregungsmethoden und Sonderheiten sind mögliche, aber nicht notwendige Maßnahmen, um ein positives Ergebnis zu erhalten. Die Literatur wird in den spektralanalytischen Abschnitten nur in Auswahl berücksichtigt.

vom Gold, Mangan, beide besonders im Bogen, und Ruthenium und Wolfram zu beachten. Ob auch eine schwache Caesiumlinie bei 6103,6 Å liegt, ist fraglich.

Bei $\lambda = 4603{,}2$ Å mit Linien des Eisens, Iridiums und schwachen Linien vom Kobalt, Molybdän, Phosphor, Ruthenium, Vanadin, Wolfram. Aluminium, Beryllium und Strontium rufen an der Stelle dieser Linie einen starken Untergrund hervor. Es ist auch auf Störungen durch Funkenlinien des Arsens, Caesiums und Tellurs zu achten. Bei kleiner Dispersion sind ferner Koinzidenzen mit Linien des Bariums, Chroms, Mangans, Nickels, Osmiums, Bleis, Rhodiums, Rutheniums, Strontiums und mit einer schwachen Scandiumlinie möglich. Als starke Störungslinien sind genannt die Bogenlinie des Strontiums $\lambda = 4607{,}3$ Å und des Chroms $\lambda = 4600{,}8$ Å.

Bei $\lambda = 3232{,}7$ Å mit Linien vom Antimon, Kobalt, Eisen, Nickel, Osmium, Rhodium, Ruthenium, Titan, Wolfram sowie einer schwachen Silberlinie, die besonders im Funkenspektrum auftritt, und einer sehr schwachen Molybdänlinie. Durch Gold, Thallium und Mangan wird an dieser Stelle ein starker Untergrund hervorgerufen. Die folgenden starken Störungslinien können auftreten: Bogenlinien vom Nickel $\lambda = 3232{,}9$ Å; Osmium $\lambda = 3232{,}1$ Å; Antimon $\lambda = 3232{,}5$ Å; Thallium $\lambda = 3229{,}8$ Å und die beiden Funkenlinien des Titans $\lambda = 3234{,}5$ Å und $\lambda = 3229{,}2$ Å.

Nachweis in Lösungen. Zum Lithiumnachweis in Lösungen wird sehr häufig die Anregung in der Flamme benutzt. Einzeluntersuchungen liegen vor von LUNDEGÅRDH, WAIBEL, BOSSUET, RUSSANOW. Die Methode von LUNDEGÅRDH hat in ihrer ursprünglichen Form und in der abgeänderten durch WAIBEL sehr viel Anwendung gefunden und wird nach wie vor mit bestem Erfolg eingesetzt. BOSSUET arbeitet auch mit einer Acetylen-Sauerstofflamme und bringt mit der Lösung benetzte Magnesiumpyrophosphatstäbchen in den Flammenkegel. Er kann noch $10^{-4}\,\gamma$ Li nachweisen. RUSSANOW (a) zerstäubt die Lösung, kommt aber mit seiner Anordnung nur zu wesentlich geringeren Nachweisgrenzen. Mehr als 6% NaCl, 0,4% $CaCl_2$ und 4% $FeCl_3$ soll die Empfindlichkeitsgrenze beeinflussen. Der gleiche Verfasser (b) erweitert durch Benützung eines keilförmigen Absorptionsgefäßes den Nachweis zu einem halbquantitativen. Aus der Absorptionsdicke, bei der die beobachteten Linien verschwinden wird auf die Menge geschlossen.

Mit vollem Erfolg gelingt der Nachweis von Lithium bei Verwendung der Bogenentladung [Dauerbogen, Abreißbogen (nach GERLACH oder nach PFEILSTICKER), Flammenbogen (nach DUFFENDACK)]. Die Lösung wird auf die Trägerelektrode gebracht und, nach dem Eintrocknen, im Bogen angeregt. Besondere Veröffentlichungen liegen nicht vor, weil dabei keinerlei Schwierigkeiten auftreten. Über die Funkenentladung liegen mehrere Einzelberichte vor. SPÄTH arbeitet mit Silberelektroden von 2 mm Durchmesser bei $^1/_4$ mm Elektrodenabstand. Auf der einen Elektrode sitzt in einer kleinen Vertiefung 1 Tropfen (von 10^{-4} cm³) der Analysenlösung. Zur Verdampfung des Lösungsmittels wird die Elektrode erwärmt. $10^{-3}\,\gamma$ Li lassen sich noch nachweisen.

Nachweis in Pulvern und Salzen. Man benützt im allgemeinen die Bogen- oder Funkenentladung. Die Wahl der Hilfselektrode ist nicht ganz einfach, da die Gefahr der Lithiumverunreinigung für viele Materialien besteht. Die heute im Handel befindlichen spektralreinen Kohlen sind im allgemeinen lithiumfrei, während nicht für diese Zwecke bearbeitete Kohle fast immer Lithium enthält (DEWAR; EDER und VALENTA). Sehr empfindlich ist der Lithiumnachweis bei der Anwendung des Glimmschichtverfahrens, wie es durch MANNKOPFF und PETERS bekannt geworden ist. Die Genannten wenden es vielfach für geologische Untersuchungen an. Den Lithiumnachweis findet man noch erwähnt in Arbeiten z. B. von DUREUIL, der die Verwendung von Magnesiumelektroden empfiehlt. Magnesium besitzt im sichtbaren Gebiet nur wenig Linien. Der Bogen muß mit geringer Belastung (1 Amp.) gebrannt werden, um Entflammung zu vermeiden. BRECKPOT und MEVIS berichten über den

Lithiumnachweis in Kupferoxyd, BRECKPOT (a) untersucht auch $NaNO_3$ auf Lithium. TOLMATSCHEW findet Lithium in einer Reihe von natürlichen Aluminiumsilicaten bei Anregung in der Bogenentladung. STROCK untersucht Mineralien mit lithiumfreien Kohlen als Trägerelektroden. Er stellt fest, daß die Beimischung von 50% NaCl die Nachweisempfindlichkeit für Lithium um einen Faktor 5 bis 10 erhöht. (Nachweisgrenze $5 \cdot 10^{-5}$%.)

Von RUSSANOW (c) wurde auch die Flamme zur Anregung herangezogen. Die zu untersuchende Substanz wird getrocknet, fein gepulvert und durch die Brennerluft in die Flamme des Acetylen-Luftbrenners geblasen. Die von den Autoren immer wieder angeführte besonders Einfachheit dieses Verfahrens, die auch RUSSANOW stark hervorhebt, gilt doch wohl nur, wenn keine elektrischen Anschlüsse im Arbeitsraum zur Verfügung stehen. Es dürfte wohl außer Zweifel sein, daß z. B. ein Gleichstrombogen eine mindestens genau so einfache Vorrichtung darstellt, wie eine aus 2 Stahlbomben gespeiste Flamme, die mit einem Spezialbrenner erzeugt wird.

Nachweis in elektrisch leitenden festen Stoffen. Hier empfiehlt es sich die Substanz selbst als Elektrode einer Bogen- oder Funkenentladung zu wählen. Es treten dabei keine Nachweisschwierigkeiten auf. GUENTHER berichtet über den Nachweis in Blei, MALTBY mißt die Lithiumverunreinigung von Kohle.

Nachweis in organischer Substanz. Alle bekannt gewordenen Methoden sind gut geeignet. Eine Erwähnung in der Literatur findet man bei BRECKPOT (b), der in der Zuckerrübe unter anderem auch Lithium findet.

Nachweisgrenzen der verschiedenen Methoden. Die Nachweisgrenzen für die verschiedenen Methoden liegen bei den für die spektralanalytischen Verfahren üblichen Werten. Die mitgeteilten Einzelergebnisse sind nur als Anhaltspunkte für die Größenordnung zu werten, da bei nicht genau festgelegten Arbeitsvorschriften keine nur in engen Grenzen gültigen Angaben verlangt werden können. Es geben an: Für die Flamme LUNDEGÅRDH 10^{-6} mol, WAIBEL 10^{-5} mol aus 1 cm^3 Lösung; BOSSUET $10^{-4}\gamma$, RUSSANOW (a) 0,85 γ (Lösung), RUSSANOW (b) $2 \cdot 10^{-3}$% (Pulver); für den Funken SPÄTH $10^{-3}\gamma$, HUKUDA 0,09 γ/0,1 cm^3, SCHLEICHER und LAURS 10 γ in 0,1 cm^3; für den Bogen URBAIN und WADA $2 \cdot 10^{-3}\gamma$, STROCK $5 \cdot 10^{-5}$%.

Beeinflussung der Nachweisgrenzen. Für die Alkalien gilt die Regel, daß im allgemeinen die Anregungsmethode am empfindlichsten ist, die mit nicht allzu hoher Temperatur arbeitet; daher die besondere Eignung der Flamme. Daraus erklärt sich auch die Beobachtung von STROCK, daß im Bogen durch Zusatz von 50% NaCl Lithium in Mineralpulvern ungefähr 10mal empfindlicher bis zu einem Gehalt von $5 \cdot 10^{-5}$% bestimmt werden kann. Umgekehrt ist eine Verminderung der Nachweisempfindlichkeit zu erwarten, wenn der Probe Stoffe zugesetzt werden, welche die Temperatur der Entladung wesentlich erhöhen. Mit der Flamme als Lichtquelle für die Lösungsanalyse findet man bei mehreren Beobachtern Hinweise auf eine Beeinflussung. Es lassen sich bis jetzt aber keine systematischen Angaben machen.

Besondere Arbeiten. TODD benützt einen Tauchelektrodenapparat, bei dem die Elektroden aus Platin in die zu untersuchende wäßrige Lösung oder Suspension eintauchen und durch Anlegen eines niederfrequenten Wechselstroms von 110 Volt, die eine Elektrode zum Glühen gebracht wird. Durch die glühende Elektrode wird genügend Substanz zur Emission angeregt.

JANSEN, HEYES und RICHTER bestimmen Lithium ohne Benützung der photographischen Platte; sie registrieren die zu messenden Linien unmittelbar durch die Photozelle. Von BAUM wird ein Spezialbrenner vorgeschlagen; es liegen aus der Praxis noch keine weiteren Ergebnisse mit diesem Gerät vor. Lithium läßt sich in $^1/_{40}$ n-Lösung noch nachweisen.

2. Absorptionsspektrum.

Nachweis im Absorptionsspektrum von Alkannatinktur. FORMÁNEK benutzt das Absorptionsspektrum einer Alkannalösung, die mit der Untersuchungslösung versetzt wird, zum Nachweis des Lithiums. Zwischen Spektroskop und Glühlampe befindet sich eine Küvette mit der Alkannalösung. Er verwendet eine verdünnte, alkoholische Alkannatinktur, deren Konzentration so zu wählen ist, daß alle Absorptionsstreifen des Alkannins voneinander scharf getrennt und mittelstark erscheinen. Die Lage der Absorptionsstreifen der reinen Alkannalösung ist die folgende: Hauptstreifen: 5240 Å, Nebenstreifen: 5640, 5451 und 4885 Å. Nach Zusatz von verdünntem Ammoniak zur alkoholischen Alkannalösung schlägt die Farbe der Lösung von Gelbrot nach Blau um und hat ein anderes Absorptionsspektrum mit dem Hauptstreifen bei 6428 Å und den Nebenstreifen bei 5948 Å. Versetzt man die alkoholische Alkannalösung mit 1 bis 2 Tropfen einer neutralen, wäßrigen Lithiumsalzlösung, so bleibt die Farbe der Lösung und das Absorptionsspektrum des Alkannins unverändert. Auf Zusatz 1 Tropfens Ammoniak wird die Lösung blau und ihr Absorptionsspektrum hat 3 Streifen, Hauptstreifen: 6210 Å, Nebenstreifen 5757 und 5348 Å. Der 2. Nebenstreifen ist sehr schwach.

Das Lithium muß als Chlorid oder Nitrat vorliegen, das Sulfat eignet sich nicht. Ammoniumsalze stören die Reaktion nicht. Das durch die übrigen Alkalien erzeugte Absorptionsspektrum besteht jeweils nur aus 2 Streifen. Ein ähnliches Absorptionsspektrum wie Lithium geben Barium, Titan, Strontium, Nickel, Mangan, Calcium. Ihre Absorptionsstreifen liegen verhältnismäßig dicht beieinander und verschieben sich in der angeführten Reihenfolge der Elemente nur wenig von langen zu kürzeren Wellenlängen, wobei das Lithium zwischen Strontium und Nickel einzuschieben ist. Es liegen keine Angaben darüber vor, ob das Absorptionsspektrum der Lithium-Alkannaverbindung durch Anwesenheit anderer Kationen, z. B. Alkalien oder Erdalkalien, gestört wird oder nicht und ob bei Anwesenheit eines oder mehrerer dieser Elemente ein einwandfreier Lithiumnachweis möglich ist.

§ 2. Nachweis auf trockenem Wege.

Durch Ätzung von Glas. Geschmolzenes Lithiumnitrat besitzt die Eigenschaft, Glas zu ätzen, da die Natrium-Ionen des Glases durch Lithium-Ionen ausgetauscht werden. Auf diesem Verhalten des Lithiumnitrats beruht ein analytischer Nachweis des Lithiums (STUART und YOUNG). Der Nachweis wird in der Weise durchgeführt, daß man 1 Tropfen der Untersuchungslösung, in der das Lithium als Nitrat vorliegt, an ein Reagensglas, einen Glasstab aus gewöhnlichem Glas anhängt oder auf einen Objektträger bringt und daß man das Glasgefäß mit dem anhängenden Tropfen wiederholt vorsichtig solange durch eine Flamme führt, bis das Wasser verdampft ist und das entwässerte Salz schmilzt. Dann erwärmt man noch einige Zeit weiter, läßt abkühlen, wäscht das Glas ab und trocknet es. Diejenige Stelle des Glases, die mit einem genügenden Teil des geschmolzenen Lithiumnitrates in Berührung war, erscheint infolge der Ätzung weiß. Die einzelnen Ätzkratzer erkennt man häufig schon mit bloßem Auge, besser jedoch unter einem Vergrößerungsglas.

Wenn der Probetropfen mehr als 50 γ Lithium enthält, so sieht man bereits mit bloßem Auge, daß das Glas geätzt und infolgedessen weiß geworden ist. Wenn man dagegen sehr viel verdünntere Lösungen untersucht, so ist eine sorgfältige Prüfung des Glases unter dem Mikroskop notwendig, um die vereinzelten wenigen Kratzer zu erkennen. Die kleinste Menge Lithium, die STUART und YOUNG in 1 Tropfen Lösung mit dieser Mikromethode nachweisen konnten, ist $1 \cdot 10^{-6}$ g Lithium.

Erfassungsgrenze: 1 γ Lithium.

Grenzkonzentration: 1:50000.

Daß das Lithium als Nitrat vorliegen soll, hat seinen Grund offensichtlich in dem niedrigen Schmelzpunkt dieses Salzes (260°). Lithiumsulfat und -chlorid, die bei etwa 850 bzw. 610° schmelzen, sind aus diesem Grunde ungeeignet.

Die Prüfung auf Lithium kann auch in Gegenwart von Salzen anderer Elemente ausgeführt werden, aber die dadurch bedingte Verdünnung und eine eventuelle Bildung von Mischkrystallen setzten die Empfindlichkeit des Nachweises etwas herab.

§ 3. Nachweis auf nassem Wege.

A. Wichtige analytische Reaktionen.

1. Fällung als Lithiumstearat mit Ammoniumstearat. Lithiumstearat, $C_{16}H_{35}COOLi$, ist im Gegensatz zu den Stearaten der anderen Alkalimetalle in Amylalkohol sehr wenig löslich. CALEY macht von dieser Tatsache zum Nachweis des Lithiums Gebrauch, indem er das auf Lithium zu prüfende Salz mit Amylalkohol extrahiert und diese Lösung mit einer gesättigten Lösung von Ammoniumstearat in Amylalkohol versetzt. Bei Anwesenheit von Lithium fällt ein voluminöser Niederschlag aus. Für die Anwendbarkeit dieser Methode ist es selbstverständlich Voraussetzung, daß das Lithium als ein in Amylalkohol lösliches Salz, am besten als Chlorid, vorliegt. Anderenfalls ist das betreffende Salz vor der Behandlung mit Amylalkohol in das Chlorid umzuwandeln.

Als Reagens dient eine frisch bereitete, kalt gesättigte Lösung von Ammoniumstearat in Amylalkohol. 2 g gepulvertes Ammoniumstearat (Herstellung siehe Anmerkung) werden in 100 cm^3 Amylalkohol in der Wärme (50° C) gelöst. Eine höhere Temperatur ist dabei zu vermeiden, da sich Ammoniumstearat oberhalb 50° leicht zersetzt. Nach dem Abkühlen auf Zimmertemperatur kann die Reagenslösung verwendet werden. Das Reagens ist stets frisch herzustellen, da es beim Stehen Ammoniak abgibt und daher nach wenigen Tagen unbrauchbar geworden ist. Lösungen von Kalium- oder Natriumstearat sind wegen der geringeren Löslichkeit dieser Seifen in Amylalkohol als Reagenslösungen weniger geeignet (CALEY).

Ausführung. Liegt das Lithium in einem Salzgemisch der Alkalichloride vor, so wird es mehrmals mit heißem Amylalkohol extrahiert; die vereinigten Extrakte werden gegebenenfalls auf ein kleines Volumen eingedampft. Falls beim Eindampfen etwas Natrium- oder Kaliumchlorid ausfallen sollte, so wird es abfiltriert. Zu der lithiumhaltigen Lösung gibt man nach dem Abkühlen auf Zimmertemperatur das 2½fache Volumen der Reagenslösung. Die Fällung des Lithiumstearats ist bei Zimmertemperatur auszuführen, da mit steigender Temperatur die Löslichkeit des stearinsauren Lithiums stark zunimmt. Bei Anwesenheit von viel Lithium entsteht der Niederschlag sofort; bei sehr geringem Gehalt des Amylalkohols an Lithium ist die Fällung spätestens nach 1 Std. zu erkennen.

Wenn die auf Lithium zu prüfende Substanz in Form einer Lösung vorliegt, so setzt man verdünnte Salzsäure zu und dampft auf dem Wasserbad zur Trockne. Anschließend kann dann die Prüfung in der oben beschriebenen Weise durchgeführt werden.

Erfassungsgrenze: Nach CALEY lassen sich noch 25 γ Lithium in 1 cm^3 Amylalkohol deutlich nachweisen.

Grenzkonzentration: 1:40000.

Störungen. Natrium- und Kalium-Ionen stören den Lithiumnachweis nicht, nur wenn sie in sehr großem Überschuß vorhanden sind. Sie gehen bei der Behandlung mit Amylalkohol nicht oder nur zu einem sehr geringen Teil in Lösung; die kleine Menge des in Amylalkohol gelösten Natrium- und Kaliumchlorids wird beim Versetzen mit der Ammoniumstearatlösung nicht gefällt, wie CALEY durch Blindversuche zeigen konnte. Man kann ohne weiteres 0,1 mg Lithium neben 1 g Kalium- und Natriumchlorid nachweisen. Bei sorgfältigem Arbeiten gelingt sogar noch der Nachweis von 1 Teil Lithium neben 25000 Teilen des Chloridgemisches (CALEY).

Gleichfalls stört die Gegenwart von Rubidium und Caesium nicht. Magnesium, die Erdalkalien und die Metalle der Schwefelammonium- und Schwefelwasserstoffgruppe müssen dagegen vor der Prüfung auf Lithium sorgfältig entfernt werden.

Anmerkung. Herstellung von Ammoniumstearat: Nach der Methode von MCMASTER zur Herstellung der Ammoniumsalze der höheren Fettsäuren erhält man Ammoniumstearat bequem durch Einleiten von trockenem Ammoniakgas in eine Lösung von Stearinsäure in Äther. Zweckmäßig verwendet man eine 1,5 bis 2%ige ätherische Lösung von reiner Stearinsäure und leitet solange Ammoniak in schnellem Strom ein, bis keine weitere Fällung mehr entsteht. Dabei ist der verdampfende Äther von Zeit zu Zeit zu ersetzen. Wenn die Fällung des Ammoniumstearats vollständig ist, gießt man das Gemisch auf eine große Glasplatte und läßt den Äther verdampfen.

2. Fällung als Lithiumaluminat mit Natrium- oder Kaliumaluminat. Im Gegensatz zu allen anderen Alkalialuminaten ist Lithiumaluminat schwerlöslich. Beim Versetzen einer alkalischen Lithiumsalzlösung mit einer Aluminatlösung fällt ein weißer, mikrokrystalliner Niederschlag aus, der die Zusammensetzung eines Lithiumbialuminats $LiH(AlO_2)_2 \cdot 5\,H_2O$, hat (ALLEN und ROGERS). Diese Reaktion wird von PROCIV zum qualitativen Lithiumnachweis empfohlen, da sie durch große Empfindlichkeit ausgezeichnet ist. Das saure Lithiumaluminat besitzt nämlich bei 25° nur eine Löslichkeit von $1{,}2 \cdot 10^{-4}$ g Äquiv. pro Liter und bei 80° eine solche von $3{,}3 \cdot 10^{-4}$ g Äquiv. im Liter. Die Löslichkeit ist also etwa von derselben Größenordnung wie diejenige des Calciumoxalats oder Strontiumcarbonats und ist außerordentlich viel geringer als die des Lithiumphosphats.

Das durch einen Alkalihydroxydüberschuß aus Aluminiumhydroxyd entstehende Aluminat-Ion $Al(OH)_4^-$ zeigt ähnlich den Borat- und Silicat-Ionen eine gewisse Neigung zu aggregieren nach der Gleichung:

$$2\,Al(OH)_4 \ldots\ldots Al_2(OH)_7^- + OH^-.$$

Aus der Aggregationsgleichung folgt, daß in stark alkalischen Lösungen die Konzentration der Bialuminat-Ionen zurückgedrängt wird. Demgemäß ist das Lithiumbialuminat auch in starker Natron- oder Kalilauge löslich. Für die Ausfällung von $LiAl_2(OH)_7$ ist ein p_H der Lösung von 12 bis 13 am günstigsten. In Lösungen, die schwächer alkalisch sind, als diesem p_H entspricht, fällt neben Lithiumaluminat noch Aluminiumhydroxyd aus. Diese Verhältnisse sind bei der Ausführung des Lithiumnachweises zu beachten.

Ausführung. PROCIV führt den Nachweis folgendermaßen durch: Die auf Lithium zu prüfende Untersuchungslösung wird durch Zugabe von etwas Natrium- oder Kaliumhydroxyd alkalisch gemacht. Dann fügt man etwas Aluminiumsalzlösung hinzu (Aluminiumsulfat, -chlorid oder -nitrat). Wenn eine Fällung entsteht, die sich nur langsam in einem großen Überschuß der Alkalihydroxyde auflöst, so handelt es sich um Lithiumaluminat und Lithium ist in der Untersuchungslösung anwesend. Eine bei Abwesenheit von Lithium eventuell entstehende Fällung von reinem Aluminiumhydroxyd löst sich sofort wieder auf, wenn man einen geringen Alkalihydroxydüberschuß zusetzt.

An Stelle der Aluminiumsalzlösung verwendet man zweckmäßiger eine schwach alkalische Natriumaluminatlösung, da man dann eine Ausfällung von Aluminiumhydroxyd vermeidet. Die geeignete Aluminatlösung stellen GROTHE und SAVELSBERG dar, indem sie 2,5 g Kalium-Aluminium-Alaun in 45 cm³ Wasser unter Erwärmen lösen, nach dem Abkühlen mit einer konzentrierten Lösung von 1 g NaOH versetzen und nach 12stündigem Stehen von dem eventuell entstandenen Niederschlag abfiltrieren.

Nach PROCIV kann man Lithium noch herab bis zu $^1/_{200}$ n-Lösungen als Aluminat nachweisen.

Grenzkonzentration: 1:30000.

Angaben über Störungen fehlen.

3. Fällung als Lithiumphosphat mit Natrium- oder Kaliumphosphat. Beim Versetzen einer nicht zu verdünnten neutralen oder alkalischen lithiumhaltigen Lösung mit Dinatriumhydrogenphosphat oder Dikaliumhydrogenphosphat, entsteht ein weißer, krystalliner Niederschlag von Trilithiumphosphat, Li_3PO_4. Das Lithiumphosphat besitzt in Wasser ungefähr eine Löslichkeit von 0,01 g-Äquivalent im Liter. In alkalischer oder ammoniakalischer Lösung ist die Löslichkeit wesentlich geringer. Während sich bei Zimmertemperatur etwa 38 mg Li_3PO_4 in 100 g Wasser lösen, sinkt die Löslichkeit in 1,6 n-Ammoniak auf 25 mg in 100 g und in einer stark alkalischen Lösung sogar auf den Wert von 1,2 mg in 100 g (MAYER, SANFOURCHE). Leicht löslich dagegen ist das Lithiumphosphat in Mineralsäuren. Auf Grund dieser Löslichkeitsverhältnisse ist es also notwendig, die Untersuchungslösung mit Natronlauge oder Ammoniak alkalisch oder ammoniakalisch zu machen, da anderenfalls eine vollständige Ausfällung des Lithiumphosphats durch die bei der Reaktion freiwerdende Säure verhindert wird, wie aus der Reaktionsgleichung hervorgeht: $3\,LiCl + Na_2HPO_4 = Li_3PO_4 + 2\,NaCl + HCl$.

Ferner ist es günstig, die Reaktion in der Siedehitze durchzuführen, da das Gemisch der Lithiumsalzlösung mit Natriumphosphat in der Kälte zunächst klar bleibt und sich erst bei längerem Stehen trübt, während beim Erhitzen sofort der schwere, krystalline Niederschlag ausfällt (MAYER). Auch aus einer Lösung von Lithiumphosphat in Salzsäure wird durch Zugabe von Ammoniak bis zur ammoniakalischen Reaktion in der Kälte kein Niederschlag ausgefällt, sondern erst beim Kochen.

Zu beachten ist ferner, daß das Lithiumphosphat in einer Lösung, die viel Ammoniumsalze enthält, leichter löslich ist als in reinem Wasser.

Natrium- und Kalium-Ionen stören den Lithiumnachweis als Phosphat nicht; bei Gegenwart von Magnesiumsalzen ist er dagegen nicht zu gebrauchen. Bei Anwesenheit von viel Ammoniumsalzen kann Li_3PO_4 vollständig in Lösung gehalten werden. HEMMELER empfiehlt, die Ammonium-Ionen durch Umsetzung mit Formaldehyd in Hexamethylentetramin zu überführen, da der Nachweis des Lithiums mit Natriumphosphat durch Hexamethylentetramin im Gegensatz zu den Ammonsalzen nicht gestört wird. Die bei der Reaktion des Formaldehyds mit den Ammonsalzen entstehende freie Säure muß natürlich vor Ausführung des Lithiumnachweises mit Natronlauge neutralisiert werden.

Nach BENEDICT läßt sich die Empfindlichkeit des Nachweises noch erheblich steigern, wenn man, anstatt in wäßriger, in alkoholisch-wäßriger Lösung arbeitet. In Wasser gelingt der Nachweis nur in verhältnismäßig konzentrierten Lithiumsalzlösungen, in einem Alkohol-Wassergemisch ist es dagegen noch möglich, eine $^1/_{100}$ n-LiCl-Lösung zu fällen. Li_3PO_4 ist nämlich in verdünntem Alkohol sowohl in der Kälte als auch in der Hitze sehr viel weniger löslich als in Wasser. Natriumphosphat wird zwar in der Kälte durch verdünnten Alkohol ebenfalls gefällt, löst sich aber in der Hitze schnell wieder auf. BENEDICT führt den Nachweis des Lithiums in der Weise durch, daß er die Untersuchungslösung mit wenig Ammoniak und ungefähr einem Zehntel ihres Volumens einer $^1/_5$ n-Dinatriumhydrogenphosphatlösung versetzt und dann soviel Äthylalkohol zusetzt, bis eine dicke Fällung entsteht, die auch beim Schütteln des Reagensglases erhalten bleibt. Die Lösung wird nun zum Sieden erhitzt, um zu prüfen, ob die Fällung nur aus Natriumphosphat oder aus einem Gemisch aus Natrium- und Lithiumphosphat besteht. Bei Abwesenheit von Lithium löst sich die Fällung in der Hitze vollständig auf und man erhält eine völlig klare Lösung. Bei Anwesenheit von Lithium bleibt dagegen eine Fällung selbst bei starkem Sieden erhalten. Ist die Lithiummenge nur gering, so wird die Flüssigkeit beim Erwärmen zunächst klar und die Fällung von Li_3PO_4 entsteht erst beim Kochen.

Grenzkonzentration: 1:14000 (BENEDICT); 1:215—1:6000 (KARAOGLANOV).

Störungen. Bei der Methode von BENEDICT stören Natrium-, Kalium- und auch Ammonium-Ionen nicht.

4. Fällung als Lithiumfluorid mit Ammoniumfluorid. Lithium-Ionen geben in ammoniakalischer Lösung mit Ammoniumfluorid einen schwerlöslichen, weißen, krystallinen Niederschlag von Lithiumfluorid. Zur vollständigen Fällung des Lithiumfluorids sind ein Überschuß des Fällungsmittels und die Anwesenheit von Ammoniak erforderlich. Über die Löslichkeit von LiF und der übrigen Alkalifluoride existieren folgende Angaben: In 100 g Wasser lösen sich bei 18° nach MYLIUS und FUNK 270 mg LiF, nach CARNOT nur 125 mg, während sich unter denselben Bedingungen 4 g NaF lösen und die Fluoride der schwereren Alkalien sehr viel leichter löslich sind. Durch Zugabe von Ammoniumfluorid sinkt die Löslichkeit von LiF auf 47,5 mg in 100 g H_2O, in einem Wasser-Ammoniakgemisch (1:1) sinkt sie weiter auf 28,6 mg. Unter denselben Verhältnissen nimmt die Löslichkeit von Natriumfluorid nur von 4 g auf 1,4 g ab (CARNOT). Aus diesen Löslichkeitsangaben geht also hervor, daß es zweckmäßig ist, als Fällungsmittel Ammoniumfluorid und nicht Natriumfluorid zu nehmen, das Reagens im Überschuß zuzugeben und die Untersuchungslösung ammoniakalisch zu machen. In 96%igem Alkohol ist LiF praktisch unlöslich, das gleiche gilt aber auch für NaF, so daß eine Anwendung von Alkohol sich nicht empfiehlt.

Grenzkonzentration: 1:4000 (Intern. Tabellen).

Störungen. Ein großer Überschuß von Natrium-Ionen stört, da in diesem Fall auch Natriumfluorid mit ausgefällt wird. Ferner gibt Magnesium mit NH_4F einen ähnlichen Niederschlag, so daß ein Nachweis von Lithium neben Magnesium mit dieser Reaktion nicht möglich ist.

5. Fällung als Lithiumcarbonat mit Ammonium-, Natrium- oder Kaliumcarbonat. Nicht zu verdünnte Lithiumsalzlösungen geben beim Versetzen mit Ammonium-, Natrium- oder Kaliumcarbonat in neutraler oder ammoniakalischer Lösung eine weiße, pulvrige Fällung von Lithiumcarbonat. Li_2CO_3 ist im Gegensatz zu den übrigen Alkalicarbonaten in Wasser schwer löslich. In 100 g Wasser lösen sich bei Zimmertemperatur 1,33 g und bei 100° 0,73 g Li_2CO_3 (BEWAD). Wegen der Abnahme der Löslichkeit mit steigender Temperatur führt man die Fällung am besten in der Siedehitze durch.

Grenzkonzentration: 1:150—1:450 (KARAOGLANOV).

Die Erdalkalien und Magnesium müssen vor Ausführung des Lithiumnachweises abgetrennt werden, da sie ebenfalls schwerlösliche Carbonate bilden. Die Anwesenheit der Alkalien stört im allgemeinen nicht; nur bei sehr ungünstigem Verhältnis ist eine vorhergehende Trennung erforderlich. Ammoniumsalze stören insofern, als durch ihre Gegenwart die Löslichkeit des Lithiumcarbonats, offenbar infolge Bildung komplexer Ionen $Li(NH_3)_x$, stark erhöht wird (GEFFKEN). So ist z. B. die Löslichkeit von Li_2CO_3 in einer 1 n-Ammoniumchloridlösung doppelt so groß und in einer 1 n-Ammoniumsulfatlösung sogar nahezu 3mal so groß wie in reinem Wasser. Auch in 1 n-Natriumsulfat- bzw. Kaliumsulfatlösungen ist eine allerdings bedeutend geringere Löslichkeitserhöhung des Lithiumcarbonats (um etwa 25%) von GEFFKEN festgestellt.

6. Fällung als Lithiumarsenat mit Natrium- oder Kaliumarsenat. Lithium-Ionen werden in der Hitze durch eine ammoniakalische oder alkalische Alkaliarsenatlösung in alkoholisch-wäßriger oder methylalkoholisch-wäßriger Lösung gefällt. Es entsteht ein weiß bis schwach rosa gefärbter, leicht filtrierbarer Niederschlag (GASPAR Y ARNAL). Die Reagenslösung wird so gewonnen, daß man in einem Gemisch aus 30 bis 40% verdünntem Ammoniak, Kali- oder Natronlauge und 60 bis 70% Äthylalkohol oder Methylalkohol Natrium- bzw. Kaliumarsenat zu einer 5%igen Lösung auflöst. Zu der auf Lithium zu prüfenden Lösung setzt man etwa die 8fache Menge Reagenslösung hinzu und erhitzt zum Sieden. Bei Anwesenheit von Lithium fällt dann der Lithiumarsenatniederschlag aus.

Die **Empfindlichkeit** dieser Reaktion soll nach GASPAR Y ARNAL größer sein als die des Lithiumnachweises mit Natriumphosphat (s. a. KARAOGLANOV).

Störungen. Magnesium-Ionen stören, da sie von dem Reagens gleichfalls gefällt werden. Bei Gegenwart von Magnesium empfiehlt GASPAR Y ARNAL, die Probelösung zunächst mit einer wäßrigen Natriumarsenitlösung zu versetzen, wodurch nur das Magnesium gefällt wird und danach mit dem beschriebenen Reagens auf Lithium zu prüfen.

B. Unsichere Reaktionen.

1. Fällung mit Zinnchlorür in Kalilauge. HAGER empfiehlt als Reagens auf Lithium eine Lösung von Zinnchlorür in Kalilauge. Dieses Reagens gibt mit einer Lösung von Lithiumsalzen in Kalilauge eine weiße Trübung. Die Reagenslösung stellt man her, indem man 5 Teile Zinnchlorür mit 10 Teilen Wasser und soviel Kalilauge vom spezifischen Gewicht 1,145 behandelt, daß eine nicht völlig klare Flüssigkeit entsteht, nach 1 Std. noch 5 Teile Kalilauge und 15 Teile Wasser zusetzt und nach mehrstündigem Stehen filtriert. Die auf Lithium zu prüfende Lösung wird mit Kalilauge alkalisch gemacht und mit der Reagenslösung versetzt (siehe KARAOGLANOV).

Störungen. Natrium- und Ammoniumsalze geben dieselbe Reaktion. Die Gegenwart von Borsäure stört den Nachweis. Schwermetall- und Erdalkali-Ionen sind vor der Prüfung auf Lithium zu entfernen.

2. Farbreaktion mit Natriumalizarinsulfonat. Eine rote Lösung von Natriumalizarinsulfonat, $C_{14}H_5O_2(OH)_2SO_3Na$ wird beim Versetzen mit einer Lithiumchloridlösung gelb gefärbt (GERMUTH und MITCHELL). Als Reagens dient eine 0,5%ige wäßrige Lösung von Natriumalizarinsulfonat.

Grenzkonzentration: 1:600.

Störungen. Eine ähnliche Umfärbung der Lösung nach Gelb geben viele Kationen, unter anderem Kalium und Natrium; Ammoniumchlorid gibt einen gelben Niederschlag.

§ 4. Nachweis auf mikrochemischem Wege.

A. Wichtige Fällungsreaktionen.

1a. Abscheidung mit Kaliumferricyanid und Hexamethylentetramin (Urotropin). In einem Überschuß einer wäßrigen Urotropinlösung ist Lithiumferricyanid nahezu unlöslich. Der ausfallende, krystalline Niederschlag ist ein höhermolekularer Assoziationskomplex des Lithiumferricyanids und des Urotropins, dessen Zusammensetzung noch nicht genauer untersucht ist (RÂY und SARKAR). Es bildet sich stets, wenn sich in einer Hexamethylentetraminlösung gleichzeitig Lithium- und Ferricyanid-Ionen befinden. Die gelben Krystalle des Assoziationskomplexes sind große, gut ausgebildete Oktaeder.

Rây und Sarkar führen den Lithiumnachweis in der Weise durch, daß sie auf den Objektträger 1 Tropfen einer ungefähr 15%igen Urotropinlösung bringen. Dann wird mit Hilfe einer kleinen Platinschlinge ein kleines Tröpfchen der Untersuchungslösung und danach in gleicher Weise ein sehr kleiner Tropfen einer verdünnten Kaliumferricyanidlösung in die Urotropinlösung eingetragen. In der Mischung bilden sich sofort die gelben, oktaedrischen Krystalle.

Erfassungsgrenze: 0,065 γ Lithium (Rây und Sarkar).

Störungen. Bei der Anwendung der Reaktion ist zu beachten, daß die Reagenzien selbst ebenfalls oktaedrische Krystalle bilden, wenn die Lösung gesättigt wird. Daher soll man stets einen Blindversuch machen, wenn die Untersuchungslösung sehr verdünnt ist. Barium- und Strontium-Ionen geben ähnliche oktaedrische Krystalle wie die Lithiumverbindung und müssen daher vor der Prüfung auf Lithium in der üblichen Weise entfernt werden. Magnesium- und Calciumsalze geben zwar mit Kaliumferricyanid und Hexamethylentetramin gleichfalls gelbe, krystalline Fällungen, stören aber nicht, da sie in ganz anderen Formen auskrystallisieren. Die Magnesiumverbindung besteht aus durchscheinenden, rechteckigen Platten, die in verschiedenen Ebenen zusammengewachsen sind, während die Calciumverbindung dicke, prismatische Nadeln bildet. Über den Einfluß der Anwesenheit des Magnesiums und der Alkalien auf den Lithiumnachweis liegen folgende Angaben von Korenman und Furssina vor: Die Grenzkonzentrationen, bei denen eine Erkennung noch möglich ist, sind Li:Mg:Na:Rb:Cs = 1:20:50:100:1000 bei einem Mindestgehalt von 0,6; 1,5; 0,15 bzw. 0,15 γ Lithium.

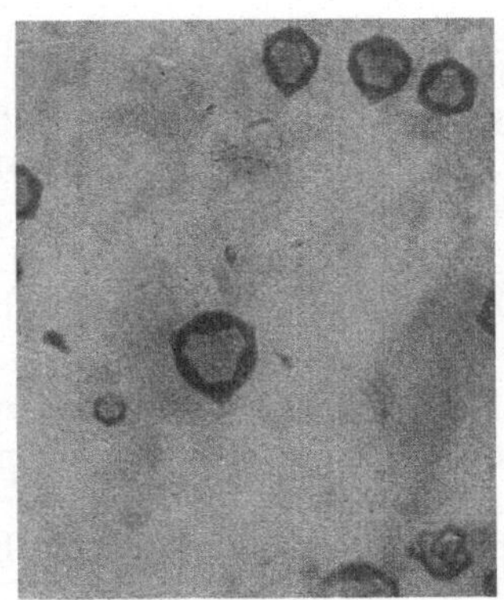

Abb. 1. Oktaedrische Krystalle des Lithiumferricyanid-Urotropinkomplexes.

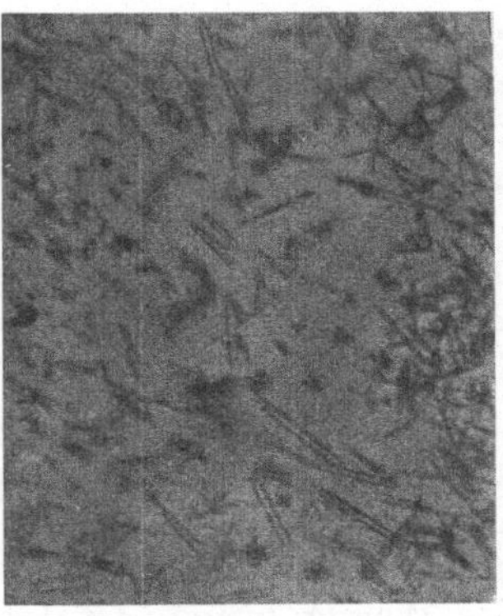

Abb. 2. Krystalle der Lithiumferrocyanid-Urotropinverbindung.

1b. Abscheidung mit Kaliumferrocyanid und Hexamethylentetramin. Analog wie mit Kaliumferricyanid (vgl. 1a) bilden Lithiumsalze auch mit Kaliumferrocyanid in wäßriger Urotropinlösung einen unlöslichen Assoziationskomplex. Der cremefarbene, krystalline Niederschlag besteht in diesem Fall aus optisch isotropen Nadeln und Nadelbüscheln (Rây und Sarkar).

In 1 Tropfen einer 15%igen Hexamethylentetraminlösung, der sich auf dem Objektträger befindet, bringt man mit Hilfe einer Platinschlinge einen kleinen Tropfen der Untersuchungslösung. Dazu fügt man noch ein kleines Kryställchen von fein gepulvertem Kaliumferrocyanid, worauf sich sofort die cremefarbene Fällung bildet, falls Lithium in der Untersuchungslösung anwesend war.

Erfassungsgrenze: 0,065 γ Lithium (Rây und Sarkar).

Störungen. Bei Anwesenheit von Erdalkalisalzen entstehen gleichfalls cremefarbene Fällungen, die aber unter dem Mikroskop von derjenigen der Lithiumverbindung unterschieden werden können. Magnesium bildet zahlreiche kleine, oktaedrische Krystalle, die nach kurzer Zeit ihre scharfen Kanten und Ecken verlieren und kreisförmige oder elliptische Formen annehmen. Die entsprechenden Calcium-, Strontium- und Bariumverbindungen krystallisieren in quadratischen Blättchen aus.

2. Abscheidung mit Eisen(III)perjodat als Lithium-Eisen(III)perjodat. Lithiumsalze geben mit alkalischer Eisen(III)perjodatlösung einen gelblich-weißen, sehr schwer löslichen Niederschlag von Lithium-Eisen(III)perjodat. Der Niederschlag hat bei Verwendung eines Überschusses des Fällungsmittels die Zusammensetzung: 1 Lithium:2 Eisen:2 Perjodsäure. PROČKE und UZEL empfehlen diese Reaktion zum mikrochemischen Nachweis des Lithiums, da sie recht empfindlich ist und die anderen Alkalimetalle selbst bei Anwesenheit größter Mengen keine entsprechenden Fällungen geben.

Das Reagens ist eine Eisen(III)chloridlösung, die mit überschüssiger, stark alkalischer Kaliumperjodatlösung versetzt ist. Ferri-Ionen geben mit Perjodat zunächst einen Niederschlag, der aber auf Zusatz von weiterer, mit Kalilauge versetzter Perjodatlösung wieder in Lösung geht. Man bereitet das Reagens am besten in der Weise, daß man 2 g Kaliumperjodat in 10 cm^3 frisch bereiteter 2 n-Kalilauge löst, mit Wasser auf 50 cm^3 verdünnt, 3 cm^3 einer 10%igen Lösung von $FeCl_3 \cdot 6\,H_2O$ zugibt und mit 2 n-Kalilauge auf 100 cm^3 auffüllt. Die so hergestellte Reagenslösung ist haltbar (PROČKE und ŠLOUF).

Zur **Ausführung** der Reaktion gibt man zu 1 Tropfen der neutralen Untersuchungslösung 1 Tropfen des Reagenses. Bei Anwesenheit größerer Mengen Lithium (von 5 γ Lithium aufwärts) entsteht sofort ein Niederschlag. Bei kleineren Mengen führt man die Reaktion in einer Mikroeprouvette durch, die man dann 1 bis 2 Min. in siedendes Wasser bringt. Ist Lithium zugegen, so erscheint im Laufe des Erwärmens die gelblichweiße Fällung oder eine Trübung, die besonders gut durch Vergleich mit einem parallel angestellten Blindversuch zu erkennen ist.

Erfassungsgrenze: 0,25 γ Lithium.

Grenzkonzentration: 1:200000 (PROČKE und UZEL).

Störungen. Die Reaktion ermöglicht den Lithiumnachweis neben einem sehr großen Überschuß an Kalium-, Rubidium- und Caesiumsalzen. Ammonium-Ionen stören, da sie die Alkalität der Lösung herabdrücken, und müssen daher vorher durch Glühen oder Kochen mit Kaliumhydroxyd vertrieben werden. Zweiwertige Metalle müssen ebenfalls vor Ausführung der Reaktion entfernt werden, da sie mit Perjodat schwerlösliche Niederschläge bilden. Die Entfernung des Magnesiums und Calciums geschieht am besten durch Fällung mit o-Oxychinolin.

Über den Einfluß der Natrium-Ionen liegen folgende Beobachtungen vor: Bei Zimmertemperatur und bei schwachem Erwärmen (höchstens bis zu 50°) werden selbst konzentrierte Natriumsalzlösung bei Abwesenheit von Lithium nicht gefällt, während beim Erhitzen auf höhere Temperaturen Natriumsalze in Mengen von 20 γ aufwärts Fällungen geben. Sind dagegen neben Natrium auch kleine Mengen Lithium zugegen, so werden die Natrium-Ionen mit den Lithium-Ionen schon bei Temperaturen von 45 bis 50° mitgefällt. Diese Tatsache benutzen PROČKE und UZEL zur Steigerung der Empfindlichkeit des Lithiumnachweises, indem sie die Prüfung auf Lithium unter Zusatz von Natriumchlorid durchführen.

Ausführung des Nachweises bei der Prüfung auf sehr kleine Lithiummengen: In eine Mikroeprouvette bringt man 1 Tropfen Probelösung, 1 Tropfen gesättigte Natriumchloridlösung und 2 Tropfen Reagens. In einer zweiten Eprouvette setzt man gleichzeitig einen Blindversuch mit 1 Tropfen Wasser, 1 Tropfen der gesättigten NaCl-Lösung und 2 Tropfen Reagens an. Die beiden Mikroeprouvetten werden in

Wasser von 45 bis 50° gebracht und etwa 20 Sek. darin geschwenkt. Wenn Lithium zugegen ist, so erscheint in der Probelösung eine deutliche, gelblichweiße Trübung, während beim Blindversuch die Lösung während des Erhitzens und auch nach dem Herausnehmen aus dem Wasserbad längere Zeit völlig klar bleibt.

Erfassungsgrenze: 0,05 bis 0,1 γ Lithium.

Störungen. Bei dieser modifizierten Ausführungsart stört kein anderes Alkalimetall den Lithiumnachweis. PROČKE und UZEL haben noch 0,05 γ Lithium beim Grenzverhältnis Li:Na = 1:100000 oder 0,2 γ Lithium beim Grenzverhältnis Li:K = 1:30000 oder 0,35 γ Li bei einem 50000fachen Überschuß an Rubidium bzw. Caesium einwandfrei nachweisen können.

3. Abscheidung mit Zink-Uranylacetat als Lithium-Zink-Uranylacetat. Lithiumsalze geben in essigsaurer Lösung mit Zink-Uranylacetat krystalline Niederschläge von Lithium-Zink-Uranylacetat, $LiZn(UO_2)_3(CH_3COO)_9 \cdot 6\,H_2O$. Dieses Tripelacetat gleicht in seiner Krystallform dem Natrium-Magnesium-Uranylacetat, d. h. es krystallisiert in regulär entwickelten Oktaedern (ADAMS, BENEDETTI-PICHLER und BRYANT) (s. Abb. 2a u. b des Natriumkapitels S. 65). Da Natrium gleichfalls mit Zink-Uranylacetat eine schwerlösliche Fällung gibt, müssen Natriumsalze vorher sorgfältig entfernt werden und ist der Lithiumnachweis nur einwandfrei, wenn man sich gleichzeitig von der Abwesenheit des Natriums überzeugt. Die Abwesenheit des Natriums wird mit Ammonium-Uranylacetat geprüft, da Lithium durch Ammonium-Uranylacetat nicht gefällt wird, wohl aber Natrium. Wenn also die Reaktion mit Zink-Uranylacetat positiv und die mit Ammonium-Uranylacetat negativ ausfällt, ist Lithium anwesend.

Die Bereitung der Reagenslösung geschieht in der Weise, daß man 10 g Uranylacetatdihydrat in 6 g 30%iger Essigsäure und 49 cm³ Wasser löst, diese Lösung mit einer Auflösung von 30 g Zinkacetattrihydrat in 3 g 30%iger Essigsäure und 32 cm³ Wasser mischt und nach 24stündigem Stehen der Mischung filtriert.

Ausführung. Das auf Lithium zu prüfende Salz wird in Wasser zu einer etwa 1%igen Lösung gelöst; durch Verdünnen werden auch noch eine 0,5 und eine 0,2%ige Lösung hergestellt. Jede dieser 3 Lösungen wird mit Zink-Uranylacetat und mit Ammonium-Uranylacetat geprüft. Die Prüfung auf Lithium mit Zink-Uranylacetat führt man folgendermaßen aus: Man bringt auf den Objektträger 1 Tropfen der Untersuchungslösung und daneben im Abstand von 1 mm 1 Tropfen der obigen Reagenslösung. Wenn man die beiden Tropfen durch einen Flüssigkeitsfaden mit Hilfe einer Glasnadel verbindet, beginnt sofort die Krystallisation des Tripelacetats. Bei Anwesenheit von Lithium bilden sich die Oktaeder, bei Gegenwart von Natrium entstehen dagegen größere, längliche, hexagonale, prismatische Krystalle von Natrium-Zink-Uranylacetat, die kaum mit denen der Lithiumverbindung verwechselt werden können. Das Reagens selbst bildet beim Eintrocknen dem Lithiumsalz ähnliche Krystalle, die bei schneller Verdunstung, besonders am Tropfenrande, zu beobachten sind. Die Krystalle des Reagenses und die der Lithiumverbindung können aber leicht mit Hilfe des Polarisationsmikroskops unterschieden werden, da die ersteren bei gekreuzten Nicols hell oder gefärbt erscheinen, während die letzteren nur grau aussehen.

Die Abwesenheit des Natriums wird durch Versetzen eines Tropfens der Untersuchungslösung mit einer kleinen Menge festen Ammonium-Uranylacetats geprüft. Wenn die bekannten, isotropen Tetraeder des Natrium-Uranylacetats nicht auskrystallisieren, ist Natrium mit Sicherheit nicht anwesend. Unter Umständen kann beim Eintrocknen des Tropfens das sehr viel löslichere Lithium-Uranylacetat in prismatischen, tetraederähnlichen Formen auskrystallisieren, die aber durch ihre starke Lichtbrechung leicht von den Tetraedern des Natriumsalzes zu unterscheiden sind.

Erfassungsgrenze: 0,4 γ Lithium.

4. Abscheidung mit Ammoniumcarbonat, Natriumcarbonat oder Natriumbicarbonat. Die Abscheidung des Lithiums als weißes, krystallines Lithiumcarbonat, Li_2CO_3, wird zum mikroskopischen Nachweis vielfach empfohlen (BEHRENS, SCHOORL, BEHRENS-KLEY). BEHRENS fällt das Lithium mit Ammoniumcarbonat, wobei sich dünne, nadelförmige und prismatische Krystalle, die denen des Gipses ähneln, am Rande des Tropfens bilden. Am besten soll die Reaktion mit Ammoniumcarbonat gelingen, wenn man die Untersuchungslösung vor dem Versuch konzentriert (BEHRENS-KLEY). SCHOORL ist der Ansicht, daß Lithium als Lithiumcarbonat am empfindlichsten nachgewiesen werden kann, wenn man die Untersuchungslösung auf dem Objektträger zur Trockne eindampft, den Rückstand mit einer Lösung von Natrium- oder Kaliumhydrogencarbonat befeuchtet, einen Augenblick stehen läßt und, falls erforderlich, eintrocknen läßt. Dabei sollen die Krystalle von Li_2CO_3 verschieden ausfallen, je nachdem ob das Lithium als Chlorid oder als Nitrat vorlag; im ersteren Falle sollen vorwiegend einfache Plättchen, im letzteren mehr stachelspitzige Formen entstehen. Beim Vorliegen von Lithiumsulfat empfiehlt SCHOORL an Stelle von Bicarbonat als Reagens Natriumcarbonatlösung zu verwenden, da man dann eine bessere Krystallisation erhält.

Abb. 3. Li_2CO_3, mit Ammoniumcarbonat gefällt (nach HUYSSE).

Abb. 4. LiF, mit Ammoniumfluorid gefällt (nach HUYSSE).

Erfassungsgrenze mit $(NH_4)_2CO_3$: 0,25 γ Lithium (BEHRENS-KLEY), mit $NaHCO_3$ und Na_2CO_3: 0,1 bis 0,3 γ Lithium (SCHOORL).

Störungen. Die Gegenwart der übrigen Alkalien und des Ammoniums stört im allgemeinen nicht. Wenn Salze des Kaliums, Natriums und Ammoniums zusammen mit Li_2CO_3 auskrystallisieren, so kann man erstere leicht durch Zusatz von wenig Wasser sofort wieder in Lösung bringen, während sich die Krystalle des Lithiumcarbonats nur äußerst langsam lösen. Nur bei sehr ungünstigem Verhältnis ist eine Abtrennung des Natriums und Kaliums vom Lithium erforderlich. Magnesium-Ionen stören stärker, da Magnesiumcarbonat ebenfalls ausfällt. Allerdings ist eine Unterscheidung von Li_2CO_3 und $MgCO_3$ leicht möglich, da letzteres keinen krystallinen, sondern einen amorphen Niederschlag bildet. Eine vorherige Abtrennung des Magnesiums ist aber zu empfehlen.

5. Abscheidung mit Ammonium-, Kalium- oder Natriumfluorid. Lithiumfluorid krystallisiert in kleinen, farblosen, schwach lichtbrechenden, kubischen Krystallen, Würfeln, hexagonalen Prismen und Pyramidenwürfeln (BEHRENS, SCHOORL). Als Reagens verwendet man am besten Ammoniumfluorid (SCHOORL), oder auch Natrium- oder Kaliumfluorid (BEHRENS). Die charakteristischen Krystalle entstehen auch, wenn die auf Lithium zu prüfende, neutrale Lösung ziemlich verdünnt ist. Um eine möglichst große Empfindlichkeit zu erzielen, ist ein Überschuß des Fällungsmittels zu empfehlen.

Erfassungsgrenze: 0,25 γ Lithium (BEHRENS-KLEY).

Ein großer Überschuß von Natriumsalzen stört, da sich dann auch die leichter löslichen, kubischen Krystalle des Natriumfluorids abscheiden können. Magnesium-Ionen müssen vor der Prüfung auf Lithium entfernt werden, weil Magnesiumfluorid einen ähnlichen Niederschlag wie LiF bildet.

6. Abscheidung mit Natriumphosphat. Trilithiumphosphat, Li_3PO_4, krystallisiert in kleinen, spulförmigen Krystallen unter häufiger Bildung von kreuzartigen Durchwachsungszwillingen. SCHOORL führt den Nachweis des Lithium als Phosphat in der Weise durch, daß er die nicht zu verdünnte Untersuchungslösung mit Natriumphosphat gelinde erwärmt. Ist die Untersuchungslösung sehr verdünnt, so tritt die Fällung erst in der Siedehitze ein und ist sehr kleinkrystallin. In diesem Falle ist es zur Erzielung besserer Krystalle vorteilhafter, das Reaktionsgemisch bei Zimmertemperatur zum Eintrocknen zu bringen. Nach BEHRENS-KLEY soll man das Reaktionsgemisch, eventuell unter Zusatz von NaOH oder Na_2CO_3, was die Ausfällung beschleunigt, unbedingt zum Aufkochen erhitzen, das Trilithiumphosphat durch Abdampfen vollständig abscheiden und den Rückstand mit 1 Tropfen kaltem Wasser versetzen. Dann sind bei Anwesenheit von Lithium die Krystalle des Lithiumphosphats zu erkennen. Erhitzt man eine neutrale Lithiumsalzlösung nach Zusatz von Natriumphosphat schnell bis zum beginnenden Sieden, so sollen klare, rechtwinklige Täfelchen ausfallen, die starke Doppelbrechung zeigen und parallel den Kanten auslöschen (BEHRENS-KLEY).

Abb. 5. Trilithiumphosphat (nach HUYSSE).

Erfassungsgrenze: 0,4 γ Lithium (BEHRENS-KLEY).

Störungen. Magnesium-Ionen stören und sind vorher zu entfernen. Natrium und Kalium stören kaum. Bemerkenswert ist, daß das Lithiumphosphat bei Gegenwart von Ammoniumchlorid nicht ausfällt. HEMMELER empfiehlt, die Ammonsalze durch Versetzen mit Formaldehyd zu entfernen, da das bei der Reaktion des Formaldehyds mit den Ammonsalzen entstehende Hexamethylentetramin, im Gegensatz zu den Ammonium-Ionen den Nachweis des Lithiums mit Natriumphosphat nicht stört. Nach der Umsetzung mit Formaldehyd ist die Lösung mit Natronlauge zu neutralisieren. Schließlich ist noch zu erwähnen, daß das Lithiumphosphat bei Anwesenheit von Citronensäure vollständig in Lösung gehalten wird (SCHOORL).

B. Weitere Reaktionen.

1. Abscheidung als Lithiumsulfat. REINSCH weist Lithium mikrochemisch als Lithiumsulfat nach, indem er mehrere Tropfen der lithiumsulfathaltigen Lösung gesondert auf den Objektträger bringt, sie verdunsten läßt und die abgeschiedenen Krystalle mit dem Polarisationsmikroskop betrachtet. Lithiumsulfat bildet Krystallbündel, die aus prismatischen Krystallen zusammengesetzt sind. Im hellen Sehfeld, also bei 0° Drehung des Nicols, sind sie farbig und zeigen ein blaues Kreuz, das bei 90° Drehung des Nicols in ein schwarzes Kreuz übergeht. Kleinste Lithiummengen, wie sie z. B. in Zigarrenasche enthalten sind, sollen auf diese Weise durch ihr optisches Verhalten zu erkennen sein.

Eine Störung oder Verwechslung mit Natrium-, Kalium- oder Ammoniumsulfat soll wegen der verschiedenen optischen Eigenschaften dieser Krystalle nicht zu befürchten sein. Natriumsulfat erscheint im dunklen Sehfeld des Mikroskops matt silberweiß und besteht aus staffelförmig aneinanderhängenden, quadratischen Tafeln. Kaliumsulfat erscheint bei 0° Drehung des Nicols in nicht scharf begrenzten, rhombischen Tafeln, die bei 90° Drehung blaue Ränder mit gelben oder roten Flecken besitzen. Die Krystalle von Ammoniumsulfat sind bei 0° Drehung kaum zu erkennen, bei dunklem Sehfeld erscheinen sie als aus teilweise zerfressenen, silbergrauen Quadersteinen bestehende Mauern mit blauen und braunen Rändern.

2. Abscheidung mit Dimethylaminoazobenzolsulfonsäure. 4'-Dimethylaminoazobenzolsulfonsäure-4, $(CH_3)_2N \cdot C_6H_4 \cdot N = N \cdot C_6H_4 \cdot SO_3H$, ist nach POZZI-ESCOT als Reagens zum mikrochemischen Nachweis des Lithiums geeignet. Lithium-Ionen geben mit dieser Säure eine Fällung ihres in Wasser wenig löslichen Lithiumsalzes. Das dimethylaminoazobenzolsulfonsaure Lithium krystallisiert leicht und besteht aus dünnen, prismatischen Krystallen, die oft in Rosetten gruppiert sind oder auch einen dichten Krystallfilz mit eingebetteten größeren prismatischen Krystallen bilden.

Angaben über die Nachweisgrenze und Empfindlichkeit fehlen.

Störungen. Das Reagens gibt mit zahlreichen Metallsalzen ebenfalls unlösliche, krystalline Fällungen, von denen hier für den Nachweis des Lithiums besonders diejenigen des Rubidiums, Magnesiums und Calciums interessieren. Rubidium gibt beim Versetzen mit Dimethylaminoazobenzolsulfonsäure sofort eine große Zahl kleiner, regelmäßig ausgebildeter, rhombischer Krystalle. Die entsprechende Magnesiumverbindung besteht aus kleinen Nadeln oder aber aus großen, gut ausgebildeten, hexagonalen Tafeln, je nachdem ob die Fällung in der Kälte oder in der Siedehitze ausgeführt wird. Das Calciumsulfonat fällt in Form großer, goldgelber, zum Teil gebogener Nadeln aus. Eine Verwechslung des Lithiums mit Rubidium, Magnesium oder Calcium ist daher kaum möglich. Inwieweit Natrium- oder Kalium-Ionen stören können, ist nicht untersucht.

Abbildungen der Krystalle des dimethylaminoazobenzolsulfonsauren Lithiums, Magnesiums und Rubidiums siehe POZZI-ESCOT.

C. Nicht empfehlenswerte Reaktionen.

1. Abscheidung mit Kaliumantimonat. Lithiumsalze geben wie die Natriumsalze mit Kaliumantimonat einen krystallinen Niederschlag. Das Lithiumantimonat ist aber löslicher als das entsprechende Natriumsalz. Die Krystalle des Lithiumantimonats sind kleine Sphärolite, die aus dünnen Nadeln zusammengesetzt sind, während das Natriumantimonat linsenförmige Krystalle bildet (BEHRENS-KLEY).

Abb. 6. Lithiumantimonatkrystalle (nach HUYSSE).

2. Abscheidung als Lithiumsilicofluorid. Das Lithiumhexafluosilicat, das man durch Reaktion der lithiumhaltigen Lösung mit Kieselfluorwasserstoffsäure (BOŘICKÝ) oder ihrem Ammoniumsalz (SCHOORL) und anschließendes Eintrocknen erhält, krystallisiert in Form blasser Oktaeder. Da man die Krystalle leicht mit denen des Natriumfluosilicats verwechseln kann, ist die Reaktion zum mikrochemischen Nachweis des Lithiums nicht zu empfehlen (SCHOORL, BEHRENS-KLEY).

3. Abscheidung mit Pikrinsäure. Lithiumsalze geben mit Pikrinsäure einen Niederschlag nadelförmiger Krystalle, die sich aber zum mikrochemischen Nachweis nicht eignen, da sie nicht von denen des Kaliumpikrats zu unterscheiden sind (SCHOORL).

4. Abscheidung mit Phosphormolybdänsäure. Lithium-Ionen werden durch Phosphormolybdänsäure als gelber, krystalliner Niederschlag von Lithiumphosphormolybdat ausgefällt. Dieser Niederschlag ist dem des Kaliumphosphormolybdats sehr ähnlich und ist außerdem löslicher als der des Kaliums, so daß die Phosphormolybdänsäure als Reagens zum mikrochemischen Lithiumnachweis nicht zu empfehlen ist.

Literatur.

ADAMS, J. J., A. A. BENEDETTI-PICHLER u. J. T. BRYANT: Mikrochem. **26**, 29 (1939). — ALLEN, E. T. u. H. F. ROGERS: Am. Chem. J. **24**, 304 (1900). — ATO, S. u. J. WADA: Sci. Pap. Inst. Tôkyô **4**, 263 (1926).

BAUM, E.: Ann. Phys., (5) **34**, 377 (1939). — BEHRENS, H.: Fr. **30**, 136 (1891). — BEHRENS-KLEY: Mikrochemische Analyse, Leipzig-Hamburg 1915. — BENEDETTI-PICHLER, A. A. u. J. T. BRYANT: Ind. eng. Chem. Anal. Edit. **10**, 107 (1938). — BENEDICT, S. R.: Am. Chem. J. **32**, 480 (1904). — BERG, R.: Fr. **71**, 23 (1927). — BERZELIUS, J. J.: Berz. Jahresber. **21**, 142 (1842). — BEWAD: J. Russ. phys.-chem. Ges. **16**, 591 (1884). — BOŘICKÝ, E.: Fr. **18**, 95 (1879). — BOSSUET, R.: Bl. (4) **51**, 681 (1932); C. r. **196**, 469 (1933). — BRECKPOT, R.: (a) 4e. Congr. Techn. Chim. Ind. Agricoles Bruxelles, Juli 1935; (b) Agricultura, Bull. trim. Assoc. Anc. Etud. Inst. Agron. Univ. Mai 1935. — BRECKPOT, R. u. A. MEVIS: Ann. Soc. Sci. Bruxelles **55**, 16 (1935). — BUNSEN, R.: A. **111**, 257 (1859). — BUNSEN, R. u. G. KIRCHHOFF: J. pr. **80**, 449 (1860); A. **118**, 349 (1860).

CALEY, E. R.: Am. Soc. **52**, 2754 (1930); Mikrochem. **9**, 95 (1931). — CARNOT, A.: Bl. (3) **1**, 250 (1889). — CARTMELL: Phil. Mag. (4) **16**, 328 (1858); Pharm. J. **18**, 426 (1858); J. Pharm. (3) **35**, 353 (1858). — CHAPMAN E. J.: (a) Chem. Gazz. **1850**, 44; (b) Chem. Gaz. **1848**, 188. — CLARK, A. R.: J. Chem. Education **12**, 242 (1935) u. **13**, 383 (1936). — CLASSEN, A.: Ausgewählte Methoden d. anal. Chem. Bd. **1**, Braunschweig 1901.

DEWAR: Pr. Roy. Inst. **9**, 684 (1882). — DUFFENDACK, O. S. u. K. B. THOMSON: Pr. Am. Soc. Test. Mat. **36**, Pt. 2 (1936). — DUREUIL, E.: C. r. **182**, 1020 (1926).

EDER, J. M. u. E. VALENTA: Atlas typischer Spektren, Wien 1928.

FORMÁNEK, J.: Fr. **39**, 413 (1900).

GASPAR Y ARNAL, T.: (a) An. Españ. **30**, 398 (1932); Ann. Chim. anal. **14**, 342 (1932); (b) An. Españ. **30**, 406 (1932); Ann. Chim. anal. (2) **15**, 193 (1933). — GEFFKEN, G.: Z. anorg. Ch. **43**, 197 (1905). — GEILMANN, W.: Bilder z. qualitat. Mikroanalyse anorg. Stoffe, Leipzig 1934. — GERLACH, W. u. E. RIEDL: Die chem. Emissions-Spektralanalyse, III. Teil, Leipzig 1936. — GERLACH, W. u. K. RUTHARDT: Z. anorg. Ch. **209**, 337 (1932). — GERMUTH, F. G. u. CL. MITCHELL: Am. J. Pharm. **101**, 46 (1929). — GOLDSCHMIDT, V. M. H. BERMAN, H. HAUPTMANN u. CL. PETERS: Nachr. Götting. Ges., Math. phys. Kl. **1933** 235. — GROTHE, H. u. W. SAVELSBERG: Fr. **110**, 81 (1937). — GUENTHER, A.: Z. anorg Ch. **200**, 409 (1931).

HAGER: P. C. H. (2) **5**, 291 (1884). — HEMMELER, A.: Ann. Chim. applic. **25**, 610 (1935). — HUKUDA, K.: Bl. agric. chem. Soc. Japan **2**, 115 (1927). — HUYSSE, A. C.: Atlas zum Gebrauch bei der mikrochem. Analyse, Leiden 1932.

Internationale Tabellen d. Reagenzien f. anorg. Analyse, Leipzig 1938.

JANSEN, W. H., J. HEYES u. C. RICHTER: Ph. Ch. (A) **174**, 291 (1935).

KAHLENBERG, L. u. F. C. KRAUSKOPF: Am. Soc. **30**, 1104 (1908). — KARAOGLANOV: Fr. **119**, 24 (1940). — KAYSER, H.: Handbuch d. Spectroscopie, Bde. V—VIII 1, Leipzig. — KORENMAN, I. M. u. M. M. FURSSINA: Chem. J. Ser. B **10**, 1494 (1935).

LUNDEGÅRDH, H.: Die quantit. Spektralanalyse der Elemente, 1. Teil, Jena 1929 u. 2. Teil 1934.

MALTBY, J. G.: Chem. Ind. (London) **56**, 220 (1937). — MANNKOPFF, R. u. CL. PETERS: Z. Phys. **70**, 444 (1931). — MARCIOTTA, E.: Rend. Sem. Fac. Sci. Univ. Cagl. **1**, 55 (1931). — MAYER, W.: A. **98**, 193 (1856). — MCMASTER: Am. Soc. **36**, 1918 (1914). — MERZ, G.: J. pr. **80**, 487 (1860). — MOSER, L. u. K. SCHÜTT: M. **51**, 23 (1929). — MYLIUS, F. u. R. FUNK: B. **30**, 1716 (1897).

NOYES, A. A. u. W. C. BRAY: A System of Qualitative Analysis, New York 1927.

PFEILSTICKER, K.: Z. El. Ch. **43**, 719 (1937). — PLATTNER: Probierkunst, Leipzig 1835, 102. — POOLE, ST. D.: Dingl. J. **191**, 82 (1869); Fr. **8**, 456 (1869). — POZZI-ESCOT, M. E.: Bl. (4) **9**, 22 (1911). — PROCIV, D.: Coll. Czechoslov. Chem. Commun. **1**, 95 (1929). — PROČKE, O. u. A. ŠLOUF: Coll. Trav. chim. czech. **11**, 273 (1939), (C. **1939 II** 3607). — PROČKE, O. u. R. UZEL: Mikrochim. A. **3**, 105 (1938).

RÂY, P. u. P. B. SARKAR: Mikrochemie, EMICH-Festschrift 243 (1930). — REINSCH, H.: B. **14**, 2325 (1881). — RUSSANOW, A. K.: (a) Mineral. Rohstoffe (russ.) **8**, Nr. 4, 27 (1933); (b) Chem. J. Ser. A **6**, 1057 (1936); Fr. **98**, 335 (1934); (c) Z. anorg. Ch. **214**, 77 (1933); Mineral. Rohstoffe (russ.) **8**, Nr. 4, 21 (1933).

SANFOURCHE, A.: C. r. **206**, 1821 (1938). — SCHLEICHER, A. u. L. LAURS: Fr. **108**, 241 (1937). — SCHOORL, N.: Fr. **48**, 593 (1909). — SINKA, A.: Fr. **80**, 430 (1930). — SMITH, G. F. u. J. F. ROSS: Am. Soc. **47**, 1020. — SPÄTH, W.: M. **61**, 107 (1932). — STROCK, L. W.:

Nachr. Götting. Ges., Math. phys. Kl. Fachgr. IV, **1**, 171 (1936). — Stuart, O. J. u. D. W. Young: Am. Soc. **57**, 695 (1935).

Todd, F.: J. Chem. Education **15**, 241 (1938). — Tolmatschew, J. M.: Doklady Akademii Nauk SSSR. (N. S.) **1**, 464 (1934); Bl. Acad. URSS. **7**, 905 (1934). — Török, T.: Fr. **116**, 29 (1939). — Treadwell, F. P.: Kurzes Lehrbuch d. anal. Chemie, 11. Aufl., Bd. 2, Leipzig-Wien 1923.

Urbain, P. u. M. Wada: C. r. **199**, 1199 (1934); Bl. (5) **3**, 163 (1936).

Waibel, F.: Wiss. Veröffentl. Siemens-Konzern **14**, Heft 2, 32 (1935). — Winkler, L. W.: Fr. **52**, 628 (1913).

Yagoda, H.: Am. Soc. **52**, 3068 (1930).

Natrium.

Na, Atomgewicht 22,997; Ordnungszahl 11.

Von **HANS SPANDAU**, Greifswald.

Mit 14 Abbildungen.

Inhaltsübersicht.

Natrium.

Na, Atomgewicht 22,997; Ordnungszahl 11.

Das Natrium ist eines der in der Natur meistverbreiteten Elemente. Der Natriumgehalt der Erdrinde beträgt etwa 2,6%. Das Natrium kommt in einigen Mineralien als Hauptbestandteil vor, ist daneben aber auch in fast allen übrigen Mineralien, wenn auch nur in geringer Menge, enthalten. Die am meisten verbreiteten Mineralien des Natriums sind die Silicate, unter denen der Natronfeldspat oder Albit, $NaAlSi_3O_8$, die Natronkalkfeldspate oder Plagioklase (Mischkrystalle von $NaAlSi_3O_8$ und $CaAl_2Si_2O_8$) und die Natronkalifeldspate oder Natronorthoklase (Na, K), $AlSi_3O_8$, genannt seien. Von größter praktischer Bedeutung sind die an einigen Stellen der Erde vorhandenen Lagerstätten von einfachen, wasserlöslichen Natriumsalzen, die durch Eintrocknen von Meeren und Seen entstanden sind. In ihnen liegt das Natrium als Steinsalz oder Natriumchlorid vor, NaCl, Soda, $Na_2CO_3 \cdot 10\,H_2O$, Trona, $Na_2CO_3 \cdot NaHCO_3 \cdot 2\,H_2O$, Glaubersalz oder Mirabilit, $Na_2SO_4 \cdot 10\,H_2O$, Thenardit, Na_2SO_4 (wasserfrei), Glauberit, $Na_2SO_4 \cdot CaSO_4$, Natron- oder Chilesalpeter, $NaNO_3$ und Borax, $Na_2B_4O_7 \cdot 10\,H_2O$. Schließlich sei auch noch auf das Vorkommen des Natriums als Fluorid im Kryolith, Na_3AlF_6, hingewiesen.

Außerordentlich verbreitet ist das Natrium in allen Gewässern, Flüssen, Seen, Meeren und Mineralquellen, in denen es hauptsächlich als Chlorid, in untergeordneter Menge als Sulfat, Carbonat und anderen Salzen enthalten ist. Der Natriumchloridgehalt des Meerwassers beträgt im Durchschnitt etwa 2,5% und macht rund 30% aller gelösten Salze aus. In einigen Binnenseen ist infolge der Verdunstung das Natriumchlorid stark angereichert, so hat z. B. das Tote Meer einen Gehalt von 20% Natriumchlorid.

Gemäß seiner Stellung in der ersten Gruppe des periodischen Systems ist das Natrium in allen seinen Verbindungen 1wertig. In seinen Eigenschaften ähnelt es mehr dem Lithium als dem Kalium, allerdings nicht in jeder Beziehung, z. B. nicht hinsichtlich des Löslichkeitsverhaltens seines Carbonats, Fluorids und Phosphats in Wasser und des Löslichkeitsverhaltens seiner Salze in organischen Lösungsmitteln.

Die einfachen Salze des Natriums sind fast alle in Wasser sehr leicht löslich. Schwerlöslich sind dagegen die Natriumsalze der Antimonsäure, der Hexafluokieselsäure und der Aluminiumfluorwasserstoffsäure, ferner das Natrium-Caesium-Wismutnitrit und einige Tripelacetate, von denen hauptsächlich das Natrium-Magnesium-Uranylacetat und das Natrium-Zink-Uranylacetat zum analytischen Nachweis des Natriums von Wichtigkeit sind. Zum analytischen Nachweis werden schließlich noch die Natriumsalze einiger organischer Säuren — Dioxyweinsäure, Bromazobenzolsulfosäure, Pikrinsäure, Pikrolonsäure, Oxalsäure u. a. — empfohlen.

Am sichersten und zugleich auch am empfindlichsten ist der Natriumnachweis mit Hilfe der Flammenfärbung bzw. der Spektralanalyse.

Wegen der leichten Löslichkeit fast aller Natriumsalze in Wasser oder zumindest in Säuren ist für den Nachweis des Natriums ein Aufschluß im allgemeinen nicht erforderlich. Silicate werden durch Schmelzen mit einem Gemisch von Calciumcarbonat und Ammoniumchlorid [L. Smith (a) und (b)] oder mit einem Gemisch von Calciumchlorid und Bariumhydroxyd (v. Fellenberg-Rivier) leicht aufgeschlossen. Die komplexen Fluoride werden durch Abrauchen mit konzentrierter Schwefelsäure in Lösung gebracht.

Im Analysengang findet man nach der Ausfällung der Schwefelwasserstoff-, Schwefelammonium- und Erdalkaligruppe das Natrium im Filtrat der Erdalkalien. Diese Lösung enthält neben Natrium alle übrigen Alkalien, Magnesium und Ammonium. Das Magnesium kann als Hydroxyd, Oxychinolat oder als Magnesium-Ammoniumphosphat gefällt und entfernt werden. Die Ammoniumsalze werden durch Abrauchen vertrieben. Der Rückstand der Alkalisalze wird mit Wasser aufgenommen und das Natrium neben den übrigen Alkalien durch Spektralanalyse oder — soweit möglich — auf nassem Wege nachgewiesen. Sicherer ist es jedoch, das Natrium vorher von den übrigen Alkalien abzutrennen. Dazu existieren verschiedene Verfahren bzw. Trennungsgänge, mit denen die Alkalien zunächst in zwei Gruppen geteilt werden. Zu der einen Gruppe gehören Lithium und Natrium, zu der anderen die drei übrigen Alkalimetalle. Durch Behandlung des Alkalisalzgemisches mit Perchlorsäure und Äthylalkohol können Kalium, Rubidium und Caesium als Perchlorate ausgefällt werden, während Lithium und Natrium in Lösung bleiben (Noyes und Bray). Ato und Wada trennen Kalium, Rubidium und Caesium vom Natrium und Lithium in der mit Salzsäure angesäuerten Lösung ihrer Chloride durch Fällung mit Perchlorsäure. Benedetti-Pichler und Bryant benutzen Platinchlorwasserstoffsäure an Stelle der Perchlorsäure zur Abtrennung des Kaliums, Rubidiums und Caesiums vom Natrium und Lithium. Der Trennungsgang von Gaspar y Arnal beruht auf der verschiedenen Löslichkeit der Alkali-Erdalkaliferrocyanide in wäßrigem Alkohol. Kalium, Rubidium und Caesium werden als Doppelferrocyanide durch eine Lösung von Calciumferrocyanid in einem Wasser-Alkoholgemisch (1:1) ausgefällt. Lithium und Natrium bleiben dagegen in Lösung. Die Abtrennung des Lithiums vom Natrium schließlich bereitet keine nennenswerten Schwierigkeiten; man benutzt dazu meistens die gute Löslichkeit der Lithiumsalze in vielen organischen Lösungsmitteln und die Unlöslichkeit der Natriumsalze in diesen. So läßt sich das Gemisch von Natriumchlorid und Lithiumchlorid durch Extraktion von LiCl mit Dioxan (Sinka), mit Isobutylalkohol [Winkler (a)], Amylalkohol (Treadwell) Pyridin (Kahlenberg und Krauskopf) trennen. Liegen Lithium und Natrium als

Perchlorate vor, so löst man die Perchlorate in Äthylalkohol oder normalem Butylalkohol und leitet einen Strom trockenen Chlorwasserstoffs ein, wodurch das Natrium als Chlorid ausgefällt wird, während Lithium in Lösung bleibt (NOYES und BRAY, WILLARD und SMITH).

Nachweismethoden.

§ 1. Nachweis auf spektralanalytischem Wege[1].

A. Ohne spektrale Zerlegung (durch Flammenfärbung).

Die nicht leuchtende Bunsenflamme wird intensiv gelb gefärbt, wenn man Natriumsalze mit Hilfe eines Platindrahtes oder eines Magnesiastäbchens in die Flamme bringt. Ein durch die Natriumflamme beleuchteter Kaliumbichromatkrystall erscheint farblos und ein mit rotem Quecksilberjodid bestrichenes Papier schwach gelblich. Wenn man die Natriumflamme durch ein violettes Glas betrachtet, ändert sie ihre Farbe nicht; durch ein rotes oder grünes Glas erscheint sie orange. Die Natriumflamme verschwindet bei Beobachtung durch ein dickes Kobaltglas oder durch eine Indigolösung. Näheres über die Auslöschung der Natriumflamme durch geeignete Absorptionsmittel vgl. die entsprechenden Kapitel „Kalium" und „Lithium".

Empfindlichkeit: $3{,}5 \cdot 10^{-6}$ mg Natrium (MERZ).

Die Empfindlichkeit der Flammenreaktion ist von dem anwesenden Anion kaum abhängig. Bei Untersuchung von Natriumnitrat, -sulfat, -chlorid, -bromid, -jodid, -perchlorat, -hydroxyd, -phosphat oder -carbonat ist die Flammenhelligkeit stets etwa die gleiche. Durch die Anwesenheit von Kalium-, Lithium- und Calciumsalzen wird die Flammenfärbung des Natriums nicht gestört. Dämpfe von Chlor, Chlorwasserstoff, Chloroform oder Ammoniumchlorid vermindern die Helligkeit der Natriumflamme stark und können sie sogar ganz auslöschen [MITSCHERLICH, DIACON, GOUY (a), ANDRADE, WILSON].

Eine längere Zeit anhaltende Flammenfärbung erhält man, wenn man einen Zerstäuber benutzt oder nach der Methode von TÖRÖK arbeitet. TÖRÖK mischt die zu untersuchende Salzlösung in einem Porzellantiegel mit einem Drittel ihres Volumens an konzentrierter Salzsäure und wirft einige Stückchen Zink hinein. Über dem Tiegel befindet sich die Flamme eines horizontal gestellten Bunsenbrenners. Der entwickelte Wasserstoff reißt kleine Flüssigkeitströpfchen mit, wodurch die ganze Flamme dauernd gefärbt wird. TÖRÖK kann auf diese Weise noch eine Natriummenge von $8 \cdot 10^{-5}$% der Untersuchungslösung nachweisen.

CLARK gibt zur Erzeugung der Flammenfärbung ein Verfahren an, das der Platindrahtmethode überlegen sein soll. Ein mit Wasser gefülltes Pyrexreagensglas wird in die Untersuchungslösung eingetaucht und das untere Ende dann vorsichtig in einer nicht leuchtenden Flamme erhitzt. Die Flammenfärbung ist noch bei einem Natriumgehalt von 1 mg pro Kubikzentimeter Lösung zu erkennen.

B. Durch spektrale Zerlegung.

1. Emissionsspektrum.

Allgemeines[2]. Der Nachweis von Na läßt sich mit allen bekanntgewordenen Anregungsmethoden sehr empfindlich durchführen. Zur Analyse wird im sichtbaren Spektralbereich das bekannte Dublett der Hauptserie 5896/5890 Å benützt, im ultravioletten das Dublett 3302,9/3302,3 Å. Die Empfindlichkeit ist so groß, daß im allgemeinen schon der Leerversuch das Na-Dublett zeigt, da meistens die Labo-

---

[1] Mitbearbeitet von J. VAN CALKER, Münster (Westf.).

[2] Vgl. auch die allgemeinen Bemerkungen zum spektralanalytischen Nachweis der Alkalimetalle (Lithium-Kapitel, Seite 27, Fußnote 1).

ratoriumsluft die hierzu notwendige Menge von ungefähr $10^{-4}\,\gamma$ enthält. Die häufig benutzten Spektralkohlen sind nicht mit Sicherheit frei von Na. Es wird von einigen Verfassern die Verwendung von Cu-, Mg- oder Ag-Elektroden empfohlen. Zum empfindlichen photographischen Nachweis muß darauf geachtet werden, daß die verwandte Photoplatte bei 5900 Å eine hinreichende Empfindlichkeit hat.

Es besteht beim Nachweis von Alkalien keinerlei Veranlassung, besondere Methoden zu wählen. Die im folgenden mitgeteilten Einzelversuche zeigen daher auch lediglich, daß es mit den dabei beschriebenen Anordnungen möglich ist, Natrium nachzuweisen, dürfen aber keinesfalls so verstanden werden, daß diese Arbeitsweise notwendig sei. JANSEN, HEYES und RICHTER weisen Na ohne Verwendung der photographischen Platte mit Hilfe einer Photozelle am Spektrographen nach. Die Vorteile dieser Methode sind nur in Sonderfällen ausschlaggebend. Na wird spektrographisch in allen erdenklichen Stoffen nachgewiesen, so daß in den Veröffentlichungen nicht ausdrücklich daraufhin gewiesen wird, da die Nachweismöglichkeit selbstverständlich ist. Im folgenden wird nach den Tabellen von GERLACH und RIEDL die Empfindlichkeit der zur Analyse geeigneten Linien verglichen und ihre Störung durch Linien anderer Elemente wiedergegeben. Praktisch gibt es nur ganz wenig Fälle, wo die anschließend aufgezählten Störmöglichkeiten tatsächlich eine Analyse von Natrium verbieten.

Es werden folgende Bogenlinien angegeben: $\lambda = 5895{,}9$ Å; $\lambda = 5890{,}0$ Å; $\lambda = 3302{,}3$ Å. Bei Verwendung eines Quarzspektrographen und einer Superrapidplatte ist die Intensität der Linie 3302,3 Å viel stärker als die der Linie 5890,0 Å. Mit geeigneter Platte sind jedoch die Linien 5890,0 Å und 5895,9 Å viel empfindlicher als die Linie 3302,3 Å.

(Bis auf die Elemente Al, Cu, Fe, Ni, Pb, Sn und Zn beruht diese Zusammenstellung der Koinzidenzen für 5895,9 und 5890,0 entgegen den sonstigen experimentellen Unterlagen von GERLACH-RIEDL nur auf den Angaben von KAYSER, Handbuch der Spectroskopie V bis VIII_1, wobei die Messungen für manche Elemente nur im Bogen oder nur im Funken vorliegen.)

Koinzidenzen sind zu erwarten:

Bei $\lambda = 5895{,}9$ Å mit Linien von Nickel, Blei, Zink, Germanium und schwachen Linien des Antimons, Scandiums, Vanadiums und einer sehr schwachen Chromlinie. Ob auch Cadmium eine schwache Linie bei 5895,9 Å hat, ist fraglich. Durch Aluminium und Eisen wird an der Stelle dieser Linie ein starker Untergrund hervorgerufen. Bei kleiner Dispersion des Spektrographen sind auch Störungen durch Linien von Kobalt, Quecksilber, Titan, Iridium (letztere unter Linienverbreiterung) und durch schwache Linien von Molybdän, Ruthenium und Vanadium möglich. Von den genannten störenden Linien treten diejenigen des Zinks, Germaniums, Vanadiums, Chroms und Antimons besonders im Funkenspektrum, die des Scandiums und Iridiums hauptsächlich im Bogenspektrum auf.

Bei $\lambda = 5890{,}0$ Å mit Linien vom Kobalt, Germanium, Quecksilber, Molybdän sowie einer schwachen Linie von Wolfram, die verbreitert wird, und einer sehr schwachen Chromlinie. Die Spektren von Aluminium und Eisen haben bei 5890,0 Å regelmäßig starken Untergrund. Bei kleiner Dispersion des Spektrographen können ferner Linien von Nickel, Blei, Zink, Scandium und schwache Linien des Iridiums, Rutheniums, Titans, Wolframs stören. Die genannten Störungslinien des Zinks und Germaniums erscheinen hauptsächlich im Funkenspektrum, die des Chroms, Scandiums, Iridiums und Titans vornehmlich im (Abreiß-) Bogen.

Bei $\lambda = 3302{,}3$ Å mit Linien von Strontium, Zink, Osmium, Palladium, Platin, Ruthenium und sehr schwachen Linien von Chrom, Rhodium und Titan. Als starke Störungslinien nennen GERLACH und RIEDL die folgenden Bogenlinien: Osmium $\lambda = 3301{,}6$ Å; Zink $\lambda = 3302{,}6$ Å; Eisen $\lambda = 3306{,}4$ Å und 3306,0 Å; Palladium $\lambda = 3302{,}1$ Å und Platin $\lambda = 3301{,}9$ Å.

Nachweis in Lösungen. Zum Na-Nachweis in Lösungen wird meistens das Flammenspektrum benutzt. Für nicht zu große Ansprüche genügt als Lichtquelle ein Bunsenbrenner. Soll höhere Empfindlichkeit erreicht werden oder die Möglichkeit zur halbquantitativen und quantitativen Analyse offen bleiben, so wird im allgemeinen eine Acetylen-Sauerstofflamme verwendet, wie das z. B. LUNDEGÅRDH, BOSSUET, RUSSANOW und WAIBEL angeben. Die Anordnungen unterscheiden sich lediglich durch die Art, wie die Proben in die Flamme gebracht werden. Abweichend von den üblichen und sehr zweckmäßigen Verfahren nach LUNDEGÅRDH oder WAIBEL bringt z. B. BOSSUET die Lösung auf ein Stäbchen aus Magnesiumpyrophosphat. RUSSANOW (a) erweitert die Bestimmung zum halbquantitativen Nachweis. Dazu verschiebt er ein keilförmiges Gefäß mit einer Absorptionslösung von 0,25% Kaliumpermanganat, bis die Doppellinie 5890/5896 Å verschwindet, und schließt aus der Stellung des Absorptionskeiles auf die Konzentration der Lösung. Die Empfindlichkeit des Flammenspektrums ist sehr gut und erreicht die Größenordnung von $^1/_{100000}$ molar, was einer Menge von ungefähr $^1/_{100}\,\gamma$ Natrium entspricht. Man muß nur darauf achten, daß alle Teile der Flamme zur Belichtung der Platte beitragen, da das Natrium in einzelnen Zonen der Flamme besonders stark angeregt wird und bei einem zufälligen Ausblenden dieses Teils die Nachweisempfindlichkeit wesentlich beeinflußt wird.

Größere Empfindlichkeit und bequemen Nachweis hat man bei Benützung der Bogenentladung in allen bekanntgewordenen Formen (Dauerbogen, Abreißbogen nach GERLACH, nach PFEILSTICKER, Flammenbogen nach DUFFENDACK). Die Probe wird auf eine Trägerelektrode getropft. Als Trägerelektrode ist Na-freies Metall besser geeignet als Kohle, da diese fast immer in Spuren Natrium enthält. Soll Natrium in Spuren nachgewiesen werden, so kann durch Anwendung der Methode von MANNKOPFF und PETERS eine Empfindlichkeitssteigerung erreicht werden (Glimmschichtverfahren). Auch die Funkenentladung ist zum Nachweis geeignet, wenn es nicht darauf ankommt, die hohe Empfindlichkeit der spektralanalytischen Verfahren bis zum äußersten auszunützen.

SCHLEICHER und LAURS benutzen den Funken zum Natriumnachweis, nachdem sie das Natrium elektrolytisch auf der Spitze eines Cu-Drahtes niedergeschlagen haben (auf dem Cu-Draht werden zunächst 500 γ Hg elektrolytisch abgeschieden; als Anode dient ein kleiner Ag- oder Pt-Tiegeldeckel. 0,1 cm^3 Lösung wird bei einer Spannung von 4 bis 8 Volt unter Zusatz von Hydrazinhydrat als Depolarisator ungefähr 20 bis 30 Min. elektrolysiert und ohne weitere Behandlung im Funken analysiert). Nachweisgrenze etwa 0,1 γ Na.

Nachweis in Pulvern und Salzen. Pulver und Salze werden am besten auf eine Hilfselektrode gebracht und im Bogen oder Funken analysiert. Einzeluntersuchungen liegen vor von DUREUIL, BRECKPOT und MEVIS, KONISHI und TSUGE, URBAIN und WADA. URBAIN und WADA vermischen die Probe mit einem Überschuß von ZnO, damit diese gut schmilzt und verdampft. Das ZnO hat den Vorteil, daß es keinen kontinuierlichen Untergrund und keine störenden Linien gibt. Als Elektroden werden Elektrolytkupferstäbchen empfohlen; Bogenbelastung 2 bis 3 Amp., 40 Volt. Sie weisen $7 \cdot 10^{-2}\,\gamma$ Natrium nach. BRECKPOT und MEVIS weisen Natrium in CuO nach. DUREUIL empfiehlt die Verwendung von Mg-Elektroden (Belastung höchstens 1 Amp., um die Entflammung zu vermeiden). KONISHI und TSUGE arbeiten im Kohlebogen mit 10 Amp. Belastung, Trägerelektrode als Anode geschaltet. Sie weisen noch $10^{-1}\,\gamma$ nach. Alle hier mitgeteilten Einzeluntersuchungen überschreiten in ihren Ergebnissen die im allgemeinen erreichbare Nachweisgrenze nicht.

Nachweis in Metallen. Die Analyse gelingt in allen Fällen. Das Metall wird unmittelbar als Elektrode benützt und im Bogen oder Funken angeregt. BRECKPOT (a) hat Natrium neben vielen anderen Elementen als Verunreinigung in Cu bestimmt. Die Nachweismethode braucht nicht auf den Natriumnachweis besonders zugeschnitten zu sein, es empfiehlt sich nur, nicht zu energiereiche Entladung zu wählen.

Nachweis in organischer Substanz. Organische Substanz wird entweder ohne Vorbereitung im Hochfrequenzfunken analysiert oder nach dem Trocknen in kleinen Stückchen oder pulverisiert im Bogen verdampft. Natrium ist in allen organischen Substanzen enthalten. BRECKPOT (b) berichtet über den Natriumnachweis in der Zuckerrübe.

Nachweisgrenzen der verschiedenen Methoden. Bei den Alkalien ist die Flamme und der Bogen zum Nachweis geringer Mengen am besten geeignet. Genaue Zahlen liegen nicht vor. Die einzelnen Veröffentlichungen zeigen in der Gegenüberstellung stark schwankende Werte, was bei den immer wieder etwas anders angeordneten Anregungsmethoden erklärlich ist. Die mitgeteilten Werte können darum nicht als sichere Grenze bezeichnet werden. Es geben an: LUNDEGÅRDH kleiner als 10^{-6} molar; WAIBEL 10^{-5} molar, 0,2 γ; SCHLEICHER 0,1 γ in Lösungen; KONISHI 0,1 γ in Pulvern. Als Anhaltspunkt kann gelten, daß die Nachweisgrenze im Bogen bei ungefähr 10^{-3} bis 10^{-4} γ liegen dürfte, in der Flamme bei 10^{-2} bis 10^{-3} γ, im Funken bei 10^{-1} bis 1 γ.

Beeinflussung der Nachweisgrenze. Die Nachweisgrenze kann durch Anreicherungsmethoden weiter erhöht werden. Es würde aber ohne größeren Aufwand nicht zweckmäßig sein, die in der Lichtquelle verdampfenden Mengen noch weiter drücken zu wollen, da die Verunreinigungen der Zimmerluft bereits jetzt in der gleichen Größenordnung liegen. Eine Beeinflussung der Nachweisgrenze durch andere etwa vorhandene Bestandteile ist zu erwarten, wenn durch diese die Temperatur der Entladung wesentlich verändert wird. Der Nachweis von Natrium ist bei relativ niedriger Temperatur am empfindlichsten.

Besondere Arbeiten. TODD verwendet einen Tauchelektrodenapparat, bei dem die Elektroden aus Platin in die zu untersuchende wäßrige Lösung oder Suspension eintauchen und durch Anlegen von 110 Volt niederfrequenten Wechselstroms eine Elektrode zum Glühen gebracht wird. Durch die glühende Elektrode wird genügend Substanz zur Emission angeregt. Diese Strahlung, deren Intensität geringer als die des Bogens oder Funkens ist, wird spektroskopisch beobachtet. RUSSANOW empfiehlt zur Untersuchung von Pulvern das Einblasen der trockenen und fein gepulverten Probe in die Flamme. Er hat in Glimmer noch $2 \cdot 10^{-3}$% Natrium nachgewiesen. UHARA spektrographiert die an der Kathode während der Elektrolyse auftretende Luminescenz.

2. Absorptionsspektrum.

Nachweis im Absorptionsspektrum von Alkannatinktur. FORMÁNEK benutzt das Absorptionsspektrum einer Alkannalösung, die mit der Untersuchungslösung versetzt wird, zum Nachweis des Natriums. Zwischen Spektroskop und Glühlampe befindet sich eine Küvette mit einer verdünnten, alkoholischen Alkannalösung, deren Konzentration so zu wählen ist, daß alle Absorptionsstreifen des Alkannins voneinander scharf getrennt und mittelstark erscheinen. Die reine Alkannalösung zeigt folgende Absorptionsstreifen:

Hauptstreifen: 5240 Å; Nebenstreifen: 5640 Å, 5451 Å und 4885 Å. Auf Zugabe von wenigen Tropfen verdünnten Ammoniaks ändert sich die Farbe von Gelbrot nach Blau und demgemäß das Absorptionsspektrum; es besteht nun aus einem Hauptstreifen bei 6428 Å und einem Nebenstreifen bei 5948 Å. Zum Nachweis des Natriums versetzt man die gelbrote Alkannalösung mit einigen Tropfen der natriumhaltigen Lösung und setzt etwas verdünntes Ammoniak hinzu. Bei Anwesenheit von Natrium hat das Absorptionsspektrum zwei ungefähr gleich starke Streifen bei 6337 Å und 5857 Å.

Das Natrium muß als Chlorid oder Nitrat vorliegen, das Sulfat ist wegen seiner zu geringen Löslichkeit in Alkohol ungeeignet. Ammoniumsalze stören nicht. Das unter gleichen Bedingungen hergestellte Absorptionsspektrum der Lithium-Alkannaverbindung besteht aus 3 Streifen, das Spektrum von Kalium, Rubidium und Caesium dagegen wie das der Natrium-Alkannaverbindung aus 2 Streifen, die gegenüber denen des Natriums nur wenig nach längeren Wellenlängen verschoben sind. Angaben über den Nachweis der Alkalien nebeneinander mit Hilfe des Absorptionsspektrums fehlen. Es dürfte aber wohl wegen der Ähnlichkeit der Absorptionsspektren kaum möglich sein, Natrium neben Kalium, Rubidium oder Caesium nachzuweisen.

§ 2. Nachweis auf nassem Wege.

A. Wichtige analytische Reaktionen.

1. Fällung als Natrium-Magnesium-Uranylacetat mit Magnesium-Uranylacetat. Natriumsalze geben in neutraler bis essigsaurer Lösung mit Magnesium-Uranylacetat einen gelb gefärbten, krystallinen, schwerlöslichen Niederschlag von Natrium-Magnesium-Uranylacetat. STRENG (a) und (b) hat zuerst empfohlen, die Bildung dieses Tripelacetats zum Natriumnachweis zu benutzen; als Zusammensetzung des Niederschlags gibt er die folgende Formel an:

$$NaCH_3COO \cdot Mg(CH_3COO)_2 \cdot 3\,UO_2(CH_3COO)_2 \cdot 9\,H_2O.$$

Die Reaktion ist hinsichtlich Empfindlichkeit und Störungsmöglichkeiten wiederholt geprüft worden [BEHRENS, SCHOORL (a), KOLTHOFF (a), CHAMOT und BEDIENT, GUTZEIT, KAHANE, GREENE]. Dabei hat KOLTHOFF (a) festgestellt, daß die Empfindlichkeit des Natriumnachweises durch Zusatz von Alkohol bedeutend gesteigert werden kann. Von den Arbeiten über Natrium-Magnesium-Uranylacetat sind die Untersuchungen von KAHANE als grundlegend und am wichtigsten zu nennen.

KOLTHOFF (a) sowie GUTZEIT benutzen folgendes Reagens: Sie bereiten sich eine essigsaure Lösung von Uranylacetat, indem sie ein Gemisch von 10 g Uranylacetat und 6 g Eisessig mit Wasser auf 50 cm^3 Lösung auffüllen. Ferner wird eine essigsaure Lösung von Magnesiumacetat hergestellt, die 33 g Magnesiumacetat und 6 g Eisessig enthält und ebenfalls mit Wasser auf 50 cm^3 verdünnt ist. Die beiden Lösungen werden gemischt und nach einigen Tagen filtriert, falls sich — infolge Verunreinigung der Reagenzien durch Natrium — ein Niederschlag abgeschieden haben sollte. Zu 2 bis 3 cm^3 der Untersuchungslösung setzt man die gleiche Menge Alkohol und etwa 10 Tropfen der Reagenslösung hinzu.

Bei dieser Ausführungsart bildet sich ein deutlicher Niederschlag spätestens nach 1 Std., wenn der Gehalt der Lösung an Natrium 0,005% oder mehr beträgt. **Grenzkonzentration** 1:20000 [KOLTHOFF (a)]. Ohne Zusatz von Alkohol liegt die **Grenzkonzentration** bei 1:2500 [KOLTHOFF (a)].

Über die Störung durch Kaliumsalze macht KOLTHOFF (a) folgende Angaben: Ohne Verwendung von Alkohol können noch 0,4 g Na/Liter neben 20 g K/Liter nachgewiesen werden, während in dem 50%igen Alkohol nur 10 g K/Liter nicht stören. Der Alkoholzusatz bewirkt also einerseits eine starke Erhöhung der Empfindlichkeit, andrerseits aber auch eine Herabsetzung der Spezifität.

Wegen dieses doppelten Alkoholeinflusses hat KAHANE die Bedingungen untersucht, unter denen das Magnesium-Uranylacetatreagens die größtmögliche Empfindlichkeit besitzt, wenn es auch weniger spezifisch ist, sowie diejenigen Bedingungen, unter denen die Spezifität des Reagenses so groß wie möglich ist, wobei es dann nicht allzu empfindlich ist. Für diese beiden Grenzfälle gibt er zwei verschiedene Reagenslösungen an. Je nach den vorliegenden Untersuchungslösungen wird man also die eine oder die andere Reagenslösung vorziehen.

Das Reagens von KAHANE mit der größten Empfindlichkeit enthält im Liter Lösung 32 g Uranylacetat, 100 g Magnesiumacetat, 20 cm^3 Eisessig und 500 cm^3 Alkohol. Auf 2 Teile Untersuchungslösung gibt man 5 Teile Reagenslösung. Bei Anwesenheit von $2 \cdot 10^{-5}$ g Natrium im Liter Untersuchungslösung bildet sich der Niederschlag sofort. Beträgt die Natriumkonzentration $5 \cdot 10^{-6}$ g Natrium pro Liter, so ist der Niederschlag nach 1 Std. zu erkennen. Die **Grenzkonzentration** ist demnach 1:200000000.

Über die Störungen bei Verwendung dieses Reagenses liegen folgende Angaben von KAHANE vor: Eine Kaliumkonzentration von 5 g Kalium im Liter gibt nach 15 Min. eine Fällung, eine solche von 0,5 g Kalium im Liter einen Niederschlag nach 24 Std. Lithiumsalze werden bei einer Konzentration von 1 g Lithium im Liter und Zinksalze bei einer Konzentration von 7 g Zink pro Liter gefällt. Andere untersuchte Kationen stören erst, wenn sie in 1%igen und höher konzentrierten Lösungen vorliegen.

Das zweite von KAHANE angegebene Reagens, das weniger empfindlich ist, das aber eine sehr große Spezifität besitzt, ist eine Lösung von 25 g Uranylacetat und 150 g Magnesiumacetat in einem Gemisch von 780 cm^3 Eisessig und 100 cm^3 Wasser. Es wird hergestellt, indem man die beiden Salze in dem Eisessig-Wassergemisch in der Siedehitze (Sandbad) auflöst und von dem eventuell gebildeten Niederschlag nach 1- bis 2tägigem Stehen der Lösung abfiltriert. Von dieser Reagenslösung gibt man 1 Teil auf 1 Teil der Untersuchungslösung. Nach spätestens 5 Min. ist der gelbe sich schnell absetzende Niederschlag zu erkennen, wenn die Probelösung mindestens 0,75 g Natrium pro Liter enthält.

Störungen treten bei Benutzung dieses Reagenses erst auf, wenn die Kaliumkonzentration der Untersuchungslösung höher ist als 100 g K/Liter und die Lithiumkonzentration höher als 10 g Li/Liter. Während also Störungen durch Kalium kaum jemals zu befürchten sein werden, sind die Störungen des Natriumnachweises durch eventuell vorhandene größere Lithiummengen zu beachten. Wenn der Lithiumgehalt der Probelösung die genannte Menge übersteigt, ist es also notwendig, das Lithium vor der Prüfung auf Natrium auszufällen, und zwar am besten als Fluorid (BARBER und KOLTHOFF). Ferner können die Kationen Silber, Quecksilber, Antimon, Strontium und Barium und die Anionen Thiosulfat, Phosphat, Arsenat, Oxalat, Ferrocyanid und Hexafluosilicat stören und müssen daher vorher entfernt werden.

Zum Schluß sei noch darauf hingewiesen, daß die Zusammensetzung des Natrium-Magnesium-Uranylacetats hinsichtlich des Krystallwassers verschieden ist, je nachdem ob die Fällung mit dem alkoholischen oder dem wäßrigen Reagens durchgeführt wird. Aus wäßrigen Lösungen krystallisiert das Tripelacetat mit 6 Molekülen Wasser, aus alkoholischen Lösungen dagegen mit 8 Molekülen H_2O.

Über den mikrochemischen Nachweis des Natriums mit Magnesium-Uranylacetat siehe § 3, A 2.

2. Fällung als Natrium-Zink-Uranylacetat mit Zink-Uranylacetat. Zink-Uranylacetat fällt ebenso wie Magnesium-Uranylacetat Natriumsalze aus neutraler bis schwach saurer Lösung als gelblich-weiße, schwerlösliche krystalline Tripelacetate aus. Der Niederschlag hat die Zusammensetzung: $NaZn(UO_2)_3(CH_3COO)_9 \cdot 9\,H_2O$ [KOLTHOFF (b), FEIGL] bzw. $NaZn(UO_2)_3(CH_3COO)_9 \cdot 6\,H_2O$ (MALITZKY und TUBAKAJEW). Die Löslichkeit des Natrium-Zink-Uranylacetats ist in Alkohol wesentlich geringer als in Wasser; die Reaktion wird daher meistens in 50%igem Alkohol ausgeführt (GUTZEIT; WINKLEY, YANOWSKI und HYNES).

KOLTHOFF (b), der den Natriumnachweis mittels Zink-Uranylacetat als erster empfohlen hat, verwendet folgendes Reagens: 10 g Uranylacetat und 6 g 30%ige Essigsäure werden mit Wasser auf 50 cm^3 aufgefüllt; 30 g Zinkacetat und 3 g 30%ige Essigsäure werden gleichfalls mit Wasser auf 50 cm^3 verdünnt. Beide Lösungen werden warm gemischt und nach 24 Std. von dem eventuell abgeschiedenen Natrium-Zink-Uranylacetat, das durch Verunreinigung der Reagenzien entstehen kann, abfiltriert.

1 Teil der Untersuchungslösung wird mit 8 Teilen Reagenslösung versetzt. Es entsteht sofort eine Fällung des Tripelacetats, wenn die Untersuchungslösung mindestens 500 mg Natrium im Liter enthält. Bei Anwesenheit von 50 mg Natrium im Liter ist der Niederschlag nach etwa 30 Min. zu erkennen bzw. bei Gegenwart von 25 mg Na/Liter nach 1 Std.

Grenzkonzentration bei Beurteilung der Fällung nach 30 Min. 1:20000 [KOLTHOFF (b)].

Wegen der Zunahme der Löslichkeit des Tripelacetats in Säuren sind stark saure Untersuchungslösungen vor Ausführung der Prüfung abzustumpfen, am zweckmäßigsten mit Zinkoxyd.

Die Anwesenheit von Kalium-Ionen stört erst bei sehr großem Kaliumüberschuß. 1 Teil Natrium kann noch neben 500 Teilen Kalium nachgewiesen werden. Bei Beurteilung der Fällung nach 15 Min. Stehen darf die Untersuchungslösung maximal 50 g Kalium im Liter enthalten. Bei einer höheren Kaliumkonzentration entsteht nach 15 Min. eine Fällung von Kalium-Zink-Uranylacetat. Störungen durch Lithium treten bereits ein, wenn dessen Konzentration 1 g Lithium im Liter übersteigt. Lithiumsalze sind also vor der Prüfung auf Natrium durch Ausfällen, z. B. mit Ammoniumfluorid, zu entfernen. Ammonium-, Magnesium-, Erdalkali- und Schwermetall-Ionen beeinträchtigen den Natriumnachweis und dessen Empfindlichkeit nicht, wenn ihre Konzentration unter 5 g im Liter bleibt.

Eine Steigerung der Empfindlichkeit läßt sich durch Zusatz von Alkohol erreichen. KOLTHOFF (b) empfiehlt, 2 cm^3 Untersuchungslösung mit 2 cm^3 der obigen Reagenslösung und 2 cm^2 96%igem Alkohol zu versetzen. Bei Gegenwart von 100 mg Na/Liter Untersuchungslösung entsteht der Niederschlag sofort, bei Anwesenheit von 20 mg Na/Liter nach 30 Min.

Grenzkonzentration: 1:50000 (bei Beurteilung der Fällung nach 30 Min.).

Störungen. Bei Zusatz von Alkohol treten Störungen durch Kaliumsalze auf, wenn die Lösung mehr als 5 g Kalium im Liter enthält.

GUTZEIT mischt das alkoholfreie Reagens von KOLTHOFF (b) mit dem gleichen Volumen an Alkohol und setzt 8 Teile dieser alkoholisch-wäßrigen Lösung von Zink-Uranylacetat zu 1 Teil der wäßrigen Untersuchungslösung hinzu. WINKLEY, YANOWSKI und HYNES führen die Prüfung auf Natrium in der Weise aus, daß sie 1 Teil Untersuchungslösung mit 8 Teilen des KOLTHOFFschen Reagenses versetzen und dann mit Alkohol auf das doppelte Volumen auffüllen und die Anwesenheit von Natrium danach beurteilen, ob sich innerhalb von 15 Min. eine gelblich-weiße Fällung bzw. Trübung bildet oder nicht. Lithium, Kalium, Ammonium, Magnesium und die Erdalkalien stören nur dann, wenn ihre Konzentrationen in der Untersuchungslösung über 1 bis 5 g/Liter liegen (WINKLEY, YANOWSKI und HYNES); bei Ausführung des üblichen Analysenganges sind indessen derartige Konzentrationen in der Gruppe der Alkalien praktisch nie vorhanden, so daß Störungen durch diese Elemente nicht möglich sind und die Reaktion daher als spezifisch zu bezeichnen ist.

Über den mikrochemischen Natriumnachweis mit Zink-Uranylacetat vgl. auch „Mikrochemische Nachweise“ (§ 3, A 3) und „Nachweise durch Tüpfelreaktionen“ (§ 4, 1).

3. Fällung als Natriumantimonat mit Kaliumantimonat. Natriumsalze geben in neutraler bis schwach alkalischer Lösung beim Versetzen mit einer Kaliumantimonatlösung eine weiße krystalline Fällung. Der Niederschlag, den man früher als Natriumpyroantimonat, $Na_2H_2Sb_2O_7$, auffaßte, hat die Zusammensetzung $Na[Sb(OH)_6]$, ist also das primäre Natriumsalz der Orthoantimonsäure. Da das Natriumantimonat sehr dazu neigt, übersättigte Lösungen zu bilden, empfiehlt es sich, die Krystallisation durch Reiben der Gefäßwand mit einem Glasstab zu beschleunigen. Das saure antimonsaure Natrium ist in Alkohol bedeutend unlöslicher als in Wasser. Während sich bei 18^0 in 100 cm^3 Wasser 56 mg des Salzes lösen, gehen bei derselben Temperatur in 100 cm^3 15%igem Alkohol nur 12 mg in Lösung bzw. in 40%igem Alkohol nur 0,1 mg (TOMULA).

Ausführung. Als Reagens verwendet man eine gesättigte Lösung von Kaliumantimonat in verdünnter Kalilauge. Das Reagens hält sich nicht längere Zeit, es ist daher vor dem Gebrauch frisch herzustellen. Nach W. JANDER bereitet man sich das Reagens in der Weise, daß man 0,5 g käufliches Kaliumantimonat in 10 cm^3 1 n-Kalilauge unter Zusatz von 1 bis 2 cm^3 verdünnten Wasserstoffsuperoxyds und unter Erhitzen löst, die Lösung unter Umschütteln — zur Vermeidung einer Übersättigung — abkühlen läßt und nach dem Erkalten von dem Ungelösten abfiltriert. Nach R. FRESENIUS sowie VAN LEEUWEN stellt man sich die Kaliumantimonatlösung folgendermaßen dar: 20 g Brechweinstein und 20 g Kaliumnitrat werden gut zerrieben und in einem Tiegel stark geglüht. Nachdem eine ruhige Schmelze entstanden ist, läßt man sie abkühlen und zieht sie mit 50 cm^3 warmen Wassers aus. Das ungelöste Kaliumantimonat wird abgenutscht, gut ausgewaschen, mit 500 cm^3 siedendem Wasser aufgenommen und die Lösung filtriert.

Die auf Natrium zu prüfende Lösung, die neutral oder schwach alkalisch reagieren muß, wird mit dem gleichen Volumen der Reagenslösung versetzt. Beim Reiben mit dem Glasstab fallen die schweren weißen Krystalle des Natriumantimonats allmählich aus. Nach KOLTHOFF (b) entsteht bei Verwendung des Reagenses nach VAN LEEUWEN noch ein deutlicher Niederschlag — allerdings erst nach 24stündigem Stehen —, wenn die Untersuchungslösung 100 mg Natrium im Liter enthält. Liegen sehr verdünnte Natriumsalzlösungen vor, so empfiehlt es sich, Alkohol zuzusetzen, wodurch die Empfindlichkeit erhöht wird. Man darf allerdings nicht zu viel Alkohol zusetzen, weil sonst das Reagens selbst gefällt wird. Am besten versetzt man 5 cm^3 Untersuchungslösung mit 1 cm^3 Reagens und 3 cm^3 96%igem Alkohol. Unter diesen Bedingungen entsteht bei Anwesenheit von 50 mg Natrium im Liter sofort eine schwache Trübung. Wartet man 30 Min. bis zur Beurteilung der Fällung, so sind noch 30 mg im Liter nachweisbar.

Grenzkonzentration: 1:33000 [KOLTHOFF (b)].

Aus sauren Lösungen fällt amorphe Antimonsäure aus. Saure Untersuchungslösungen sind also vor der Prüfung auf Natrium mit Kaliumhydroxyd schwach alkalisch zu machen. Das Kaliumantimonatreagens ist nicht spezifisch. Eine ähnliche Reaktion wie Natrium geben Lithium-, Ammonium-, Magnesium- und die Erdalkali-Ionen; sie sind daher vor der Prüfung zu entfernen. Ammoniumsalze werden entweder abgeraucht oder durch Umsetzung mit Formaldehyd in Hexamethylentetramin umgewandelt (HEMMELER). Auch Kaliumsalze stören, wenn sie in großem Überschuß vorhanden sind. Nach KOLTHOFF (b) soll es nicht möglich sein, weniger als 1 Teil Natrium neben 20 Teilen Kalium mit Kaliumantimonat direkt nachzuweisen. In solchen Fällen muß das Kalium vorher als Kaliumhydrogentartrat abgeschieden werden.

Vgl. auch den mikrochemischen Nachweis des Natriums mit Kaliumantimonat (§ 3, A 4).

4. Fällung als Natriumaluminiumfluorid mit Aluminiumfluorwasserstoffsäure. Natriumsalze werden durch Aluminiumfluorwasserstoffsäure in essigsaurer alkoholisch-wäßriger Lösung als unlösliches Natrium-Aluminiumdoppelfluorid gefällt. Diese Reaktion ist von WILKS zum Natriumnachweis vorgeschlagen worden. Da Natrium-Aluminiumfluorid von starken Säuren angegriffen wird, arbeitet man am besten in essigsaurer Lösung. Das Reagens bereitet man in der Weise, daß man konzentrierte Flußsäure mit überschüssigem, gefälltem Aluminiumhydroxyd mindestens 2 Tage in einer Platinschale stehen läßt, wodurch sich Aluminiumfluorwasserstoffsäure bildet, die auch beim Kochen beständig ist. Zu der Aluminiumfluorwasserstoffsäure gibt man das gleiche Volumen einer kalt gesättigten Kupferacetatlösung, kocht das Gemisch auf und filtriert. Die Lösung hat jetzt die richtige Wasserstoff-Ionenkonzentration und wird mit 50%igem Alkohol auf das doppelte Volumen verdünnt. Diese Reagenslösung wird zu der auf Natrium zu prüfenden Lösung zugesetzt.

Grenzkonzentration: 1:20000.

Kalium- und Ammonium-Ionen werden durch das Reagens nicht gefällt. Eine ähnliche Reaktion wie Natrium geben sämtliche Erdalkali- sowie die Silber- und Bleisalze.

Eine entsprechende Lösung von Eisen(III)fluorwasserstoffsäure gibt mit Natriumsalzen ebenfalls einen unlöslichen Niederschlag.

5. Fällung als Natrium-Caesium-Wismutnitrit mit Kalium-Caesium-Wismutnitrit. Natrium-Ionen werden in schwach saurer Lösung durch Kalium-Caesium-Wismutnitrit als entsprechendes Natriumtripelnitrit ausgefällt (BALL, GUTZEIT). Der gelbe krystalline Niederschlag des Tripelnitrits hat die Zusammensetzung:

$$6\,NaNO_2 \cdot 9\,CsNO_2 \cdot 5\,Bi(NO_2)_3.$$

Ausführung. Als Reagens verwendet man eine Lösung von sehr viel Kaliumnitrit und wenig Wismutnitrat und Caesiumnitrat in verdünnter Salpetersäure. Nach BALL bereitet man das Reagens am besten folgendermaßen: 30 g reines Kaliumnitrit[1] werden in wenig Wasser gelöst. Dazu gibt man eine Lösung von 3 g Wismutnitrat in 4 cm^3 2 n-Salpetersäure. Wenn die entstehende gelbe Flüssigkeit getrübt ist, fügt man so viel verdünnte Salpetersäure hinzu, bis sie wieder klar geworden ist. Dann werden 16 cm^3 einer 10%igen Lösung von Caesiumnitrat hinzugesetzt und die Lösung wird mit Wasser auf 100 cm^3 aufgefüllt. Eine eventuelle Trübung der Lösung läßt sich wieder durch Zugabe von wenig Salpetersäure beseitigen. Selbst wenn man von den reinsten Reagenzien ausgeht, setzt sich doch langsam ein geringer gelber Niederschlag von Natrium-Caesium-Wismutnitrit in der Flüssigkeit zu Boden. Deshalb muß man die Flüssigkeit nach zweitägigem Stehen vom Bodensatz abfiltrieren. Das Reagens soll der Einwirkung der Luft so wenig wie möglich ausgesetzt werden, da es Sauerstoff aufnimmt und sich dabei auf der Oberfläche ein weißer Schaum von Wismutoxynitrat bildet. Man kann das Reagens einige Wochen in einer Flasche aufheben, die mit einem Bunsenventil verschlossen ist, wenn man die Luft durch ein indifferentes Gas verdrängt hat.

Bei Ausführung der Reaktion ist darauf zu achten, daß das Reagens durch Wasser hydrolysiert wird, wobei eine weiße Fällung entsteht. Daher ist es notwendig, die auf Natrium zu prüfende Lösung zu einem großen Überschuß des Reagenses, das man mit 1 bis 2 Tropfen verdünnter Salpetersäure angesäuert hat, zuzusetzen.

Über die Empfindlichkeit des Nachweises liegen folgende Angaben von BALL vor: 0,1 cm^3 einer Natriumnitratlösung, die in bezug auf Natrium 0,5%ig ist, gibt beim Versetzen mit 2 cm^3 Reagens innerhalb von 5 Min. eine starke Fällung.

0,1 cm^3 einer 0,1%igen Lösung gibt mit 2 cm^3 Reagens spätestens nach 30 Min. einen Niederschlag.

0,1 cm^3 einer 0,01%igen Lösung gibt, wiederum mit 2 cm^3 Reagens ersetzt, innerhalb von 12 Std. eine deutliche Fällung.

Grenzkonzentration: 1:10000; **Nachweisgrenze:** 0,01 mg Natrium.

Störungen. Kalium-Ionen stören den Nachweis nicht; es können noch 0,01 mg Natrium in Gegenwart eines großen Kaliumüberschusses nachgewiesen werden. Das

[1] Da das käufliche Kaliumnitrit meistens viel Natrium enthält, empfiehlt es sich, reines KNO_2 selbst darzustellen, und zwar durch Einleiten von nitrosen Dämpfen in eine konzentrierte Lösung von Kaliumcarbonat, das man als nahezu natriumfreies Salz kaufen kann (BALL).

ausfallende Tripelnitrit ist stets frei von Kalium, selbst dann, wenn die Untersuchungslösung mehrere 1000mal so viel Kalium wie Natrium enthält. Ferner stören nicht Lithium-, Thallo-, Magnesium-, Calcium-, Strontium-, Barium-, Zink- und Cadmium-Ionen. Ammoniumsalze stören nur insoweit, als sie mit der salpetrigen Säure des Reagenses unter Stickstoffentwicklung reagieren; man kann aber noch ohne Schwierigkeit 1 mg eines Natriumsalzes neben der 1000fachen Menge Ammoniumnitrat nachweisen. Die meisten Schwermetalle stören den Natriumnachweis, da sie Fällungen von krystallisierten Doppelwismutnitriten erzeugen.

Von den Anionen dürfen Sulfat-, Nitrat-, Nitrit-, Acetat- und Formiat-Ionen zugegen sein. Die Konzentration an Chlor-Ionen darf nicht größer als $^1/_5$ normal sein, da sonst Wismutoxychlorid ausfallen kann. Der Natriumnachweis wird gestört durch die Anwesenheit von Phosphaten, Jodiden, Citraten und einigen Oxysäuren.

6. Fällung als Natriumhexafluosilicat mit Hexafluokieselsäure. Natriumsalze werden in alkoholisch-wäßriger Lösung beim Versetzen mit Hexafluokieselsäure als schwerlösliches Natriumhexafluosilicat, Na_2SiF_6, ausgefällt. Der Zusatz von Alkohol setzt die Löslichkeit des Natriumfluosilicat herab. Das Reagens wird gewonnen, indem man Flußsäure auf Sand in einem Wachsgefäß mehrere Stunden einwirken läßt und die entstandene reine Hexafluokieselsäure in dem gleichen Volumen Alkohol löst. Freie Flußsäure darf wegen ihrer Reaktion mit Glas in dem Reagens nicht vorhanden sein. Die Untersuchungslösung wird mit so viel Alkohol gemischt, daß eine 50%ige alkoholische Lösung entsteht und dann mit dem Reagens versetzt. Bei Anwesenheit von Natrium entsteht ein gelatinöser, halbdurchsichtiger Niederschlag, der nur langsam zu Boden sinkt.

1 mg Natrium in 5 cm^3 50%igem Alkohol gibt mit Fluokieselsäure eine gute Ausfällung. Bei Prüfung auf kleinere Natriummengen ist weniger Lösungsmittel zu benutzen.

Grenzkonzentration: 1:5000 (MATHERS, STEWART, HOUSEMANN und LEE).

Störungen. Magnesium- und Lithiumsalze stören nicht, da die Hexafluosilicate des Lithiums und besonders des Magnesiums außerordentlich viel löslicher als das des Natriums sind. Man kann 1 mg Natrium neben 100 mg Lithium und neben 1 g Magnesium nachweisen. Kalium-, Ammonium- und Barium-Ionen stören. Vor der Prüfung auf Natrium mit Hexafluokieselsäure sind also die Erdalkalien auszufällen, die Ammoniumsalze abzurauchen und das Kalium z. B. als Perchlorat oder Fluoborat zu entfernen (MATHERS, STEWART, HOUSEMANN und LEE).

Vgl. auch den mikrochemischen Nachweis des Natriums mit Hexafluokieselsäure (§ 3, A 5).

B. Weitere Reaktionen.

1a. Fällung als Natrium-Kobalt-Uranylacetat mit Kobalt-Uranylacetat. Natrium-Ionen geben in essigsaurer Lösung mit Kobalt-Uranylacetat eine gelbe, schwere, krystalline Fällung von Natrium-Kobalt-Uranylacetat. Der Niederschlag hat die Zusammensetzung $NaCH_3COO \cdot Co(CH_3COO)_2 \cdot 3\,UO_2(CH_3COO)_2 \cdot 6\,H_2O$.

Ausführung. Das Reagens wird nach CALEY folgendermaßen zubereitet: Zu 40 g krystallinem Uranylacetat setzt man 30 g Eisessig zu, füllt mit Wasser auf 500 cm^3 Lösung auf und erwärmt so lange auf 75°, bis alles Salz in Lösung gegangen ist. Entsprechend löst man 200 g krystallisiertes Kobaltacetat in Wasser unter Zusatz von 30 g Eisessig zu 500 cm^3 Lösung. Die Lösungen werden in der Wärme gemischt und nach dem Abkühlen einige Stunden stehen gelassen, wobei der Salzüberschuß auskrystallisiert. Dann wird die tiefrot gefärbte Lösung von dem Ungelösten abfiltriert. Das Reagens hält sich unbegrenzt.

Das Volumen der Untersuchungslösung ist möglichst klein zu wählen, um eine Verdünnung des Reagenses zu vermeiden. CALEY empfiehlt, 1 cm^3 der auf Natrium zu prüfenden Lösung mit 20 cm³ Reagenslösung zu versetzen. Da das Natrium-Kobalt-Uranylacetat leicht übersättigte Lösungen bildet, schüttelt man die Untersuchungslösung nach dem Versetzen mit dem Reagens 2 bis 3 Min. kräftig durch. Die Bildung des gelben Niederschlags, die man nach 5 Min. langem Stehenlassen der Lösung prüft, erkennt man in der tiefroten Lösung am besten, wenn man durch den Boden des Gefäßes blickt.

2 mg Natrium geben sofort eine Fällung, 1 mg Natrium ist erst nach 1- bis 2stündigem Stehen zu erkennen.

Grenzkonzentration: 1:1000.

Das Reagens ist also nicht sehr empfindlich, besitzt aber den Vorteil, daß es gegen Kalium verhältnismäßig unempfindlich ist. So gibt 1 cm³ einer gesättigten Lösung von Kaliumsulfat mit 20 cm³ Reagens auch nach längerem Stehen keine Fällung, desgleichen nicht eine Lösung, die 1 g Kalium in 1 cm³ enthält. Durch die Anwesenheit von Kalium wird die Empfindlichkeit des Natriumnachweises nicht vermindert. CALEY hat z. B. 1 mg Natrium neben der 150fachen Menge Kalium nachgewiesen.

Störungen. Ammonium-, Magnesium- und die Erdalkali-Ionen geben mit dem Reagens keine Fällungen und stören den Natriumnachweis nicht. Lithium-Ionen stören, wenn ihre Konzentration größer als 20 mg in 1 cm³ ist. Phosphate und andere Anionen, welche die Metalle des Reagenses fällen können, müssen abwesend sein.

1 b. Fällung als Natrium-Nickel-Uranylacetat mit Nickel-Uranylacetat. FELDSTEIN und WARD schlagen Nickel-Uranylacetat als Reagens auf Natrium vor. Das Natrium-Nickel-Uranylacetat fällt in essigsaurer Lösung als hellgrüner, krystalliner Niederschlag der Zusammensetzung $Na \cdot Ni \cdot (UO_2)_3 \cdot (CH_3COO)_9 \cdot (H_2O)_x$ aus. Als Reagens benutzt man eine Lösung von 70 g Uranylacetat und 200 g Nickelacetat in einem Gemisch aus 940 cm³ Wasser und 60 cm³ Eisessig, die man so lange erwärmt, bis sich alles gelöst hat, und die nach dem Abkühlen und mehrstündigem Stehenlassen zu filtrieren ist. Auf 1 Teil der auf Natrium zu prüfenden Lösung gibt man 4 Teile der Reagenslösung.

Bei der Prüfung von 0,5 cm³ einer 0,02%igen Natriumchloridlösung war der Niederschlag nach wenigen Minuten zu erkennen. Es gelingt also noch der Nachweis von 0,04 mg Natrium.

Grenzkonzentration: 1:12500.

Störungen. Über den Einfluß des Kaliums liegt folgende Angabe vor: Eine 2,5%ige Kaliumchloridlösung gibt mit dem Nickel-Uranylacetatreagens keinen Niederschlag. Aus einer Lösung, die 0,02% Natriumchlorid neben der 125fachen Menge Kaliumchlorid enthält, fällt bei Zusatz der Reagenslösung nur das Natriumtripelacetat aus.

1 c. Fällung als Natrium-Mangan-Uranylacetat mit Mangan-Uranylacetat. Unter den zum Natriumnachweis geeigneten Doppelacetaten (Mg-, Zn-, Ni-, Co-Uranylacetat) sei schließlich noch das Mangan-Uranylacetat genannt. Alle diese Doppelacetate, zu denen ferner noch die des Eisens, Kupfers und Cadmiums gehören, bilden mit Natriumsalzen isomorphe, schwerlösliche Tripelacetate. Das Mangan-Uranylacetatreagens von CHANG und TSENG ist eine Lösung von 70 g Uranylacetat, 350 g Manganacetat und 60 cm³ Eisessig in soviel Wasser, daß 1 Liter Lösung resultiert; nach dem Abkühlen der Lösung setzt man noch 30 cm³ Alkohol hinzu und filtriert nach mehrstündigem Stehen. 1 Teil Untersuchungslösung wird mit 6 Teilen des Reagenses versetzt.

0,02 mg Natrium in 0,5 cm³ Probelösung geben innerhalb von 30 Min. eine deutliche Fällung.

Grenzkonzentration: 1:25000.

Erdalkali-, Magnesium-, Ammonium- und Kalisalze stören wenig oder gar nicht (CHANG und TSENG).

2. Fällung als Natrium-Magnesium-Ferrocyanid bzw. Natrium-Kupfer-Ferrocyanid. Eine Lösung von Lithium-Magnesium-Ferrocyanid in 73%igem Alkohol fällt Natriumsalze als Natrium-Magnesium-Ferrocyanid, $Na_2MgFe(CN)_6$ (DE RADA). Als Reagens dient eine Lösung von Lithiumferrocyanid, $Li_4Fe(CN)_6$, in 72,8%igem Äthylalkohol, der so viel Magnesiumchlorid zugesetzt ist, daß eben noch kein Niederschlag entsteht. Die schwereren Alkalien werden ebenfalls als Doppelferrocyanide gefällt. Eine Unterscheidung der ausgefällten Natrium- und Kaliumsalze ist aber auf mikrochemischem Wege möglich.

Eine Unterscheidung des Natriums und Kaliums ist auch möglich, wenn man an Stelle des Lithium-Magnesium-Ferrocyanids als Reagens Lithium-Kupfer-Ferrocyanid verwendet. Setzt man nämlich einige Tropfen 1%iger Natrium- bzw. Kaliumsalzlösungen zu der alkoholisch-wäßrigen Lösung von Lithiumferrocyanid und fügt 1 Tropfen Kupfersulfatlösung hinzu, so entsteht bei Anwesenheit von Natrium eine klare Lösung und ein dunkler, gut absitzender Niederschlag, während bei Anwesenheit von Kalium die Lösung ein trübes, gelbes Aussehen hat und ein voluminöser rosa Niederschlag ausfällt (DE RADA).

Auch auf Zusatz von Eisensalzen zu der Lithiumferrocyanidlösung sollen Natrium und Kalium verschieden reagieren.

3. Fällung als Natriumdioxytartrat mit Dioxyweinsäure oder Kaliumdioxytartrat. Natriumsalze werden in wäßriger Lösung durch das Anion der Dioxyweinsäure, $COOH \cdot C(OH)_2 \cdot C(OH)_2 \cdot COOH$, als weißer, krystalliner Niederschlag des Natriumdioxytartrats, $C_4H_4O_8Na_2 \cdot 2\,H_2O$, gefällt. Das Natrium- und das Lithiumsalz der Dioxyweinsäure sind in Wasser schwer löslich, während die freie Säure und ihre Kalium-, Ammonium-, Rubidium- und Caesiumsalze verhältnismäßig gut löslich sind. Von dem Natriumsalz lösen sich z. B. bei 0° nur 39 mg in 100 g Wasser, dagegen von dem Kaliumsalz 2,66 g bzw. von dem Ammoniumsalz 2,83 g (FENTON).

Ausführung. Als Reagens verwendet man entweder eine etwa 3%ige Lösung von Dioxyweinsäure oder eine gleichkonzentrierte Lösung von Kaliumdioxytartrat. Die letztere wird durch Neutralisation von Dioxyweinsäure mit natriumfreiem Kaliumcarbonat bei 0° hergestellt. Die Lösung des Kaliumdioxytartrats ist nicht längere Zeit haltbar und daher vor Ausführung des Nachweises frisch herzustellen. Die auf Natrium zu prüfende Lösung wird mit einem Überschuß der Reagenslösung versetzt. Wegen der starken Temperaturabhängigkeit der Löslichkeit arbeitet man am besten unter Eiskühlung.

Grenzkonzentration: 1:1740 (OKATOW).

Störungen. Die Anwesenheit von Magnesiumsalzen stört nicht. Ammonium-, Kalium-, Rubidium- und Caesium-Ionen stören nur, wenn sie in großem Überschuß vorliegen. Da das Lithiumdioxytartrat nur etwa zweimal so löslich ist wie die Natriumverbindung, müssen Lithiumsalze vor der Prüfung auf Natrium entfernt werden. Die Erdalkalien und viele Schwermetalle geben ebenfalls Fällungen mit dem Reagens.

4. Fällung als Natrium-6,8-dibrombenzoylenharnstoff mit Lithium-6,8-dibrombenzoylenharnstoff. Versetzt man eine Natriumsalzlösung mit einer Lösung von 6,8-Dibrombenzoylenharnstoff in Lithiumhydroxyd- oder Caesiumhydroxydlösung, so entsteht eine weiße krystalline Fällung des Natriumsalzes des 6,8-Dibrombenzoylenharnstoffes: $C_8H_3O_2N_2Br_2Na \cdot H_2O$.

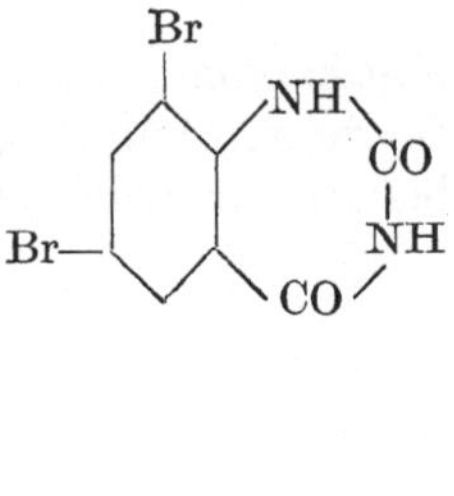

Der Dibrombenzoylenharnstoff: zeigt eine sehr unterschiedliche Löslichkeit seiner Alkalisalze. Die Löslichkeit nimmt in der Reihe Na, K, Li, Rb, Cs stark zu. Das Natriumsalz ist praktisch unlöslich im Wasser. In 100 g Wasser lösen sich bei 25⁰ nur 42 mg der Natriumverbindung (SCHEIBLEY und TURNER).

Als Reagens verwendet man zweckmäßig eine gesättigte Lösung von Dibrombenzoylenharnstoff in Lithiumhydroxyd, die man folgendermaßen bereitet: 0,1 g Dibrombenzoylenharnstoff und 0,3 g Lithiumhydroxyd werden mit 5 cm^3 Wasser zum Sieden erhitzt. Nach Zugabe von 55 cm^3 heißem Wasser kocht man noch 1 Min. Die so entstandene Lösung läßt man in einer verschlossenen Flasche 24 Std. stehen und filtriert sie dann mehrmals, bis keine Trübung durch ausgefallenes Lithiumcarbonat mehr vorhanden ist. Das Reagens verändert sich beim Stehen, es färbt sich gelb bis orange. Es verliert schon nach einigen Tagen seine Eigenschaft, Natriumsalze zu fällen. Es ist daher stets frisch herzustellen.

Man versetzt die auf Natrium zu prüfende Lösung mit dem gleichen Volumen der Reagenslösung. Bei Anwesenheit von 11 mg Natrium in 1 cm^3 entsteht die Fällung sofort, bei 5 mg pro Kubikzentimeter nach einigen Minuten, bei 2 mg Na/cm^3 erst nach längerer Zeit.

Grenzkonzentration: 1:500.

Störungen. Ammonium-, Barium- und Thallosalze werden von dem Reagens ebenfalls als weiße Niederschläge gefällt. Kaliumsalze werden zwar auch gefällt, aber die Fällung erfolgt langsamer und unvollständig und erfordert konzentriertere Lösungen. So gibt eine Kaliumsalzlösung mit einer Konzentration von 40 mg Kalium pro Kubikzentimeter erst nach 2 Std. eine Fällung. Bei höherem Kaliumgehalt der Untersuchungslösung muß Kalium vor der Prüfung auf Natrium entfernt werden. Von den Anionen stören die der organischen Säuren.

Die Empfindlichkeit des Nachweises läßt sich beträchtlich steigern, wenn man Dibrombenzoylenharnstoff in Caesiumhydroxyd- statt in Lithiumhydroxydlösung auflöst. Eine gesättigte Lösung von Dibrombenzoylenharnstoff in Caesiumhydroxyd fällt 2 mg Natrium in 1 cm^3 sofort, aber Lithium-, Kalium-, Rubidiumsalzlösungen werden von diesem Reagens schon bei verhältnismäßig kleinen Konzentrationen (0,5 n) gefällt.

5. Fällung als Natrium-m-bromazobenzolsulfonat mit m-Bromazobenzolsulfosäure. Die m-Bromazobenzolsulfosäure, $Br-C_6H_4N=NC_6H_4-SO_3H$, ist von JANOWSKY als Reagens auf Natrium vorgeschlagen worden, da ihr Natriumsalz,

$$C_{12}H_8BrN_2 \cdot SO_3Na,$$

in Wasser sehr wenig löslich ist. Versetzt man eine Natriumsalzlösung mit einer Lösung von m-Bromazobenzolsulfosäure, so fällt das Natriumsulfonat in Form blaßgelber, perlmutterglänzender Blättchen aus. 1%ige Lösungen von Natriumchlorid oder -sulfat werden sofort gefällt, 0,1%ige Natriumsalzlösungen geben nach längerem Stehen ebenfalls noch eine schwache Fällung.

Grenzkonzentration: 1:2500.

Störungen. Kaliumsalze stören, da sie gleichfalls ein schwerlösliches Bromazobenzolsulfonat bilden. 1%ige Lösungen von Kaliumchlorid, -sulfat oder -nitrat werden beim Versetzen mit dem Reagens als perlmutterglänzende, mikroskopische Nadeln gefällt. Das Verhalten anderer Kationen ist nicht untersucht.

Auch die p-Bromazobenzolsulfosäure ist durch die Schwerlöslichkeit ihres Natriumsalzes ausgezeichnet und soll nach JANOWSKY als Reagens auf Natriumsalze geeignet sein. Das Natrium-p-Bromazobenzolsulfonat krystallisiert in seidenglänzenden, gelben Nadeln; die entsprechenden Salze des Kaliums und Zinks sind ebenfalls in Wasser unlöslich.

6. Fällung als Natriumpikrolonat mit Pikrolonsäure. Pikrolonsäure, $C_{10}H_8C_5N_4$, gibt mit einer nicht zu verdünnten Natriumsalzlösung eine Fällung des Natriumsalzes. Als Reagens benutzt man eine 0,02 n-Lösung der Pikrolonsäure, von der man 10 Tropfen zu der Untersuchungslösung zusetzt. Eine $^1/_9$ n-Natriumchloridlösung gibt innerhalb von 30 Min. einen deutlichen Niederschlag.

Grenzkonzentration: 1:400 (VOLMAR und LEBER).

Störungen. Lithium-Ionen stören nicht. Alle übrigen Alkalimetalle und die Erdalkalien werden aber gleichfalls als pikrolonsaure Salze gefällt; z. B. gibt die Pikrolonsäure noch einen Niederschlag mit einer $^1/_{12}$ n-Kaliumchloridlösung. Zum Nachweis des Natriums neben Kalium empfehlen VOLMAR und LEBER folgendes Verfahren: Zunächst fällt man das Kalium mit Pikrinsäure oder Platinchlorwasserstoffsäure oder mit Calcium-Wismutthiosulfat. Anschließend prüft man mit Pikrolonsäure auf Natrium; das kann im Filtrat der Kaliumpikratfällung direkt geschehen, während man im Filtrat des Kaliumchloroplatinats oder Kalium-Wismutthiosulfats das überschüssige Kaliumreagens entfernen muß, bevor man mit Pikrolonsäure auf Natrium prüfen kann.

7. Fällung als Natriumoxalat mit Kalium- oder Ammoniumoxalat. Das Natriumoxalat ist in Wasser bedeutend weniger löslich als Kaliumoxalat. Während nämlich bei Zimmertemperatur in 100 g Wasser etwa 40 g oxalsaures Kalium in Lösung gehen, lösen sich unter denselben Bedingungen nur 3,2 g Natriumoxalat und in 100 g einer gesättigten Lösung von Ammoniumoxalat nur 2,5 g Natriumoxalat (MEYERFELD). Die Löslichkeit des oxalsauren Natriums nimmt in wäßrigem Alkohol mit steigender Alkoholkonzentration stark ab: 1 Teil $Na_2C_2O_4$ löst sich bei 20° in 158 Teilen 20%igem Alkohol bzw. in 966 Teilen 42%igem Alkohol [WINKLER (b)]. Auf diesen Beobachtungen beruhen einige Methoden zum Nachweis des Natriums.

WINKLER (b) arbeitet in einem Alkohol-Wassergemisch von einem Raumteil 96%igen Alkohol und 2 Raumteilen Wasser und verwendet als Reagens eine gesättigte Lösung von Kaliumoxalat. Von dem auf Natrium zu prüfenden Salz werden etwa 0,3 g in 5 cm³ des wäßrigen Alkohols unter Erwärmen gelöst; die Lösung wird auf Zimmertemperatur abgekühlt und mit 10 Tropfen der gesättigten Kaliumoxalatlösung unter Schütteln versetzt. Bei Anwesenheit von Natrium fällt das oxalsaure Natrium als körniger Niederschlag innerhalb von 5 Min. aus.

Bei Gegenwart von Ammoniumsalzen gelangt auch oxalsaures Ammonium in Form feiner Krystallnadeln zur Abscheidung. Dieser Niederschlag unterscheidet sich von der Natriumfällung dadurch, daß er sich in 10 Tropfen 33%iger Kalilauge wieder auflöst. Natriumsalze der Kohlensäure, Borsäure, Phosphorsäure, Benzoesäure und Salicylsäure sind vor Ausführung der Reaktion in Acetate umzuwandeln; zu diesem Zwecke erwärmt man das auf Natrium zu prüfende Salz mit 3 Tropfen Eisessig und 5 cm³ des Alkohol-Wassergemisches.

SCHOORL (b) empfiehlt, den Nachweis des Natriums als Oxalat in der Weise auszuführen, daß man 0,5 g des zu untersuchenden Salzes mit 2,5 cm³ einer Kaliumoxalatlösung (1:5) übergießt und tüchtig schüttelt. Bei Anwesenheit von Natrium bildet sich ein mikrokrystalliner Niederschlag, der leicht schweben bleibt und der ganzen Flüssigkeit ein milchiges Aussehen verleiht. Borax reagiert nicht, Natriumphosphat, -arsenat, -bicarbonat und -tartrat reagieren langsam.

MEYERFELD verwendet als Reagens eine gesättigte Lösung von Ammoniumoxalat, in die er das auf Natrium zu prüfende Salz als Chlorid, Bromid, Jodid, Nitrat oder Nitrit in fester Form einträgt. Auf diese Weise kann Natrium neben Kalium nachgewiesen werden. Bei Anwesenheit von Natrium bildet sich der feinkrystalline Niederschlag von Natriumoxalat bzw. die Flüssigkeit wird milchig trübe. Enthält das zu untersuchende Salz nur Kaliumsalze, so bleibt die Lösung klar. Bei kleinen Mengen führt man die Reaktion auf dem Uhrglas aus, indem man zu 1 Tropfen Reagenslösung 1 Körnchen des Salzes unter Umrühren zusetzt. 10% Natriumchlorid lassen sich so neben 90% Kaliumchlorid einwandfrei nachweisen. Erdalkali- und Schwermetallsalze stören.

C. Unsichere Reaktionen.

1. Fällung mit Ammoniumtellurat. GUTBIER empfiehlt eine wäßrige Lösung von Ammoniumtellurat als Reagens auf Natrium zum Nachweis des Natriums neben Kalium. Er hat festgestellt, daß Natriumchlorid in der Siedehitze durch tellursaures Ammonium als schwerlösliches Natriumtellurat ausgefällt wird. Der momentan entstehende, dicke, weiße Niederschlag ballt sich beim Erhitzen zusammen, soll aber amorph bleiben. Versetzt man dagegen die Ammoniumtelluratlösung mit einer Kaliumchloridlösung, so bleibt die Lösung vollkommen klar.

Von den Natriumsalzen gibt außer NaCl nur noch das Natriumsulfit die gleiche Reaktion, während alle übrigen selbst in konzentrierten Lösungen nur eine schwache Opalescenz bewirken.

Angaben über die Empfindlichkeit fehlen.

2. Fällung als Natriumperjodat. Wenn man eine Natriumsalzlösung mit Jodid oder Jodat und einem Überschuß von Alkalihydroxyd und Hypochlorit erhitzt, so fällt unlösliches, krystallines Natriumperjodat aus. Da dieser Niederschlag nur entsteht, wenn Natriumverbindungen zugegen sind, schlägt FAIRLEY diese Reaktion zum Nachweis des Natriums vor.

3. Fällung mit Zinnchlorür in Kalilauge. HAGER empfiehlt als Reagens auf Natrium eine Lösung von Zinnchlorür in Kalilauge, die beim Versetzen mit einer Natriumsalzlösung, welche mit Kalilauge alkalisch gemacht ist, eine weiße Trübung gibt. Das Reagens bereitet man sich, indem man 5 g Zinnchlorür mit 10 Teilen Wasser und soviel Kalilauge vom spezifischen Gewicht 1,145 behandelt, daß eine nicht völlig klare Flüssigkeit entsteht, und nach 1 Std. noch 5 Teile Kalilauge und 15 Teile Wasser zusetzt; nach mehrstündigem Stehen wird die Lösung filtriert.

Lithium- und Ammoniumsalze geben dieselbe Reaktion. Borsäure stört. Schwermetall- und Erdalkali-Ionen sind vor Ausführung der Reaktion aus der Versuchslösung zu entfernen.

4. Fällung als Natriumfluorzirkonat. Nach MATHERS, STEWART, HOUSEMANN und LEE ist eine Lösung von Kaliumfluorzirkonat, K_2ZrF_6, in 50%igem wäßrigem Alkohol ein empfindliches Reagens auf Natrium. Das Reagens gibt mit Natrium-Ionen eine Fällung von Natriumzirkonfluorid. Angaben über die Empfindlichkeit fehlen. Kaliumsalze geben eine ähnliche Reaktion.

5. Fällung als 1,8-naphthylhydrazinsulfosaures Natrium. Die 1,8-Naphthylhydrazinsulfosäure, $C_{10}H_{10}N_2SO_3$, bildet ein in Wasser außerordentlich schwer lösliches Natriumsalz, $C_{10}H_9N_2 \cdot SO_3Na$, während das entsprechende Kalium- bzw. Ammoniumsalz sehr leicht löslich ist. Das 1,8-naphthylhydrazinsulfosaure Natrium krystallisiert in gelben, glänzenden, mikroskopischen Tafeln; das Kaliumsalz krystallisiert aus sehr viel konzentrierteren Lösungen in Aggregaten kompakter, kurzer Nadeln aus; das Ammonsalz liefert überhaupt keine Krystallausscheidungen (ERDMANN). Als Reagens verwendet man entweder eine kalt gesättigte wäßrige Lösung des 1,8-naphthylhydrazinsulfosauren Kaliums oder eine Lösung des Ammoniumsalzes.

Über die Empfindlichkeit der Reaktion existiert nur folgende, verhältnismäßig unbestimmte Angabe von ERDMANN: „Eine kalt gesättigte Lösung von 1,8-naphthylhydrazinsulfosaurem Kalium erzeugt noch in einer mit 20 Teilen Wasser verdünnten Lösung von Chlornatrium einen Niederschlag des Natriumsalzes."

6. Fällung als hexabromdianilidobernsteinsaures Natrium. Das Natriumsalz der Hexabromdianilidobernsteinsäure, $COOH \cdot C_2H_2(NHC_6H_2Br_3)_2 \cdot COOH$, ist in Wasser sehr schwer löslich: 100 g Wasser lösen bei 20° nur 530 mg des Natriumsalzes (GORODETZKY und HELL). Da das entsprechende Kaliumsalz in Wasser sehr viel leichter löslich ist, kann man eine gesättigte Lösung des hexabromdianilidobernsteinsauren Kaliums als Reagens auf Natrium verwenden. Wenn man das Reagens mit einem löslichen Natriumsalz versetzt, so krystallisiert das Natriumsalz,

$$COONa \cdot C_2H_2(NHC_6H_2Br_3)_2 \cdot COONa,$$

in weißen, perlmutterglänzenden Nadeln aus.

Untersuchungen über die Zuverlässigkeit des Reagenses liegen nicht vor. GORODETZKY und HELL geben lediglich noch an, daß das Ammonium-, Barium- und Silbersalz der Säure in Wasser schwer löslich sind. Der Natriumnachweis neben einem großen Überschuß von Kalium ist wahrscheinlich unmöglich, da das Kaliumsalz dann auch auskrystallisieren wird. Die zu untersuchende Natriumsalzlösung darf nicht sauer reagieren, da in sauren Lösungen die Hexabromdianilidobernsteinsäure selbst als weißer amorpher Niederschlag ausfällt.

§ 3. Nachweis auf mikrochemischem Wege.

A. Wichtige Fällungsreaktionen.

*1. **Abscheidung mit Uranylacetat als Natrium-Uranylacetat.*** Beim Versetzen eines Natriumsalzes mit einer ziemlich konzentrierten essigsauren Lösung von Uranylacetat fällt Natrium-Uranylacetat,

$$NaCH_3COO \cdot UO_2(CH_3COO)_2,$$

in Form hellgelber, scharf ausgebildeter Tetraeder aus. Diese Abscheidungsform ist von STRENG (b) zum mikrochemischen Nachweis des Natriums vorgeschlagen und ist später wiederholt geprüft und empfohlen worden, da kein anderes Element mit Uranylacetat tetraedrische Krystalle bildet, die zum regulären System gehören.

Ausführung. Als Reagens verwendet man nach BEHRENS-KLEY eine kalt gesättigte Lösung von Uranylacetat in verdünnter Essigsäure, die man durch Auflösen von 4 g Uranylacetat und 4 Tropfen Eisessig in 100 cm^3 Wasser unter Erwärmen herstellt. Nach dem Erkalten ist die klare Lösung von den nicht in Lösung gegangenen oder beim Erkalten wieder ausgefallenen Uranylacetatkrystallen zu trennen. SCHOORL (a) benützt als Reagenslösung eine etwa 10%ige Lösung von Uranylacetat in verdünnter Essigsäure. Da das käufliche, als „natriumfrei“ bezeichnete Uranylacetat meistens Natrium enthält, empfiehlt es sich, das Uranylacetat vorher zu reinigen, indem man das trockene Uranylacetat mit absolutem Alkohol, in welchem Natrium-Uranylacetat unlöslich ist, extrahiert (CHAMOT und BEDIENT). MARTINI stellt sich das Reagens in der Weise dar, daß er reinstes Uranylnitrat in warmer konzentrierter Essigsäure (4:1) auflöst, das beim Abkühlen ausgeschiedene Uranylacetat abfiltriert und die übrigbleibende, klare Lösung als Reagenslösung verwendet.

Auf einen Objektträger bringt man 1 Körnchen der auf Natrium zu prüfenden Substanz und versetzt mit 1 Tropfen der Reagenslösung. Liegt das Natriumsalz als Lösung vor, so verdunstet man 1 Tropfen auf dem Objektträger zur Trockne oder engt zumindest stark ein, da in verdünnten Lösungen die Reaktion sehr schwach ausfällt (BEHRENS). Man verwende keinen zu großen Überschuß des Reagenses, entsprechend der Menge des festen Salzrückstandes. Bei Anwesenheit von Natrium bilden sich die gelben Tetraeder des Doppelacetats sofort, spätestens nach ½ Min. (BEHRENS-KLEY). MARTINI hat die Reaktion so modifiziert, daß auch verdünntere Natriumsalzlösungen (1%ige) untersucht werden können; er gibt zu 1 Tropfen der Untersuchungslösung auf einem Objektträger eine kleine Menge festes Ammoniumcarbonat und 1 Tropfen des Reagenses; wenn das zuerst beobachtete starke Aufwallen beendet ist, setzt man noch 1 Tropfen Pyridin zu, worauf die Tetraeder vom Rande des Tropfens aus zu krystallisieren beginnen.

Da das Uranylacetatreagens bei längerem Stehen aus dem Glas Natrium aufnimmt, empfehlen LENZ und SCHOORL, den Natriumnachweis mit festem Ammonium-

Uranylacetat durchzuführen. Sie bringen das Ammonium-Uranylacetat in fein zerriebener Form in den Tropfen der Untersuchungslösung. Die Tetraeder entstehen dann noch bei einer Natriumkonzentration von 1:1000. CHAMOT und BEDIENT benutzen einen Objektträger aus Quarzglas, um eine Reaktion des Reagenses mit dem Natrium des Glases auszuschließen.

Es ist zu beachten, daß die Tetraeder des Natrium-Uranylacetats sofort entstehen und nicht etwa erst beim Eintrocknen des Probetropfens. Beim Eintrocknen bilden sich die würfelartig ausgebildeten, rhombischen Krystalle des reinen Uranylacetats, eventuell auch einige Tetraeder, wenn das Reagens nicht ganz natriumfrei ist. Eine Prüfung des Reagenses hinsichtlich der beim Eintrocknen entstehenden Krystalle empfiehlt sich vor der Benützung, da das Reagens — wie schon erwähnt — leicht Natrium aus dem Glas aufnimmt.

Nachweisgrenze: 0,8 γ (BEHRENS); 0,1 γ [SCHOORL (a); BEHRENS-KLEY].

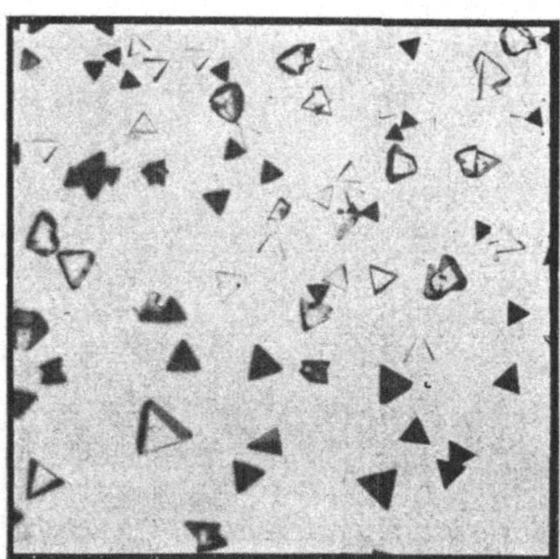

Abb. 1a. Natrium-Uranylacetat aus verdünnter Na-Salzlösung gefällt (nach GEILMANN). Vergr. 65fach.

Abb. 1b. Natrium-Uranylacetat aus konzentrierter Na-Salzlösung gefällt (nach GEILMANN). Vergr. 65fach.

Störungen. Starke Säuren stören und sind durch Abdampfen vorher zu entfernen. Große Mengen von Ammonsalzen hemmen die Krystallisation des Natrium-Uranylacetats, sie sind daher ebenfalls durch Erhitzen zu vertreiben. Bei Anwesenheit von Magnesium, Zink und anderen Schwermetallen bilden sich nicht die Tetraeder des Doppelacetats, sondern andersartige Krystalle des betreffenden Tripelacetats; diese Metalle müssen daher vor Ausführung der Reaktion abgetrennt werden. Fast alle Elemente, die mit Uranylacetat Doppelacetate bilden, können stören, besonders Calcium, Strontium, Barium, Blei und Silber, wenn sie im Überschuß vorhanden sind. Sie sind vorher mit Schwefelsäure bzw. Salzsäure auszufällen. Ferner müssen natürlich alle diejenigen Anionen abwesend sein, die mit Uranylacetat unlösliche Fällungen geben (Phosphate, Carbonate, Ferro- und Ferricyanide).

Alle Elemente der 1. Gruppe des periodischen Systems außer Gold geben mit Uranylacetat verhältnismäßig schwerlösliche Doppelacetate. Aber nur Natrium krystallisiert in den gelben, isotropen Tetraedern, von denen die meisten im durchfallenden Licht schwarz erscheinen, während die Doppelacetate aller übrigen Metalle der 1. Gruppe anisotrope Prismen oder Nadeln bilden (Abbildungen siehe bei CHAMOT und BEDIENT). Trotz der verschiedenen Krystallform ist aber die Prüfung auf Natrium mit Uranylacetat unbefriedigend, oder sie gelingt überhaupt nicht, wenn andere Elemente der 1. Gruppe anwesend sind. Das gilt besonders für Kalium. Bei einem Verhältnis Na : K = 1 : 1 entstehen fast nur die Tetraeder, bei einem Verhältnis 1 : 2 entstehen zuerst die tetragonalen Prismen der Kaliumverbindung und erst später die Tetraeder. Bei einem 5fachen Kaliumüberschuß bilden sich schon kaum noch Tetraeder [SCHOORL (a)]. Bei der Ausführungsart von MARTINI sollen dagegen die charakteristischen Natriumkrystalle noch bei einem Verhältnis Na:K = 1:100 oder bei einem Salzgemisch mit NH_4:K:Rb:Cs:Na = 10:10:10:10:1 zu erkennen sein. Sicherer ist es indessen, Kalium, Rubidium, Caesium vor der Prüfung auf Natrium mit Weinsäure oder Perchlorsäure auszufällen. Die Ausfällung mit Platinchlorid auszuführen, ist nicht zu empfehlen, da Platinchlorid selbst den Natriumnachweis stört (STRENG).

2. Abscheidung mit Magnesium-Uranylacetat als Natrium-Magnesium-Uranylacetat. Die Fällung des Natriums mit Magnesium-Uranylacetat ist auch zum mikrochemischen Natriumnachweis geeignet. Das Tripelacetat,

$$NaCH_3COO \cdot Mg(CH_3COO)_2 \cdot 3\,UO_2(CH_3COO)_2 \cdot xH_2O,$$

krystallisiert in glasklaren, schwach gelblich gefärbten, rhomboedrischen Krystallen

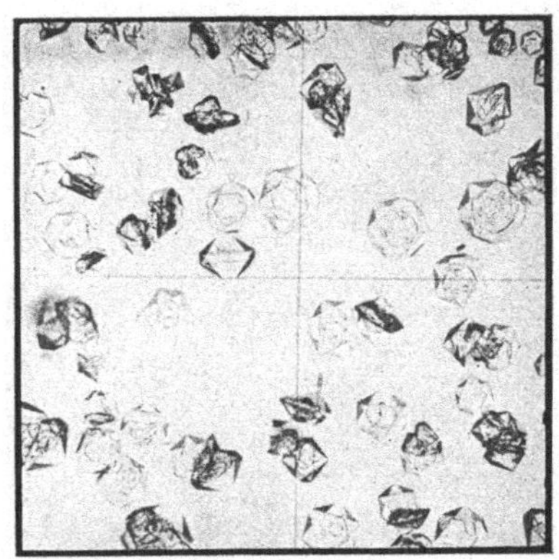

Abb. 2a. Natrium-Magnesium-Uranylacetat (nach GEILMANN). Vergr. 65fach.

Abb. 2b. Einige besonders gut ausgebildete Krystalle (nach GEILMANN). Vergr. 70fach.

von tetraedrischem, dodekaedrischem, rhombischem oder hexagonalem Aussehen (BEHRENS). Die Krystalle haben eine Größe bis zu 120 μ, sie sind also bedeutend größer als die Tetraeder des reinen Natrium-Uranylacetats.

Ausführung. Die Bereitung des Reagenses gibt GEILMANN wie folgt an: 5 g Magnesiumoxyd werden in 18 g Eisessig und 25 cm^3 Wasser gelöst; mit Wasser füllt man auf 50 cm^3 Lösung auf. Außerdem löst man 4,3 g krystallisiertes Uranylacetat und 3 g Eisessig in Wasser zu 50 cm^3 Flüssigkeit. Die beiden Lösungen werden gemischt und nach 12stündigem Stehen von eventuell ausgeschiedenem Tripelacetat abfiltriert.

Die Untersuchungslösung wird auf dem Objektträger stark eingeengt und mit 1 Tropfen der Reagenslösung versetzt. Spätestens nach einigen Minuten bilden sich die großen rhomboedrischen Krystalle.

Nachweisgrenze: 0,4 γ Natrium.

Störungen. Die Gegenwart eines Überschusses der übrigen Alkalien stört, weil sie ebenfalls als Tripelacetate gefällt werden. Der Niederschlag des Lithium-Magnesium-Uranylacetats ist unter dem Mikroskop nicht von dem des Natriumtripelacetats zu unterscheiden; der bei höherem Kaliumgehalt der Untersuchungslösung entstehende Niederschlag der Kaliumverbindung besteht aus feinen gelben Nadeln, die zu Büscheln vereinigt sind (KAHANE). Ferner stören und sind zu entfernen: Silber-, Quecksilber-, Antimon-, Phosphat-, Arsenat-, Oxalat-, Ferrocyanid-, Fluosilicat- und

CHAMOT und BEDIENT halten Magnesium-Uranylacetat für nicht so geeignet wie Zink-Uranylacetat, da Magnesium und Magnesiumsalze im Gegensatz zu Zink schwer frei von Natrium zu erhalten sind.

3. Abscheidung mit Zink-Uranylacetat als Natrium-Zink-Uranylacetat. Der mikrochemische Nachweis von Natrium mit Zink-Uranylacetat ist wiederholt geprüft und empfohlen worden (CHAMOT und BEDIENT, MALITZKY und TUBAKAJEW, MONTEQUI und DE SADABA, STEINER). Das Natrium-Zink-Uranylacetat von der Zusammensetzung $NaZn(UO_2)_3 \cdot (CH_3COO)_9 \cdot (H_2O)_6$ bildet hellcitronengelbe, mäßig stark lichtbrechende, oktaedrische Krystalle des monoklinen Systems.

Ausführung. Als Reagens wird meist die von KOLTHOFF (b) angegebene Lösung von Zink-Uranylacetat verwendet, die man folgendermaßen bereitet: 10 g Uranylacetat und 6 g 30%ige Essigsäure werden mit Wasser auf 50 cm³ aufgefüllt und unter Erwärmen gelöst. Ebenso werden 30 g Zinkacetat und 3 g 30%ige Essigsäure

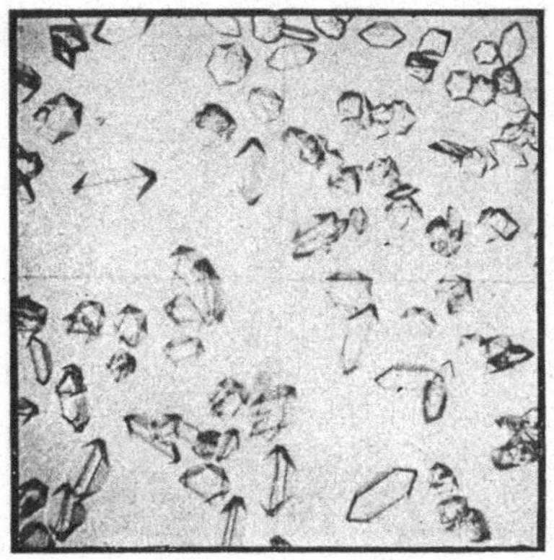

Abb. 3a.

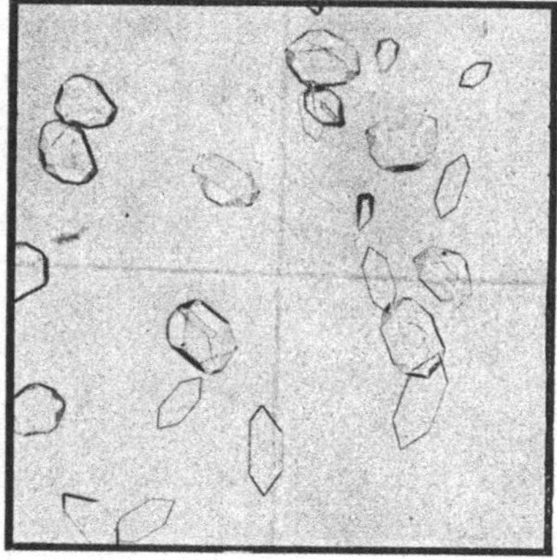

Abb. 3b.

Abb. 3 (a u. b). Natrium-Zink-Uranylacetat (nach GEILMANN). Vergr. 65fach.

mit Wasser zu 50 cm³ Flüssigkeit gelöst. Die beiden warmen Lösungen werden gemischt und nach 1tägigem Stehen von dem eventuell abgeschiedenen Niederschlag abfiltriert.

GEILMANN benutzt als Reagenslösung die Mischung einer Lösung von 9,5 g Zinkoxyd und 16 g Eisessig in 44 cm³ Wasser und einer Lösung von 7 g Uranylacetat und 4,2 g Eisessig in 43 cm³ Wasser, die vor dem Gebrauch ebenfalls zu filtrieren ist.

Je 1 Tropfen des Reagenses und der Untersuchungslösung werden nebeneinander auf den Objektträger gebracht. An der Berührungsgrenze der beiden Tropfen bildet sich entweder sofort oder nach kurzem Reiben mit einem Platindraht der charakteristische Niederschlag des Tripelacetats.

Das zur Verwendung kommende Reagens muß frei von Natrium sein. Da die Zink-Uranylacetatlösung leicht aus dem Glas Natrium aufnimmt, benutze man entweder eine frisch hergestellte Lösung oder bewahre sie in einem Quarzgefäß auf. Ferner ist der Gebrauch von Objektträgern aus Quarz zu empfehlen. Andernfalls hat man stets durch einen Blindversuch zu prüfen, ob das Reagens beim Stehenlassen auf dem Objektträger innerhalb eines bestimmten Zeitraumes Krystalle von Natrium-Zink-Uranylacetat abscheidet.

Um die Garantie eines absolut natriumfreien Reagenses zu haben, führen CHAMOT und BEDIENT den mikrochemischen Nachweis des Natriums mit festem Zink-Uranylacetat statt mit einer Reagenslösung durch. Das Zink-Uranyldoppelacetat wird in Platin- oder Quarzschalen sorgfältig hergestellt und durch Umkrystallisieren gereinigt. Die auf Natrium zu prüfende Substanz wird auf einen Objektträger gebracht, mit 1 Tropfen Wasser, der mit Essigsäure angesäuert ist, befeuchtet und zur Trockne eingedunstet. Neben den Trockenrückstand bringt man 1 Tropfen verdünnte Essigsäure, in dem dann einige Kryställchen des reinen Zink-Uranylacetats unter schwachem Erwärmen gelöst werden. Nun wird der Reagenstropfen mit einem Platindraht durch den trockenen Film der Untersuchungslösung gezogen, ohne daß dabei der Film vollständig überschwemmt wird. Bei Anwesenheit von Natrium entstehen die Krystalle des Tripelacetats nach einigen Sekunden längs der Ränder des Flüssigkeitskanals.

Erfassungsgrenze: 0,2 bis 0,3 γ Natrium (STEINER); MALITZKY und TUBAKAJEW geben an, daß noch 0,01 γ Natrium deutlich nachweisbar sei.

Störungen. Starke Mineralsäuren sind durch Abrauchen oder Behandlung mit natriumfreiem Ammoniumacetat zu entfernen. Anionen, die mit den Metallen des

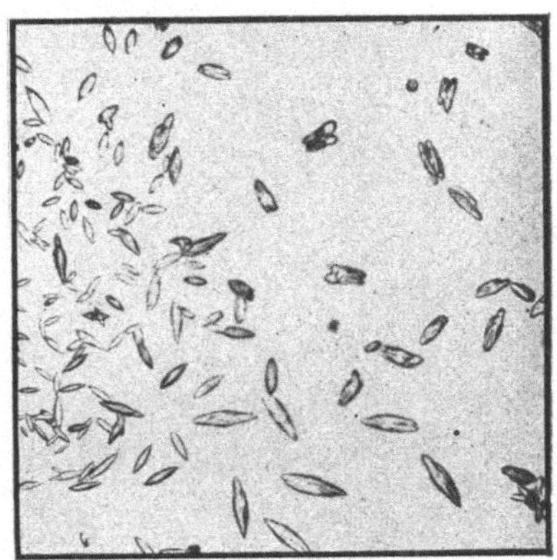

Abb. 4. Natriumantimonat, zigarren- oder linsenförmige Krystalle (nach GEILMANN). Vergr. 120fach.

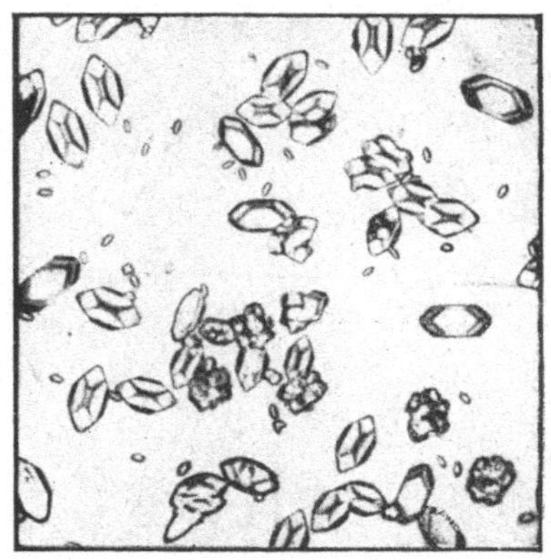

Abb. 5. Natriumantimonat, tetragonale Prismen mit Pyramidenenden (nach GEILMANN). Vergr. 250fach.

Reagenses Niederschläge bilden, sind selbstverständlich ebenfalls zu entfernen. Kalium-, Lithium-, Ammonium- und die Erdalkali-Ionen stören nur, wenn sie in sehr großem Überschuß vorhanden sind. MALITZKY und TUBAKAJEW haben 0,01 γ Natrium deutlich nachweisen können bei gleichzeitiger Anwesenheit von NH_4, K, Mg, Ca, Sr, Ba, Al, Cr, Co, Fe, Ni, Mn, Cd, Bi, Cu, Pb, Hg, von denen jedes in 20mal größerer Menge als Natrium vorlag. Günstigstenfalls kann noch 1 Teil Natrium neben 500 Teilen Kalium nachgewiesen werden [KOLTHOFF (b)]. Bei einem noch größeren Kaliumüberschuß muß das Kalium vorher ausgefällt werden [KOLTHOFF (b)]. MONTEQUI und DE SADABA schlagen zu diesem Zwecke vor, Kalium mittels natriumfreier Zinkperchloratlösung[1] zu entfernen, da die Gegenwart von Zinkperchlorat den Natriumnachweis nicht stört. Auf diese Weise konnten sie Natrium noch bei einem 1700fachen Kaliumüberschuß nachweisen.

Vgl. auch den Tüpfel- und den Fluorescenznachweis mit Zink-Uranylacetat (§ 4, 1 u. § 5, 1).

4. Abscheidung mit Kaliumantimonat als Natriumantimonat. Das in Wasser unlösliche Natriumantimonat fällt bei der Reaktion eines Natriumsalzes mit Kaliumantimonatlösung in charakteristischen farblosen, tetragonalen Krystallen aus und

[1] Reine Zinkperchloratlösung kann man aus Zinkcarbonat, das durch Fällung von zwei Gewichtsteilen Zinksulfat mit einem Teil Kaliumcarbonat erhalten wird, und destillierter Perchlorsäure leicht darstellen.

ist daher als Abscheidungsform zum mikrochemischen Natriumnachweis geeignet. Je nach der Menge des anwesenden Natriums und nach der Schnelligkeit der Abscheidung können verschiedene Typen von Krystallen entstehen. Gewöhnlich bilden sich zigarren- oder linsenförmige Krystalle (Abb. 4), bei langsamer Krystallisation treten tetragonale Prismen mit Pyramidenenden (Abb. 5) oder oktaederartige Bipyramiden (Abb. 6) oder Schwalbenschwänze (Abb. 7) auf. Ist der Niederschlag amorph, so ist Antimonsäure ausgefallen, was eintritt, wenn die Lösung nicht schwach alkalisch reagiert.

Ausführung. Als Reagens verwendet man eine frisch bereitete, gesättigte wäßrige Lösung von Kaliumantimonat. BÖTTGER stellt die Reagenslösung in der Weise her, daß er etwa 0,05 g Kaliumantimonat mit 5 cm³ Wasser einige Minuten zum schwachen Sieden erhitzt, die Lösung unter der Wasserleitung auf Zimmertemperatur

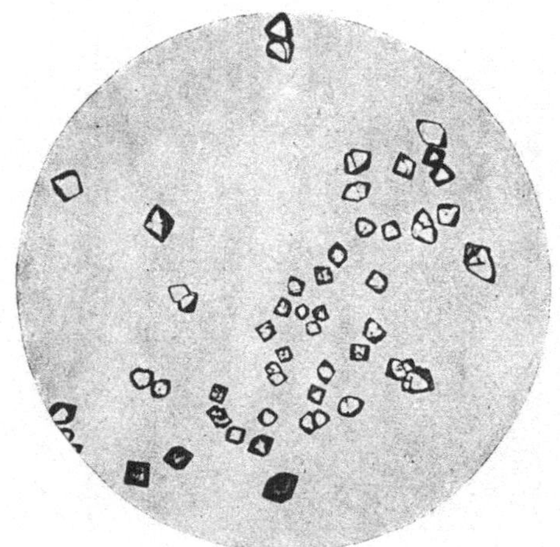

Abb. 6. Natriumantimonat, Bipyramiden (nach KRAMER). Vergr. 127fach.

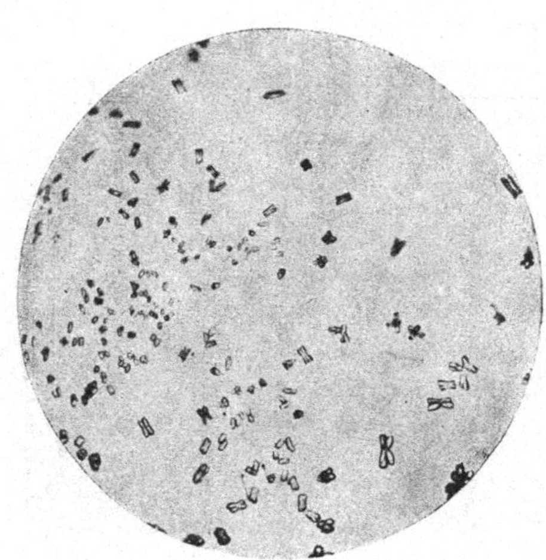

Abb. 7. Natriumantimonat, Schwalbenschwänze (nach KRAMER). Vergr. 127fach.

abkühlt und filtriert. GEILMANN empfiehlt, die Reagenslösung durch Zugabe von etwas Kaliumhydroxyd alkalisch zu machen, während KRAMER die Zugabe von KOH für nicht ratsam hält. Es ist stets eine frisch hergestellte Lösung zu verwenden, da das Reagens beim Stehen in Glasgefäßen Natrium aus dem Glas aufnimmt.

Auf den Objektträger wird 1 Körnchen der auf Natrium zu prüfenden Substanz gebracht, oder 1 Tropfen der Untersuchungslösung, der nicht sauer reagieren darf, zur Trockne eingedampft. Dazu gibt man 1 Tropfen der Reagenslösung; die Größe des Tropfens richtet sich nach der Menge des festen Rückstandes. Da nämlich das Natriumantimonat nicht zu den besonders wenig löslichen Stoffen gehört, darf man nur so viel Reagens zusetzen, daß es zur Übersättigung kommt. Das Natriumantimonat bildet leicht übersättigte Lösungen; wenn sich keine Krystalle abscheiden, so reibe man den Objektträger mit einem Platindraht oder setze 1 Tröpfchen Alkohol zu (BEHRENS-KLEY).

Erfassungsgrenze: 0,4γ Natrium (KRAMER); 1γ Natrium (BÖTTGER).

Störungen. Der Nachweis als Natriumantimonat wird durch die Gegenwart von Ammonium-, Magnesium- und Erdalkalisalzen gestört. Magnesium-Ionen geben mit dem Reagens eine krystalline Fällung, und zwar in Form hexagonaler Plättchen (SCHOORL). Auch bei einem Überschuß von Kalium ist das Reagens nicht brauchbar. Nach SCHOORL (a) und KOLTHOFF (b) kann man Natrium günstigstenfalls noch neben der 20fachen Menge an Kalium nachweisen. Nach BÖTTGER ist allerdings die

Störung durch Kaliumsalze nicht so stark; Böttger gibt an, daß Mischungen aus 99% KCl und 1% NaCl noch eine deutliche Natriumreaktion geben. Bei derartigen Mischungsverhältnissen darf man aber nicht zu viel Reagens anwenden und muß eine völlige Auflösung der auf dem Objektträger befindlichen Untersuchungsprobe vermeiden. In diesem Fall ist ferner zu beachten, daß die Natriumantimonatkrystalle nur eine gewisse Zeit erkennbar sind, da sie durch das beim Verdunsten des Lösungsmittels auskrystallisierende, leichter lösliche Kaliumsalz verdeckt werden können. Große Mengen von Kaliumsalzen trennt man zweckmäßig vor Ausführung des Natriumnachweises ab.

5. Abscheidung mit Hexafluokieselsäure oder Ammoniumsilicofluorid als Natriumfluosilicat. Die Fällung des Natriums als Natriumhexafluosilicat, Na_2SiF_6, ist wiederholt zum mikrochemischen Nachweis des Natriums benutzt worden (Bořický, Behrens, Frey, Behrens-Kley, Huysse, Geilmann). Das Natriumsalz

Abb. 8. Tafeln und Prismen von Natriumhexafluosilicat (nach Geilmann). Vergr. 160fach.

Abb. 9. Sechsblättrige Rosetten von Na_2SiF_6 (nach Geilmann). Vergr. 80fach.

der Kieselfluorwasserstoffsäure bildet farblose bis hellrosa gefärbte, hexagonale Krystalle. In verdünnten Lösungen entstehen hexagonale Scheibchen oder kurze Säulen, während in konzentrierten Lösungen sechseckige Rosetten auskrystallisieren. Dicke Krystalle zeigen eine schwache Rosafärbung.

Ausführung. Als Reagens verwenden Bořický, Behrens, Frey und Geilmann mehr oder weniger konzentrierte Lösungen von reiner Kieselfluorwasserstoffsäure. Behrens-Kley und Huysse empfehlen, statt der freien Säure ihr Ammoniumsalz zu verwenden, da dieses besser aufzubewahren ist und durch Sublimieren im Platintiegel leicht gereinigt werden kann.

Nach Behrens-Kley führt man die Reaktion am besten in der Weise aus, daß man auf den Objektträger 1 Tropfen verdünnte Salzsäure bringt und auf die eine Seite dieses Tropfens die zu untersuchende Substanz, auf die andere Seite festes Ammoniumsilicat legt. Infolge Diffusion entstehen nach einiger Zeit in der Mitte des Tropfens die charakteristischen Krystalle von Na_2SiF_6. Umrühren oder Erwärmen des Tropfens ist zu unterlassen. Wenn die Natriumkonzentration sehr gering ist, sind die dünnen Täfelchen in der Lösung zuweilen schwer zu erkennen. In diesem Falle dampft man zur Trockne und setzt 1 Tropfen Benzol zu.

Erfassungsgrenze: 0,16 γ Natrium (Behrens).

Störungen. Die Gegenwart von sehr viel Kalium stört. Nach Schoorl (b) soll schon bei einem 20fachen Überschuß an Kalium der mikrochemische Nachweis des Natriums als Fluosilicat nicht mehr einwandfrei sein, da sich zwar noch eine Fällung bildet, die charakteristischen Krystallformen aber nicht mehr zu erkennen sind. Man muß daher das Kalium, wenn es im Überschuß vorliegt, als Chloroplatinat ausfällen. Die Anwesenheit von Platinchlorwasserstoffsäure stört nicht. Ammonium- und Lithiumsalze beeinträchtigen die Reaktion nur in geringem Maße.

FREY empfiehlt Kieselfluorwasserstoffsäure als Reagens für die mikrochemische Gesteinsanalyse. Ein kleines Stück des auf Natrium zu prüfenden Minerals wird mittels Canadabalsam auf einen Objektträger aufgeklebt und mit 1 Tropfen reiner Hexafluokieselsäure versetzt. Beim Verdunsten erscheinen bei Anwesenheit von Natrium die charakteristischen hexagonalen Krystalle. Kaliumhaltige Gesteine liefern Würfel, calciumhaltige spindelartige Gebilde ohne ebene Begrenzungsflächen. Bei Gegenwart aller drei Kationen sollen die verschiedenen Krystallformen nebeneinander zu erkennen sein.

6. Abscheidung mit Wismutsulfat als Natrium-Wismutsulfat. In stark bis schwach schwefelsaurer Lösung bildet Natriumsulfat mit Wismutsulfat ein sehr wenig lösliches Doppelsulfat. Das Natrium-Wismutsulfat, $3\,Na_2SO_4 \cdot 2\,Bi_2(SO_4)_3 \cdot 2\,H_2O$, krystallisiert in Form farbloser, hexagonaler Stäbchen aus. Dieser mikrochemische Nachweis des Natriums ist besonders zum Nachweis neben Kalium geeignet, da die stäbchenförmigen Krystalle des Natriumdoppelsulfats und die hexagonalen Scheibchen der entsprechenden Kaliumverbindung stets nebeneinander zu erkennen sind und es somit möglich ist, in 1 Tropfen wenig Natrium neben sehr viel Kalium nachzuweisen. Zum sicheren Gelingen der Reaktion ist es erforderlich, daß die Untersuchungssubstanz als Sulfat vorliegt. Ein Abrauchen mit Schwefelsäure muß also der Nachweisreaktion vorausgehen.

Ausführung. Nach BEHRENS-KLEY führt man die Reaktion in der Weise durch, daß man zunächst in einem Gemisch aus 1 Tröpfchen konzentrierter Schwefelsäure und 1 Tropfen verdünnter Salpetersäure eine große Menge basisches Wismutnitrat auflöst, dann 1 Tropfen Glycerin zusetzt und diese Reagenslösung auf dem Objektträger zu einer dünnen Schicht ausbreitet. Die Untersuchungssubstanz wird mit wenig Schwefelsäure zu einem dicken Brei verrieben und in dieser Form in kleinem Anteil zu der Reagenslösung hinzugesetzt. Nach Erwärmen des Reaktionsgemisches auf etwa 60^0 C krystallisieren bei Anwesenheit von Natrium die Stäbchen des Natriumdoppelsulfats aus. Die hexagonalen Scheibchen der Kaliumverbindung bilden sich erst später.

KRAMER, der die Bildung der Wismutdoppelsulfate sehr eingehend untersucht hat, verwendet als Reagens eine 1%ige, schwach salpetersaure Wismutnitratlösung. Die Reagenslösung wird durch Auflösen von 1 g Wismutnitrat in möglichst wenig 2 n-Salpetersäure unter Erwärmen und vorsichtigem Verdünnen mit Wasser auf 100 cm^3 Lösung hergestellt. Die auf Natrium zu prüfende Lösung wird auf dem Objektträger zur Trockne gedampft, der Rückstand einmal mit konzentrierter Schwefelsäure abgeraucht und mit 1 Tropfen 2 n-Schwefelsäure aufgenommen. Dann setzt man 1 Tropfen Reagenslösung hinzu und läßt eindunsten; dabei bilden sich die stäbchenförmigen Krystalle des Natrium-Wismutsulfats zuerst am Rande des Tropfens, später auch in der Mitte. Wenn Natrium und Kalium nebeneinander vorliegen, sollen bei der Ausführungsform der Reaktion von KRAMER zunächst die Sechsecke des Kaliumdoppelsulfats entstehen und die Stäbchen des Natrium-Wismutsulfats erst nach einiger Zeit zu erkennen sein.

Erfassungsgrenze: 0,04 γ Natrium (BEHRENS-KLEY, KRAMER).

Störungen. Wie schon gesagt, stört Kalium den Nachweis des Natriums als Wismutdoppelsulfat nicht. Bei jedem Mischungsverhältnis treten stets die Stäbchen der Natriumverbindung auf. So hat KRAMER z. B. noch ohne Schwierigkeit 1% Natriumsulfat neben 99% Kaliumsulfat, also Natrium neben einem 165fachen Kaliumüberschuß nachweisen können. Die Gegenwart von Calcium stört den Natriumnachweis ebenfalls nicht. Calcium bildet mit Wismutsulfat kein Doppelsulfat, krystallisiert jedoch in der schwefelsauren Lösung als Gips aus. Die bei Anwesenheit von Calcium entstehenden haarfeinen Nadeln von Calciumsulfat können nicht mit den Stäbchen des Natrium-Wismutsulfats verwechselt werden, da die letzteren stets bedeutend breiter und kürzer sind (KRAMER). Auch Aluminium-Ionen stören nicht. Über den Einfluß des Magnesiums hat KRAMER folgende Beobachtungen gemacht: Bei Abwesenheit von Kalium stört Magnesium den Natriumnachweis nicht bei einem beliebigen Mengenverhältnis von Magnesium- zu Natriumsulfat; z. B. bilden sich in einem Salzgemisch von 99% $MgSO_4$ und 1% Na_2SO_4 stets die Stäbchen des Natriumdoppelsulfats. Magnesium krystallisiert also nicht aus (etwa als Magnesium-Wismutsulfat), sondern bleibt in der schwefelsauren Lösung gelöst. Dagegen verhindert Magnesium unter gewissen Konzentrationsverhältnissen die Ausbildung der stäbchenförmigen Krystalle des Natrium-Wismutsulfats, wenn gleichzeitig Kalium zugegen ist. Bei Gegenwart von Natrium, Kalium und Magnesium entstehen nämlich gelegentlich linsenförmige Krystalle, deren Bestandteile Na_2SO_4, K_2SO_4, $MgSO_4$ und $Bi_2(SO_4)_3$ sind (näheres siehe KRAMER). Der Einfluß des Lithiums ist der gleiche wie der des Magnesiums.

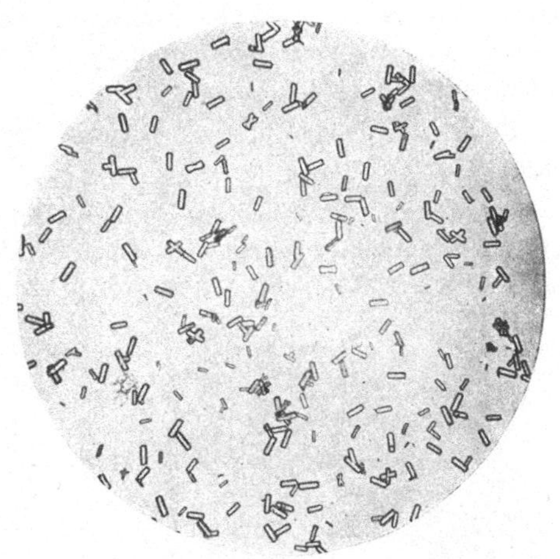

Abb. 10. Natrium-Wismutsulfat (nach KRAMER). Vergr. 127fach.

B. Weitere Fällungsreaktionen.

1. Abscheidung mit Cerosulfat als Natrium-Cerosulfat. Natriumsulfat bildet mit Cerosulfat in schwach saurer Lösung ein schwer lösliches Doppelsulfat der Zusammensetzung $Na_2SO_4 \cdot Ce_2(SO_4)_3 \cdot 2\,H_2O$. Das Natrium-Cerosulfat scheidet sich in sehr kleinen linsenförmigen Krystallen ab. Erforderlich ist, daß die auf Natrium zu prüfende Substanz als Sulfat vorliegt. Die Empfindlichkeit der Reaktion ist etwa dieselbe wie die des Natriumnachweises mit Wismutsulfat (BEHRENS-KLEY). Der Nachweis mit Cerosulfat hat aber gegenüber demjenigen mit Wismutsulfat den Nachteil, daß die Krystalle des Natriumdoppelsalzes und des analogen Kaliumdoppelsalzes einander sehr ähnlich sind und daß aus diesem Grunde eine Unterscheidung von Natrium und Kalium schwer möglich ist. Kalium-Cerosulfat krystallisiert in kleinen, farblosen, rundlichen Scheibchen.

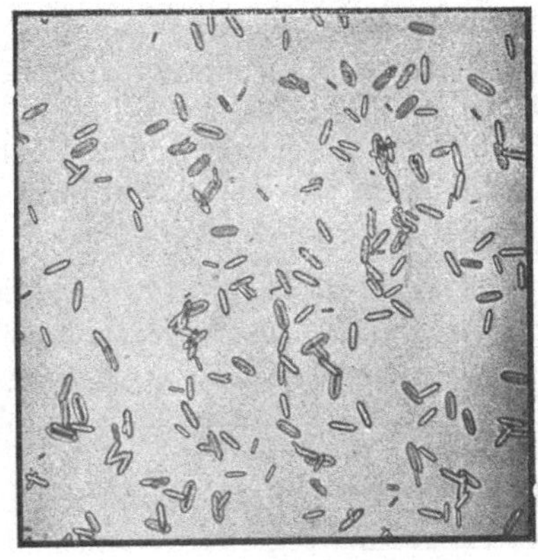

Abb. 11. Natrium-Cerosulfat (nach GEILMANN). Vergr. 260fach.

2. Abscheidung mit Pikrinsäure als Natriumpikrat. Natriumpikrat ist als Abscheidungsform für den mikrochemischen Natriumnachweis geeignet (JUSTIN-MUELLER, DENIGÈS, ORLENKO und FESSENKO). Es krystallisiert in feinen gelben Nadeln, die sich meist zu Bündeln, Büscheln oder Garben vereinigen. Als Reagens verwendet man eine kalt gesättigte, wäßrige Lösung von umkrystallisierter Pikrinsäure. 1 Tropfen der auf Natrium zu prüfenden Lösung wird auf dem Objektträger bis auf einen feuchten Rest eingedunstet. Auf den Rand des Rückstandes bringt man dann 1 Tropfen der Reagenslösung, worauf sich dann nach einiger Zeit die Krystalle des Natriumpikrats abscheiden. Es ist zu beachten, daß die Untersuchungslösung neutral oder alkalisch reagiert, da in saurer Lösung das Pikrat zersetzt wird und gleichzeitig ein Niederschlag der farblosen schmalen Blättchen der Pikrinsäure entsteht.

Erfassungsgrenze: 1,1 γ Natrium; **Grenzkonzentration:** 1:900 (ORLENKO und FESSENKO).

Störungen. Ammonium- und Kaliumpikrat sind weniger löslich als Natriumpikrat; Magnesiumpikrat besitzt ungefähr die gleiche Löslichkeit wie das Natriumsalz. Die Krystalle des pikrinsauren Ammoniums bzw. Magnesiums sind denen des Natriums sehr ähnlich. Magnesium- und Ammoniumsalze sind daher vor der Prüfung auf Natrium in der üblichen Weise zu entfernen. Die pikrinsauren Salze des Natriums und Kaliums können durch ihre Krystallform unterschieden werden, da die Natriumverbindung aus sehr feinen Nadeln, die Kaliumverbindung aus bedeutend dickeren und größeren prismatischen Nadeln besteht. Ferner ist eine Unterscheidung des Natrium- und Kaliumpikrats durch ihre verschiedene Löslichkeit möglich (die Löslichkeiten verhalten sich etwa wie 1:6). ORLENKO und FESSENKO schlagen vor, nachdem das Reagens 1 Min. auf die Untersuchungsprobe eingewirkt hat, die dichteste Ansammlung von Krystallen im Gesichtsfeld mit 2 Tropfen Wasser zu verdünnen; dabei löst sich das Natriumpikrat auf, während das Kaliumpikrat unverändert bleibt. Barium-, Strontium-, Zink-, Nickel-, Kobalt-, Blei-, Quecksilber- und Silber-Ionen geben mit Pikrinsäure ebenfalls verhältnismäßig schwerlösliche Niederschläge in Form von Nadeln oder Rhomben und sind daher vor Ausführung der Reaktion als Sulfide, Carbonate usw. auszufällen.

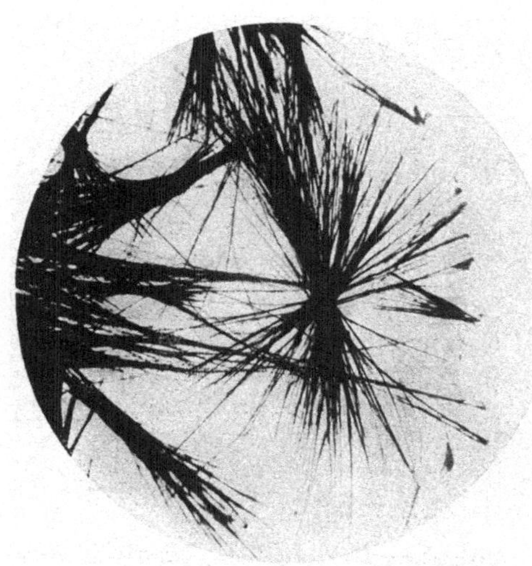

Abb. 12. Natriumpikrat.

3. Abscheidung mit Platinchlorwasserstoffsäure als Natriumhexachloroplatinat. Natriumchlorid bildet beim Versetzen mit einer wäßrigen Lösung von Platinchlorwasserstoffsäure Natriumhexachloroplatinat, das beim Eindunsten der Lösung in rot gefärbten Prismen oder Nadeln auskrystallisiert. Die Krystalle haben die Zusammensetzung $Na_2PtCl_6 \cdot 6\,H_2O$. Das Kaliumsalz der Platinchlorwasserstoffsäure, K_2PtCl_6, das in gelben Oktaedern krystallisiert, ist wesentlich unlöslicher als das Natriumsalz. Wegen der verschiedenen Krystallform kann das Natrium auch neben Kalium mikrochemisch als Chloroplatinat nachgewiesen werden. Bei Anwesenheit von Kalium entstehen zuerst die Oktaeder der Kaliumverbindung, während die prismatischen Krystalle des Natriumsalzes erst beim Eintrocknen am Rande des Tropfens zu erkennen sind. Bei einem großen Kaliumüberschuß empfiehlt SMITH (b), den Kaliumniederschlag auf einem Uhrglas sich absetzen zu lassen, 1 Tropfen der überstehenden klaren Flüssigkeit auf einen Objektträger zu bringen und diesen langsam zu verdampfen. Bei zu schnellem Verdampfen oder bei Verwendung einer zu konzentrierten Reagenslösung kann die Anwesenheit des Natriums leicht übersehen werden.

Störungen. Lithium-Ionen stören den Nachweis, weil bei ihrer Anwesenheit das Natriumchloroplatinat nicht auskrystallisiert oder zumindest nicht die charakteristischen Krystalle bildet [SMITH (b)].

Eine Unterscheidung des Natrium- und des Kaliumhexachloroplatinats ist auch im polarisierten Licht leicht möglich. Platinchlorwasserstoffsäure und K_2PtCl_6 wirken nämlich auf das polarisierte Licht nicht ein, wohl aber die Natriumverbindung (ANDREWS). Man bringt 1 Tropfen der Untersuchungslösung auf einen Objektträger, versetzt mit einer verdünnten Lösung von Platinchlorwasserstoffsäure, läßt auskrystallisieren und betrachtet den Rückstand durch das Polarisationsmikroskop. Im dunklen Feld erscheinen die Krystalle von Natriumhexachloroplatinat hell, während bei Abwesenheit von Natrium das ganze Feld dunkel ist und die Krystalle des Kaliumsalzes unsichtbar bleiben. Auf diese Weise konnte ANDREWS noch Natrium in einer $^1/_{10000}$ n-Natriumchloridlösung nachweisen.

Abb. 13. Natriumhexachloroplatinat, wie es gewöhnlich beim Eintrocknen am Tropfenrande auskrystallisiert (nach GEILMANN). Vergr. 65fach.

Abb. 14. Einige gut ausgebildete Krystalle von $Na_2PtCl_6 \cdot 6\,H_2O$ (nach GEILMANN). Vergr. 65fach.

C. Unsichere Reaktionen.

1. Abscheidung mit Zinn(II)chlorid als Natrium-Zinn(II)chlorid. Natriumchlorid bildet mit Zinn(II)chlorid in salzsaurer Lösung ein Doppelsalz der Zusammensetzung $3\,NaCl \cdot 2\,SnCl_2$, das beim Eindunsten des Lösungsmittels in charakteristischen sechsstrahligen Sternchen auskrystallisiert (ORTODOCSU und RESSY). Das Natrium muß in dem zu prüfenden Salz als Chlorid vorliegen. 1 Tropfen der Untersuchungslösung und 1 Tropfen der salzsauren Lösung von Zinn(II)chlorid bringt man nebeneinander auf den Objektträger. An der Berührungszone der beiden Tropfen entstehen beim Eintrocknen die sechsstrahligen Sterne.

Da diese Reaktion in erster Linie zum Nachweis des Zinns neben Antimon ausgearbeitet wurde, fehlen Angaben über die Empfindlichkeit und über Störungen. Kaliumchlorid krystallisiert mit Zinn(II)chlorid als K_2SnCl_4 aus und bildet rhombische Prismen (GEILMANN).

2. Abscheidung mit Antimon(V)chlorid als Natrium-Antimon(V)chlorid. ORTODOCSU und RESSY haben beobachtet, daß Natriumchlorid mit Antimon(V)-chlorid ein Doppelsalz, $NaSbCl_6$, bildet, das wegen seiner charakteristischen Krystallform zum mikrochemischen Nachweis des Natriums vorgeschlagen wird. Die Krystalle des Natrium-Antimon(V)chlorids bestehen aus vierstrahligen Sternchen. 1 Tropfen der Untersuchungslösung, in der das Natrium als Chlorid vorliegen muß, bringt man auf den Objektträger. Man versetzt mit 1 Tropfen einer salzsauren

Lösung von Antimon(V)chlorid und läßt eindunsten. Bei Anwesenheit von Natrium entstehen die vierstrahligen Sterne.

Angaben über die Empfindlichkeit der Reaktion und über Störungen durch andere Ionen fehlen.

3. Abscheidung als Natriumsulfat. Als Erkennungsform für Natrium benutzt REINSCH Natriumsulfat, das er unter dem Polarisationsmikroskop betrachtet. Ein Tropfen der natriumsulfathaltigen Lösung wird auf dem Objektträger zur Trockne eingedampft. Im Polarisationsmikroskop erkennt man die durch Verwitterung entstehenden, matt silberweißen, staffelförmig aneinander hängenden, quadratischen Tafeln.

Krystalle des Kaliumsulfats erscheinen bei 0° Drehung des Nicols in nicht scharf begrenzten, rhombischen Tafeln, bei 90° Drehung zeigen sie blaue Ränder mit gelben oder roten Flecken. Bei gleichzeitiger Anwesenheit von Natriumsulfat und Kaliumsulfat entstehen Kugeln mit dem Polarisationskreuz des Kalkspats.

Die Krystalle des Ammoniumsulfats sind bei 0° Drehung kaum zu erkennen, bei 90° Drehung sieht man silbergraue Quadern mit blauen und braunen Rändern. Lithiumsulfat krystallisiert in Büscheln aus prismatischen Nadeln; die Krystalle von Li_2SO_4 zeigen bei 0° Drehung ein blaues Kreuz, bei 90° ein schwarzes Kreuz.

Die Untersuchungen von REINSCH wurden in 4%igen Lösungen durchgeführt.

4. Abscheidung als Natrium-m-bromazobenzolsulfonat. Natrium-m-bromazobenzolsulfonat, $C_{12}H_8BrN_2 \cdot SO_3Na$, krystallisiert in blaßgelben perlmutterglänzenden Blättchen; die entsprechende, ebenfalls schwerlösliche Kaliumverbindung bildet glänzende Nadeln.

Grenzkonzentration: 1:2500 (JANOWSKY) Vgl. § 2, B. 5.

§ 4. Nachweis durch Tüpfelreaktionen.

1. Nachweis mit Zink-Uranylacetat. Die Fällung von Natrium mit Zink-Uranylacetat in essigsaurer Lösung als gelbes krystallines Natrium-Zink-Uranylacetat ist auch in Form einer Tüpfelreaktion ausführbar. Der gelbe Niederschlag ist auf einer dunklen Unterlage (schwarze Tüpfelplatte oder schwarzes Porzellanuhrglas) gut zu erkennen (FEIGL, GUTZEIT).

Als Reagens verwendet FEIGL die von KOLTHOFF (b) angegebene Lösung mit der kleinen Änderung, daß er die Lösung zur Erhöhung der Empfindlichkeit an Natrium sättigt. 10 g Uranylacetat werden in 6 g 30%iger Essigsäure unter Erwärmen gelöst und mit Wasser auf 50 cm³ aufgefüllt; 30 g Zinkacetat werden mit 3 g 30%iger Essigsäure angerührt und ebenfalls mit Wasser auf 50 cm³ verdünnt. Die beiden Suspensionen werden in der Wärme miteinander gemischt. Zu der entstandenen klaren Lösung setzt man eine Spur Natriumchlorid hinzu und filtriert das ausgefallene Natrium-Zink-Uranylacetat nach 24stündigem Stehen ab.

Ausführung. Die auf Natrium zu prüfende Lösung muß neutral reagieren; ist sie stark sauer, so neutralisiert man sie mit Ammoniak oder Zinkoxyd. 1 Tropfen der neutralen Untersuchungslösung wird auf eine dunkle Tüpfelplatte oder ein schwarzes Uhrglas gebracht und mit 8 Tropfen der Reagenslösung versetzt. Entsteht beim Rühren mit einem Glasstab ein gelber Niederschlag oder eine Trübung, so ist Natrium zugegen.

Erfassungsgrenze: 12,5 γ Natrium; **Grenzkonzentration:** 1:4000 (FEIGL).

Lithiumsalze werden bei einer Konzentration von 1 g im Liter gefällt, Ammoniumsalze und Magnesiumsalze bei einer solchen von 5 g im Liter, Kaliumsalze erst dann, wenn ihre Konzentration größer als 50 g im Liter ist [KOLTHOFF (b)]. Über Störungen durch andere Ionen vgl. § 2, A. 2.

Die Empfindlichkeit wird erhöht, wenn man in wäßrig-alkoholischer Lösung arbeitet. Es kann dann auch ein Natriumgehalt in Kaliumsalzen festgestellt werden.

Vgl. auch den Nachweis des Natriums durch Fluorescenzanalyse (§ 5, A. 1).

2. Nachweis als Natrium-Caesium-Wismutnitrit. Der Nachweis des Natriums mit dem Kalium-Caesium-Wismutnitritreagens von BALL kann auch als Tüpfelreaktion ausgeführt werden (GUTZEIT). Der gelbe Niederschlag von der Formel $6\,NaNO_2 \cdot \cdot 9\,CsNO_2 \cdot 5\,Bi(NO_2)_3$ hebt sich auf schwarzem Papier oder einer dunklen Tüpfelplatte gut ab.

Das Reagens von BALL wird folgendermaßen bereitet: 30 g reines Kaliumnitrit werden in wenig Wasser gelöst und diese Lösung wird mit einer Lösung von 3 g Wismutnitrat in wenig 2 n-Salpetersäure vermischt. Dazu gibt man 16 cm^3 einer 10%igen wäßrigen Lösung von Caesiumnitrat und füllt mit Wasser auf 100 cm^3 auf. Wenn sich die Lösung dabei trüben sollte, so setzt man noch etwas Salpetersäure hinzu. Ein etwa entstandener Niederschlag wird nach 2tägigem Stehen abfiltriert. Das Reagens ist unter Luftabschluß aufzubewahren.

Ausführung. Auf ein schwarzes Filtrierpapier bringt man 1 Tropfen der Reagenslösung und versetzt mit 1 Tropfen der Untersuchungslösung. Ein gelber Fleck zeigt die Anwesenheit von Natrium an.

Über Störungen vgl. § 2, A. 5.

§ 5. Nachweis durch Fluorescenzanalyse.

Nachweis als Natrium-Zink-Uranylacetat. Natrium-Zink-Uranylacetat besitzt die Eigenschaft, bei Bestrahlung mit ultraviolettem Licht lebhaft grüngelb zu fluorescieren. Da das Reagens keine solche Fluorescenz zeigt, kann man die Fluorescenzerscheinung zum Nachweis des Natriums verwenden. Die Fluorescenzanalyse hat den Vorteil, daß man mit ihr noch eine 5mal kleinere Menge Natrium als mit der gewöhnlichen Tüpfelreaktion erkennen kann (FEIGL).

Ausführung. Das Reagens ist das in § 4, 1 beschriebene. Die Reaktion wird auf Filtrierpapier ausgeführt. Ein Streifen Filtrierpapier (SCHLEICHER und SCHÜLL, Nr. 601) wird zur Entfernung etwa vorhandener Natriumsalze 2mal mit verdünnter Salzsäure und 4- bis 6mal mit destilliertem Wasser ausgewaschen und getrocknet. Auf das derart vorbehandelte Filtrierpapier bringt man mittels einer Capillarpipette 1 Tropfen der Untersuchungslösung. Nach dem Einsaugen des Tropfens wird das Papier über einem Mikrobrenner vorsichtig getrocknet, mit 2 Tropfen der Reagenslösung zentral und seitlich angetüpfelt und dann sofort unter der Analysenquarzlampe betrachtet. Bei Anwesenheit größerer Natriummengen ist der grüngelb fluorescierende Fleck sofort zu sehen. Bei Natriummengen unter 10 γ ist die Fluorescenzerscheinung, meist in Form eines Kreisringes, erst nach einigen Minuten zu erkennen.

Erfassungsgrenze: 2,5 γ Natrium.

Grenzkonzentration: 1:20000 (FEIGL).

Literatur.

ANDREWS: Chem. Gaz. **1852**, 378; J. pr. **57**, 376 (1852). — ATO, S. u. I. WADA: Sci. Pap. Inst. Tôkyô **4**, 263 (1926).

BALL, W. C.: Soc. **95**, 2126 (1909); **97**, 1408 (1910). — BARBER, H. H. u. I. M. KOLTHOFF: Am. Soc. **51**, 3233 (1929). — BEHRENS, H.: Fr. **30**, 136 (1891). — BEHRENS-KLEY: Mikrochemische Analyse, Leipzig-Hamburg 1915. — BENEDETTI-PICHLER, A. A. u. J. T. BRYANT: Ind. eng. Chem. Anal. Edit. **10**, 107 (1938). — BÖTTGER, W.: Mikrochemie, PREGL-Festschrift 16, 1929. — BORICKY, E.: Fr. **18**, 95 (1879). — BOSSUET, R.: Bl. (4) **51**, 681 (1932). — BRECKPOT, R.: (a) Natuurwetensch. Tijdschr. **16**, 139 (1934); (b) Agricultura, Bl. trim. Assoc. Anc. Etud. Inst. Agron. Univ. Mai 1935. — BRECKPOT, R. u. A. MEVIS: Ann. Soc. Sci. Bruxelles **55**, 16 (1935).

CALEY, E. R.: Am. Soc. 51, 1965 (1929). — CHAMOT, E. M. u. H. A. BEDIENT: Mikrochem. 6, 13 (1928). — CHANG, T. C. u. CH. L. TSENG: Sci. quart. nat. Univ. Peking 4, 185 (1934). — CLARK, A. R.: J. Chem. Education 12, 242 (1935).

DENIGÈS, G.: Bl. Soc. Pharm. Bordeaux 71, 191 (1933). — DUFFENDACK, O. S. u. K. B. THOMSON: Pr. Am. Soc. Test. Mat. 36, Pt. 2 (1936). — DUREUIL, E.: C. r. 182, 1020 (1926).

ERDMANN, H.: A. 247, 336 (1888).

FAIRLEY, T.: Rep. Brit. Assoc. 1875, II, 42; Jbr. 1876, 233. — FEIGL, F.: Qual. Analyse mit Hilfe von Tüpfelreaktionen, Leipzig 1935, S. 266; R. 58, 471 (1939). — FELDSTEIN, P. u. A. M. WARD: Analyst 56, 245 (1931). — v. FELLENBERG-RIVIER, L. R.: Fr. 9, 462 (1870). — FENTON, H. J. H.: Chem. N. 70, 302 (1894). — FORMÁNEK, J.: Fr. 39, 409 u. 673 (1900). — FRESENIUS, R.: Anleitung zur qualitativen chem. Analyse, 16. Auflage, S. 84. — FREY: Fr. 32, 204 (1893).

GASPAR Y ARNAL, T.: An. Españ. 30, 398 (1932); Ann. Chim. anal. 14, 342 (1932). — GEILMANN, W.: Bilder zur qualitativ. Mikroanalyse anorg. Stoffe, Leipzig 1934. — GERLACH, W. u. E. RIEDL: Die chem. Emissions-Spektralanalyse, Bd. 3, Leipzig 1936. — GERLACH, W. u. K. RUTHARDT: Z. anorg. Ch. 209, 337 (1932). — GORODETZKY, J. u. C. HELL: B. 21, 1800 (1888). — GREENE, C. H.: Ind. eng. Chem. Anal. Edit. 8, 399 (1936). — GUTBIER, A.: Z. anorg. Ch. 31, 347 (1902). — GUTZEIT, G.: Helv. 12, 713, 829 (1929).

HAGER, H.: P. C. H. (2) 5, 291 (1884). — HEMMELER, A.: Ann. Chim. applic. 25, 610 (1935). — HUYSSE, A. C.: Atlas zum Gebrauch bei d. mikrochem. Analyse, Leiden 1932.

JANDER, W.: Lehrbuch f. d. anorg. chem. Praktikum, Leipzig 1939. — JANOWSKY, I. V.: M. 8, 49 (1887). — JANSEN, W. H., J. HEYES u. C. RICHTER: Ph. Ch. (A) 174, 291 (1935). — JUSTIN-MUELLER, ED.: J. Pharm. Chim. (7) 28, 15 (1923).

KAHANE, E.: Bl. (4) 53, 555 (1933). — KAHLENBERG, L. u. F. C. KRAUSKOPF: Am. Soc. 30, 1104 (1908). — KAYSER, H.: Handbuch d. Spectroscopie V—VIII 1, Leipzig. — KOLTHOFF, I. M.: (a) Pharm. Weekbl. 60, 1251 (1923); (b) Fr. 70, 397 (1927); Chem. Weekbl. 26, 294 (1929). — KONISHI, K. u. T. TSUGE: J. chem. Soc. Japan 12, 216 (1936). — KRAMER, G.: Mikroanal. Nachweise anorg. Ionen, Leipzig 1937.

VAN LEEUWEN, J. D.: Chem. Weekbl. 16, 1424 (1919). — LENZ, W. u. N. SCHOORL: Fr. 50, 263 (1911); Chem. Weekbl. 8, 266 (1911). — LUNDEGÅRDH, H.: Die quantit. Spektralanalyse d. Elemente, 1. Teil, Jena 1929 u. 2. Teil 1934.

MALITZKY, W. P. u. W. A. TUBAKAJEW: Mikrochem. 7, 334 (1929). — MANNKOPFF, R. u. CL. PETERS: Z. Phys. 70, 444 (1931). — MARTINI, A.: Mikrochem. 9, 422 (1931). — MATHERS, F. C., C. A. STEWART, H. V. HOUSEMANN u. I. E. LEE: Am. Soc. 37, 1515 (1915). — MERZ, G.: J. pr. 80, 487 (1860). — MEYERFELD, J.: Fr. 67, 150 (1926). — MONTEQUI, R. u. R. DE SADABA: An. Españ. 29, 255 (1931).

NOYES, A. A. u. W. C. BRAY: A System of Qualitative Analysis for the rare Elements, New York 1927.

OKATOW, A. P.: J. Russ. phys.-chem. Ges. 60, 661 (1928). — ORLENKO, A. F. u. N. G. FESSENKO: Fr. 107, 411 (1936). — ORTODOCSU, A. P. u. M. RESSY: Bl. (4) 33, 991 (1923).

PFEILSTICKER, K.: Z. El. Ch. 43, 717 (1937).

DE RADA, F.: An. Españ. 24, 442 (1926). — REINSCH, H.: B. 14, 2328 (1881). — RUSSANOW, A. K.: (a) Fr. 98, 335 (1934); Chem. J. Ser. A. 6, 1057 (1936); (b) Z. anorg. Ch. 214, 77 (1933); Mineral. Rohstoffe (russ.) 8, Nr. 4, 21 (1933).

SCHEIBLEY, F. E. u. D. P. TURNER: Am. Soc. 55, 4918 (1933). — SCHLEICHER, A. u. L. LAURS: Fr. 108, 241 (1937). — SCHOORL, N.: (a) Fr. 48, 604 (1909); (b) Pharm. Weekbl. 63, 555 (1926). — SINKA, A.: Fr. 80, 430 (1930). — SMITH, L.: (a) Am. J. Sci. (2) 15, 234 (1853); J. pr. 59, 153 (1853); (b) Am. J. Sci. (2) 16, 53 (1853); J. pr. 60, 244 (1853). — STEINER, M.: Ber. Dtsch. botan. Ges. 53, 720 (1935). — STRENG, A.: (a) Z. wiss. Mikroskopie 3, 129 (1886); Fr. 25, 538 (1886); (b) Z. wiss. Mikroskopie 1, 307 (1884); Fr. 23, 185 (1884).

TODD, F.: J. Chem. Education 15, 241 (1938). — TÖRÖK, T.: Fr. 116, 29 (1939). — TOMULA, E. S.: Z. anorg. Ch. 118, 81 (1921). — TREADWELL, F. P.: Kurzes Lehrbuch d. anal. Chem. 14. Aufl., Bd. 1, Leipzig-Wien 1930.

UHARA, I.: Bl. agric. chem. Soc. Japan 10, 559 (1935). — URBAIN, P. u. M. WADA: Bl. (5) 3, 163 (1936); C. r. 199, 1199 (1934).

VOLMAR, J. u. M. LEBER: J. Pharm. Chim. 17, 366, 427 (1933); Ann. Chim. anal. 16, 70, 113 (1934).

WAIBEL, F.: Wiss. Veröffentl. Siemens-Konzern 14, Heft 2, 32 (1935). — WILKS, W. A. R.: Pr. Soc. Cambridge 15, 76 (1909). — WILLARD, H. H. u. G. F. SMITH: Am. Soc. 44, 2816 (1922); 45, 286 (1923). — WILSON, H. A.: Phil. Trans. 216, 63 (1916). — WINKLER, L. W.: (a) Fr. 52, 628 (1913); (b) P. C. H. 66, 669 (1925). — WINKLEY, J. H., L. K. YANOWSKI u. W. A. HYNES: Mikrochem. 21, 102 (1936).

Kalium.

K, Atomgewicht 39,096; Ordnungszahl 19.

Von **HANS SPANDAU**, Greifswald.

Mit 21 Abbildungen.

Inhaltsübersicht.

Kalium.

K, Atomgewicht 39,096; Ordnungszahl 19.

Das Kalium kommt nicht im Nifekern und nicht in der Oxyd-Sulfidschale der Erde, sondern nur in ihrem äußeren Gesteinsmantel vor. Die Erdrinde enthält im Mittel etwa 2,4% Kalium. Man findet das Kalium entweder in Urgesteinen, hauptsächlich im Gneis und Granit oder auf sekundärer Lagerstätte. In den Urgesteinen ist das Kalium an Kieselsäure gebunden; am verbreitetsten unter den Kaliumsilicaten sind der Kalifeldspat oder Orthoklas, $KAlSi_3O_8$, und der Kaliglimmer oder Muskovit, $KAl_3Si_3O_{10}(OH)_2$. Durch Verwitterung dieser Silicate und Fortspülen der Verwitterungsprodukte ist das Kalium in den Erdboden und in die Meere gelangt. Da der Boden Kaliumsalze stärker als Natriumsalze adsorbiert, ist der Gehalt der Meere an Kaliumsalzen im Vergleich zu ihrer Konzentration an Natriumsalzen wesentlich geringer, nämlich nur etwa $^1/_{40}$ bis $^1/_{80}$ der letzteren. Die sekundären Lagerstätten, die Kalisalzlager, die durch Eintrocknen prähistorischer Meere entstanden sind, und die infolge ihrer Entstehung sich stets über Steinsalzlagern befinden, enthalten das Kalium in Form von Sylvin, KCl, Carnallit, $KCl \cdot MgCl_2 \cdot 6\,H_2O$, Kainit, $KCl \cdot MgSO_4 \cdot 3\,H_2O$, Schönit, $K_2SO_4 \cdot MgSO_4 \cdot 6\,H_2O$, Syngenit, $K_2SO_4 \cdot CaSO_4 \cdot H_2O$, und Polyhalit, $K_2SO_4 \cdot MgSO_4 \cdot 2\,CaSO_4 \cdot 2\,H_2O$. Einige Kalisalzlager bestehen auch aus Kalisalpeter, KNO_3. Schließlich sei noch das Vorkommen des Kaliums in den Pflanzen genannt, deren Asche einen beträchtlichen Gehalt an Kaliumcarbonat besitzt.

Das Kalium ist in seinen Verbindungen stets 1wertig. Als 3. Element der I. Gruppe des periodischen Systems ähnelt das Kalium in seinen Eigenschaften einerseits dem Natrium und andrerseits den beiden schwereren Alkalimetallen Rubidium und Caesium. Die Verwandtschaft des Kaliums mit diesen beiden Elementen ist größer als die mit Natrium. Ferner zeigt das Kalium in vielen seiner Eigenschaften eine große Ähnlichkeit zu denen des 1wertigen Thallium-Ions und des Ammonium-Ions.

Von den einfachen Salzen des Kaliums sind die der Schwefelsäuren, Salpetersäure, Kohlensäure, der Halogenwasserstoffsäuren, Blausäure, Essigsäure und vieler anderer Säuren in Wasser leicht löslich. Durch Schwerlöslichkeit sind ausgezeichnet: Das Kaliumperchlorat, das Kaliumhydrogentartrat, das Kaliumhexachloroplatinat, ferner das Kaliumsalz der 1-Phosphor-12-Molybdänsäure und der 1-Phosphor-12-Wolframsäure, die daher alle zum analytischen Nachweis des Kaliums geeignet sind. Alle genannten Fällungsmittel sind aber keine spezifischen Reagenzien für Kalium, sondern geben analoge Fällungen mit den verwandten Elementen Rubidium, Caesium, Thallium oder Ammonium. Es sind daher viele weitere Verbindungen des Kaliums, teils organische, teils kompliziertere anorganische, auf ihre Eignung zum analytischen Nachweis des Kaliums hin untersucht worden, ohne daß aber bisher ein wirklich spezifisches Reagens gefunden worden wäre. Immerhin hatten diese Untersuchungen den Erfolg, daß man in einigen Fällen die Empfindlichkeit des Nachweises wesentlich steigern konnte.

Von diesen neueren Reagenzien seien genannt das Reagens von Carnot, Natriumwismutthiosulfat, die verschiedenen Doppel- und Tripelnitrite, die mit Kalium-Ionen schwerlösliche Tripelnitrite bilden, die Dilitursäure und das Dipikrylamin-Natrium. Durch mikroskopische Beobachtung des gebildeten Niederschlags gelingt es in einigen Fällen das Kalium neben dem einen oder anderen seiner Begleiter nachzuweisen.

Am sichersten und zugleich am empfindlichsten ist der spektralanalytische Kaliumnachweis, der überdies den Vorteil hat, daß das Kalium auch neben seinen Begleitern erkannt werden kann.

Die Kaliumsalze fast aller anorganischen Säuren sind in starken Säuren, meist sogar schon in Wasser, löslich. Ein Aufschluß ist nur erforderlich, wenn man Kalium in Silicaten nachweisen will. In diesem Falle macht man eine Schmelze des Silicats mit reinem Calciumcarbonat oder Calciumsulfat, wobei das Kalium an die Kohlensäure oder Schwefelsäure gebunden wird.

Im Analysengang bleibt das Kalium nach Ausfällung der Metalle der Salzsäure-, Schwefelwasserstoff-, Schwefelammonium- und Erdalkaligruppe zusammen mit den Magnesium- und Ammonium-Ionen sowie mit denen der übrigen Alkalien in Lösung. Die Ammoniumsalze werden durch Eindampfen der Lösung und Glühen des Salzgemisches vertrieben. Der Glührückstand wird mit Wasser aufgenommen und nach dem Ausfällen des Magnesiums als Magnesium-Ammonium-Phosphat, als Magnesiumhydroxyd oder als -oxychinolat wird das Kalium neben den übrigen Alkalien durch Spektralanalyse oder — soweit möglich — auf nassem Wege nachgewiesen. Dieser Nachweis der Alkalien nebeneinander ist nur möglich, wenn Rubidium und Caesium abwesend sind. Bei Gegenwart aller Alkalien ist ein komplizierter Trennungsgang erforderlich.

Ein solcher Analysengang, bei dem die Alkalien voneinander getrennt werden, ist von NOYES und BRAY und für Mikroanalysen von BENEDETTI-PICHLER und BRYANT ausgearbeitet worden. Man trennt die Alkalien zunächst in 2 Gruppen durch Behandlung mit Perchlorsäure oder Platinchlorwasserstoffsäure. Dadurch werden Kalium, Rubidium und Caesium ausgefällt, während Natrium und Lithium in Lösung bleiben. Die Perchlorate bzw. Chloroplatinate werden abfiltriert, in Chloride überführt und diese in Wasser gelöst. Dann werden K, Rb und Cs durch Versetzen mit einem Überschuß von Natriumkobaltinitrit als Kobaltinitrite ausgefällt und durch Eindampfen mit Natriumnitrit in die normalen Nitrite überführt. Die Alkalinitrite werden in Wasser gelöst und mit Natrium-Wismutnitrit versetzt, wodurch Rubidium und Caesium als Wismutnitrite ausgefällt werden, während Kalium in Lösung bleibt. Nach dem Abfiltrieren des Rubidium-Caesiumniederschlags kann schließlich Kalium mit einem der üblichen Fällungsmittel nachgewiesen werden.

Zur Trennung des Kaliums von Rubidium und Caesium sind noch andere Methoden ausgearbeitet worden, von denen die wichtigsten kurz erwähnt seien:

Die Verfahren von WELLS und STEVENS sowie von STRECKER und DIAZ benutzen die verschiedene Löslichkeit der Chloride des Kaliums, Rubidiums und Caesiums in alkoholischer Salzsäure. Das Chloridgemisch wird mit Alkohol, der an Chlorwasserstoff gesättigt ist, behandelt, wobei Rubidium und Caesium in Lösung gehen, während die Hauptmenge des Kaliumchlorids ungelöst zurückbleibt, abfiltriert und identifiziert werden kann (vgl. hierzu auch L. FRESENIUS und FROMMES, ATO und WADA, MOSER und RITSCHEL sowie BURKSER, MILGEWSKAJA und FELDMANN.

Nach O'LEARY und PAPISH fällt man Rubidium und Caesium in salpetersaurer Lösung mit 1-Phosphor-9-molybdänsäure, wobei Kalium in Lösung bleibt.

Mehrere Autoren benutzen die verschiedene Löslichkeit der Chloroplatinate des Kaliums, Rubidiums und Caesiums in Wasser oder in 20%igem Alkohol zur Trennung des Kaliums von Rubidium und Caesium (CLASSEN, WENGER und HEINEN, WENGER und PATRY).

Nachweismethoden.

§ 1. Nachweis auf spektralanalytischem Wege[1].

A. Ohne spektrale Zerlegung (durch Flammenfärbung).

Die Bunsenflamme wird charakteristisch blau-violett gefärbt, wenn man Kaliumverbindungen mit Hilfe eines Platindrahtes oder eines Magnesiastäbchens in die Flamme bringt, unter der Voraussetzung, daß die Temperatur hoch genug ist, um eine Verdampfung der Verbindung zu gewährleisten. Diese Voraussetzung ist erfüllt, wenn das Kalium als Chlorid, Nitrat, Sulfat, Carbonat oder Phosphat vorliegt. Bei schwerflüchtigen Verbindungen, z. B. bei den Silicaten, ist es zum sicheren Nachweis

[1] Mitbearbeitet von J. VAN CALKER, Münster (Westf.).

des Kaliums erforderlich, die betreffenden Substanzen vorher aufzuschließen, d. h. das Kalium an Anionen zu binden, deren Kaliumsalze leicht verdampfen. Zu diesem Zwecke schmilzt man die Substanz mit reinem Gips zusammen, so daß das Kalium dann als Sulfat vorliegt (BUNSEN).

Durch die Flammenfärbung lassen sich nach BUNSEN noch 0,1 γ Kalium erkennen.

Störungen der Flammenfärbung treten bei Gegenwart von Natrium, Lithium-, Rubidium- und Caesiumsalzen auf, sowie bei Anwesenheit einiger weiterer Metalle, die indessen hier nicht berücksichtigt werden sollen, da sie vor der Prüfung auf Kalium leicht durch Fällung aus dem Salzgemisch entfernt werden können.

Die violette Flammenfärbung des Kaliums wird durch die gelbe des Natriums bereits bei einem Verhältnis Na:K = 1:200 verdeckt. Die Störungen durch Natrium- und Lithiumsalze lassen sich vermeiden, wenn man die Flamme durch geeignete Absorptionsmittel betrachtet. Als Absorptionsmittel werden empfohlen: Mehrere übereinander liegende Kobaltgläser (CARTMELL, MERZ), Prismen, die mit einer Indigolösung (BUNSEN), mit Kobaltchlorürlösung und konzentrierter Salzsäure (CORNWALL) oder mit einer Permanganatlösung (CORNWALL) gefüllt sind, und Glasplatten, die einen mit einem bzw. mehreren organischen Farbstoffen getränkten Gelatineüberzug besitzen (J. MEYER, MOIR, HERZOG). Dabei ist darauf zu achten, daß die Schichten dick genug sind, so daß die rote Lithiumflamme nicht mehr durchgelassen wird.

Die Kaliumflamme erscheint durch das Kobaltglas karminrot, durch das Indigoprisma mit zunehmender Dicke der Schicht himmelblau, violett und schließlich karmoisinrot. Am geeignetsten zur Absorption der Natrium- und Lithiumflamme haben sich die mittels organischer Farbstoffe hergestellten Filter erwiesen, die so beschaffen sind, daß nur das äußerste Rot sie zu durchdringen vermag. MOIR tränkt die Gelatine mit Farbpaaren, d. h. mit zwei verschiedenen Farbstofflösungen, z. B. mit Methylenblau und Methylorange, mit Methylviolett und Pikrinsäure, mit Anilinblau und einem roten Anilinfarbstoff oder mit Malachitgrün und einem roten Farbstoff. HERZOG arbeitet mit einem Gemisch aus Patentblau und Tartrazin; dieses grüne Filter läßt nur rotes Licht mit Wellenlängen $\lambda > 6750$ Å und grünes Licht mit 5000 Å $< \lambda <$ 5550 Å durchtreten, so daß die Kaliumflamme beim Betrachten durch das Filter rot mit einem gelbgrünen Saum erscheint. Bei der Methode von HERZOG werden die Linien der Natrium-, Lithium- und Strontiumflamme vollständig zurückgehalten. Eine Trennung der Rubidium- von der Kaliumflamme ist bei allen genannten Absorptionsmitteln nicht möglich, da die Linien der beiden Elemente im Roten zu sehr benachbart sind. CLARK gibt zur Erzeugung der Flammenfärbung ein Verfahren an, das der Platindrahtmethode überlegen sein soll. Er taucht ein mit Wasser gefülltes Pyrexreagensglas in die Untersuchungslösung ein und erhitzt dann das benetzte untere Ende des Reagensglases in der Bunsenflamme.

Die Empfindlichkeit dieser Methode liegt bei etwa 1 mg Kalium pro Kubikzentimeter Lösung.

B. Durch spektrale Zerlegung.

1. Emissionsspektrum.

Allgemeines[1]. Der Nachweis von Kalium läßt sich mit allen bekannt gewordenen Anregungsmethoden im allgemeinen ohne jede Schwierigkeit führen. Die empfindlichsten Nachweislinien liegen im sichtbaren Spektralgebiet bei den Wellenlängen 7699 und 7665 sowie 4047 und 4044 Å. (Im UV. kommt das Dublett 3448/3447 Å in Frage.) Welches Linienpaar zweckmäßigerweise benützt wird, hängt von den eingesetzten Mitteln ab. Bei visueller Beobachtung arbeitet man im allgemeinen mit dem roten Dublett, bei photographischen Aufnahmen nur, wenn man besonders rotempfindliche Platten zur Verfügung hat. Hier begnügt man sich mit dem weniger

[1] Vgl. auch die allgemeinen Bemerkungen zum spektralanalytischen Nachweis der Alkalimetalle (Lithium-Kapitel, Seite 27, Fußnote 1).

empfindlichen Blau dublett, da dessen Empfindlichkeit den normalen Bedürfnissen bei weitem entspricht. Bei der Verwendung von Metallen als Trägerelektroden muß besonders auf deren Kaliumreinheit geachtet werden. Die gern benützten Kupferelektroden sind nicht immer kaliumfrei. Gut gereinigte Spektralkohle ist als Trägerelektrode geeignet.

Wie bei allen Alkalien besteht keinerlei Veranlassung zum Kaliumnachweis besondere Vorkehrungen zu treffen. Die üblichen Anordnungen geben in jedem Fall die Gewähr für eine sichere und genügend empfindliche Analyse. Die im folgenden mitgeteilten Einzeluntersuchungen zeigen daher lediglich, daß es mit dieser Anordnung möglich ist, Kalium nachzuweisen. Der Vergleich mit den im allgemeinen angewandten Methoden lehrt aber gleichzeitig, daß diese Arbeitsweisen spezieller Art durchaus nicht notwendig sind. JANSEN, HEYES und RICHTER zeigen, daß der Kaliumnachweis mit Hilfe der Photozelle an Stelle der photographischen Platte möglich ist. In der Anordnung von SCHUHKNECHT sowie WAIBEL ist die Benützung der Photozelle besonders erfolgreich eingesetzt worden. Sie filtern das rote Kalium-Dublett durch ein Schottglas aus und messen die Intensität des in der Flamme angeregten Lichtes ohne Verwendung eines Spektrographen. Bei qualitativen und quantitativen Bodenuntersuchungen wird diese Methode heute sehr viel angewendet. Störungen des Kaliumnachweises durch andere Elemente sind im allgemeinen nicht zu befürchten. Im einzelnen ergibt sich aus den Tabellen von GERLACH und RIEDL folgendes:

Brauchbare Analysenlinien und Koinzidenzen:

Zum analytischen Nachweis des Kaliums sind die beiden violetten Hauptlinien geeignet: $\lambda = 4047{,}2$ Å und $\lambda = 4044{,}2$ Å. Die Intensität der zweiten Linie ist sehr viel stärker als die der Linie $\lambda = 4047{,}2$ Å. Bei Verwendung geeigneter Ultrarotplatten sind die beiden viel empfindlicheren roten Kaliumlinien $\lambda = 7664{,}9$ Å und $\lambda = 7699{,}0$ Å vorzuziehen.

Koinzidenzen sind zu erwarten:

Bei der Linie $\lambda = 4047{,}2$ Å mit einer Quecksilberlinie sowie schwachen Linien von Molybdän, Osmium und Vanadium und sehr schwachen Linien von Eisen, Mangan und Nickel. Bei kleiner Dispersion des Spektrographen können ferner Störungen durch Kobalt, Chrom, Eisen, Mangan, Osmium, Platin, Rhodium, Scandium sowie durch eine Tellurfunkenlinie auftreten; ferner durch eine schwache Linie des Rutheniums und Wolframs sowie eine sehr schwache des Titans.

Bei der Linie 4044,2 Å durch eine Wolframlinie sowie durch schwache Linien des Eisens, Indiums, Molybdäns und durch sehr schwache Linien des Kobalts und Rutheniums. Bei geringer Dispersion des Spektrographen sind auch noch Störungslinien der folgenden Elemente zu beachten: Kobalt, Kupfer (besonders im Funken), Eisen, Quecksilber, Mangan, Molybdän und Rhodium sowie von schwachen Linien von Chrom, Nickel, Osmium, Scandium und Titan.

Als starke Störungslinien sind die Bogenlinien von Kobalt $\lambda = 4045{,}4$ Å, Eisen $\lambda = 4045{,}8$ Å, Quecksilber $\lambda = 4046{,}6$ Å und Mangan $\lambda = 4048{,}8$ Å sowie 4041,4 Å genannt.

Nachweis in Lösungen. Zum Nachweis in Lösungen wird meistens das Flammenspektrum benutzt. Es genügt häufig schon die Bunsenflamme zur Anregung. Für höhere Empfindlichkeit und zur Ermöglichung halbquantitativer oder quantitativer Analysen findet die Acetylen-Sauerstofflamme Verwendung, meist in der Form, die von LUNDEGARDH oder WAIBEL angegeben ist. Einige Verfasser berichten über Spezialmethoden für die Einbringung der Probe in die Flamme. BOSSUET hält ein mit der Lösung getränktes Stäbchen aus Magnesiumpyrophosphat in die Flamme. Die von RUSSANOW (a) angegebene halbquantitative Methode ist im Kapitel Natrium näher beschrieben. Eine Eigenschaft verdient Beachtung, nämlich daß anscheinend die Nachweisempfindlichkeit in der Flamme von der Art der Kaliumsalze abhängt. Nach HARTLEY sowie SCHULER sinkt die Anregbarkeit und damit die Empfindlichkeit in der Reihenfolge Carbonat, Chlorid, Bromid, Jodid, Sulfat, Nitrat. Besonders schwach sind die Kaliumlinien bei Verwendung von Kaliumphosphat (THUDISHUM). MITSCHERLICH, DIACON, SMITHELLS, CHILD haben beobachtet, daß das Spektrum des Kaliums bei Gegenwart von Kaliumchlorid sehr schwach wird oder ganz verschwindet, wenn gleichzeitig Salzsäure, Ammoniumchlorid, Ammoniumacetat, Aluminiumchlorid, Cadmiumchlorid, Salpetersäure, Ammoniumnitrat oder Aluminiumnitrat in die Flamme gebracht werden.

Auch im Funken oder Bogen gelingt der Nachweis natürlich ohne weiteres. Man tropft die Lösung auf geeignete Trägerelektroden. EWING, WILSON und HIBBARD beschreiben in einer Arbeit eine der möglichen Anwendungen. Sie bringen 0,1 cm^3 der Lösung auf die als Anode geschaltete untere Elektrode und kommen sogar bei Verwendung des relativ unempfindlichen Dubletts im UV. 3448/3447 Å zu einer Nachweisgrenze bis $2 \cdot 10^{-4}\%$. DUFFENDACK und THOMSON lassen einen Funken zwischen der ausfließenden Lösung übergehen.

Nachweis in Pulvern und Salzen. Bei Verwendung der Flamme gilt wegen des Einflusses verschiedener Anionen auf die Anregbarkeit Ähnliches, wie für die Lösungen mitgeteilt wurde. Häufig findet in diesem Fall aber die empfindlichere Bogenanordnung Verwendung. Einzelne Autoren beschreiben Sondermethoden. URBAIN und WADA z. B. vermischen die Probe aus den gleichen Gründen wie beim Natriumnachweis mit ZnO. BRECKPOT und MEVIS bestimmen Kalium mittels des Bogens in Kupferoxyd. DUREUL empfiehlt Magnesium als Trägerelektrode (Belastung höchstens 1 Amp.). Von BRECKPOT (a) liegt noch eine Kaliumbestimmung in $NaNO_3$ vor.

Nachweis in Metallen. Zum Nachweis in Metallen wird das Material als Elektrode einer Bogen- oder Funkenanregung verwandt. HAAS hat z. B. Aluminium (aus dem ÖRSTEDmuseum) auf Kalium im Abreißbogen nach PFEILSTICKER (a) geprüft mit dem Ergebnis, daß darin weniger als $4{,}5 \cdot 10^{-3}\%$ enthalten sind. In den analytischen spektroskopischen Arbeiten wird die erfolgreiche Analyse auf Kalium nicht besonders betont, da sie keinerlei Sonderinteresse verdient und in allen Fällen durchführbar ist.

Nachweis in organischer Substanz. Organische Substanz läßt sich im Bogen, Funken oder im Hochfrequenzfunken analysieren. PFEILSTICKER (b) berichtet über den Kaliumnachweis im Blut mit der nach ihm benannten Abreißbogenanordnung auf Aluminiumhilfselektroden. DUFFENDACK, WILEY und OWENS empfehlen, den organischen Anteil aus der Untersuchungslösung zu entfernen, weil dadurch die Lösung von der Kohleträgerelektrode absorbiert wurde. Es wird mit dem Flammenbogen (Wechselstromhochspannungsbogen mit 3 bis 4 Amp. Belastung) gearbeitet. BRECKPOT (b) bestimmt in Zuckerrüben unter vielen anderen Elementen auch Kalium.

Nachweisgrenzen der verschiedenen Methoden. Die Nachweisempfindlichkeit hängt, wie schon anfangs betont, stark von den eingesetzten Mitteln ab. Sie liegt selbst bei Verwendung des wenig empfindlichen Linienpaares 4044/4046 Å noch recht hoch. LUNDEGARDH gibt ungefähr 10^{-4} molar als Grenzkonzentration an. WAIBEL erreicht 0,05 γ; BOSSUET nennt bei seiner Methode 1 γ. In der gleichen Größenordnung liegen die Ergebnisse von HARTLEY und MOSS sowie SCHULER. Im Bogen kann eine $10^{-4}\%$ige Lösung noch analysiert werden (EWING, WILSON und HIBBARD). RUSSANOW (b) erreicht mit seiner weiter unten erwähnten Anordnung nur etwa $10^{-3}\%$. KONISHI und TSUGE berichten über den Nachweis von 50 γ Kalium im Bogen, was nach den übrigen Erfahrungen sicher nicht die Nachweisgrenze sein dürfte. Man kann sagen, daß bei vorsichtiger Schätzung die Empfindlichkeit höchstens um eine Zehnerpotenz geringer ist als beim Natriumnachweis, da eben die empfindlichsten roten Linien bei den normalerweise zur Anwendung kommenden Arbeitsmethoden nicht zum Nachweis ausgenützt werden, also in der Flamme bei etwa 10^{-2} bis $10^{-1}\,\gamma$, im Bogen bei 10^{-3} bis $10^{-2}\,\gamma$ und im Funken bei 1 bis 10 γ.

Beeinflussung der Nachweisgrenzen. Wie bei der Analyse von Lösungen näher berichtet, scheint die Art des Anions bei der Analyse in der Flamme auf die Nachweisempfindlichkeit Einfluß zu haben, ebenso wie bestimmte sonstige Zusätze. Für die Bogenentladung wirken sich weitere verdampfende Stoffe auf die Empfindlichkeit aus, wenn sie die Temperatur der Entladung beeinflussen (z. B. wird die Intensität einer Kaliumanalysenlinie in einer Zinkprobe anders sein als bei gleicher Kaliummenge in einer Natriumprobe).

Besondere Arbeiten. An besonderen Arbeiten ist noch zu berichten über die Methode von RUSSANOW (b), der den Analysenstaub möglichst fein verteilt in die Flamme einbläst. TODD empfiehlt die Verwendung eines Tauchelektrodenapparates (siehe Natrium!). UHARA spektrographiert die an der Kathode während der Elektrolyse auftretende Luminescenz.

2. Absorptionsspektrum.

Nachweis im Absorptionsspektrum von Alkannatinktur. FORMÁNEK schlägt vor, das Absorptionsspektrum einer Alkannalösung, die mit einigen Tropfen der neutralen Untersuchungslösung versetzt ist, zum Kaliumnachweis zu benutzen. Zwischen die Lichtquelle (starke Glühlampe) und das Spektroskop ist eine Küvette eingeschaltet. In diese bringt man eine verdünnte alkoholische Alkannatinktur, deren Konzentration so zu wählen ist, daß die Absorptionsstreifen des Alkannins scharf getrennt und mittelstark erscheinen (Hauptstreifen: 5240 Å, Nebenstreifen: 5640, 5451 und 4885 Å). Setzt man 2 Tropfen einer Kaliumsalzlösung und 1 Tropfen verdünntes Ammoniak zu der Alkannatinktur hinzu, so ändert sich die Farbe der alkoholischen Lösung von Gelbrot nach Blau, und das Absorptionsspektrum zeigt einen Hauptstreifen bei 6387 Å und einen Nebenstreifen bei 5910 Å. Die Lage des Absorptionsspektrums ist etwas von der Konzentration der Kaliumsalzlösung abhängig.

Ähnlich wie die Kaliumsalze verhalten sich auch die Salze des Caesiums, Rubidiums, Kobalts, Natriums, Thalliums und Bariums. Die Absorptionsspektren ihrer Alkannaverbindung liegen verhältnismäßig dicht beieinander; die Streifen verschieben sich in der angeführten Reihenfolge der Elemente von langen zu kürzeren Wellenlängen, wobei das Kalium zwischen Rubidium und Kobalt einzuschieben ist. Über die Störungen des Kalium-Absorptionsspektrums durch die Anwesenheit der übrigen Alkalien sowie von Thallium, Barium und Kobalt und über die Möglichkeit des einwandfreien Kaliumnachweises bei Anwesenheit eines oder mehrerer dieser Elemente liegen keine Angaben vor.

§ 2. Nachweis auf nassem Wege.

A. Wichtige analytische Reaktionen.

1. Fällung als Hexachloroplatinat mit Platinchlorwasserstoffsäure. Platinchlorwasserstoffsäure fällt in saurer bis neutraler Lösung einen gelben krystallinen Niederschlag von Kaliumplatinhexachlorid. Alkalische Kalisalzlösungen sind vorher mit Salzsäure anzusäuern, ebenso auch die Lösungen der Kaliumsalze anderer Säuren als die der Salzsäure. Die Überführung in Kaliumchlorid ist unbedingt erforderlich, wenn das Kalium als Jodid oder als Cyanid vorliegt, da andernfalls lösliche komplexe Kaliumplatinjod- bzw. Kaliumplatincyanverbindungen entstehen.

K_2PtCl_6 neigt, besonders in verdünnten Lösungen, zu Übersättigungserscheinungen. Daher ist die Bildung der Krystalle durch Schütteln des Reagensglases oder durch Reiben mit einem Glasstab zu beschleunigen. Zusatz von Alkohol soll ebenfalls die Abscheidung beschleunigen und nach LUTZ die Empfindlichkeit der Reaktion um das 10- bis 20fache erhöhen. Die Reaktion ist am empfindlichsten, wenn die Kaliumsalzlösung nach dem Versetzen mit Platinchlorwasserstoffsäure auf dem Wasserbad zur Trockne eingedampft und der Rückstand mit Alkohol und wenig

Wasser behandelt wird, wobei die gelben Krystalle von K_2PtCl_6 ungelöst zurückbleiben.

In 100 g Wasser lösen sich 0,7 g K_2PtCl_6 bei 0° bzw. 1,09 g bei 20° und 5,03 g bei 100° (TREADWELL). Die **Erfassungsgrenze** ist $85 \cdot 10^{-4}$ g Kalium und die **Grenzkonzentration** 1:590 bei 18° (LUTZ).

Ammoniumsalze müssen vorher durch Abrauchen entfernt werden, da die NH_4^+-Ionen mit Platinchlorwasserstoffsäure einen dem K-Salz ähnlichen unlöslichen Niederschlag bilden. Rubidium und Caesium geben ebenfalls eine analoge Reaktion. Der Nachweis von Kalium mit H_2PtCl_6 kann auch als Mikroreaktion ausgeführt werden (vgl. § 3, A. 1, S. 97).

2a. Fällung als Kalium-Natrium-Kobaltinitrit mit Natrium-Kobaltinitrit. Bei der Einwirkung einer Natrium-Kobaltinitritlösung auf neutrale bis schwach saure Kaliumsalzlösungen entstehen gelbe, krystalline Fällungen von Kalium-Natrium-Kobaltinitrit, $Na_2KCo(NO_2)_6$ oder $NaK_2Co(NO_2)_6$ bzw. von reinem Kalium-Kobaltinitrit $K_3Co(NO_2)_6$. Diese Reaktion ist zum Kaliumnachweis zuerst von DE KONINCK empfohlen worden. Über Natrium-Kobaltinitrit als Reagens auf Kalium liegen zahlreiche Arbeiten vor, die hauptsächlich das Ziel verfolgen, die Empfindlichkeit zu steigern. Das Reagens ist in Lösung nicht haltbar, muß daher vor dem Gebrauch frisch bereitet werden, am besten durch Auflösen von reinem Natrium-Kobaltinitrit, dessen Darstellung BIILMANN beschrieben hat (siehe Anmerkung).

Ausführung. Man löst $^1/_3$ bis $^1/_2$ g Natrium-Kobaltinitrit in 2 bis 3 cm³ kaltem Wasser auf und setzt diese Lösung zu der auf Kalium zu prüfenden Flüssigkeit. Das Kalium kann als Chlorid, Nitrat oder Sulfat vorliegen. Freie Mineralsäuren, Phosphorsäure und Alkalien dürfen in der Untersuchungslösung nicht vorhanden sein. Wenn die kaliumhaltige Lösung alkalisch ist, so säuert man sie mit Essigsäure an; ist sie dagegen stark sauer, so neutralisiert man sie mit Natronlauge und macht sie dann mit Essigsäure schwach sauer. Bei dieser von BIILMANN angegebenen Ausführungsart ist die **Erfassungsgrenze** $20 \cdot 10^{-5}$ g Kalium (LUTZ) und die **Grenzkonzentration** 1:27000 (BIILMANN). Bei derartigen Verdünnungen ist die Fällung nicht sofort, sondern erst nach 30 Min. zu erkennen.

Es stören NH_4, Rb, Cs, Tl, Ba, Zr, Pb und Hg, da sie ebenfalls mit Natrium-Kobaltinitrit schwer lösliche Verbindungen bilden. Ammoniumsalze werden entweder durch Abrauchen entfernt oder durch Zugabe von Formalin in Hexamethylentetramin überführt, das den Nachweis mit $Na_3Co(NO_2)_6$ nicht stört (MACALLUM, HEMMELER, KENNY und HESTER). Natriumsalze dürfen selbst in sehr großem Überschuß zugegen sein. Nach BIILMANN kann man noch 1 Äquivalent Kalium neben 4000 Äquivalenten Na ohne Schwierigkeit nachweisen.

Bei sehr verdünnten Kaliumlösungen ist es zweckmäßig, nach dem Versetzen mit Natrium-Kobaltinitritlösung zu dem Reaktionsgemisch ein gleiches Volumen 95%igen Alkohol hinzuzufügen (BOWSER). Dadurch wird die Fällung des Niederschlages sehr beschleunigt; Fällungen, die in rein wäßrigen Lösungen erst nach vielen Stunden auftreten würden, sind nach Zusatz des Alkohols schon nach wenigen Minuten erkennbar. Außerdem wird durch die Zugabe des Alkohols die Empfindlichkeit etwas gesteigert.

Grenzkonzentration: 1:50000.

Über die mikrochemische Auswertbarkeit der Reaktion vgl. „Mikrochemische Nachweise", S. 99.

Anmerkung: Darstellung von reinem Natrium-Kobaltinitrit nach BIILMANN. Man löst 150 g Natriumnitrit in 150 cm³ heißem Wasser auf und läßt die Lösung auf etwa 40 bis 50° abkühlen, wobei das Natriumnitrit teilweise wieder auskrystallisiert. Nun setzt man 50 g krystallisiertes Kobaltnitrat und dann unter dauerndem Schütteln der Mischung nach und nach 55 cm³ 50%ige Essigsäure hinzu. Danach leitet man

30 Min. lang einen kräftigen Luftstrom durch die Flüssigkeit und läßt sie anschließend einige Stunden ruhig stehen, damit sich der entstandene gelbbraune Niederschlag von Natrium- und Kalium-Natrium-Kobaltinitrit zu Boden setzen kann. Ist die überstehende Flüssigkeit völlig klar, so kann sie abgehebert werden; andernfalls wird sie durch ein Filter klar filtriert. Den Niederschlag behandelt man mit 50 cm^3 heißem Wasser, um den Anteil des Natrium-Kobaltinitrits, der ausgefallen war, wieder in Lösung zu bringen; diese Lösung wird von dem ungelösten K-Salz abfiltriert und mit der Hauptlösung vereinigt. Das Natrium-Kobaltinitrit wird aus seiner Lösung durch Zugabe von 250 cm^3 96%igem Alkohol ausgefällt, nach mehrstündigem Stehen abfiltriert, mehrmals mit Alkohol und anschließend mit Äther gewaschen und getrocknet. Man erhält etwa 50 g Natrium-Kobaltinitrit. Da dieses Salz noch nicht absolut rein ist und sich noch nicht völlig klar in Wasser löst, wird es noch einmal umgefällt. Zu diesem Zwecke löst man 30 g in 45 cm^3 Wasser, filtriert und fällt mit 100 cm^3 96%igem Alkohol. Nach mehrstündigem Stehen wird der Niederschlag abfiltriert, wieder mehrmals mit Alkohol und Äther gewaschen und an der Luft getrocknet. In trockenem Zustand hält sich das Salz unbegrenzt.

2b. Fällung als Kalium-Silber-Kobaltinitrit mit Natrium-Kobaltinitrit und Silbernitrat. Der Kaliumnachweis mit Natrium-Kobaltinitrit wird noch viel empfindlicher, wenn man als ergänzendes Reagens $AgNO_3$ verwendet. BURGESS und KAMM haben festgestellt, daß bei Anwesenheit von Silber-Ionen an Stelle der Natrium-Kalium-Kobaltinitrite die entsprechenden Silbersalze $Ag_2KCo(NO_2)_6$ und $AgK_2Co(NO_2)_6$ entstehen, die bedeutend schwerer löslich sind als die Natrium-Kaliumsalze. Zu der neutralen oder schwach sauren Untersuchungslösung setzt man 1 Tropfen einer 25%igen Lösung von reinem $Na_3Co(NO_2)_6$ hinzu und dann so viel Silbernitratlösung, daß die Lösung in bezug auf $AgNO_3$ etwa $^1/_{100}$ normal ist. So kann noch 1 Teil Kalium in 1 Million Teilen Wasser nachgewiesen werden, und zwar entsteht dabei die Fällung bereits nach 15 Sek. Das Silber-Kalium-Kobaltinitrit ist ein gelb bis orange gefärbtes, amorphes Pulver, das beim Waschen mit reinem Wasser leicht in den kolloidalen Zustand übergeht. Die Silber-Natrium-Kobaltinitrite und das reine Silber-Kobaltinitrit sind verhältnismäßig leicht löslich und geben bei Abwesenheit von Kalium keine Niederschläge. Die Anwesenheit von $NaNO_2$ verhindert das Ausfallen des Kaliumniederschlages teilweise, da es infolge Bildung des komplexen Ions $Ag(NO_2)_x$ die Silber-Ionen-Konzentration herabsetzt. Selbstverständlich darf die Untersuchungslösung keine Halogenid-Ionen oder sonstige Anionen, die schwerlösliche Silbersalze bilden, enthalten. Im übrigen stören dieselben Ionen wie bei der Ausführungsart von BILLMANN; die Silber-Kobaltinitrite des Rubidiums, Caesiums und Thalliums sind noch weniger löslich als die entsprechenden Kaliumverbindungen.

Das Reagens von DE KONINCK in der Modifikation von BURGESS und KAMM ist das empfindlichste Kaliumreagens.

2c. Fällung als Tripelnitrit mit Blei-Kobaltinitrit, Magnesium-Kobaltinitrit oder Zink-Kobaltinitrit. An Stelle des Silber-Kobaltinitrits werden zum Kaliumnachweis auch Blei-Kobaltinitrit (CUTTICA, TANANAEFF, KELM und WILKINSON), Magnesium-Kobaltinitrit (KUNZ) (a) und Zink-Kobaltinitrit (ADAMS, HALL und BAILEY) empfohlen. Die Fällungen des Kaliums als derartige Tripelnitrite sind aber nicht so unlöslich wie diejenigen der Silberverbindung.

CUTTICA hat festgestellt, daß dunkelgrüne Mikrokrystalle von $PbK_2Co(NO_2)_6$ entstehen, wenn man zu einer neutralen Kobaltsalzlösung eine stark konzentrierte Bleisalzlösung, einen großen Überschuß von Natriumnitrit und Kalium-Ionen gibt und hat diese Reaktion zum Kaliumnachweis empfohlen. Für die Reaktion von CUTTICA hat sich nach TANANAEFF folgendes Reagens als geeignet erwiesen: 3 g Kobaltnitrat und 5 g Bleinitrat werden in möglichst wenig Wasser gelöst und die Lösung wird mit einer gesättigten Lösung von 20 g Natriumnitrit vermischt. Nach Auffüllen der Lösung mit Wasser auf 100 cm^3 setzt man 5 cm^3 Eisessig zu, rührt gut durch und läßt die Lösung 12 Std. stehen. Nachdem der ausgefallene Niederschlag abgetrennt ist, kann die Lösung zum Kaliumnachweis verwendet werden. Dieses Reagens soll in Lösung wochenlang haltbar sein (TANANAEFF). Die auf Kalium zu prüfende Lösung wird mit Essigsäure angesäuert und mit dem Reagens versetzt.

Bei einer Verdünnung von 1:10000 sind die grünlichen Krystalle noch deutlich zu erkennen (CUTTICA). Angaben über die Grenzkonzentration fehlen.

Störungen. Entsprechende Niederschläge gibt das Reagens mit Ammonium, Rubidium und Thallium. Mit den Erdalkali-Ionen entstehen keine Fällungen (TANANAEFF). Nach KELM und WILKINSON müssen jedoch die Erdalkalien, ebenso wie Ammonium, vor der Prüfung auf Kalium entfernt werden.

KUNZ (a) schlägt als Reagens auf Kalium Magnesium-Kobaltinitrit vor. Die Lösung von Magnesium-Kobaltinitrit wird entsprechend der Natrium-Kobaltinitritlösung dargestellt, wobei Natriumnitrit durch Magnesiumnitrit ersetzt wird. Angaben über die Empfindlichkeit und die Grenzkonzentration des gelben Kalium-Magnesium-Kobaltinitrits fehlen.

ADAMS, HALL und BAILEY benutzen eine Lösung von Zink-Kobaltinitrit zur Prüfung auf Kalium. Bei Anwesenheit von Kalium entsteht ein gelber Niederschlag, bei der Verdünnung 1:2000 erst nach 15 Min.; das Reagens ist vor seiner Verwendung frisch herzustellen, und zwar durch Einleiten von Stickoxydgasen in eine Lösung, die Zinkacetat und Kobaltacetat enthält. Als störende Ionen werden NH_4^+, Ba^{++}, PO_4^{3-}, AsO_4^{3-} genannt.

3. Fällung als Kalium-Wismut-Thiosulfat mit Natrium-Wismut-Thiosulfat. Das Doppelthiosulfat des Natriums und Wismuts gibt in alkoholischer Lösung mit Kaliumsalzen einen charakteristischen, citronengelben, krystallinen Niederschlag von $BiK_3(S_2O_3)_3 \cdot H_2O$. Das Kalium-Wismut-Thiosulfat ist in Wasser leicht löslich, wird aber durch Alkohol in starker Konzentration vollständig gefällt. Diese von CARNOT zuerst beobachtete Reaktion ist von vielen Autoren geprüft und als zum K-Nachweis geeignet empfohlen worden [CAMPARI, PAULY, HUYSSE (a), LUTZ, VAN ECK, GUTZEIT]. Die Lösung von Natrium-Wismut-Thiosulfat ist nicht haltbar, sondern zerfällt nach einiger Zeit unter Abscheidung von Wismutsulfid. Das Reagens muß daher vor seiner Anwendung frisch hergestellt werden.

LUTZ benützt folgendes Reagens: Eine Lösung A enthält 10 g Natrium-Thiosulfat ($Na_2S_2O_3 \cdot 5\,H_2O$) in 15 cm^3 Wasser. Lösung B ist eine Lösung von 4 g basischem Wismutnitrat in 15 cm^3 konzentrierter Salzsäure. Von jeder der beiden Lösungen werden je 3 Tropfen miteinander gemischt und mit 5 cm^3 Alkohol versetzt. Zu dieser gelben Flüssigkeit gibt man die auf Kalium zu prüfende Lösung. Bei Anwesenheit von Kalium fällt ein voluminöser, gelber Niederschlag aus. Bei dieser Ausführungsart können noch $9 \cdot 10^{-5}$ g Kalium nachgewiesen werden. Die **Grenzkonzentration** ist 1:57000.

Die Empfindlichkeit läßt sich noch auf das Doppelte steigern, wenn man die Ausführung ein wenig modifiziert: Je 3 Tropfen der Lösungen A und B verdünnt man mit 5 ccm Wasser und überschichtet dann diese Mischung mit 5 cm^3 Alkohol. Wenn man nun die Untersuchungslösung vorsichtig an der Wand des Reagensglases herunterfließen läßt, so bildet sich bei Anwesenheit von Kalium der Niederschlag in der Berührungsschicht des Alkohols mit dem Wasser. Auf diese Weise gelang es LUTZ noch $4 \cdot 10^{-5}$ g Kalium nachzuweisen.

GUTZEIT gibt eine etwas andere Vorschrift zur Herstellung und Verwendung des CARNOT-Reagenses an: Lösung A: 10 g basisches Wismutnitrat werden in 30 cm^3 konzentrierter Salzsäure aufgelöst und nach dem Erkalten mit Alkohol auf 100 cm^3 aufgefüllt. Die Lösung A wird nach 12stündigem Stehen filtriert.

Lösung B: Man löst 20 g Natrium-Thiosulfat in 100 cm³ Wasser. Zur Verwendung des Reagenses mischt man 1 cm³ der Lösung A mit 0,5 cm³ der Lösung B und verdünnt mit Alkohol auf 15 cm³. Entsteht dabei eine Trübung, so fügt man tropfenweise Lösung A hinzu, bis die Trübung verschwindet.

HAUSER macht den Vorschlag, den Niederschlag von $K_3Bi(S_2O_3)_3 \cdot H_2O$ jedesmal durch Wiederauflösen in Wasser auf Identität zu prüfen, um eine Verwechslung mit eventuell ausgeschiedenem Schwefel zu vermeiden.

Störungen. Na-, NH_4-, Li-, Ca-, Mg-, Al-, Mn-, Fe-Salze geben keine Fällungen mit dem CARNOT-Reagens und stören auch den Nachweis sehr kleiner Kaliummengen nicht (CARNOT, PAULY). Rb- und Cs-Salze werden dagegen durch das Reagens als gelbgrüne, dem Kalium-Wismut-Thiosulfat ähnliche Niederschläge ausgefällt [HUYSSE (a)]. Die Ba- und Sr-Salze des Wismut-Thiosulfats lösen sich gleichfalls nicht in Alkohol; sie lassen sich zwar durch ihre weiße Farbe von dem gelbgrünen K-Salz unterscheiden, können aber doch durch ihre Gegenwart die Reaktion auf Kalium maskieren (LUTZ). Ba- und Sr-Ionen sind daher zweckmäßig vor der Prüfung auf K zu entfernen. Nach LUTZ soll der einwandfreie Nachweis des Kaliums mit dem CARNOT-Reagens erst bei großer Übung sicher gelingen.

Die Fällung des Kaliums als Kalium-Wismut-Thiosulfat ist auch für den mikrochemischen Nachweis geeignet (vgl. „Mikrochemische Nachweise", S. 99).

4. Fällung als Perchlorat mit Perchlorsäure, Natrium- oder Ammoniumperchlorat. Perchlorsäure oder eine Lösung von Natrium- oder Ammoniumperchlorat gibt mit sauren, neutralen oder alkalischen Kaliumsalzlösungen weiße, krystalline Niederschläge von $KClO_4$. Das Kaliumperchlorat ist in kaltem Wasser wenig löslich, in Alkohol fast unlöslich. Die Löslichkeit nimmt mit steigender Temperatur stark zu (bei 100° lösen sich nach FLATT 18,2 g $KClO_4$ in 100 g Wasser). Man arbeitet daher zweckmäßig bei Zimmertemperatur und unter Verwendung konzentrierter Lösungen. Sehr verdünnte Kaliumsalzlösungen sind vor der Prüfung zu konzentrieren.

Grenzkonzentration: Man kann mit 1 n-Perchlorsäure noch $11 \cdot 10^{-3}$ g K nachweisen bei einer Grenzkonzentration von 1:435 (LUTZ). Mit konzentrierter Perchlorsäure hat KAHANE das Kalium noch in einer 0,07%igen K-Lösung nachweisen können; Grenzkonzentration 1:1400. Mit einer an $KClO_4$ bzw. NH_4ClO_4 gesättigten Lösung läßt sich die Reaktion noch beim Vorliegen einer 0,055%igen Kalium-Lösung durchführen (KAHANE).

Na-, Li- und Tl-Salze geben mit Perchlorsäure keine Niederschläge; dagegen sind die Perchlorate des Rubidiums, Caesiums und Ammoniums — letzteres nur in konzentrierten Lösungen — in Wasser unlöslich und diese Ionen daher vor der Prüfung auf Kalium zu entfernen (KAHANE). Einige Alkaloide können ebenfalls den K-Nachweis stören, da sie in schwach saurer Lösung beim Versetzen mit Natriumperchlorat Krystallausscheidungen geben (DENIGÈS). Vgl. auch „Mikrochemische Nachweise" S. 100.

5. Fällung als Phosphormolybdat mit Phosphormolybdänsäure. Phosphormolybdänsäure gibt in salpetersaurer Lösung mit K-Salzen gelbe, krystalline Fällungen von $K_3PMo_{12}O_{40} \cdot aq$. Diese Reaktion ist von DEBRAY und später von SCHLICHT als zum K-Nachweis geeignet empfohlen worden. SCHLICHT stellt das Reagens folgendermaßen dar: Phosphormolybdänsaures Ammonium wird zur Entfernung des Ammoniaks mit Natriumcarbonat und Natriumnitrat zusammen geschmolzen. Die Schmelze wird in Wasser gelöst und mit Salpetersäure stark sauer gemacht. Diese salpetersaure Lösung der Phosphormolybdänsäure wird zu der auf Kalium zu prüfenden Flüssigkeit, die vorher mit Salpetersäure angesäuert worden ist, zugesetzt und die Lösung zum Sieden erhitzt. Bei Anwesenheit von Kalium entstehen beim Abkühlen die gelben Krystalle des Kaliumphosphormolybdats. Das

Reagens ist ziemlich konzentriert und in reichlicher Menge anzuwenden. LUTZ benutzt eine 20%ige Lösung der Phosphormolybdänsäure. Bei Anwesenheit von $9 \cdot 10^{-3}$ g K entsteht innerhalb von 5 Min. gerade noch eine merkliche Fällung.

Grenzkonzentration: 1:560 (LUTZ). Nach ILLINGWORTH und SANTOS soll man noch 1 Teil Kalium in 10000 Teilen Wasser nachweisen können.

Ebenfalls Niederschläge mit Phosphormolybdänsäure in saurer Lösung bilden die Salze des Ammoniums, Caesiums, Rubidiums, Thalliums, Silbers und Quecksilbers, ferner die Alkaloide. Nicht gefällt werden Na-, Li-, Ca- und Mg-Salze.

Phosphormolybdänsäure ist auch als Reagens zum mikrochemischen Kaliumnachweis geeignet (vgl. „Mikrochemische Nachweise", S. 100).

6. Fällung als Kaliumhydrogentartrat mit Weinsäure, Traubensäure, Natriumhydrogentartrat oder Anilinhydrogentartrat. Kaliumsalze geben mit Hydrogentartrat-Ionen in neutraler bis essigsaurer Lösung eine weiße, krystalline Fällung von Kaliumhydrogentartrat. Der Weinsteinniederschlag ist in starken Säuren und auch in Alkalien löslich, im letzteren Falle unter Bildung des neutralen weinsauren Salzes. Die bei der Umsetzung von neutralen Kaliumsalzlösungen mit Weinsäure entstehende freie Mineralsäure setzt bereits die Löslichkeit herauf. Die Bildung der freien Mineralsäure wird durch Zusatz von Natriumacetat verhindert und dadurch das p_H des Reaktionsgemisches in dem optimalen, schwach essigsauren Gebiet gehalten. Saure Kaliumsalzlösungen sind also vor Ausführung der Reaktion mit Natriumacetat oder Natriumcarbonat abzustumpfen, alkalische Lösungen sind vorher zu neutralisieren.

Kaliumhydrogentartrat besitzt die Eigenschaft, leicht übersättigte Lösungen zu bilden, so daß die Fällung von Weinstein bei Anwesenheit von Kalium nicht sofort eintritt. Zur Vermeidung der Übersättigungserscheinung wird empfohlen, das Reagens, Weinsäure oder Natriumhydrogentartrat, nicht als Lösung, sondern in Form fein gepulverter Krystalle zuzusetzen (WINKLER, SCHERINGA); das Krystallpulver geht schnell in Lösung, so daß bei Abwesenheit von Kalium die Lösung nach kurzem Schütteln völlig klar geworden ist, während sie bei Anwesenheit von Kalium trübe bleibt oder bei höherem Kaliumgehalt sofort Weinsteinkrystalle ausfallen. RECKLEBEN schlägt vor, als Reagens eine ziemlich konzentrierte Lösung von Natriumhydrogentartrat zu verwenden und die Krystallisation durch Reiben eines Glasstabes an den Wandungen des Reagensglases oder durch Impfen mit geringen Spuren von Weinsteinkrystallen zu beschleunigen. Nach LONGINESCU und CHABORSKY erfolgt die Krystallbildung schneller, wenn man einige Tropfen Benzin zum Reaktionsgemisch zusetzt. SZEBELLÉDY und JÓNÁS haben festgestellt, daß bei gleicher Empfindlichkeit der Reaktion die Weinsteinabsonderung rascher ein tritt, wenn man Traubensäure, also d,l-Weinsäure an Stelle der sonst üblichen d-Weinsäure als Reagens verwendet.

Durch Zugabe von Alkohol wird die Löslichkeit des Kaliumhydrogentartrats stark herabgesetzt: Bei 10° lösen sich 425 mg Weinstein in 100 g Wasser, dagegen nur 1,6 mg in 100 g 96%igem Alkohol (TREADWELL).

Die **Grenzkonzentration** ist nach TREADWELL 1:240 bei 10°, nach LUTZ dagegen 1:1050 bei 18°. LUTZ konnte noch 4,8 mg Kalium nachweisen. Bei 0° ist die Empfindlichkeit größer, desgleichen bei Zugabe von Alkohol.

Störungen. Bei dem Kaliumnachweis als Weinstein stört die Anwesenheit von Natrium- und Lithiumsalzen nicht. Dagegen geben Ammonium, Rubidium, Caesium, Thallium, die Erdalkalien und Blei eine ähnliche Reaktion.

KUNZ (b) verwendet zum Kalium-Nachweis an Stelle der Weinsäure oder des Natriumhydrogentartrats eine 0,1 n-Lösung von Anilinhydrogentartrat in 48%igem Äthylalkohol. Infolge des Zusatzes von Alkohol ist die Empfindlichkeit wesentlich größer. Die Grenzkonzentration ist 1:60000. Die 0,1 n-Anilinhydrogentartratlösung wird durch Auflösen von 9,3 g Anilin pur. und 15 g Weinsäure in 1 Liter 48%igem Alkohol hergestellt. Das auf Kalium zu prüfende Salz wird mit wenig Wasser zu einer konzentrierten Lösung aufgelöst, zu der man das 9fache Volumen an 48%igem Alkohol zusetzt. Zu dieser Lösung gibt man einen Überschuß des Reagenses. Bei einer Verdünnung 1:25000 entsteht die Weinsteinfällung innerhalb von 3 Min., bei der Verdünnung 1:60000 erst nach 1tägigem Stehen des Reaktionsgemisches.

B. Weitere Reaktionen.

1. Fällung als Kaliumhexafluosilicat mit Hexafluokieselsäure oder mit kieselfluorwasserstoffsaurem Anilin. Hexafluokieselsäure gibt mit Kaliumsalzlösungen einen weißen, krystallinen Niederschlag, der außerordentlich fein krystallin ist und sich nur sehr langsam zu Boden setzt. Man erkennt den Niederschlag von K_2SiF_6 nur an dem etwas trüben, schwach blau opalisierenden Aussehen der Flüssigkeit, die man zweckmäßig gegen einen schwarzen Hintergrund betrachtet. Kaliumhexafluosilicat ist in Wasser und verdünnten Säuren schwer löslich. Die Untersuchungslösung darf nicht stark alkalisch sein, jedenfalls nicht so stark, daß die Lösung nach Ausführung der Reaktion noch OH-Ionen enthält, da sonst die Kieselfluorwasserstoffsäure unter Ausscheidung von Kieselsäuregallerten zersetzt wird. Ein Zusatz von Alkohol erhöht die Empfindlichkeit der Reaktion und beschleunigt das Absetzen des Niederschlags.

Nach LUTZ verwendet man als Reagens eine gesättigte Lösung von H_2SiF_6 oder besser noch eine gesättigte Lösung des Anilinsalzes der Säure, da diese längere Zeit aufbewahrt werden kann.

Für die Reaktion in wäßriger Lösung gibt LUTZ als **Grenzkonzentration** 1:1020 an bei einer Temperatur von 18° und einer Zeitdauer von 5 Min. Es gelingt also noch der Nachweis von $48 \cdot 10^{-4}$ g Kalium.

Natrium gibt ebenfalls einen Niederschlag mit H_2SiF_6, desgleichen Calcium und Barium (vgl. auch „Mikrochemische Nachweise", S. 104).

2. Fällung als Kaliumtetrafluoborat mit Borfluorwasserstoffsäure, Natrium- oder Ammoniumborfluorid. Beim Versetzen von Kaliumsalzlösungen mit konzentrierten Lösungen von HBF_4, $NaBF_4$ oder NH_4BF_4 entsteht eine weiße, krystalline Fällung von KBF_4. Der Niederschlag von Kaliumtetrafluoborat setzt sich im Gegensatz zu dem des Kaliumhexafluosilicats gut ab. Über die Löslichkeit von KBF_4 in Wasser liegen folgende Angaben von STOLBA vor: Bei 20° löst sich 1 Teil KBF_4 in 223 Teilen Wasser, bei 100° in 16 Teilen H_2O. Die Löslichkeit ist in Alkohol geringer als in Wasser. Nach LUTZ soll KBF_4 die Neigung zeigen, leicht übersättigte Lösungen zu bilden.

MATHERS, STEWART, HOUSEMANN und LEE empfehlen, die Reaktion in 50%igem, wäßrigem Alkohol durchzuführen. Sie verdünnen die zu prüfende wäßrige Kaliumsalzlösung mit dem gleichen Volumen an 96%igem Alkohol und setzen dann einen Überschuß von Fluoborsäure in 50%igem Alkohol zu. Das Reagens wird folgendermaßen hergestellt: Man läßt 100 g 48%ige Flußsäure auf 35 g Borsäure in einer Blei- oder Platinschale einwirken. Nachdem die Borsäure in Lösung gegangen ist, wird mit Alkohol auf das doppelte Volumen verdünnt und soviel Kieselfluorwasserstoffsäure zugesetzt, daß alles Natrium, das infolge Verunreinigung der Borsäure in das Reagens gelangt sein kann, als Na_2SiF_6 ausgefällt wird.

Für den Kaliumnachweis mit $NaBF_4$ in wäßriger Lösung findet LUTZ als **Grenzkonzentration** 1:270. Nachweis von 5,1 mg Kalium. Für die Reaktion in 50%igem Alkohol geben MATHERS, STEWART, HOUSEMANN und LEE eine Grenzkonzentration von 1:2500 an. Nachweis von 2 mg Kalium.

Magnesium, Natrium und Lithium geben keine Niederschläge mit dem Reagens, vorausgesetzt, daß die Reagenslösungen keine Kieselfluorverbindungen enthalten.

Die Anwesenheit freier Säuren oder Alkalien stört nur bei größerem Gehalt an denselben. Über die Trennung Kalium-Natrium durch Fällung des KBF_4 und anschließenden Nachweis des Natriums als Na_2SiF_6 (vgl. MATHERS, STEWART, HOUSEMANN und LEE).

3. Fällung als Kaliumphosphorwolframat mit Phosphorwolframsäure oder Natriumphosphorwolframat. Beim Versetzen von Kalisalzlösungen mit ziemlich konzentrierter Lösung von Phosphorwolframsäure oder phosphorwolframsaurem Natrium entstehen in saurer bis neutraler Lösung weiße krystalline Fällungen von Kaliumphosphorwolframat, dessen Zusammensetzung nach NIKITINA der Formel: $3\ K_2O \cdot P_2O_5 \cdot 24\ WO_3 \cdot 8\ H_2O$ entsprechen soll. In Wasser lösen sich 0,71 g des Salzes in 100 g Lösung bei 16°. In sauren Lösungen ist die Fällung grobkrystallin, während in neutralen Lösungen die Flüssigkeit nur milchig trübe wird (WÖRNER). Aus sehr verdünnten Kalisalzlösungen erfolgt die Abscheidung erst nach mehrstündigem Stehen. Als Reagens werden 10 bis 20%ige wäßrige Lösungen empfohlen; nach LUTZ ist die freie Säure ihrem Na-Salz vorzuziehen, da die Empfindlichkeit bedeutend größer ist. Durch Zugabe von Salpetersäure oder Salzsäure wird die Empfindlichkeit stark erhöht.

Als **Grenzkonzentration** gibt LUTZ 1:2814 an. Nachweis von 1,7 mg K.

Störungen. Ammonium- und Bleisalze geben mit Phosphorwolframsäure ebenfalls schwerlösliche Niederschläge, während Natrium-, Barium-, Strontium-, Calcium- und Magnesiumsalze nicht gefällt werden. Selbst ein großer Überschuß an Natriumsalzen stört den Kaliumnachweis nicht. Erst aus gesättigten Natriumchloridlösungen wird mit Phosphorwolframsäure das Natriumphosphorwolframat ausgefällt, das man leicht von dem Kaliumsalz dadurch unterscheiden kann, daß man die Lösung mit Wasser ein wenig verdünnt, wobei das Natriumphosphorwolframat wieder in Lösung geht. Nach G. C. MEYER kann man noch 1,4 mg KCl in 1 cm^3 Lösung neben dem 150fachen Überschuß an NaCl ohne Schwierigkeit nachweisen.

4. Fällung als Kaliumzirkonsulfat mit Zirkonsulfat. Kaliumsulfatlösungen reagieren mit wäßrigen Zirkonsulfatlösungen in neutraler Lösung unter Bildung krystalliner Niederschläge, die nach ROSENHEIM und FRANK die Zusammensetzung: $Zr_2O_3(SO_4K)_2 \cdot 8\ H_2O$ besitzen. Diese Reaktion, die man schon länger zum analytischen Nachweis des Zirkons verwendet, ist nach den Untersuchungen von REED und WITHROW gleichfalls geeignet, das Kalium in einer Kaliumsulfatlösung nachzuweisen. Als Reagens verwendet man am besten eine 10%ige wäßrige Lösung von Zirkonsulfat. Das auf Kalium zu prüfende Salz wird vor Ausführung der Reaktion zweckmäßig in das Sulfat überführt und dann in Wasser gelöst. Zur Untersuchungslösung fügt man das gleiche Volumen der Zirkonsulfatlösung. Wenn die Untersuchungslösung mehr als 20 mg Kalium enthält, entsteht sofort eine Fällung. Ist dagegen der Kaliumgehalt geringer, so kann man den Niederschlag erst nach einiger Zeit erkennen. Falls sich auch nach 1stündigem Stehen bei Zimmertemperatur kein Niederschlag gebildet hat, so kühlt man mit Eiswasser. Bei der Prüfung auf sehr kleine Kaliummengen empfiehlt es sich, die Neigung zur Übersättigung durch Einführung winziger Mengen von Kaliumzirkonsulfat in fein verteiltem Zustand aufzuheben, wodurch die Bildung des Niederschlags beschleunigt und die Empfindlichkeit der Reaktion noch etwas erhöht wird. Zu diesem Zwecke versetzen REED und WITHROW 1 cm^3 einer Kaliumsulfatlösung, die 2,4 mg Kalium im Kubikzentimeter enthält, mit 1 cm^3 der 10%igen Zirkonsulfatlösung, warten bis die Fällung entstanden ist und setzen 1 Tropfen dieser Suspension (entsprechend 0,04 mg K) zu der Untersuchungslösung hinzu, nachdem diese bereits mit dem Reagens versetzt worden ist.

Die **Grenzkonzentration** ist 1:6000. Es lassen sich noch 0,32 mg Kalium in 1 cm^3 Lösung nachweisen.

Die Anwesenheit von Natrium- und Ammoniumsulfat beeinflußt die Reaktion nicht, da keine analogen Niederschläge ausfallen. REED und WITHROW konnten noch 0,48 mg Kalium in 1 cm³ Lösung bei Gegenwart eines 120fachen Überschusses an Ammonium, bzw. 0,7 mg Kalium bei einem 250fachen Überschuß an Natrium nachweisen. Auch die übrigen Alkalien und Magnesium stören den Kaliumnachweis mit Zirkonsulfat nicht, wenn sie nicht in allzu großem Überschuß vorliegen. So haben REED und WITHROW z. B. noch 0,5 mg Kalium bei Anwesenheit eines 20fachen Überschusses an Magnesium und 1 mg Kalium bei Gegenwart eines 6fachen Überschusses an Lithium, eines 10fachen Überschusses an Rubidium und eines 8fachen Überschusses an Caesium nachgewiesen. Sie empfehlen jedoch, in diesem Falle bei der Prüfung auf kleine Kaliummengen parallele Blindversuche anzustellen.

Nach ROSENHEIM und FRANK sowie YAJNIK und TANDON werden die Sulfate des Rubidiums und Caesiums in gleicher Weise wie das des Kaliums durch Zirkonsulfat gefällt.

5. Fällung als Kaliumkobaltthiosulfat mit Natriumkobaltthiosulfat. Natriumkobaltthiosulfat, $Na_6Co(S_2O_3)_4$, gibt in methylalkoholischer Lösung mit Kaliumsalzen himmelblaue Niederschläge, die sich in Wasser mit rosa Farbe leicht lösen. Diese Reaktion wird zum Nachweis des Kaliums nach CELSI zweckmäßig in folgender Form durchgeführt: Als Reagens werden 2 Lösungen verwendet: Lösung A bereitet man sich durch Auflösen von 7 g Kobaltnitrat in 100 cm³ Wasser und Versetzen mit 40 cm³ Methylalkohol; Lösung B ist eine Lösung von 19 g Natriumthiosulfat in 50 cm³ Wasser. Bei der Ausführung der Reaktion löst man in 10 cm³ Methylalkohol je 1 Tropfen der Lösung A und der Lösung B. Zu dieser Lösung, die violett gefärbt ist, setzt man 1 bis 4 Tropfen der auf Kalium zu prüfenden neutralen Flüssigkeit. Bei Anwesenheit von Kalium bildet sich sofort der blaue Niederschlag.

Wenn in der Untersuchungslösung Salze des Bariums, Bleis, Quecksilbers, Silbers, Kupfers oder Urans enthalten sind, entstehen ebenfalls Fällungen, die jedoch alle nicht blau gefärbt sind und daher vom Kaliumniederschlag zu unterscheiden sind. Natrium-, Ammonium-, Magnesium-, Calcium- und Strontiumsalze geben mit dem Reagens keinen Niederschlag. Das Verhalten des Lithiums, Rubidiums und Caesiums gegen Natriumkobaltthiosulfat in methylalkoholischer Lösung ist nicht untersucht.

Die Reaktion von CELSI ist offenbar sehr empfindlich; quantitative Angaben über die Empfindlichkeit fehlen allerdings.

6. Fällung als Kalium-Calciumferrocyanid mit Calciumferrocyanid. Kaliumsalze geben beim Versetzen mit einer Lösung von Calciumferrocyanid in 50%igem Äthylalkohol einen weißen Niederschlag, der die Zusammensetzung $CaK_2Fe(CN)_6$ besitzt. Diese Reaktion wird von GASPAR Y ARNAL (a) zum Kaliumnachweis vorgeschlagen; als Reagens verwendet man eine Lösung von Calciumferrocyanid — bzw. von Natriumferrocyanid und Calciumchlorid — in 50%igem Alkohol. Zu dieser Lösung fügt man einige Tropfen der auf Kalium zu prüfenden Flüssigkeit.

Eine entsprechende Fällung mit dem Reagens geben auch die Salze des Ammoniums, Rubidiums, Caesiums und Thalliums. Bei der Prüfung auf Kalium müssen also die Ammoniumsalze vorher in der üblichen Weise entfernt werden. Rubidium, Caesium und Thallium kann man durch Fällung mit Magnesiumferrocyanid entfernen, da $Mg_2Fe(CN)_6$ in der Kälte Caesium, Thallium und die Hauptmenge Rubidium, in der Hitze auch das restliche Rubidium fällt, während Kalium weder in der Kälte noch in der Hitze mit Magnesiumferrocyanid reagiert.

Angaben über die Empfindlichkeit der Reaktion fehlen.

7. Fällung mit Lithiumferrocyanid und Kupfersulfat. Diese Methode von DE RADA zum Kaliumnachweis ist dem unter 6. geschilderten Verfahren sehr ähnlich. Sie beruht auf der Beobachtung, daß Kalium-Salzlösungen bei Anwesenheit von 2wertigen Kupfer-Ionen mit einer alkoholisch-wäßrigen Lösung von

Lithiumferrocyanid einen voluminösen rosa Niederschlag bilden. Man setzt zu der Lösung von Lithiumferrocyanid in verdünntem Alkohol einige Tropfen der auf Kalium zu prüfenden Flüssigkeit und 1 Tropfen Kupfersulfatlösung. Bei Anwesenheit von Kalium hat die Lösung ein trübes gelbes Aussehen, und es entsteht die rosa Fällung. Bei Anwesenheit von Natrium fällt ein dunkler, gut absitzender Niederschlag aus, und die überstehende Lösung bleibt klar.

Die Reaktion scheint wenig charakteristisch und zum Kaliumnachweis bei Gegenwart anderer Alkali-Ionen nicht geeignet zu sein. Rubidium und Caesium geben unter den angegebenen Bedingungen ebenfalls Niederschläge.

8. Fällung als Kalium-Uranylchromat mit Natriumchromat und Uranylnitrat. Eine Lösung von Uranylchromat gibt mit Kalium-Ionen einen gelben, krystallinen Niederschlag. Der Niederschlag ist in Säuren und in konzentrierter Kochsalzlösung löslich; er geht ferner in Lösung, wenn man einen Überschuß an Uranylnitratlösung zusetzt. Durch Alkoholzusatz wird die Löslichkeit des Kalium-Uranylchromats herabgesetzt. GASPAR Y ARNAL (b), der die Reaktion gefunden hat, empfiehlt, das Reagens folgendermaßen zu bereiten: Eine etwa 5%ige Natriumchromatlösung wird mit einer 5%igen Lösung von Uranylnitrat im stöchiometrischen Verhältnis der Bildung von Uranylchromat, UO_2CrO_4, versetzt. Dabei ist wegen der genannten Löslichkeitsverhältnisse ein Überschuß von Uranylnitrat unbedingt zu vermeiden.

Mit dem Reagens geben außer den Kalium-Ionen auch die des Rubidiums und Caesiums Fällungen, die noch schwerer löslich sind als der Kaliumniederschlag. Natrium- und Ammoniumsalze stören nicht. Das dem Kalium-Uranylchromat entsprechende Ammoniumsalz fällt erst in der Hitze aus, das Natriumsalz weder in der Kälte noch in der Hitze.

9. Fällung als Kaliumpikrat mit Pikrinsäure oder Natriumpikrat. Pikrinsäure oder Natriumpikrat fällen aus Kalisalzlösungen einen gelben krystallinen Niederschlag von Kaliumpikrat. Die Untersuchungslösung muß neutral oder alkalisch sein; denn in saurer Lösung fallen die Krystalle der Pikrinsäure aus. Als Reagens verwendet man eine gesättigte wäßrige Lösung von Pikrinsäure oder Natriumpikrat. Letztere ist wegen der größeren Löslichkeit des Natriumpikrats — es lassen sich 10%ige Lösungen herstellen — vorzuziehen.

Grenzkonzentration: Bei Verwendung einer 10%igen wäßrigen Natriumpikratlösung ist die Grenzkonzentration 1:840; es lassen sich noch 5,9 mg Kalium in 5 cm^3 nachweisen (LUTZ). Die Empfindlichkeit ist etwas größer, wenn man die Niederschlagsbildung erst nach 20 Std. beobachtet. Ferner läßt sich die Empfindlichkeit der Reaktion durch Kühlen mit Eiswasser steigern.

Störungen. Natrium- und Lithiumsalze stören nicht; eine Ausnahme macht nur das Natriumcarbonat, das das Natriumpikrat aus seinen Lösungen ausfällt und daher vorher in das Chlorid zu überführen ist (REICHARD). Eine entsprechende Reaktion wie Kaliumsalze geben auch Ammonium-, Rubidium-, Caesium- und Thalliumsalze mit Pikrinsäure. Ammoniumpikrat besitzt etwa die gleiche Löslichkeit wie das Kaliumpikrat, während Rubidium- bzw. Caesiumpikrat noch unlöslicher ist als das Kaliumsalz. Ammoniumsalze sind also vor der Prüfung auf Kalium durch Abrauchen zu entfernen.

Wesentlich empfindlicher ist der Nachweis des Kaliums mit Pikrinsäure in alkoholischer Lösung, wie er von CALEY angegeben ist. Als Reagens verwendet CALEY eine bei Zimmertemperatur gesättigte Lösung von Pikrinsäure in 96%igem Alkohol. Die Pikrinsäure ist vorher bei 80^0 zu trocknen und aus Benzol umzukrystallisieren. Die Untersuchungssubstanz darf selbstverständlich nur alkohollösliche Salze enthalten, man führt sie daher vor Ausführung der Reaktion in Chloride über. Die Untersuchungslösung soll ferner möglichst neutral sein.

Die Empfindlichkeit ist von der Menge des Fällungsmittels stark abhängig; am empfindlichsten ist sie, wenn man auf 1 cm^3 der wäßrigen Untersuchungslösung 7,5 cm^3 der gesättigten alkoholischen Pikrinsäurelösung gibt. Unter diesen Bedingungen lassen sich gerade noch 0,8 mg K in 1 cm^3 als deutliche Fällung erkennen; Grenzkonzentration 1:1250 (Caley). Nach Minovici und Ionescu sollen sich sogar noch 0,01 mg Kalium mit einer gesättigten Lösung von Pikrinsäure in Alkohol nachweisen lassen.

Lithium- und Magnesiumsalze — selbst bei 120fachem Überschuß gegenüber dem Kaliumsalz — stören nicht. Ammonium-, Rubidium- und Caesiumsalze geben die gleiche Reaktion wie Kalium. Auch Natrium stört, wenn seine Menge größer ist als 5 mg in 1 cm^3. Man kann allerdings das ausgefällte Natriumpikrat von dem Kaliumpikrat durch mikroskopische Untersuchung des Niederschlags leicht unterscheiden, da die Krystalle des Kaliumpikrats aus kurzen Prismen und Nadeln bestehen, während Natriumpikrat lange haarförmige Krystalle bildet. Nach Minovici und Ionescu lassen sich die Störungen durch Natrium- und Ammonium-Ionen vermeiden, wenn man 5% Glycerin zusetzt.

Über den mikrochemischen Nachweis des Kaliums mit Pikrinsäure vgl. „Mikrochemische Nachweise", S. 106.

10. Fällung als dilitursaures Kalium mit Dilitursäure (= 5-Nitrobarbitursäure). Die Dilitursäure gibt mit Kalium-Ionen in neutraler bis schwach saurer Lösung einen krystallinen, schwerlöslichen Niederschlag ihres Kaliumsalzes, $C_4H_2O_5N_3K$. In Wasser löst sich das dilitursaure Kalium zu einer 0,0022 n-Lösung (entsprechend 0,09 mg K je Kubikzentimeter). In Alkohol ist die Löslichkeit des Kaliumsalzes noch bedeutend geringer. Als Reagens verwendet man daher zweckmäßig eine 0,1 n-Lösung der Dilitursäure in 40%igem Alkohol.

$$O_2N \cdot HC\langle\begin{matrix}CO \cdot NH\\ CO \cdot NH\end{matrix}\rangle CO$$

Mit diesem alkoholischen Reagens sind noch 0,02 mg K in 1 cm^3 scharf nachweisbar; Grenzkonzentration 1:50000 (Fredholm). Da die Dilitursäure eine starke Säure ist, kann man den Kaliumnachweis mit Dilitursäure auch in ziemlich stark sauren Lösungen durchführen. Die Reaktion der Untersuchungslösung darf dagegen nicht stark alkalisch sein, da andernfalls die Dilitursäure als 3basische Säure wirkt und leichterlösliche Kaliumsalze bildet.

Störungen. Natrium-Ionen stören den Kaliumnachweis kaum, weil das dilitursaure Natrium wesentlich leichter löslich ist. Zum gleichzeitigen Ausfallen des Natrium- und Kaliumsalzes ist eine 500mal größere Natrium- als Kaliumkonzentration nötig. Ammonium-, Rubidium-, Magnesium- und Bariumsalze der Dilitursäure sind wie das Kaliumsalz schwerlöslich. Trotzdem kann man aber Kalium neben diesen Elementen wegen der verschiedenen Krystallform der Salze mikrochemisch nachweisen: Das dilitursaure Kalium besteht aus rhombischen Blättchen, während alle übrigen Alkali- und Erdalkalisalze und auch die freie Dilitursäure nadel- oder stäbchenförmige Krystalle bilden.

Anmerkung: Herstellung der Dilitursäure: 25 g technische Barbitursäure werden zweimal aus Wasser umkrystallisiert, in einer Platinschale auf dem Wasserbad getrocknet und dann mit 50 cm^3 konzentrierter Salpetersäure versetzt. Nach einiger Zeit beginnt die Reaktion (Umrühren!). Man setzt noch 10 bis 20 cm^3 konzentrierte Salpetersäure zu und erwärmt schließlich das Reaktionsgemisch 15 Min. auf dem Wasserbad. Nach dem Abkühlen wird die ausgefallene Dilitursäure abgesaugt, mit Wasser gewaschen, zweimal aus Wasser umkrystallisiert und getrocknet. Von dieser reinen Säure wird eine 0,1 n-Lösung in 40%igem Alkohol hergestellt.

11. Fällung als Kalium-1-amino-2-naphthol-6-sulfonat mit Natrium-1-amino-2-naphthol-6-sulfonat (Eikonogen). Neutrale Kaliumsalzlösungen geben beim Versetzen mit dem Natriumsalz der 1-Amino-2-naphtholsulfosäure einen weißen, krystallinen Niederschlag von 1-amino-2-naphtholsulfo-

NH_2, OH, $NaSO_3 \cdot$ [Naphthalinring] $\cdot 2^1/_2 H_2O$

Eikonogen

saurem Kalium, $C_{10}H_5 \cdot NH_2 \cdot OH \cdot SO_3K$, der in Wasser wenig löslich und in absolutem Alkohol unlöslich ist. Als Reagens verwendet man eine 5%ige, d. h. gesättigte wäßrige Lösung des 1-amino-2-naphthol-6-sulfosauren Natriums, die vor dem Gebrauch frisch herzustellen ist, da sich das Reagens schnell verändert. Es wird durch Neutralisation der freien Sulfosäure mit Natronlauge dargestellt. Die Lösung ist meistens dunkelbraun gefärbt.

Man versetzt die neutrale Untersuchungslösung mit dem 5 bis 10fachen Volumen der Reagenslösung. In sehr verdünnten Kaliumsalzlösungen beobachtet man die Bildung des Niederschlags erst nach mehreren Stunden.

LUTZ hat noch 4,9 mg Kalium in 0,5 cm³ Untersuchungslösung nachgewiesen, wobei der Niederschlag innerhalb von 5 Min. zu erkennen war.

Grenzkonzentration: 1:1020.

Störungen. Natrium-, Ammonium-, Magnesium-, Eisen- und Mangansalze werden durch das Reagens nicht gefällt, Nickel- und Kobaltsalze werden dagegen niedergeschlagen (ALVAREZ).

12. Fällung als Kalium-6-chlor-5-nitro-toluolsulfonat mit Natrium-6-chlor-5-nitro-toluolsulfonat. Kaliumsalze geben in neutraler, alkalischer oder verdünnt mineralsaurer Lösung mit dem Natriumsalz der 6-Chlor-5-nitro-toluolsulfosäure einen voluminösen, aus glitzernden Stäbchen bestehenden Niederschlag des Kaliumsalzes, $CH_3 \cdot C_6H_2 \cdot Cl \cdot NO_2 \cdot SO_3K$. Als Reagens verwendet man eine bei Zimmertemperatur gesättigte, wäßrige Lösung des Natriumsalzes. Die Untersuchungslösung wird in der Hitze mit der doppelten Menge der Reagenslösung versetzt und das Gemisch bis zur Ausfällung des Niederschlags erhitzt.

Grenzkonzentration: 1:2500 (H. DAVIES und W. DAVIES).

Das Natriumsalz ist etwa 40mal löslicher als das Kaliumsalz, die Magnesium- und Aluminiumsalze sind sehr löslich, während das Ammoniumsalz nur etwa 40mal so löslich ist wie das Kaliumsalz. Ammoniumsalze sind also vor der Prüfung auf Kalium in der üblichen Weise zu entfernen.

V. H. DERMER und O. C. DERMER haben versucht, durch Variation der verschiedenen funktionellen Gruppen und Einführung neuer Gruppen in der 6-Chlor-5-nitro-toluolsulfosäure eine Reagens zu finden, das empfindlicher ist als das Natriumsalz der genannten Säure. Bei diesen Untersuchungen, die hinsichtlich des Zieles erfolglos verlaufen sind, hat sich ergeben, daß an Stelle des 6-Chlor-5-nitro-toluolsulfonsauren Natriums auch das 6-Brom-5-nitro-toluolsulfonsaure Natrium als Kaliumreagens geeignet ist. Die Löslichkeit des Kaliumsalzes der analogen Bromsulfosäure ist etwas geringer als die des Kaliumchlorsulfonats. Das Löslichkeitsverhältnis des Kalium- zum Natriumsalz ist bei beiden Säuren etwa 1:35.

13a. Fällung als Dikalium-2,4-Dinitro-α-naphthol-7-sulfonat mit Dinatrium-2,4-dinitro-α-naphthol-7-sulfonat (Naphtholgelb S). Kalium-Ionen werden in stark saurer Lösung durch das Dinatrium-2,4-Dinitro-1-naphthol-7-sulfonat als schwerlösliches Kaliumsalz ausgefällt. Als Reagens empfehlen CLARK und WILLITS eine 5%ige wäßrige Lösung von Naphtholgelb S. Zu 10 cm³ der Untersuchungslösung setzt man 3 cm³ der Reagenslösung. Ein Blindversuch ist erforderlich.

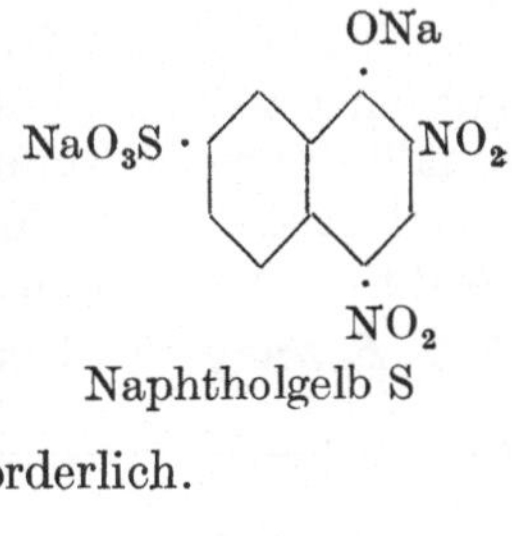

ONa
$NaO_3S \cdot$ NO_2
NO_2
Naphtholgelb S

Grenzkonzentration: 1:2500.

Natrium- und Ammoniumsalze stören den Kaliumnachweis nicht. Mit zunehmendem Gehalt der Untersuchungslösung an Fremdsalzen wird allerdings die Entstehung des Kaliumniederschlags zeitlich verzögert.

13b. Fällung als Kalium-1,5-Dinitro-β-naphtholsulfonat mit dem Natriumsalz der 1,5-Dinitro-β-naphthol-7-sulfonsäure. Das Anion der 1,5-Dinitro-β-naphthol-7-sulfonsäure gibt, ebenso wie das der 2,4-Dinitro-α-naphthol-7-sulfonsäure, mit Kalium-Ionen einen in kaltem Wasser unlöslichen

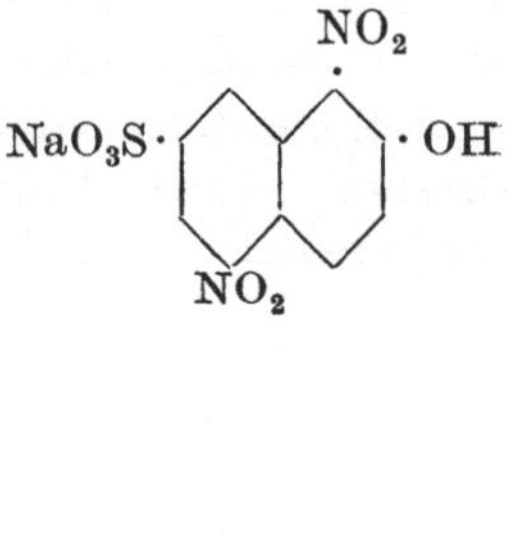

NO_2
$NaO_3S \cdot$ $\cdot OH$
NO_2

Niederschlag. Das Kaliumsalz hat in wäßrigem Alkohol eine geringere Löslichkeit als in Wasser; daher empfiehlt es sich, zu dem Reaktionsgemisch Alkohol zuzusetzen und dadurch die Empfindlichkeit des Nachweises zu erhöhen. Die Untersuchungslösung muß neutral bis schwach sauer sein, da das Kaliumsalz in Laugen löslich ist (WOLOTSCHNEWA). Angaben über die Empfindlichkeit fehlen.

Störungen. In kleinsten Mengen stören beim Kaliumnachweis die Ionen von Rubidium, Lithium, Ammonium, Kupfer, Kobalt, Nickel und Eisen, da sie ebenfalls schwerlösliche Sulfonate bilden. Das Rubidiumsalz der 1,5-Dinitro-2-naphthol-7-sulfosäure ist sogar schwerer löslich als das Kaliumsalz. Ferner stören die Zink-, Magnesium-, Mangan-, Blei- und Oxalat-Ionen, wenn sie in größerer Menge vorliegen. Natriumsalze stören dagegen nur in sehr großen Mengen.

14. Fällung als Kaliumsalz der Lokaonsäure mit Lokaonsäure (= „chinesisches Grün"). Kaliumsalze geben beim Versetzen mit einer Lösung von Lokaonsäure in verdünntem Ammoniak einen dunkelblauen pulvrigen Niederschlag. Die Lokaonsäure ist eine im „Chinesisch Grün" enthaltene, tiefblau gefärbte Substanz der Zusammensetzung $C_{42}H_{48}O_{27}$; sie ist in Wasser, Äther, Alkohol, Chloroform und Benzol unlöslich, geht aber in verdünntem Ammoniak leicht unter Bildung einer blauen Farbe in Lösung. Das Kaliumsalz der Lokaonsäure, $C_{42}H_{46}K_2O_{27}$, ist in ammoniakalischer Lösung unlöslich (KAYSER).

Angaben über die Empfindlichkeit der Reaktion fehlen.

Blei- und Barium-Ionen geben die gleiche Reaktion wie Kalium, man muß sie daher vor Ausführung der Prüfung auf Kalium mit Schwefelsäure ausfällen (GUTZEIT).

Anmerkung: Herstellung des Reagenses: „Chinesisch Grün" wird wiederholt mit konzentrierten Ammoniumcarbonatlösungen ausgezogen. Die zusammengegossenen Auszüge werden filtriert und dann mit dem doppelten Volumen Äthylalkohol versetzt. Der durch den Alkoholzusatz entstandene tiefblaue Niederschlag wird nach mehrstündigem Stehen von der überstehenden braungelben Flüssigkeit durch Filtration getrennt und so lange mit 70%igem Alkohol ausgewaschen, bis die Waschflüssigkeit ungefärbt abläuft. Der ausgewaschene Niederschlag wird getrocknet, in verdünntem Ammoniak gelöst und mit Äthylalkohol wieder ausgefällt. Dieser Reinigungsprozeß — Lösen in Ammoniak und Ausfällen mit Alkohol — wird mehrmals wiederholt. Die so gereinigte Lokaonsäure wird in wäßrigem Ammoniak gelöst und ist als Kaliumreagens zu verwenden.

C. Unsichere Reaktionen.

In der Literatur sind noch einige weitere Nachweismethoden für Kalium beschrieben, die aber nur eine geringe Empfindlichkeit besitzen und auch sehr wenig spezifisch sind. Die Verwendung dieser Verfahren empfiehlt sich daher kaum.

1. Fällung mit Ammoniummethylsulfit. Versetzt man eine Kaliumsalzlösung mit einer wäßrigen Lösung von Ammoniummethylsulfit ($CH_3SO_3NH_4$) und Alkohol, so fällt das methylsulfosaure Kalium, CH_3SO_3K, in Form feiner Fäden aus (ARBUSOW und KARTASCHOW). Natrium-, Rubidium- und Caesium-Ionen geben eine ähnliche Reaktion. Magnesiumsalze stören nicht.

2. Fällung mit Pikrolonsäure. VOLMAR und LEBER benutzen eine 0,02 normale wäßrige Lösung von Pikrolonsäure, $C_{10}H_8O_5N_4$, als Reagens auf Kalium. Es entsteht ein krystalliner Niederschlag des pikrolonsauren Kaliums. Eine $^1/_{12}$ n-Kaliumchloridlösung wird innerhalb von 30 Min. gefällt. Grenzkonzentration 1:300. Nach VOLMAR und LEBER soll die Reaktion mit Pikrolonsäure 3- bis 4mal so empfindlich wie der Kaliumnachweis mit Pikrinsäure sein.

$$\begin{array}{l} NO_2\cdot HC\text{———————}C\cdot CH_3 \\ \qquad\quad | \qquad\qquad\qquad\quad \| \\ \qquad OC\cdot N(C_6H_4\cdot NO_2)\cdot N \end{array}$$

Pikrolonsäure

Lithium-Ionen stören nicht. Dagegen werden Natrium-, Ammonium-, Rubidium-, Caesium- und alle Erdalkali-Ionen ebenfalls als pikrolonsaure Salze gefällt. Zum Beispiel entsteht noch ein Niederschlag mit einer $^1/_9$ n-Natriumchloridlösung. Der Kaliumnachweis mit Pikrolonsäure ist also nur einwandfrei, wenn Natrium, Ammonium, Rubidium und Caesium (und die Erdalkalien) abwesend sind.

3. Fällung mit Hymolal. Eine 3%ige wäßrige Lösung von Hymolal (Gemisch von Natriumalkylsulfaten) gibt mit Kaliumsalzen in essigsaurer Lösung einen weißen Niederschlag. Es stören Ammonium-Ionen und ein Überschuß von Magnesiumsalzen (WILDMAN).

4. Farbreaktion mit Natriumalizarinsulfonat. Eine rote Lösung von Natriumalizarinsulfonat, $C_{14}H_5O_2(OH)_2 \cdot SO_3Na$, wird beim Versetzen mit einer Kaliumchloridlösung gelb gefärbt (GERMUTH und MITCHELL). Als Reagens dient eine 0,5%ige wäßrige Lösung von Natriumalizarinsulfonat. Grenzkonzentration 1:200. Natrium und Lithiumchlorid geben ebenfalls eine Umfärbung der Lösung nach Gelb. Ammoniumchlorid gibt einen gelben Niederschlag.

§ 3. Nachweis auf mikrochemischem Wege.

A. Wichtige Fällungsreaktionen.

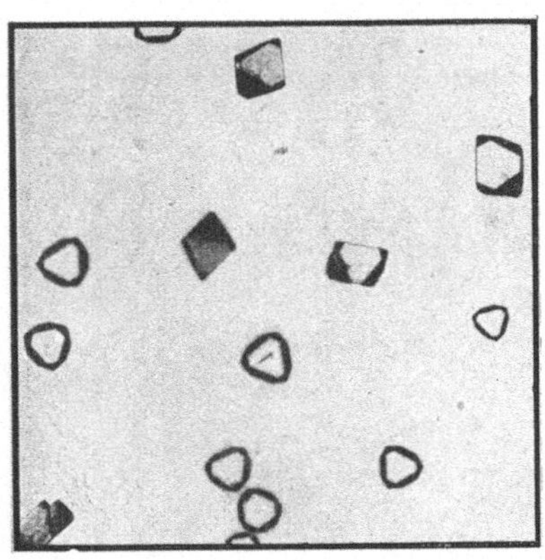

Abb. 1. Kaliumhexachloroplatinat. Vergr. 65fach (nach GEILMANN).

1. Abscheidung mit Platinchlorwasserstoffsäure als Kaliumhexachloroplatinat. Die Krystalle von Kaliumhexachloroplatinat, die aus einer schwach sauren bis neutralen Kaliumsalzlösung beim Versetzen mit Platinchlorwasserstoffsäure ausfallen, sind citronengelbe, scharf ausgebildete, stark lichtbrechende Oktaeder. Bei rascher Krystallisation verwachsen die einzelnen Kryställchen oft zu dreien und vieren und erscheinen dann als kleeblatt- oder kreuzähnliche Formen. Als Reagens verwendet man am besten eine 10%ige wäßrige Lösung von Platinchlorid. Auf den Objektträger bringt man zunächst 1 Tropfen der Untersuchungslösung und setzt dann mit Hilfe eines Platindrahtes 1 Tropfen der Reagenslösung hinzu, möglichst ohne dabei den Objektträger oder die Probelösung zu berühren, damit keine schnelle Krystallisation veranlaßt wird. Denn nur bei ruhiger, ungestörter und langsamer Krystallisation entstehen die charakteristischen Oktaeder. Ferner ist darauf zu achten, daß das Platinchlorid gegenüber dem Kalium im Überschuß vorhanden ist, da andernfalls weniger charakteristische blaßgelbe oder sogar farblose Krystalle auftreten, die den Krystallen des reinen Platinchlorids ähnlich sind. Bei konzentrierten Kaliumsalzlösungen hat man daher die Probelösung entsprechend zu verdünnen. Wenn eine sehr verdünnte Kaliumsalzlösung vorliegt, so verdunstet man zweckmäßig eine etwas größere Menge derselben auf einer möglichst kleinen Oberfläche des Objektträgers zur Trockne, löst dann den Rückstand durch Anhauchen und setzt zu dieser Lösung einen kleinen Tropfen der Reagenslösung. Da die Reagenslösung bei längerem Stehen in Glasgefäßen Spuren von Kalium aus dem Glas aufnimmt, prüfe man stets das Reagens durch einen Blindversuch, ob es selbst beim Eintrocknenlassen 1 Tropfens auf dem Objektträger oktaedrische Krystalle bildet. Ist das der Fall, so verwendet man entweder eine frische Lösung oder beurteilt die Anwesenheit von Kalium in der Untersuchungslösung dadurch, daß man die Menge der ausgeschiedenen Krystalle von Kaliumhexachloroplatinat beim Prüfversuch und beim Blindversuch miteinander vergleicht. Die **Nachweisgrenze** liegt nach BEHRENS-KLEY bei 0,3 γ Kalium, nach SCHOORL bei 0,01 γ Kalium.

Da K_2PtCl_6 in starken Säuren löslich ist, hat man stark saure Lösungen durch Zugabe von Natriumcarbonat und Natriumacetat oder Magnesiumacetat abzustumpfen oder besser zur Vertreibung der freien Säure auf dem Objektträger einzudampfen und den Rückstand mit Wasser aufzunehmen. Ammonium-, Rubidium-, Caesium- und Thallium-Ionen stören den Kaliumnachweis, da sie mit Platinchlorwasserstoffsäure ebenso schwer lösliche oder zum Teil noch schwerer lösliche Krystalle der gleichen Form und Farbe bilden. Ammoniumsalze sind also vorher durch Abrauchen zu entfernen. Natrium bildet mit H_2PtCl_6 verhältnismäßig leicht lösliche, trikline Krystalle. Die Anwesenheit von Natrium stört also im allgemeinen den Kaliumnachweis nicht. Allerdings sind bei einem großen Überschuß von Natriumsalzen die charakteristischen Kaliumkrystalle nicht mehr zu erkennen. Die Grenze des Kaliumnachweises neben Natrium liegt bei einem Verhältnis K:Na = 1:100; die Anwesenheit von Magnesiumsalzen stört ebenfalls wenig; so sind noch 0,1 γ Kalium neben der 10fachen Menge Magnesium ohne Schwierigkeit zu erkennen. Bei einem Verhältnis K:Mg = 1:100 wird das Resultat wieder ungewiß (SCHOORL). Bei Gegenwart von größeren Mengen von Magnesium ist dieses vor der Prüfung auf Kalium zu entfernen.

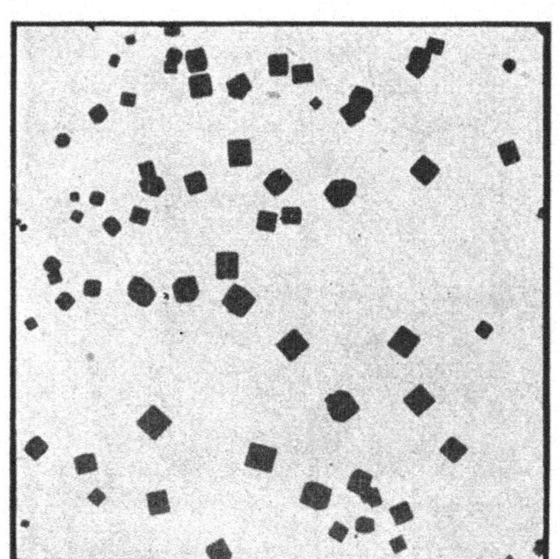
Abb. 2. Kalium-Kupfer-Bleinitrit (nach GEILMANN). Vergr. 175fach.

Das Bromoplatinat und Jodoplatinat des Kaliums krystallisieren analog, sie sind nur dunkler gefärbt, das Kaliumjodoplatinat erscheint unter dem Mikroskop fast schwarz.

2a. Abscheidung mit Natrium-Kupfer-Bleinitrit als Kalium-Kupfer-Bleinitrit. Die Krystalle von Kalium-Kupfer-Bleinitrit,

$$K_2CuPb(NO_2)_6,$$

sind dunkelbraune bis schwarze Würfel, die in dünnster Form dunkelrot durchscheinend sind. Das Kalium-Kupfer-Bleinitrit fällt aus, wenn man auf neutrale bis schwach saure Kaliumsalzlösungen eine essigsaure Lösung von Natrium-Kupfer-Bleinitrit einwirken läßt. Das Reagens ist eine Lösung von 9,1 g Kupferacetat, 16,2 g Bleiacetat, 20 g Natriumnitrit und 2 cm³ Essigsäure in 150 cm³ Wasser, die man nach BEHRENS-KLEY in kleinen, gut schließenden Flaschen aufbewahren soll. Das Reagens hat eine grüne Farbe. Es ist nicht lange haltbar, da es salpetrige Säure verliert und zum Gelingen der Reaktion ein Überschuß an salpetriger Säure erforderlich ist. Die Reaktion wird in der Weise ausgeführt, daß man ein Körnchen der Untersuchungssubstanz oder, falls diese in Lösung vorliegt, 1 Tropfen der Probeflüssigkeit auf den Objektträger bringt, dann 1 Tropfen der Reagenslösung zusetzt und bei Zimmertemperatur einwirken läßt.

Die **Erfassungsgrenze** liegt bei 0,15 γ Kalium (BEHRENS-KLEY). Freie Mineralsäuren stören; sind sie in der Untersuchungslösung vorhanden, so vertreibt man sie durch Eindampfen zur Trockne oder durch Abstumpfen mit Natriumacetat. Natrium- und Erdalkali-Ionen geben keine Fällungen mit dem Reagens, ihre Tripelnitrite sind leicht löslich. Dagegen sind die Kupfer-Bleinitrite des Ammoniums, Rubidiums und Caesiums, wie das des Kaliums, schwer löslich; die Löslichkeit dieser Tripelnitrite nimmt in der angeführten Reihenfolge ab. Sie fallen ebenfalls in Form schwarzer Würfel aus und sind mit dem Kaliumsalz isomorph.

2b. Abscheidung mit Natrium-Kobalt-Bleinitrit als Kalium-Kobalt-Bleinitrit. Versetzt man eine Kaliumsalzlösung mit Natrium-Kobalt-Bleinitrit, so fallen Mikrokrystalle von $K_2CoPb(NO_2)_6$ aus, die nach CUTTICA dunkelgrün, nach WINKLEY, YANOWSKI und HYNES orange-gelb gefärbt sind. Das Reagens ist eine Lösung von 22 g Natriumnitrit, 3 g Kobaltnitrit, 5 g Bleinitrat und 5 cm³ Eisessig in 80 cm³ Wasser, die man vor dem Gebrauch 24 Std. stehen lassen soll. Das Reagens hält sich 6 bis 8 Wochen. Zum Nachweis des Kaliums reibt man den mit der Untersuchungsflüssigkeit benetzten Glasstab auf dem Boden eines Uhrgläschens, auf dem sich einige Tropfen der Reagenslösung befinden. Bei Anwesenheit von Kalium in der Untersuchungslösung setzen sich längs des durch den Glasstab gezogenen Striches die Krystalle des Kalium-Kobalt-Bleinitrites ab.

Grenzkonzentration: 1:10000 (CUTTICA).

Störungen. Eine analoge Reaktion geben Ammonium-, Rubidium- und Thallium-Ionen. Ammonsalze sind also vor der Prüfung auf Kalium zu vertreiben. Die Gegenwart von Natrium-, Lithium- und Magnesiumsalzen stört den Nachweis nicht.

2c. Abscheidung mit Natriumkobaltinitrit als Kaliumkobaltinitrit. Auch das Natriumkobaltinitritreagens von BILLMANN läßt sich zum mikroanalytischen Nachweis des Kaliums verwenden. Man bringt 1 Tropfen der Untersuchungslösung auf einem Uhrglas mit 1 Tropfen des Reagenses zusammen. Bei Anwesenheit von Kalium entstehen kleine, gelbe Würfel von Kaliumkobaltinitrit. **Erfassungsgrenze:** 8γ Kalium (WEBER). Dieser mikrochemische Nachweis von Kalium ist wegen der geringeren Empfindlichkeit im Vergleich zu den Methoden 2a und 2b bisher wenig benutzt worden. Es liegt lediglich noch eine Arbeit von BOKORNY vor, der Kalium in Hefe- und anderen Zellen mit Natriumkobaltinitrit mikrochemisch nachgewiesen hat. BOKORNY hat die Ausscheidung des Doppelnitrits dadurch deutlicher gemacht, daß er eine Behandlung mit Ammoniumsulfid angeschlossen hat, wodurch sich die Niederschläge schwarz färben.

Abb. 3. Kaliumwismutthiosulfat (HUYSSE). Vergr. 240fach.

Grenzkonzentration: 1:10000 (BOKORNY).

3. Abscheidung mit Natriumwismutthiosulfat als Kaliumwismutthiosulfat. Das Kaliumwismutthiosulfat, $K_3Bi(S_2O_3)_3$, bildet in alkoholischer Lösung unlösliche, gelbgrüne, monokline Nadeln. Als Reagens dient eine Lösung von Natriumwismutthiosulfat in wäßrigem Alkohol; man stellt sie sich nach HUYSSE (a) am zweckmäßigsten dar, indem man auf einem Uhrglas etwas basisches Wismutnitrat in möglichst wenig Salzsäure löst und soviel Wasser zufügt, bis sich ein dicker weißer Niederschlag absetzt, der durch Behandlung mit Natriumthiosulfat wieder in Lösung gebracht wird. Dabei hat man darauf zu achten, daß man nicht mehr Natriumthiosulfat zusetzt, als zur Lösung des Niederschlags eben erforderlich ist. Die entstandene Lösung von Natriumwismutthiosulfat ist gelb gefärbt. Nun mischt man die Lösung mit einer solchen Menge Alkohol, daß eine dauernde Trübung entsteht und gibt wenig Wasser hinzu, so daß die Trübung gerade eben wieder verschwunden ist. Das so bereitete Reagens ist nicht haltbar und muß daher stets vor seiner Benutzung wieder frisch hergestellt werden. Das auf Kalium zu prüfende Salz wird auf einen Objektträger gebracht und mit 1 Tropfen Reagenslösung versetzt. Bei Anwesenheit von Kalium entstehen sofort die charakteristischen gelbgrünen Nadeln. Hat man eine Flüssigkeit auf Kalium zu prüfen, so muß man sie erst zur Trockne eindampfen, da andernfalls durch das wäßrige Lösungsmittel die Alkoholkonzentration im Reaktionsgemisch zu niedrig würde und damit wegen der Löslichkeit des Kaliumdoppelsalzes in Wasser die Empfindlichkeit der Reaktion herabgesetzt würde.

Erfassungsgrenze: 0,7 γ Kalium.

Störungen. Natrium-, Ammonium-, Lithium-, Magnesium- und Calciumsalze stören nicht; sie geben keine Fällungen mit dem Natriumwismutthiosulfat. Unlösliche Doppelthiosulfate geben dagegen die Ionen des Rubidiums, Caesiums, Bariums und Strontiums. Rubidium- und Caesiumwismutthiosulfat bilden dieselben gelbgrünen Nadeln wie das Kaliumsalz und sind daher von diesem nicht zu unterscheiden. Barium- und Strontium-Ionen geben weiße Fällungen.

4. Abscheidung mit Perchlorsäure oder Perchloraten als Kaliumperchlorat. Das Kaliumperchlorat, das bei der Reaktion neutraler Kaliumsalzlösungen mit Perchlorsäure bzw. mit Natrium- oder Ammoniumperchloratlösungen ausfällt, krystallisiert in weißen, rhombischen, stark lichtbrechenden Krystallen, die durch scharfe Kanten und spitze Winkel ausgezeichnet sind. Die charakteristischen Krystalle, flächenreiche Bipyramiden, Prismen mit Pyramidenflächen oder Prismen mit abgestumpften Ecken, erhält man besonders gut ausgebildet, wenn man die Perchlorsäure zur heißen Untersuchungslösung zusetzt und das Gemisch langsam abkühlen läßt. 1%ige und höher konzentrierte Kaliumsalzlösungen reagieren direkt mit dem Reagens. Beim Vorliegen verdünnterer Lösungen verdampft man ein größeres Volumen auf einer möglichst kleinen Fläche des Objektträgers zur Trockne und versetzt dann mit 1 Tropfen der Perchlorsäurelösung.

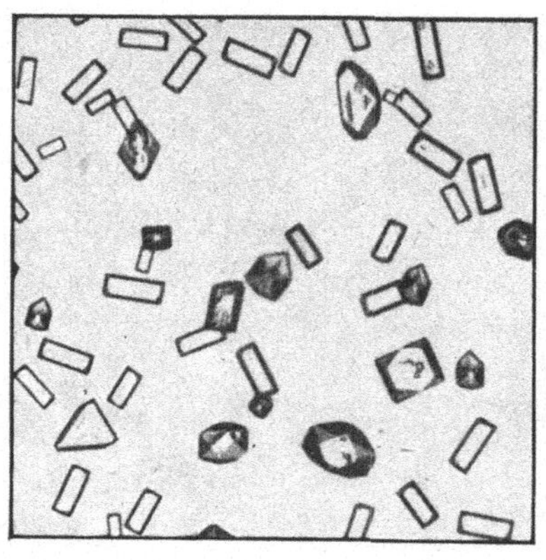

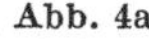

Abb. 4a.

Abb. 4b.

Abb. 4a u. b. Kaliumperchlorat (verschiedene Formen) (nach GEILMANN). Vergr. 60fach.

Erfassungsgrenze: 0,1 γ Kalium (SCHOORL).

Störungen. Diese Reaktion ermöglicht den Nachweis des Kaliums nicht nur neben Natrium, sondern auch neben Ammonium, da Ammoniumperchlorat, ebenso wie das Natriumperchlorat, in Wasser bedeutend leichter löslich ist. Bei Verwendung von Ammoniumperchlorat als Reagens bzw. bei Gegenwart eines sehr großen Überschusses an Ammoniumsalz in der Untersuchungslösung hat man allerdings zu beachten, daß beim Eintrocknen des Tropfens Ammoniumperchlorat auskrystallisieren kann. Die rhombischen Krystalle von NH_4ClO_4 sind denen des $KClO_4$ sehr ähnlich.

Lithium- und Thalliumsalze geben mit Perchlorsäure keine Niederschläge. Rubidium- und Caesium-Ionen stören, da sie unlösliche Perchlorate bilden. Nach DENIGÈS soll man die Perchloratkrystalle des Kaliums, Rubidiums und Caesiums durch Vergleichsproben leicht identifizieren können. Auch einige Alkaloide (Cocain, Tropococain, Berberin, Narcein, Kotarnin, Papaverin, Morphin, Strychnin, Brucin) geben in schwach essigsaurer Lösung Krystalle mit Natriumperchlorat (DENIGÈS).

5. Abscheidung mit Phosphormolybdänsäure als Kaliumphosphormolybdat. Das Kaliumphosphormolybdat, $K_3PMo_{12}O_{40}$, das bei der Reaktion saurer Kaliumsalzlösungen mit 1-Phosphor-12-Molybdänsäure auskrystallisiert, bildet gelbe, oktaedrische, stark lichtbrechende Krystalle, die denen des Kaliumhexachloroplatinats ähnlich sind. Infolge ihres großen Lichtbrechungsvermögens sind in den meisten Fällen die eigentlichen Krystallbegrenzungsflächen nicht zu erkennen; die Krystalle erscheinen daher häufig von kugeliger Gestalt. Nur gelegentlich sind die wahren Formen, Würfel, Oktaeder und Dodekaeder, zu erkennen.

Das Reagens, eine wäßrige Lösung von Phosphormolybdänsäure, muß in großem Überschuß angewendet werden. Man gibt daher auf dem Objektträger zu einem kleinen Tropfen der Untersuchungslösung, die vorher mit Salpetersäure anzusäuern ist, einen großen Tropfen der Reagenslösung. Die gelben Krystalle bilden sich am Rande des Tropfens. Die Krystallisation kann durch Erwärmen beschleunigt werden. Man darf aber nur kurz erwärmen, damit keine nennenswerten Mengen des Lösungsmittels verdunsten; denn die Phosphormolybdänsäure krystallisiert selbst in Form der gleichen gelben Oktaeder wie ihr Kaliumsalz, wenn die Lösung stark eingeengt wird. Die Oktaeder der freien Säure sind scharf ausgebildet, mit geraden Kanten und etwa 3mal so groß wie die des Kaliumphosphormolybdats.

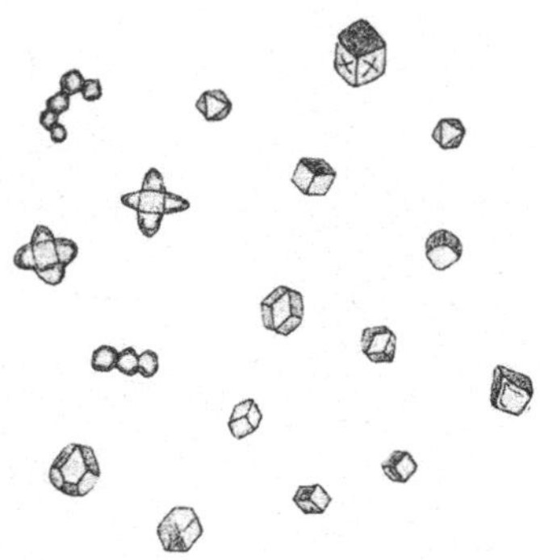

Abb. 5. Kaliumphosphormolybdat (HUYSSE). Vergr. 240fach.

Erfassungsgrenze: 0,3 γ Kalium (BEHRENS, BEHRENS-KLEY).

Störungen. Mit Phosphormolybdänsäure werden außer den Kaliumsalzen auch die des Ammoniums, Rubidiums, Thalliums, Silbers, Quecksilbers und die Alkaloide ausgefällt. Lithium-, Natrium-, Calcium- und Magnesium-Ionen geben keine Niederschläge mit dem Reagens.

6. Abscheidung mit Wismutsulfat als Kaliumwismutsulfat. Kaliumsulfat bildet mit Wismutsulfat ein in Wasser und verdünnten Säuren schwerlösliches Doppelsulfat von der Zusammensetzung $3\,K_2SO_4 \cdot 2\,Bi_2(SO_4)_3 \cdot 2\,H_2O$. Dieses Salz krystallisiert hexagonal in Form farbloser, sechseckiger Scheibchen, die allmählich zu stern- oder blattartigen Gebilden auswachsen. BEHRENS-KLEY bereiten das Reagens, indem sie basisches Wismutnitrat unter Zusatz von wenig verdünnter Salpetersäure in Schwefelsäure lösen. Ein Tropfen der auf Kalium zu prüfenden Lösung wird auf dem Objektträger zur Trockne eingedampft und der Abdampfrückstand mit 1 Tropfen der Reagenslösung in Berührung gebracht, worauf die charakteristischen, sechseckigen Blättchen des Kaliumwismutsulfats sehr bald erscheinen.

Nach KRAMER arbeitet man am besten folgendermaßen: Als Reagens dient eine schwach salpetersaure 1%ige Lösung von Wismutnitrat, die man durch Auflösen von 1 g Wismutnitrat in möglichst wenig 2 n-Salpetersäure, Erwärmen und Auffüllen auf 100 cm³ mit Wasser herstellt. Ein Tropfen der Untersuchungslösung wird auf dem Objektträger zur Trockne gebracht. Zur Umwandlung der Kaliumsalze in Sulfat wird der Rückstand mit Schwefelsäure angesäuert und die Lösung abermals zur Trockne eingedampft. Nun versetzt man den Abdampfrückstand mit 1 Tropfen 2 n-Schwefelsäure, wartet, bis alles in Lösung gegangen ist und fügt 1 Tropfen der Wismutnitratlösung hinzu. Bei Anwesenheit von Kalium krystallisieren nach einigen Minuten die farblosen Sechsecke, zunächst am Rande des Tropfens, aus.

Erfassungsgrenze: 0,2 γ Kalium (BEHRENS-KLEY, KRAMER).

Bei der Ausführung der Reaktion ist zu beachten, daß Wismutsulfat selbst in blassen Sechsecken, die allerdings viel größer als die des Kaliumdoppelsulfates sind, auskrystallisiert, und daß diese Krystalle von $Bi_2(SO_4)_3$ auftreten können, wenn man sehr konzentrierte Reagenslösungen verwendet. Bei der Methode von KRAMER besteht diese Gefahr nicht.

Da Ammoniumwismutsulfat die gleichen unlöslichen Krystalle wie das Kaliumdoppelsulfat bildet, sind die Ammonsalze vor der Prüfung auf Kalium zu entfernen. Die Anwesenheit von Natrium-Ionen stört nicht. Natriumwismutsulfat ist zwar ebenfalls unlöslich, krystallisiert aber in Form hexagonaler Stäbchen aus, die keinesfalls mit den sechseckigen Scheibchen des Kaliumsalzes verwechselt werden können. Die Reaktion mit Wismutsulfat bietet somit die Möglichkeit, Natrium und Kalium mikrochemisch nebeneinander in 1 Tropfen nachweisen zu können. Ohne Schwierigkeit läßt sich noch 1% Kaliumsulfat neben 99% Natriumsulfat nachweisen. Stets erscheinen zuerst die Sechsecke des Kaliumwismutsulfats und erst später die Stäbchen des Natriumsalzes, wenn die Sechsecke sich bereits in die blattförmigen Gebilde umgewandelt haben. Auch die Gegenwart von Magnesium-Ionen stört den Kalium-

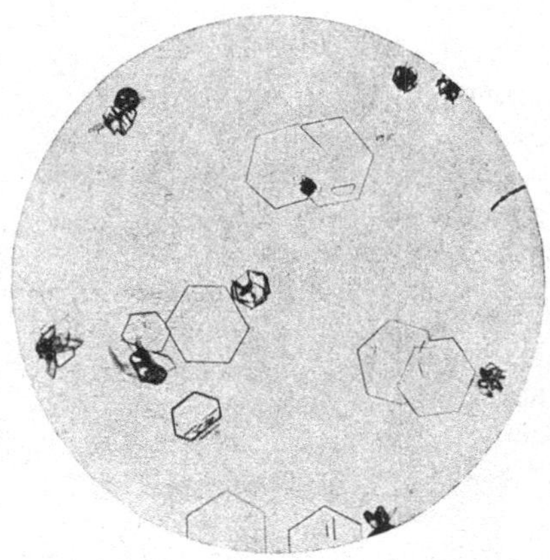

Abb. 6. Kaliumwismutsulfat. (Aus KRAMER.) Vergr. 127fach.

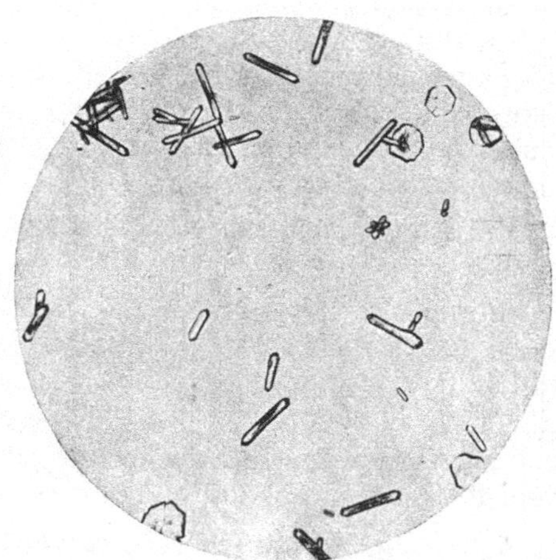

Abb. 7. 2% K_2SO_4 neben 98% Na_2SO_4, nachgewiesen in 1 Tropfenals Wismutdoppelsulfat. (Aus KRAMER.) Vergr. 127fach.

nachweis nicht. Magnesium krystallisiert nicht als Wismutdoppelsalz aus. Der Nachweis von 1% Kaliumsulfat neben 99% Magnesiumsulfat ist ohne weiteres möglich. Anders liegen die Verhältnisse aber, wenn neben Kalium- und Magnesiumsalzen auch Natriumsalze in der Untersuchungslösung vorhanden sind. Es bilden sich dann häufig überhaupt keine Sechsecke mehr, sondern stattdessen linsenförmige Krystalle, die aus K_2SO_4, Na_2SO_4, $MgSO_4$ und $Bi_2(SO_4)_3$ bestehen. Bei Prüfung auf Kalium in Gegenwart von Natrium muß also Magnesium vorher entfernt werden. Calcium und Aluminium stören den Kaliumnachweis als Wismutdoppelsulfat in keinem Fall, auch nicht bei gleichzeitiger Anwesenheit von Natrium.

*7. **Abscheidung mit Dipikrylamin als Dipikrylamin-Kalium.*** Der Nachweis beruht auf der Bildung des schwerlöslichen, orangeroten Kaliumsalzes des p-Dipikrylamins. Das p-Dipikrylamin (=Hexanitrodiphenylamin), $C_6H_2(NO_2)_3$-NH-$C_6H_2(NO_2)_3$, ist eine gelbe, krystalline Substanz, die in Wasser unlöslich ist, die sich aber in Natronlauge oder Natriumcarbonat in Form ihres Natriumsalzes unter Bildung einer orangeroten Lösung löst. Fügt man zu einer solchen, schwach alkalischen Lösung des Dipikrylamin-Natriums ein lösliches Kaliumsalz, so fällt das Dipikrylamin-Kalium, $C_6H_2(NO_2)_3$-NK-$C_6H_2(NO_2)_3$, als orangeroter, fein krystalliner Niederschlag aus. Diese Reaktion empfehlen VAN NIEUWENBURG und VAN DER HOEK zum mikroanalytischen Nachweis des Kaliums. Das Kaliumdipikrylaminat krystallisiert in großen rhombischen oder hexagonalen Krystallen von orangegelber Farbe und hoher Doppelbrechung, während das Natriumsalz und die freie Säure nur eine nahezu strukturlose und kaum doppelbrechende Masse bilden.

Nach POLUEKTOW stellt man das Reagens dar, indem man 0,2 g Dipikrylamin in einem Gemisch aus 20 cm³ Wasser und 2 cm³ 1 n-Natriumcarbonatlösung zum Sieden erhitzt und die entstandene Lösung des Natriumdipikrylaminats nach dem Erkalten filtriert. SCHEINZISS benutzt eine 2%ige wäßrige Lösung des Dipikrylamin-Natriums, das unter dem Namen „Aurantia“ als Farbstoff Verwendung findet.

Die **Erfassungsgrenze** der Reaktion liegt unter 0,1 γ Kalium, wahrscheinlich bei ungefähr 0,01 γ Kalium (VAN NIEUWENBURG und VAN DER HOEK).

Wenn man sehr kleine Kaliummengen (0,01 bis 0,05 γ) nachweisen will, ist es ratsam, die Reaktion auf einem Stück Cellophan statt auf einem Objektträger aus Glas auszuführen, um so eine Störung durch Kaliumsalze aus dem Glas des Objektträgers zu vermeiden. Die Gegenwart von Natrium- oder Lithium-Ionen stört nicht.

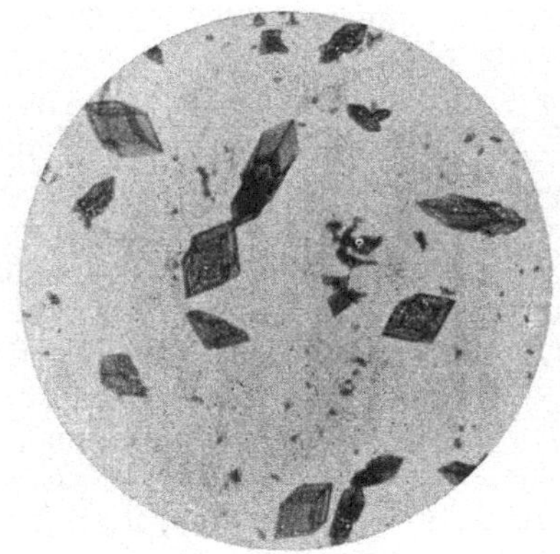

Abb. 8. Kaliumdipikrylamin.

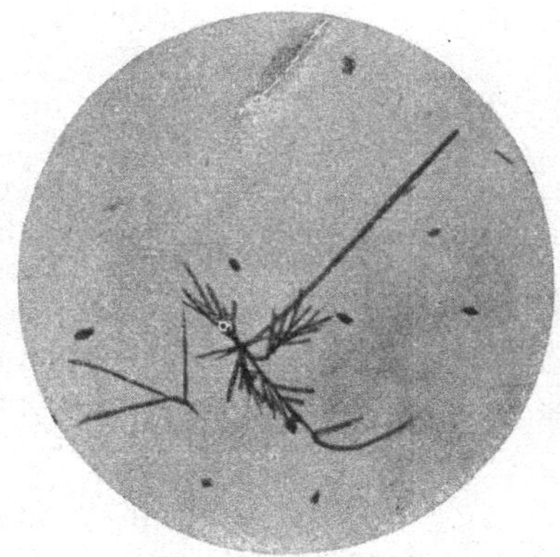

Abb. 9. Nachweis von 10 γ Kalium neben 100 γ Caesium als Dipikrylaminat.

So konnte POLUEKTOW noch 3 γ Kalium bei einem Verhältnis Na:K = 180:1 bzw. K:Li = 1:130 nachweisen. Ammonsalze stören nur, wenn sie in großer Konzentration vorliegen; sie müssen in diesem Falle vorher durch Erhitzen entfernt werden. Die Erdalkalien bilden zwar mit dem Dipikrylamin keine schwerlöslichen Salze, müssen aber trotzdem vor der Prüfung auf Kalium entfernt werden, da das Reagens Natriumcarbonat enthält. Caesium, Rubidium, Thallium, Blei und Quecksilber geben mit dem Dipikrylamin krystalline Niederschläge.

Die Krystalle des Dipikrylamins des Rubidiums sind kleiner und mehr prismatisch als die der Kaliumverbindung, eine Unterscheidung des Rubidiums und Kaliums ist indessen nicht gut möglich. Caesium kann in zwei verschiedenen Typen auskrystallisieren, in einer Form, die den Kalium- und Rubidiumkrystallen ähnlich ist, oder in Form langer feiner Nadeln bzw. Nadelbündel. In einem Glycerin-Wassergemisch als Lösungsmittel entstehen nur die Krystalle des nadelförmigen Typs. Die Krystallform des Kaliumdipikrylaminats ist in Glycerin die gleiche wie in Wasser. Man kann also Kalium und Caesium nebeneinander nachweisen, indem man einen kleinen Tropfen der Untersuchungslösung auf dem Objektträger zur Trockne eindampft, mit möglichst wenig Wasser aufnimmt, Glycerin zufügt und mit 1 Tropfen der Reagenslösung versetzt. Nadeln zeigen die Anwesenheit von Caesium an, rhombische und hexagonale Krystalle die von Kalium. Auf diese Weise konnten VAN NIEUWENBURG und VAN DER HOEK noch 10 γ Kalium neben 100 γ Caesium nachweisen. Es sei noch bemerkt, daß bei Verwendung des Wasser-Glyceringemisches die Empfindlichkeit der Reaktion beträchtlich geringer ist.

Vgl. auch die Anwendung des Dipikrylamins als Tüpfelreagens, S. 110.

Anmerkung: Darstellung von p-Dipikrylamin. Eine Lösung von Diphenylamin in konzentrierter Schwefelsäure wird in rauchende Salpetersäure eingetragen. Die Nitrierung verläuft anfangs stürmisch; wenn die Heftigkeit der Reaktion nachgelassen hat, wird das Gemisch zum Schluß noch einige Zeit gelinde erwärmt. Beim Eingießen des Reaktionsgemisches in Eiswasser fällt das Dipikrylamin in Form gelber Flocken aus. Der Niederschlag wird abfiltriert, säurefrei gewaschen und das Dipikrylamin aus Eisessig umkrystallisiert.

B. Weitere Fällungsreaktionen.

1. ***Abscheidung mit Hexafluokieselsäure.*** Der bei der Einwirkung von Kieselfluorwasserstoffsäure auf Kaliumsalze entstehende Niederschlag von Kaliumsilicofluorid besteht aus sehr kleinen farblosen Würfeln. Dieser von Bořický angegebene mikrochemische Kaliumnachweis soll nach Behrens wegen der Kleinheit und Blässe der Krystalle nicht zu empfehlen sein. Als Vorteil der Methode sei erwähnt, daß eine Verwechslung von Kalium mit Ammonium ausgeschlossen ist, sowie die Tatsache, daß die K_2SiF_6-Krystalle von den hexagonalen Krystallen der analogen Natriumverbindung und den Calciumhexafluosilicatkrystallen, die spindelartige Formen ohne ebene Begrenzungsflächen bilden, leicht zu unterscheiden sind und daher Kalium, Natrium und Calcium nebeneinander in 1 Tropfen nachgewiesen werden können. Aus dem letztgenannten Grunde ist auch der mikroanalytische Nachweis von Kalium mit Hexafluokieselsäure zur Gesteinsanalyse gelegentlich benutzt und empfohlen worden (Bořický, Frey).

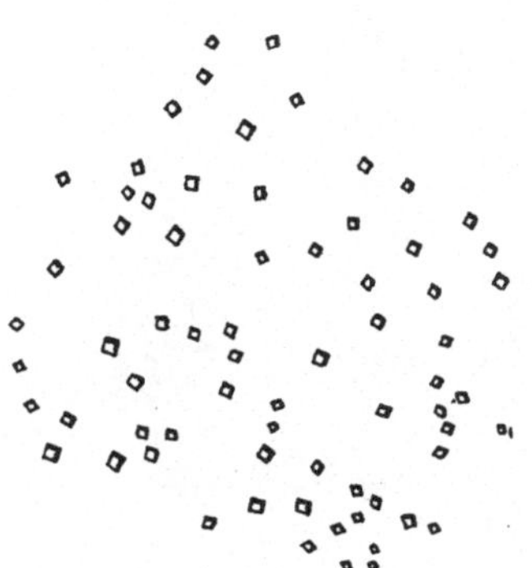

Abb. 10. Kaliumhexafluosilicat (Huysse). Vergr. 325fach.

Ausführung. Man bringt auf den Objektträger zunächst einige Tropfen Canadabalsam und erwärmt, so daß das Glas nach dem Erkalten mit einer dünnen ebenen Harzschicht bedeckt ist. In die Mitte dieser Schicht legt man das auf Kalium zu prüfende Salz bzw. ein kleines Stückchen des Minerals, erwärmt einen Augenblick, damit die Untersuchungsprobe fest haftet, und befeuchtet die Probe mit 1 bis 2 Tropfen reiner Kieselfluorwasserstoffsäure. Beim Verdunsten krystallisieren die Hexafluosilicate aus und können auf Grund ihrer verschiedenen Krystallformen identifiziert werden.

Angaben über die Nachweisgrenze bei der mikroanalytischen Ausführung der Reaktion fehlen. Im Reagensglas sind noch 4,8 mg Kalium in 5 cm^3 nachzuweisen (Lutz).

2. ***Abscheidung mit Uranylacetat als Kaliumuranylacetat.*** Ebenso wie die Natriumsalze bilden auch die Kaliumsalze mit Uranylacetat charakteristische Krystalle eines Doppelacetats, die zum mikroanalytischen Nachweis geeignet sind. Das Kaliumuranylacetat, $KCH_3COO \cdot UO_2(CH_3COO)_2 \cdot H_2O$, krystallisiert in tetragonalen Prismen mit pyramidalen Enden, zuweilen auch in Form dünner tetragonaler Blättchen, am häufigsten jedoch in langen tetragonalen Nadeln, die von einer Pyramide mit einem Winkel von 56^0 abgeschlossen werden. Als Reagens verwendet man eine fast gesättigte essigsaure Lösung von Uranylacetat, d. h. eine etwa 10%ige Lösung von $UO_2(CH_3COO)_2$ in verdünnter Essigsäure. Die auf Kalium zu untersuchende Substanz bringt man am besten in fester Form auf den Objektträger und berührt sie mit 1 Tropfen der Reagenslösung. Die Krystalle des Doppelacetats bilden sich meistens an der Stelle der Lösung, wo die feste Substanz noch nicht völlig in Lösung gegangen ist, oder beim Eintrocknen am Rande des Tropfens.

Es existieren keine quantitativen Angaben über die Nachweisgrenze bzw. Empfindlichkeit der Reaktion.

Störungen. Ammoniumsalze bilden mit Uranylacetat keine charakteristische Krystallisation und unterscheiden sich dadurch von den Kaliumsalzen.

Selbstverständlich müssen alle solchen Anionen in der Untersuchungssubstanz abwesend sein, die mit Uranyl-Ionen unlösliche Fällungen geben, also Phosphat-, Carbonat-, Ferrocyanid-, Ferricyanid- und Hydroxyl-Ionen. Außer Kalium bilden Natrium, Rubidium, Caesium, Thallium, die Erdalkalien und einige Schwermetalle schwerlösliche Doppelacetate mit Uranylacetat. Vor der Prüfung der Untersuchungssubstanz auf Kalium müssen also die Schwermetalle und die Erdalkalien entfernt werden.

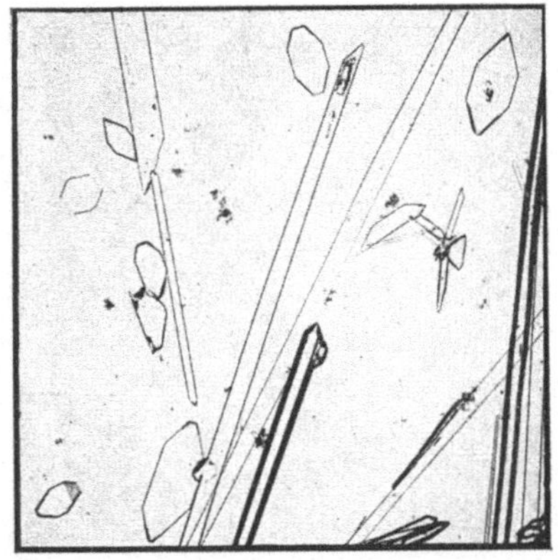

Abb. 11. Kaliumuranylacetat (nach GEILMANN). Vergr. 65fach.

Natriumuranylacetat krystallisiert in Tetraedern aus. Die Krystalle des Rubidium- und Thalliumuranylacetats sind denen des Kaliumdoppelacetats außerordentlich ähnlich und können mikroskopisch von diesen nicht unterschieden werden. Caesiumuranylacetat bildet anfangs mehr oder weniger rechteckige oder rautenförmige Gebilde, später entstehen Haufen von sternförmig angeordneten dünnen Platten. Bei gleichzeitiger Anwesenheit von Rubidium bzw. Thallium oder Caesium neben Kalium ist der mikroanalytische Nachweis des Kaliums mit Uranylacetat nicht möglich. Dasselbe gilt für den Fall, daß neben Kalium ein Überschuß oder auch nur die gleiche Konzentration an Natrium vorliegt, da dann eine Krystallisation des Kaliumuranylacetats nicht zu erkennen ist, sondern lediglich die Tetraeder des Natriumuranylacetats auftreten. Eine im Verhältnis zum Kalium geringe Beimengung von Natrium stört dagegen den mikrochemischen Kaliumnachweis nicht (SCHOORL, CHAMOT und BEDIENT).

3. Abscheidung mit Silicowolframsäure als Kaliumsilicowolframat. Bei der Reaktion von Silicowolframsäure, $H_8(SiW_{12}O_{42})$, mit Kaliumsalzlösungen krystallisiert Kaliumsilicowolframat in Form von Stäben und Nadelbüscheln aus. Da das Ammoniumsalz der Silicowolframsäure ganz andere Krystalle, nämlich Rhombendodekaeder und Würfel bildet, empfiehlt ROSENTHALER die Silicowolframsäure als mikrochemisches Reagens auf Kalium. Als Reagens wird eine 10%ige wäßrige Lösung von Silicowolframsäure verwendet. Auf den Objektträger bringt man ein Körnchen der auf Kalium zu untersuchenden Substanz und versetzt es mit 1 Tropfen der Reagenslösung. Bei Anwesenheit von Kalium treten sofort die Krystalle des Kaliumsilicowolframats auf. Die Empfindlichkeit der Reaktion ist nicht untersucht. Es ist notwendig, vor Ausführung der Reaktion die Schwermetalle und Erdalkalien abzutrennen, da die Silicowolframsäure noch mit vielen anderen Ionen Fällungen gibt. Magnesium-Ionen stören nicht; so sind bei Anwesenheit eines 10fachen Überschusses an Magnesiumchlorid die charakteristischen Krystalle des Kaliumsilicowolframats noch gut zu erkennen. Natrium-Ionen beeinträchtigen die Reaktion nur dann, wenn sie in großem Überschuß vorhanden sind. In einem Gemisch von Kaliumchlorid mit der 10fachen Menge NaCl, also bei einem Verhältnis K:Na = 1:7,5,

Abb. 12. Kaliumsilicowolframat.

treten die Stäbe des Kaliumsalzes der Silicowolframsäure nur noch vereinzelt auf, während sich hauptsächlich Tafeln und Prismen bilden. Über den Einfluß der Gegenwart von Ammoniumsalzen auf den Kaliumnachweis liegen lediglich folgende beiden Beobachtungen von ROSENTHALER vor: In einer Mischung aus gleichen Teilen Kaliumchlorid und Ammoniumchlorid entstehen sowohl die Stäbe und Nadelbüschel des Kaliumsilicowolframats als auch die Rhombendodekaeder und Würfel der Ammoniumverbindung. Wenn dagegen neben 1 Teil KCl und 1 Teil NH_4Cl auch noch 1 Teil NaCl zugegen ist, so findet man nur noch die charakteristischen Krystalle des silicowolframsauren Ammoniums.

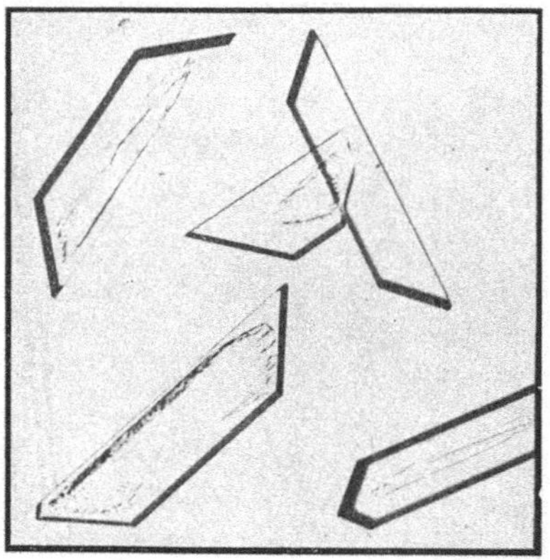

Abb. 13. Kaliumhydrogentartrat (nach GEILMANN). Vergr. 65fach.

4. Abscheidung mit Weinsäure oder Natriumhydrogentartrat als Kaliumhydrogentartrat. Kaliumhydrogentartrat, das bei der Einwirkung von Weinsäure oder Hydrogentartraten auf neutrale bis schwach saure Kaliumsalzlösungen ausfällt, zeigt unter dem Mikroskop hemiedrischeKrystalle des rhombischen Systems. Der mikrochemische Nachweis des Kaliums mit Weinsäure bzw. dem sauren Natriumtartrat wird von JUSTIN-MUELLER sowie SCHERINGA empfohlen, während BENEDETTI-PICHLER der Ansicht ist, daß Weinstein als Erkennungsform für Kalium nicht geeignet ist.

JUSTIN-MUELLER hat festgestellt, daß das saure Kaliumtartrat in Form kurzer rhombischer Stäbchen auskrystallisiert, während die entsprechende Natriumverbindung spärliche oktogonale Lamellen oder klinirhombische Prismen bildet. BENEDETTI-PICHLER nennt als Nachteile der Methode die bekannten Übersättigungserscheinungen des Weinsteins sowie die von ihm gemachte Beobachtung, daß nach dem Kratzen des Tropfens mit dem Platindraht, das die Übersättigung aufheben soll, auch das als Reagens verwendete saure Natriumtartrat ähnlich wie das Kaliumsalz auskrystallisieren kann. SCHERINGA vermeidet die Übersättigung in der Weise, daß er als Reagens festes, feinpulvriges saures Natriumtartrat verwendet, mit dem noch 0,01 n-Kaliumsalzlösungen unter dem Mikroskop unter Bildung der Weinsteinkrystalle reagieren. Die Abbildung zeigt die Krystalle von Kaliumhydrogentartrat, die GEILMANN durch Zusatz von Weinsäure zu einem eingeengten Tropfen einer neutralen Kaliumchloridlösung erhalten hat.

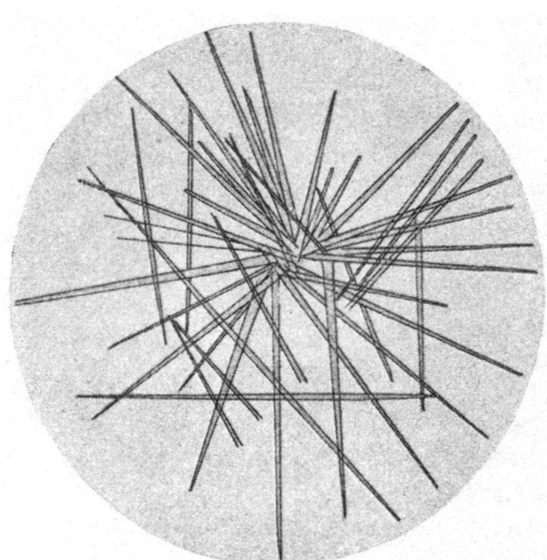

Abb. 14. Kaliumpikrat.

Bei Anwesenheit eines 10fachen Überschusses an Natrium verläuft die Reaktion noch deutlich, wenn auch langsamer (SCHERINGA).

Die Hydrogentartrate des Rubidiums und Caesiums sind zwar leichter löslich als der Weinstein, die mikrochemische Unterscheidung des Kaliums von Rubidium und Caesium ist aber nicht einwandfrei möglich (BENEDETTI-PICHLER).

5. Abscheidung mit Pikrinsäure als Kaliumpikrat. Beim Versetzen eines Kaliumsalzes bzw. einer neutralen Kaliumsalzlösung mit einer wäßrigen oder alkoholischen Lösung von Pikrinsäure krystallisieren lange, gelbe, glänzende, prismatische Nadeln von Kaliumpikrat, $C_6H_2(NO_2)_3KO$, aus, die zum mikroanalytischen Nachweis des Kaliums geeignet sind. Als Reagens verwenden ORLENKO und FESSENKO eine gesättigte wäßrige Lösung von umkrystallisierter Pikrinsäure. 1 Tropfen der Untersuchungslösung wird auf dem Objektträger zur Trockne eingedampft. Auf den Rand des Eindampfrückstandes bringt man 1 Tropfen der Reagenslösung. Nach einiger Zeit bilden sich die charakteristischen Pikratkrystalle. Wenn man die Untersuchungslösung nicht eindunstet, sondern direkt mit einem Reagenstropfen versetzt, muß man beachten, daß die Untersuchungslösung neutral oder alkalisch sein muß, da in saurer Lösung auch Krystalle der Pikrinsäure ausfallen und die Säure eine Zersetzung der Pikrate hervorruft.

Erfassungsgrenze: 0,18 γ Kalium; **Grenzkonzentration:** 1:5500 (ORLENKO und FESSENKO).

Störungen. Lithiumsalze geben mit Pikrinsäure keinen Niederschlag. Mehr oder weniger unlösliche Pikrate bilden Ammonium-, Natrium-, Rubidium-, Caesium-, Magnesium-, Barium-, Strontium- und einige Schwermetall-Ionen. Die Krystalle der Pikrate des Ammoniums, Rubidiums, Caesiums und Magnesiums sind denen des Kaliums ähnlich. Es ist daher notwendig, vor der Prüfung auf Kalium die Schwermetalle und Erdalkalien auszufällen und die Ammonsalze durch Abrauchen zu entfernen. Das Natriumpikrat ist etwa 6mal so löslich wie das Kaliumpikrat (Erfassungsgrenze 1,1 γ Natrium). Außerdem unterscheiden sich die Natriumpikratkrystalle von denen der Kaliumverbindung insofern, als die ersteren erst nach längerer Zeit auftreten, und aus weniger gefärbten, langen, feinen, haarförmigen Nadeln bestehen. Bei gleichzeitiger Anwesenheit von Natrium-, Kalium- und Ammoniumsalzen in der Untersuchungslösung empfehlen ORLENKO und FESSENKO zum Kaliumnachweis folgendes Verfahren: Nach dem Eindampfen des Probetropfens wird das Ammoniumsalz durch stärkeres Erhitzen des Objektträgers vertrieben. Dann bringt man einen Reagenstropfen auf den trockenen Rest und läßt ihn 1 Min. einwirken. Die dichteste Ansammlung von Krystallen im Gesichtsfeld wird mit 2 Tropfen Wasser verdünnt. Dabei geht das ausgeschiedene Natriumpikrat wieder in Lösung, während das Kaliumpikrat unverändert zurückbleibt.

Abb. 15. Kaliumdiliturat. Vergr. 80fach.

PATSCHOWSKY hat Pikrinsäure als Reagens zum Nachweis des Kaliums in kaliumhaltigen Pflanzenteilen benützt, indem er den Schnitt durch den betreffenden Pflanzenteil mit 1 Tropfen Pikrinsäurelösung in 96%igem Alkohol benetzt hat.

MINOVICI und IONESCU haben festgestellt, daß eine 20%ige Lösung von Pikrinsäure in Malonester noch mit 1 Tropfen einer 0,1%igen Kaliumsalzlösung die charakteristischen Nadeln des Kaliumpikrats bildet, und daß Natrium- und Ammonsalze bei dieser Ausführungsform erst bei Konzentrationen oberhalb 1% stören.

6. Abscheidung mit Dilitursäure als Kaliumdiliturat. Das Kaliumsalz der Dilitursäure, das in Wasser und besonders in Alkohol schwer löslich ist, krystallisiert in rhombischen Blättchen. Die Dilitursäure wird von FREDHOLM zum mikrochemischen Nachweis des Kaliums empfohlen, da die Krystallform des Kaliumsalzes von derjenigen der ebenfalls schwer löslichen Ammonium-, Rubidium-, Magnesium-, Calcium- und Bariumdiliturate sehr verschieden ist. Diese Diliturate sowie auch das leichter lösliche Natriumsalz krystallisieren in Form von Nadeln, Stäbchen oder zigarrenartigen Gebilden aus. Als Reagens verwendet FREDHOLM eine 0,1n-Lösung von reiner Dilitursäure in 40%igem Alkohol (Herstellung der reinen Dilitursäure vgl. § 2B, 10).

Da beim makroskopischen Kaliumnachweis mit Dilitursäure noch 0,02 mg Kalium in 1 cm^3 gefunden werden, dürfte die Nachweisgrenze beim mikrochemischen Nachweis unter 0,05 γ Kalium liegen.

Über die Störung des Kaliumnachweises durch die Gegenwart anderer Ionen liegen keine Angaben in der Literatur vor. Wegen der sehr verschiedenen Formen der Krystalle der Diliturate ist aber anzunehmen, daß Natrium-, Ammonium-, Magnesium-, Calcium- und Barium-Ionen nicht stören. Es ist sogar möglich, das Kaliumdiliturat vom Rubidiumdiliturat zu unterscheiden (Abbildung der Krystallformen der verschiedenen Salze bei FREDHOLM). Die Untersuchungslösung soll neutral oder schwach sauer sein, da sich in alkalischer Lösung leichter lösliche dreibasische Salze der Dilitursäure bilden.

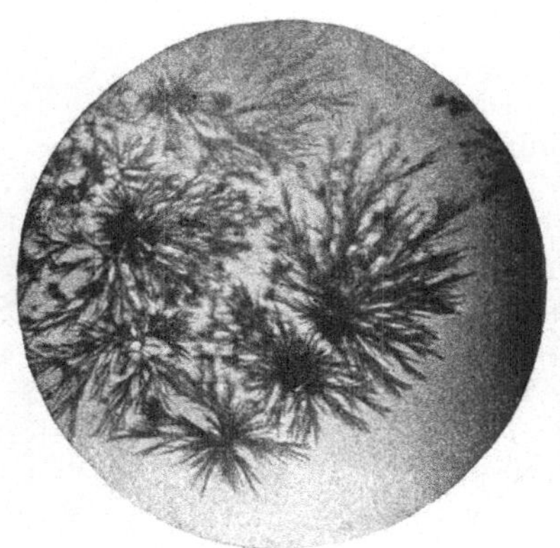

Abb. 16. Trinitroresorcin-Kalium.

Abb. 17. 1,2-Dinitrophenol(6)-Kalium.

*7. **Abscheidung mit Lokaonsäure als lokaonsaures Kalium.*** Der Kaliumnachweis mit Lokaonsäure („Chinesisch Grün") kann auch als Mikroreaktion durchgeführt werden [GUTZEIT, FEIGL (a)]. Als Reagens dient eine Lösung von reiner Lokaonsäure in verdünntem, wäßrigem Ammoniak (Darstellung der Lokaonsäure siehe § 2B, 14). Einen Tropfen Reagenslösung bringt man auf den Objektträger und versetzt mit einem Tropfen Untersuchungslösung. Bei Anwesenheit von Kalium entsteht eine blaue Fällung von lokaonsaurem Kalium, $C_{42}H_{46}K_2O_{27}$.

Angaben über die Nachweisgrenze fehlen.

Die Untersuchungslösung darf nicht sauer sein, weil sonst die Lokaonsäure selbst wegen ihrer Unlöslichkeit in Wasser als blauer Niederschlag ausfällt. Blei- und Barium-Ionen geben dieselbe Reaktion wie Kalium; diese beiden Ionen müssen also vorher durch Schwefelsäure entfernt werden.

C. Unsichere Reaktionen.

*1. **Fällung mit Bromazobenzolsulfosäure.*** Kaliumsalzlösungen geben mit Lösungen der m-Bromazobenzolsulfosäure und der p-Bromazobenzolsulfosäure, $BrC_6H_4N = NC_6H_4SO_3H$, schwerlösliche, krystalline Niederschläge (JANOWSKY). Die entsprechenden Natriumsalze sind gleichfalls schwerlöslich, krystallisieren aber in anderen Formen.

Das m-bromazobenzolsulfosaure Kalium bildet perlmutterglänzende mikroskopische Nadeln, das Natriumsalz dagegen blaßgelbe glänzende Blättchen.

Das Kaliumsalz der p-Bromazobenzolsulfosäure krystallisiert in rhombischen Tafeln, das Natriumsalz in seidenglänzenden, gelben Nadeln, die stets Zwillingsformen bilden. wie unter dem Mikroskop zu erkennen ist.

Grenzkonzentration: 1:200 (Janowsky).

2. Fällung mit Nelkenöl. Beim Zusatz von Nelkenöl zu Kaliumsalzen entstehen stark lichtbrechende Krystalle von Kaliumeugenolat. Diese Reaktion ist von Tzoni zum mikrochemischen Nachweis des Kaliums in Blattasche benutzt worden. Die bei der Einwirkung des Nelkenöls auf das in der Asche vorhandene Kaliumcarbonat entstehenden Eugenolatkrystalle waren spätestens nach einem Tag zu erkennen. Wenn bei der Veraschung das Kalium an Kieselsäure gebunden wird, bleibt die Reaktion aus. Der Nachweis mit Nelkenöl ist nicht sehr empfindlich.

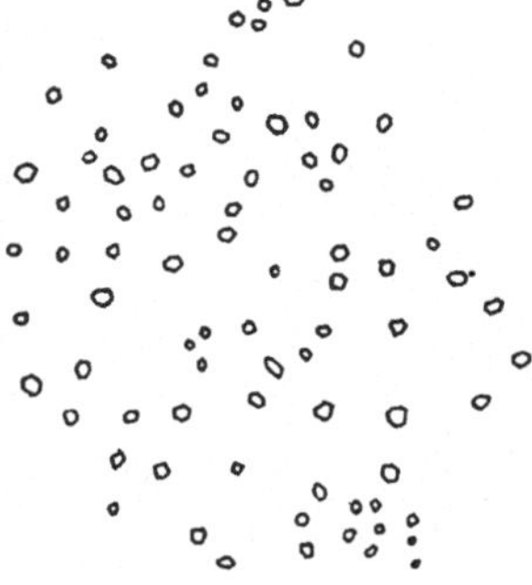

Abb. 18. Kaliumcerosulfat (Huysse). Vergr. 325fach.

3. Fällung mit aromatischen Nitrooxyverbindungen. Einige aromatische Nitrooxyverbindungen, z. B. p-Nitrophenol, 2,4-Dinitrophenol, 2,6-Dinitrophenol, 1,2-Dinitrophenol (6), Trinitro-m-Kresol und Trinitroresorcin, geben mit Kalium-Ionen krystalline Niederschläge, die Rosenthaler auf ihre Eignung zum mikrochemischen Kaliumnachweis hin untersucht hat. Als Reagens wurde eine gesättigte Lösung der betreffenden Nitrooxyverbindung in 2%iger Sodalösung verwendet. Ein Körnchen des zu untersuchenden Kaliumsalzes wurde auf dem Objektträger mit 1 Tropfen der Reagenslösung versetzt. Über die Form der jeweils entstehenden Krystallisate vgl. Rosenthaler. Die Empfindlichkeit der Reaktionen ist befriedigend, so gaben z. B. Trinitroresorcin mit 25 γ Kalium und 1,2-Dinitrophenol (6) mit 20 γ Kalium Fällungen; die Erfassungsgrenze ist nicht geprüft, liegt aber noch unterhalb der genannten Kaliummengen. Indessen sind die Nitrooxyverbindungen als Reagenzien zum mikrochemischen Kaliumnachweis aus dem Grunde wenig geeignet, weil Ammonium- und Natrium-Ionen, zum Teil auch Magnesium-Ionen mit ihnen ebenfalls Krystallfällungen geben, die denen der Kaliumverbindungen sehr ähnlich sind.

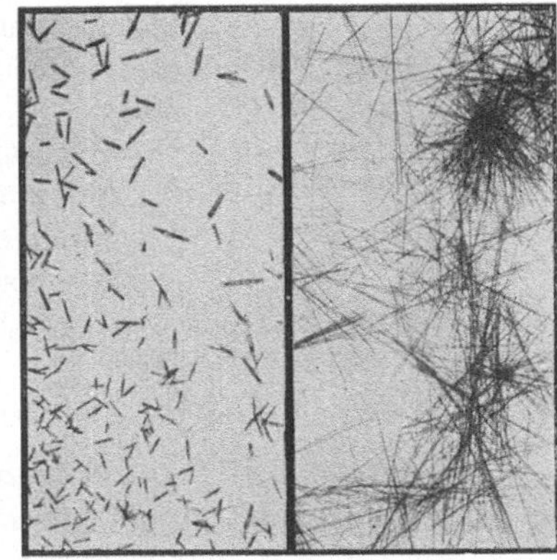

Abb. 19. Kaliumbleijodid (nach Geilmann). Vergr. 85fach.

4. Fällung als Kaliumcerosulfat. Als mikrochemischer Nachweis für Kalium kann die Bildung des schweren, weißen, krystallinen Niederschlags von Kaliumcerosulfat,

$$K_2SO_4 \cdot Ce_2(SO_4)_3 \cdot 2\,H_2O,$$

benutzt werden [Behrens, Huysse (b)]. Das Kaliumcerosulfat krystallisiert in kleinen rundlichen Scheibchen. Die Krystalle sind jedoch so klein, daß sie mit denen der analogen Natriumverbindung, kleinen Linsen und abgerundeten Stäbchen, leicht verwechselt werden können.

5. Fällung mit Natriumpermanganat. Kniga (a) empfiehlt Kalium mikrochemisch als Kaliumpermanganat nachzuweisen. Als Reagens verwendet er Natriumpermanganat. Die dunkelvioletten $KMnO_4$-Krystalle sind unter dem Mikroskop zu erkennen bei Anwesenheit von 40 γ Kalium. Natriumsalze stören nicht. Rubidium-, Caesium- und Ammonium-Ionen geben ähnliche Fällungen wie Kalium. Ferner stören Chrom-, Kobalt-, Mangan- und Cyanid-Ionen.

6. Fällung mit Natriumbleijodid. Als mikrochemische Nachweismethode für Kalium wird von Kniga (b) die Umsetzung von Kaliumsalzen mit Natriumbleijodid zu der entsprechenden, schwerer löslichen Kaliumverbindung, $KPbJ_3 \cdot 2\,H_2O$ vorgeschlagen. Die Reaktion erfolgt in neutraler Lösung. Das Kaliumbleijodid krystallisiert in Stäbchen, langen Nadeln und Nadelbüscheln.

*7. **Abscheidung als Kaliumchlorid.*** Wenn eine stark konzentrierte Kaliumchloridlösung vorliegt, ist es möglich, das Kalium als Kaliumchlorid mikrochemisch nachzuweisen, indem man die Untersuchungslösung in einem Mikroexsiccator zur Krystallisation bringt und die entstandenen Krystalle unter dem Mikroskop identifiziert. Kaliumchlorid krystallisiert in Form großer klarer Würfel, gelegentlich auch in Form von Oktaedern und Rhombendodekaedern (BEHRENS-KLEY)! Die Anwesenheit von Natriumchlorid stört, da dieses die gleichen Krystalle bildet. Ammoniumchlorid stört dagegen nicht; NH_4Cl krystallisiert in dendritisch entwickelten regulären Formen (Abb. 20b), die von denen des Kaliumchlorids leicht zu unterscheiden sind.

Abb. 20a. KCl- und NaCl-Krystalle (BEHRENS-KLEY).

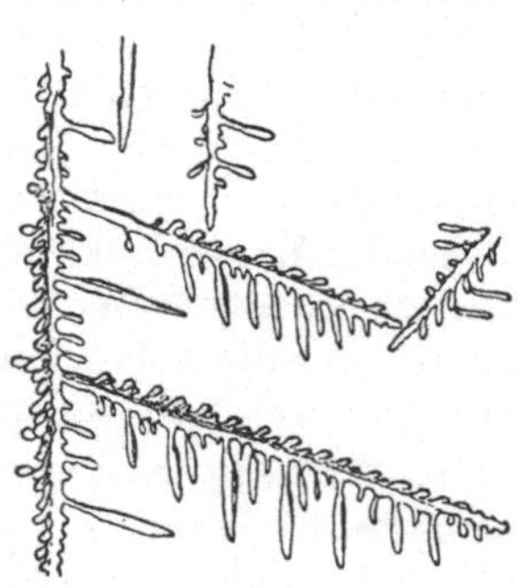

Abb. 20b. NH_4Cl-Krystalle (BEHRENS-KLEY).

*8. **Abscheidung als Kaliumnitrat.*** Beim Vorliegen einer konzentrierten Kaliumnitratlösung kann das Kaliumnitrat an den charakteristischen Krystallen, die beim Eintrocknen des Probetropfens entstehen, unter dem Mikroskop erkannt werden. Kaliumnitrat bildet in der Wärme hexagonale Krystalle, bei Zimmertemperatur lange rhombische Säulen mit starker Doppelbrechung und gerader Auslöschung (BEHRENS-KLEY).

*9. **Abscheidung als Kaliumsulfat.*** Nach BEHRENS-KLEY ist Kaliumsulfat als Abscheidungsform zum mikrochemischen Nachweis des Kaliums weniger geeignet als Kaliumchlorid oder -nitrat, da die rhombischen Krystalle des Kaliumsulfats wenig charakteristisch sind.

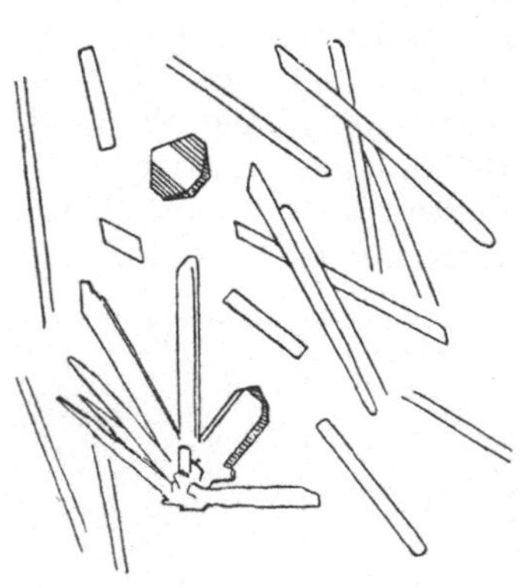

Abb. 21. KNO_3-Krystalle (BEHRENS-KLEY).

§ 4. Nachweis durch Tüpfelreaktionen.

*1. **Reaktion mit Dipikrylamin.*** Die Reaktion von Kalium-Ionen mit p-Dipikrylamin (= Hexanitrodiphenylamin) $C_6H_2(NO_2)_3 \cdot NH \cdot C_6H_2(NO_2)_3$, unter Bildung des schwerlöslichen, orangeroten Kaliumsalzes des Dipikrylamins ist von POLUEKTOW als Tüpfelreaktion ausgearbeitet worden. Das Hexanitrodiphenylamin ist eine schwefelgelbe, krystalline Substanz, die in Wasser und Säuren unlöslich ist und die sich in Natronlauge, Natriumcarbonat oder Ammoniak unter Bildung des Natrium- oder Ammoniumsalzes löst, wobei eine intensiv orangerote Lösung entsteht. Wenn man diese Lösung ansäuert, so fällt das gelbe Dipikrylamin wieder aus. Gibt man zu der alkalischen oder ammoniakalischen Lösung des Dipikrylamins ein lösliches Kaliumsalz hinzu, so fällt das Dipikrylaminkalium, $C_6H_2(NO_2)_3 \cdot NK \cdot C_6H_2(NO_2)_3$, als orangeroter Niederschlag aus. Man kann daher die Tüpfelreaktion auf Kalium mit Dipikrylamin nach POLUEKTOW folgendermaßen ausführen: Man bringt 1 Tropfen der neutralen Untersuchungslösung auf Filtrierpapier und setzt, bevor die Flüssigkeit vom Papier vollständig aufgesaugt ist, 1 Tropfen der alkalischen Dipikrylaminlösung hinzu. Dann feuchtet man den orangefarbigen Fleck mit 1 bis 2 Tropfen einer 2 n-Salzsäure an. Enthält die Untersuchungslösung kein Kalium, so schlägt die Farbe des Fleckes von Orangerot nach Schwefelgelb um, da das Dipikrylamin durch die Säure aus seiner Natriumsalzlösung in Freiheit gesetzt wird. Bei Gegenwart von Kalium behält dagegen der Fleck seine mehr oder weniger intensive Rotfärbung bei; zuweilen bildet sich auch nur ein orangeroter Ring.

Als Reagens verwendet man eine 1%ige Lösung von Natriumdipikrylamin. In einer verdünnten Natriumcarbonatlösung (2 cm^3 1 n-Na_2CO_3 + 20 cm^3 Wasser) werden 0,2 g Dipikrylamin unter Erhitzen gelöst. Diese Lösung wird nach dem Erkalten filtriert.

Erfassungsgrenze: 3 γ Kalium; **Grenzkonzentration:** 1:10000 (Poluektow).

Störungen. Natrium-, Lithium-, Magnesium-, Calcium-, Strontium- und Barium-Ionen geben keine analoge Reaktion; sie stören nicht; so können z. B. bei einem Verhältnis K:Li = 1:130 noch 3γ Kalium und bei dem Verhältnis K:Na = 1:180 noch 3,3γ Kalium nachgewiesen werden. Ammoniumsalze können wie Kaliumsalze reagieren, wenn sie in großer Konzentration vorhanden sind. Es ist daher stets zweckmäßig, Ammoniumsalze vor Ausführung der Reaktion durch Ausglühen zu entfernen. Rubidium und Caesium verhalten sich ebenso wie Kalium und dürfen nicht zugegen sein. Über die mikrochemische Unterscheidung des Caesiums und Kaliums (vgl. § 3, A, 7). Inwieweit die Thallium-, Quecksilber- und Bleisalze, die mit Dipikrylamin wie das Kalium schwerlösliche Fällungen geben, bei der Tüpfelreaktion stören, ist nicht untersucht.

2a. Reaktion mit Natrium-Kobaltinitrit. Der gelbe krystalline Niederschlag von Kaliumkobaltinitrit bzw. Kalium-Natrium-Kobaltinitrit, der beim Versetzen einer neutralen oder schwach sauren Lösung eines Kaliumsalzes mit Natrium-Kobaltinitrit ausfällt, ist auf einer schwarzen Tüpfelplatte gut zu erkennen. Nach Feigl (b) bringt man 1 Tropfen der Untersuchungslösung auf die schwarze Tüpfelplatte und versetzt mit wenig festem Natrium-Kobaltinitrit. Entsteht ein Niederschlag oder eine Trübung, so ist Kalium anwesend.

Erfassungsgrenze: 4 γ Kalium; **Grenzkonzentration:** 1:12500 [Feigl (b)].

Störungen. Es stören Lithium-, Ammonium-, Rubidium-, Caesium-, Thallium-, Barium-, Zirkonium-, Blei- und Quecksilbersalze, da sie ebenfalls krystalline Niederschläge mit dem Reagens bilden. Darstellung des reinen Natrium-Kobaltinitrits vgl. § 2, A, 2a.

2b. Reaktion mit Natrium-Kobaltinitrit und Silbernitrat. Die Tüpfelreaktion mit Natriumkobaltinitrit läßt sich durch Zugabe von Silbernitrat wegen der geringeren Löslichkeit des entstehenden Kalium-Silber-Kobaltinitrits $K_2AgCo(NO_2)_6$, noch empfindlicher gestalten. Man führt die Tüpfelreaktion nach Feigl (b) zweckmäßig so durch, daß man auf der schwarzen Tüpfelplatte 1 Tropfen der neutralen oder essigsauren Untersuchungslösung mit 1 Tropfen einer 0,05%igen Silbernitratlösung und etwas festem Natriumkobaltinitrit versetzt. Eine entstehende Trübung oder ein Niederschlag zeigt bei Abwesenheit von Ammonium-, Rubidium-, Caesium-, Thallium-, Barium-, Blei- und Quecksilber-Ionen in der Untersuchungslösung die Gegenwart von Kalium an.

Erfassungsgrenze:: 1 γ Kalium; **Grenzkonzentration:** 1:50000 [Feigl (b)].

2c. Reaktion mit Natrium-Blei-Kobaltinitrit. Winkley, Yanowsky und Hynes verwenden die Reaktion von Cuttica d. h. die Fällung des Kalium-Blei-Kobaltinitrits als Tüpfelreaktion auf Kalium. Auf eine weiße Tüpfelplatte bringen sie 1 Tropfen der Lösung von Natrium-Blei-Kobaltinitrit und versetzen mit 1 Tropfen der neutralen Untersuchungslösung. Die Bildung eines orangegelben Niederschlages zeigt bei Abwesenheit von Ammoniumsalzen Kalium an. Das Reagens von

$NaPbCo(NO_2)_6$ ist eine Lösung von 22 g Natriumnitrat, 3 g Kobaltnitrat, 5 g Bleinitrat und 5 cm^3 Eisessig in 80 cm^3 Wasser, die man vor dem Gebrauch 24 Std. stehen lassen soll. Das Ragens ist nur etwa 8 Wochen haltbar.

Empfindlichkeit: 3 γ; **Grenzkonzentration:** 1:10000.

Störungen. Die Gegenwart von Natrium-, Lithium- und Magnesiumsalzen stört nicht, während Ammonium-, Rubidium- und Thalliumsalze mit Natrium-Blei-Kobaltinitrit gleichfalls schwerlösliche Fällungen geben (CUTTICA). Nach CUTTICA sollen die Krystalle von Kalium-Blei-Kobaltinitrit dunkelgrün gefärbt sein.

Literatur.

ADAMS, J., M. HALL u. W. F. BAILEY: Ind. eng. Chem. Anal. Edit. 7, 310 (1935). — ALVAREZ, E. P.: C. r. 140, 1186 (1905); Chem. N. 91, 146 (1905). — ARBUSOW, A. u. A. KARTASCHOW: J. Russ. phys.-chem. Ges. 46, 284 (1914). — Y ARNAL, T. G.: (a) An. Españ. 24, 99 (1926); 30, 398 (1932); Ann. Chim. anal. 14, 342 (1932); (b) Chim. Ind. 17. Congr. Paris 20, 631 (1928); Fr. 79, 210 (1930); An. Españ. 26, 184 (1928). — ATO, S. u. I. WADA: Sci. Pap. Inst. Tôkyô 4, 263 (1926).

BEHRENS, H.: Fr. 30, 135 (1891). — BEHRENS-KLEY: Mikrochem. Analyse, Leipzig-Hamburg 1915. — BENEDETTI-PICHLER, A. A.: Mikrochem. 4, 21 (1926). — BENEDETTI-PICHLER, A. A. u. J. T. BRYANT: Ind. eng. Chem. Anal. Edit. 10, 107 (1938). — BILLMANN, E.: Fr. 39, 284 (1900). — BOKORNY, TH.: Allg. Brauer- und Hopfen-Ztg. 52, 709 (1912). — BORICKÝ, E.: Fr. 18, 95 (1879). — BOSSUET, R.: Bl. (4) 51, 681 (1932); C. r. 196, 469 (1933). — BOWSER, L. T.: Am. Soc. 32, 78 (1910) u. 33, 1566 (1911). — BRECKPOT, R.: (a) 4e Congr. Techn. Chim. Ind. Agricoles Bruxelles, Juli 1935; (b) Agricultura, Bl. trim. Assoc. Anc. Etud. Inst. Agron. Univ. Mai 1935. — BRECKPOT, R. u. A. MEVIS: Ann. Soc. Sci. Bruxelles 55, 16 (1935). — BUNSEN, R.: A. 111, 266 (1859). — BURGESS, L. L. u. O. KAMM: Am. Soc. 34, 652 (1912). — BURKSER, E., W. L. MILGEWSKAJA u. R. W. FELDMANN: Fr. 80, 268 (1930).

CALEY, E. R.: Am. Soc. 52, 953 (1930). — CAMPARI, G.: Ar. 221, 67 (1883). — CARNOT, A.: B. 9, 1434 (1876); C. r. 83, 390 (1876). — CARTMELL, R.: Phil. Mag. (4) 16, 328 (1858). — CELSI, S. A.: Ann. Farm. Bioquim. Buenos Aires 4, 55 (1933); Fr. 98, 358 (1934). — CHAMOT, E. M. u. H. A. BEDIENT: Mikrochem. 6, 13 (1928). — CHILD, C. D.: Phil. Mag. (7) 16, 1145 (1933). — CLARK, A. R.: J. Chem. Education 12, 242 (1935) u. 13, 383 (1936). — CLARK, A. W u. C. O. WILLITS: Ind. eng. Chem. Anal. Edit. 8, 209 (1936). — CLASSEN, A.: Ausgewählte Methoden d. anal. Chem. Braunschweig 1901. — CORNWALL, H. B.: Amer. Chemist 2, 366 (1872); Fr. 11, 307 (1872). — CUTTICA, V.: G. 53, 185 (1923).

DAVIES, H. u. W. DAVIES: J. chem. Soc. Japan 123, 2976 (1923). — DEBRAY: Fr. 5, 380 (1866). — DENIGÈS, G.: Ann. Chim. anal. 22, 103 (1917). — DERMER, V. H. u. O. C. DERMER: Am. Soc. 60, 1 (1938). — DIACON, E.: A. Ch. (4) 6, 5 (1865). — DUFFENDACK, O. S. u. K. B. THOMSON: Pr. Am. Soc. Test. Mat. 36, II, 301 (1936). — DUFFENDACK, O. S., F. H. WILEY u. J. S. OWENS: Ind. eng. Chem. Anal. Edit. 7, 410 (1935). — DUREUIL, E.: C. r. 182, 1020 (1926).

VAN ECK, P. N.: Pharm. Weekbl. 62, 365 (1925). — EDER, J. M. u. E. VALENTA: Atlas typischer Spektren, Wien 1928. — EWING, D. T., M. F. WILSON u. R. P. HIBBARD: Ind. eng. Chem. Anal. Edit. 9, 410 (1937).

FEIGL, F.: (a) Mikrochem. 8, 356 (1930); (b) Qualitative Analyse mit Hilfe von Tüpfelreaktionen, Leipzig 1935. — FLATT R.: Diss. Zürich 1923 durch TREADWELL. — FORMÁNEK, J.: Fr. 39, 412 (1900). — FREDHOLM, H.: Fr. 104, 400 (1936). — FRESENIUS, L. u. M. FROMMES: Fr. 86, 184 (1931). — FREY: Fr. 32, 204 (1893).

GEILMANN, W.: Bilder z. qualit. Mikroanalyse anorg. Stoffe, Leipzig 1934. — GERLACH, W. u. E. RIEDL: Die chemische Emissions-Spektralanalyse, III. Teil, Leipzig 1936. — GERMUTH, F. G. u. CL. MITCHELL: Am. J. Pharm. 101, 46 (1929). — GUTZEIT, G.: Helv. 12 713 u. 829 (1929).

HAAS, M. N.: Aluminium 21. 811 (1939). — HARTLEY, W. N.: Pr. Roy. Soc. London Ser. A 79, 245 (1907). — HARTLEY, W. N. u. H. W. MOSS: Pr. Roy. Soc. London Ser. A 87, 39 (1912). — HAUSER, O.: Z. anorg. Ch. 35, 1 (1903). — HEMMELER, A.: Ann. Chim. applic. 25, 610 (1935). — HERZOG, A.: Ch. Z. 42, 145 (1918); Fr. 57, 373 (1918). — HUYSSE, A. C.: (a) Fr. 39, 9 (1900); (b) Atlas zum Gebrauch bei der mikrochem. Analyse, Leiden 1932.

ILLINGWORTH, I. W. u. I. A. SANTOS: Nature 134, 971 (1934).

JANOWSKY, I. V.: M. 8, 49 (1887). — JANSEN, W. H., J. HEYES u. C. RICHTER: Ph. Ch. (A) 174, 291 (1935). — JUSTIN-MUELLER, E.: J. Pharm. Chim. (7) 28, 15.

KAHANE, E.: Bl. (4) **53**, 547 (1933). — KAYSER, R.: B. **18**, 3417 (1885). — KELM, E. F. u. J. A. WILKINSON: Pr. Iowa Acad. Sci. **43**, 169 (1936). — KENNY, W. R. u. J. B. HESTER, J. Am. Soc, Agron. **28**, 682 (1936). — KNIGA, A.: (a) Kali (russ.) Nr. **7**, 32 (1935); (b) Chem. J. Ser. B. **10**, 371 (1937). — DE KONINCK, L. L.: Fr. **20**, 390 (1881). — KONISHI. K. u. T. TSUGE: Bl. agric. chem. Soc. Japan **12**, 216 (1936). — KRAMER, G.: Mikroanalytische Nachweise anorg. Ionen, Leipzig 1937. — KUNZ, I.: (a) Helv. **16**, 3 (1933); (b) Helv. **16**, 259 (1933).

O'LEARY, W. J. u. J. PAPISH: Ind. eng. Chem. Anal. Edit. **6**, 110 (1934). — LONGINESCU, G. G. u. G. CHABORSKY: Buletinul de Chimie Pura si Aplicata (rum.) **26**, 21 (1923). — LUNDEGÅRDH, H.: Die quantit. Spektralanalyse d. Elemente, Jena, 1. Teil 1929 u. 2. Teil 1934. — LUTZ, O.: Fr. **59**, 145 (1920).

MACALLUM, A. B.: Arch. Néerland. Physiol. **7**, 304 (1922). — MATHERS, F. C., C. O. STEWART, H. V. HOUSEMANN u. I. E. LEE: Am. Soc. **37**. 1515 (1915). — MERZ: J pr. **80**, 487 (1860). — MEYER, G. C.: Ch. Z. **31**, 158 (1907). — MEYER, J.: Helv. **8**, 146 (1925). — MINOVICI, S. u. A. IONESCU: Bl. Soc. România **3**, 25 (1921). — MITSCHERLICH, A.: Pogg. Ann. **116**, 504 (1862) u. **121**, 472 (1864). — MOIR, I.: E. P. 9368 (1909). — MOSER, L. u. E. RITSCHEL: Fr. **70**, 185 (1927).

VAN NIEUWENBURG, C. J. u. T. VAN DER HOEK: Mikrochem. **18**, 175 (1935). — NIKITINA, I. A.: Chem. J. Ser. A **5**, 67, 1133 (1935). — NOYES, A. A. u. W. C. BRAY: A System of qualitative Analysis for the rare elements, New York 1927.

ORLENKO, A. F. u. N. G. FESSENKO: Fr. **107**, 411 (1936).

PATSCHOWSKY, N.: Ber. deutsch. botan. Ges. **43**, 489 (1925). — PAULY, C.: P. C. H. **28**, 187 (1887). — PFEILSTICKER, K.: (a) Z. El. Ch. **43**, 718 (1937); (b) Z. Metallkunde **30**, 211 (1938). — PIERUCCI, M. u. L. B. SILVA: Nuovo Cimento (N. S.) **12**, 269 (1935). — POLUEKTOW, N. S.: Kali (russ.) **2**, 44 (1933); Mikrochem. **14**. 265 (1933).

DE RADA, F. D.: An. Españ. **24**, 442 (1926). — RECKLEBEN, H.: Angew. Ch. **26**, 375 (1913). — REED, R. D. u. I. R. WITHROW: Am. Soc. **50**, 1515 u. 2985 (1928); **51**, 1062 (1929); **52**, 2666 (1930). — REICHARD, C.: Fr. **40**, 377 (1901). — ROSENHEIM, A. u. P. FRANK: B. **38**, 815 (1904). — ROSENTHALER, L.: Mikrochem. **2**, 29 (1924). — RUSSANOW, A. K.: (a) Fr. **98**, 335 (1934); Chem. J. Ser. A **6**, 1057 (1939); (b) Z. anorg. Ch. **214**, 77 (1933); Mineral. Rohstoffe (russ.) **8**, Nr. 4, 21 (1933).

SCHEINZISS, O. G.: Betriebslab. **4**, 1047 (1935). — SCHERINGA, K.: Chem. Weekbl. **30**, 598 (1933). — SCHLICHT, A.: Ch. Z. **30**, 1299 (1906). — SCHOORL. N.: Fr. **48**, 601 (1909). — SCHUHKNECHT, W.: Angew. Ch. **50**, 299 (1937). — SCHULER, W.: Ann. Phys. (4) **5**, 934 (1901). — SMITHELLS, A.: Phil. Mag. (5) **39**, 132 (1895). — STOLBA, F.: Fr. **14**, 339 (1875). — STRECKER, W. u. F. O. DIAZ: Fr. **67**, 326 (1925). — SZEBELLÉDY, L. u. J. JÓNÁS: Fr. **107**, 114 (1936).

TANANAEFF, N. A.: Z. anorg. Ch. **180**, 75 (1929). — THUDISHUM, J. L. W.: Pr. Roy Soc. Edingburgh **30**, 279 (1880). — TODD, F.: J. Chem. Education **15**, 241 (1938). — TREADWELL, F. P.: Kurzes Lehrbuch der analyt. Chemie, I. Band, Leipzig u. Wien 1930 — TZONI, H.: Mikrochem. **19**, 208 (1935).

UHARA, I.: Bl. chem. Soc. Japan **10**, 559 (1935). — URBAIN, P. u. M. WADA: C. r. **199**, 1199 (1934); Bl. (5) **3**, 163 (1936).

VOLMAR, Y. u. M. LEBER: J. Pharm. Chim. **17**, 366 u. 427 (1933); Ann. Chim. anal. **16**, 70 u. 113 (1934).

WAIBEL. F.: Wiss. Veröffentl. Siemens-Konzern **14**, Heft 2, 32 (1935). — WEBER. H.: Fr. **49**, 53 (1910). — WELLS, R. C. u. R. E. STEVENS: Ind. eng. Chem. Anal. Edit. **6**, 439 (1934). — WENGER, P. u. C. HEINEN: C. r. Séances soc. phys. hist. nat. Genève **37**. 49 (1920). — WENGER, P. u. M. PATRY: C. r. Séances soc. phys. hist. nat. Genève **40**, 92 (1923). — WILDMAN, E. A.: Pr. Indian. Acad. Sci. **44**, 121 (1934). — WINKLER. L. W.: Angew. Ch. **26**, 208 (1913). — WINKLEY. J. H., L. K. YANOWSKI u. W. A. HYNES: Mikrochem. **21**, 102 (1936/37). — WOLOTSCHNEWA, J. P.: Chem. J. Ser. B **11**, 369 (1938). — WÖRNER, E.: Ber. Dtsch. pharm. Ges. **10**, 4 (1899).

YAINIK, N. A. u. G. L. TANDON: J. Indian chem. Soc. **7**, 287 (1930).

Ammonium.

(NH_4), Molekulargewicht 18,040.

Von OLDŘICH TOMÍČEK, Prag und HANS SPANDAU, Greifswald.

Mit 13 Abbildungen.

Inhaltsübersicht.

Ammonium.

(NH_4); Molekulargewicht 18,040.

Ammoniumsalze, besonders Ammoniumchlorid, kommen in großen Mengen in vulkanischen Gebieten vor. Man findet sie in den festen, flüssigen und gasförmigen Auswurfstoffen der Eruptionsgebiete. Auch die Fumarolen weisen einen hohen Ammoniumchloridgehalt auf. In den Staßfurter Kalisalzlagerstätten kommt Ammoniumchlorid im Carnallit vor. Außerdem findet man Ammoniumverbindungen in fast allen krystallinen Gesteinen in geringer Menge. Durch Auslaugen derselben gelangt es in Mineralquellen. Auch in Meteoriten wurden Ammoniumsalze aufgefunden.

Es gibt nur wenige Ammoniummineralien. Sie werden teils in Vulkangebieten als Exhalations- oder Sublimationsprodukte, wie z. B. die Halogenide und Borate, teils als Zersetzungsprodukte organischer Stoffe, wie Phosphate im Guano, vorgefunden.

Andere Mineralien des Ammoniums, z. B. Sulfate, treten in beiden Arten des Vorkommens auf. Sie sind kaum von praktischer Bedeutung, da die Ammoniumsalze aus dem großtechnisch gewonnenen Ammoniak dargestellt werden. Einige Vorkommen sind: Salmiak, NH_4Cl, mit Beimengungen des Ammoniumbromids und -jodids; Kremersit (Eisenchloridsalmiak); Kryptohalit $(NH_4)_2SiF_6$, Ammoniumsilicofluorid; Mascagnin $(NH_4)_2SO_4$; Taylorit $(K, NH_4)_2SO_4$; Lecontit $(Na, NH_4, K)_2SO_4 \cdot 2\,H_2O$; Letovicit $(NH_4)_3H(SO_4)_2$; Guanovulit, $3\,(K, NH_4)_3H(SO_4)_2 \cdot 4\,H_2O$; Boussingaultit, Cerbolit $(NH_4)_2Mg(SO_4)_2 \cdot 6\,H_2O$; Ammoniumalaun; Ammoniojarosit (Ammonium-Eisen(III)-sulfat); Teschemacherit, NH_4HCO_3; Ammonioborit, $(NH_4)_2O \cdot 5\,B_2O_3 \cdot 5\,H_2O$. Zu den Phosphaten gehören: Stercorit, $NH_4HNaPO_4 \cdot 4\,H_2O$; Struvit, $NH_4MgPO_4 \cdot 6\,H_2O$; Hannayit, $(NH_4)_2Mg_3H_4(PO_4)_4 \cdot 8\,H_2O$; Schertelit, $(NH_4)_2MgH_2(PO_4)_2 \cdot 4\,H_2O$; Dittmarit, $NH_4Mg_5H_4(PO_4)_5 \cdot 8\,H_2O$.

Die Bezeichnung des Radikals NH_4 als Ammonium stammt von DAVY. Obwohl bis jetzt nicht isoliert, existiert das freie Radikal Ammonium in seinem Amalgam. Das Ammonium ist 1wertig in seinen Verbindungen, in welchen es sich wie ein Alkalimetall benimmt. Dem physikalisch-chemischen Verhalten und seinen chemischen Eigenschaften nach reiht sich das Ammonium den Elementen Kalium, Rubidium und Caesium an. In der Krystallform und in den Löslichkeitsverhältnissen der Salze bestehen viele Isomorphien und Ähnlichkeiten besonders mit Kalium. Auch in zahlreichen Reaktionen zeigen die Ammoniumsalze weitgehende Analogie mit Kaliumsalzen.

Die Flüchtigkeit des Ammoniaks, das leicht durch starke Basen aus den Ammoniumverbindungen entbunden werden kann, ermöglicht den ganz eindeutigen Nachweis des Ammoniums auch neben anderen Kationen. Denn es gibt viele empfindliche Reagenzien, welche zum Nachweis des gasförmigen oder in Wasser gelösten Ammoniaks dienen. Ferner gibt es zahlreiche Methoden, welche alkalische Reagenzien verwenden; diese sind sowohl zum Nachweis von Ammoniak als auch von Ammoniumsalzen geeignet. Außerdem werden einige schwerlösliche Ammoniumverbindungen zum direkten Ammoniumnachweis herangezogen. In Betracht kommen Ammoniumhexachloroplatinat, Ammoniumhydrogentartrat, Ammoniumphosphorwolframat, einige Tripelnitrite des Ammoniums, ferner Quecksilber(I)amino- und noch andere Verbindungen. Die einfachen Salze des Ammoniums mit den meisten Mineral- und organischen Säuren sind leicht in Wasser löslich.

Der Ammoniumnachweis auf spektralanalytischem Wege kommt im Gegensatz zu den Alkalien nicht in Betracht. Die Flamme des Bunsenbrenners wird zwar durch die Ammoniumsalze beim Verflüchtigen grünlich gesäumt, jedoch verleihen sie ihr keine eigentümliche Färbung.

Im normalen Gange der Analyse auf Kationen fügt man die nötigen Reagenzien als Ammonsalze zu. Deshalb wird die Anwesenheit von Ammoniumverbindungen nicht erst in der Analysengruppe der Alkalimetalle, sondern gleich in der ursprünglichen Probe durch Entbindung und Feststellung von Ammoniak nachgewiesen. Ähnlich wird auch bei dem Mikroanalysengange verfahren.

§ 1. Nachweis auf trockenem Wege.

Nachweis durch Erhitzen im Glühröhrchen. Ammoniumsalze sind sehr leicht flüchtig. Die Halogenverbindungen sublimieren unzersetzt und hinterlassen am Rande des Glühröhrchens einen weißen Beschlag. Unter teilweiser Zersetzung, gekennzeichnet durch den Geruch nach Ammoniak, sublimieren Ammoniumsalze schwacher, flüchtiger Säuren, wie $(NH_4)_2CO_3$. Ammoniumnitrat zerfällt gänzlich in Wasser und Stickoxydul, N_2O, Ammoniumnitrit in Wasser und Stickstoff, Ammoniumsulfat in Wasser, Stickstoff, Ammoniak und Schwefeldioxyd, Ammoniumoxalat in Wasser, Ammoniak, Kohlenoxyd, Kohlendioxyd und Dicyan. Die

Zersetzung tritt auch bei Ammoniumsalzen der feuerbeständigen Säuren, wie Phosphorsäure, Borsäure, Vanadinsäure, Chromsäure, Molybdänsäure, Wolframsäure und bei den Ammoniakaten meistens unter Abspaltung von Ammoniak ein. Die dabei am Rande des Glühröhrchens kondensierten Wassertropfen reagieren dann alkalisch.

Zum zuverlässigen Nachweis von Ammoniumsalzen mischt man die Probe mit wasserfreiem Natriumcarbonat und erwärmt das Gemisch im Glühröhrchen. Es entsteht der Geruch nach Ammoniak.

Störung. Dieselbe Reaktion liefern einige organische Stickstoffverbindungen.

§ 2. Nachweis auf nassem Wege.

Alle Ammoniumverbindungen in wäßrigen Lösungen werden meistens schon in der Kälte, sonst beim Erwärmen mit starken Basen, wie Kaliumhydroxyd, Natriumhydroxyd, Calciumhydroxyd, Magnesiumoxyd u. a., unter Entwicklung von Ammoniak nach dem Schema: $NH_4^{\cdot} + OH' \rightleftarrows NH_3 + H_2O$ zersetzt.

Um den möglichen Vortäuschungen der Anwesenheit von Ammoniumverbindungen durch Cyanide, welche ebenfalls unter Ammoniakentwicklung beim Erwärmen mit Basenlösungen zersetzt werden können, vorzubeugen, wird den zu untersuchenden Substanzen etwas Quecksilberoxyd zugesetzt; dadurch entsteht gegen Alkali beständiges Quecksilber(II)cyanid, $Hg(CN)_2$, (Böttger, S. 475).

Außerdem entwickelt sich Ammoniak bei der Einwirkung von Wasser auf viele Nitride, Amide und Cyanamide, was unter Umständen einen ursprünglichen Gehalt an Ammonium vortäuschen könnte.

Handelt es sich um den Nachweis von Ammoniumsalzen in Anwesenheit von flüchtigen Aminen, so ist es vorteilhaft, zur Entbindung des Ammoniaks die Untersuchungslösung mit Magnesiumoxyd zu erwärmen. Die Amine werden durch Magnesiumoxyd nicht in Freiheit gesetzt (Boussingault).

Beim Nachweis besonders von sehr kleinen Mengen von Ammoniumverbindungen muß ein ammoniumfreies Wasser verwendet werden, s. § 2, A. 6. Man erhält es beim Destillieren von Wasser, das mit Schwefelsäure leicht angesäuert ist (Graves). Zum gleichen Zweck wird auch die Destillation des Wassers nach Zusatz von Natriumcarbonat bis zu etwa fünf Sechsteln des Volumens empfohlen; die ersten ammoniakhaltigen Destillate werden verworfen (Treadwell, S. 37). Teorell stellt ammoniakfreies Wasser durch Ausschütteln von destilliertem Wasser mit Permutit dar.

A. Wichtige analytische Reaktionen.

1. Erkennung am Geruch. Bis zu einem Gehalt von etwa $10\,\gamma$ Ammoniak in einem Liter Luft läßt sich Ammoniak durch seinen eigentümlichen Geruch feststellen (Smolczyk und Cobler).

2. Nachweis durch Umfärbung der Indicatorpapiere. Die wäßrigen Lösungen des Ammoniaks verursachen durch ihre alkalische Reaktion die Umfärbung der saueren in die alkalische Färbung der Indicatoren, deren Farbumschlag bei bis etwa $p_H = 9$ liegt. Der p_H-Wert einer 0,0001 n-Lösung von Ammoniak (das ist $1{,}7\,\gamma\,NH_3$ in $1\,cm^3$) ist 9,9. Zum Nachweis eignen sich besonders die Indicatorpapiere, wie rotes Lackmuspapier, Kurkuma-, Phenolphthalein-, Fuchsin- und Hämatoxylinpapier. Sicherlich kämen auch andere Indicatorpapiere, wie z. B. Phenolrotpapier, in Betracht.

Ausführung. Im allgemeinen werden die befeuchteten Indikatorpapierstreifen in die Atmosphäre des Entwicklungsgefäßes, in dem die Untersuchungssubstanz oder die Probelösung und die zugesetzte starke Lauge in Berührung gebracht und mäßig erwärmt werden, eingeführt und binnen einiger Minuten beobachtet. Als Entwicklungsgefäß dient ein kleines, mit Uhrglas bedecktes Becherglas, ein Proberöhrchen oder ein mit Stöpsel versehenes Pulverglas. Die Papierstreifen werden auf der inneren Seite des Uhrglases angeklebt oder an dem Stöpsel befestigt. Bei Anwesenheit des Ammoniumsalzes färbt sich rotes Lackmuspapier blau, gelbes Kurkumapapier braun, weißes Phenolphthaleinpapier rosa, gelbes Fuchsinpapier carminrot und gelbes Hämatoxylinpapier je nach der Menge des Ammoniaks rosa bis dunkelrot.

Störungen. Ähnliche Reaktionen geben flüchtige Amine.

a) Nachweis mit Lackmuspapier. Empfindlichkeit: 0,7 γ Ammoniak in 1 Liter Luft lassen sich noch nachweisen (SMOLCZYK und COBLER).

Für den Nachweis sehr kleiner Mengen von Ammoniak hat FEIGL (a) den Nachweis als Tropfenreaktion modifiziert, s. § 4, 1a.

b) Nachweis mit Kurkumapapier. Über die Empfindlichkeit liegen keine Angaben vor. Sie dürfte ungefähr die gleiche wie beim Lackmus sein.

c) Nachweis mit Phenolphthaleinpapier. Die Empfindlichkeit ist etwa 10mal geringer als mit Lackmuspapier. Es lassen sich noch etwa 7 γ Ammoniak in 1 Liter Luft nachweisen (SMOLCZYK und COBLER).

PONOMAREW empfiehlt für den Nachweis kleiner Mengen Ammonium unter Zusatz von Formaldehyd die Entfärbung der roten Phenolphthaleinlösung als Tropfenreaktion, s. § 4, 1b.

d) Nachweis mit Fuchsinpapier. Darstellung des Reagenspapieres: Zur wäßrigen, nicht zu stark verdünnten Fuchsinlösung wird verdünnte Schwefelsäure zugesetzt bis die rote Farbe in eine gelbbraune umschlägt. Mit dieser Lösung werden die Filtrierpapierstreifen getränkt und getrocknet. Sie sind gelb gefärbt. Es ist ratsam das Papier trocken zu verwenden, da es sich durch Anfeuchten bläulich färbt und der Übergang ins Rote nicht mehr so deutlich ist.

Empfindlichkeit wird mit etwa 100 γ Ammoniak angegeben (KROUPA, HINTZ).

e) Nachweis mit Hämatoxylinpapier und Blauholzextrakt. *Reagens.* Die Lösung des Hämatoxylins, $C_{16}H_{14}O_6 \cdot 3\,H_2O$, wird durch wäßrige oder schwach alkoholische Extraktion des Blauholzes dargestellt. Sie ist gelbrot, beim Verdünnen mit viel Wasser citronengelb. Das mit dieser Hämatoxylinlösung benetzte Filtrierpapier ist gelb gefärbt.

Die Lösung färbt sich mit Ammoniak carminrot; das Papier rosa- bis dunkelrot [WILDENSTEIN, DENIGÈS (a), GUTZEIT].

Erfassungsgrenze: Ammoniumchloridlösung (1:100000) in einem mit Uhrglas bedeckten Becherglase mit Natronlauge versetzt und erwärmt gibt noch so viel Ammoniak, daß das Hämatoxylinpapier dunkelrot gefärbt wird. In der Lösung läßt sich noch 1 γ Ammoniak in 7,5 cm^3 nachweisen.

Grenzkonzentration: 1:7500000 (WILDENSTEIN).

Störungen. Ähnliche Reaktionen geben die Kationen von Kalium, Kupfer(II), Eisen(II), Zinn und Blei; auch andere Basen, wie z. B. flüchtige aliphatische Amine reagieren in gleicher Weise [DENIGÈS (a)].

3. Nachweis durch Nebelbildung mit Chlorwasserstoff. Die Eigenschaft des Ammoniaks, mit Chlorwasserstoff dichte Nebel des Ammoniumchlorids zu bilden, dient ebenfalls zum Nachweis des Ammoniaks bzw. der Ammoniumverbindungen. Ein mit Salzsäure befeuchteter Glasstab verursacht in einem Raum, in dem sich Ammoniakdämpfe befinden, Nebelbildung.

Diese Erscheinung kann aber auch zu einem empfindlichen Nachweis von Ammoniak in Natronlauge dienen. Wird nämlich durch die zu prüfende Laugenlösung ein Luft-Salzsäurestrom geleitet, so wird bei Anwesenheit von Ammoniak (oder anderen flüchtigen Basen, wie Methylamin, Diäthylamin) Nebelbildung beobachtet.

Ein Luftstrom wird durch eine mit konzentrierter Salzsäure beschickte Flasche geleitet, dadurch mit Chlorwasserstoff gesättigt und dann getrocknet. Die Lauge soll 0,1 n bis 4,8 n sein.

Erfassungsgrenze: Die Empfindlichkeit dieses Nachweises erreicht diejenige mit NESSLERs Reagens. Es sollen noch 0,00005% NH_3 nachweisbar sein (ALDIS und PHILIP),

Über den Mikronachweis von Ammoniumsalzen mit Chlorwasserstoffsäure s. § 3. I. A. 4.

4. Nachweis mit Quecksilber(I)salzen. Die Quecksilber(I)salze werden mit Ammoniak zu den schwarz gefärbten Produkten nach folgendem Reaktionsschema umgesetzt:

$$Hg_2Cl_2 + 2\,NH_3 \longrightarrow \begin{matrix} Hg{-}NH_2 \\ | \\ Hg{-}Cl \end{matrix} + NH_4Cl$$

$$\begin{matrix} Hg{-}NH_2 \\ | \\ Hg{-}Cl \end{matrix} \rightleftarrows Hg\begin{matrix} \diagup NH_2 \\ \\ \diagdown Cl \end{matrix} + Hg.$$

Im Reaktionsprodukt des Kalomels mit Ammoniak liegen also Quecksilber(I)- und Quecksilber(II)amidochlorid neben elementarem Quecksilber vor (FEIGL und SUCHÁŘÍPA).

Die Reaktion kann zum Nachweis des Ammoniaks dienen.

Ausführung. Ein mit wäßriger Quecksilber(I)chloridsuspension benetztes oder mit Quecksilber(I)nitrat-Lösung befeuchtetes Papier färbt sich in Ammoniakdämpfen grauschwarz.

Die Reaktion kann auch auf der Tüpfelplatte oder im Mikrogasentwicklungsapparat ausgeführt werden, s. § 4, 2.

5. Nachweis mit alkalischer Kaliumquecksilber(II)jodid-Lösung (NESSLERS ***Reagens***). Die Reaktion zwischen Ammoniak und Kaliumquecksilber(II)-jodid in stark alkalischer Lösung verläuft nach folgendem Schema:

$$2\,K_2HgJ_4 + 3\,KOH + NH_3 \longrightarrow O\begin{matrix} \diagup HgNH_2 \\ \\ \diagdown HgJ \end{matrix} + 7\,KJ + 2\,H_2O.$$

Der rotbraun gefärbte Niederschlag des Oxydimercuriamidojodids bzw. eine Gelb- bis Orangefärbung der Lösung verrät die Anwesenheit kleinster Mengen Ammoniak oder von Ammoniumsalzen.

Reagenslösung. Das ursprünglich von NESSLER zum Nachweis von Ammoniak in Trinkwasser vorgeschlagene Reagens, dessen Bereitungsvorschrift man öfters änderte (v. FRIEDRICHS, WIRTH und ROBINSON) wird zweckmäßig wie folgt bereitet: Man löst 6 g Quecksilber(II)chlorid in 50 cm^3 ammoniakfreiem Wasser von 80^0 C in einer Porzellanschale, fügt 7,4 g Jodkalium, in 50 cm^3 Wasser gelöst, hinzu, läßt erkalten, gießt die überstehende Flüssigkeit ab und wäscht 3mal durch Dekantation mit je 20 cm^3 kaltem Wasser, um alles Chlorid möglichst zu entfernen. Zum ausgewaschenen Niederschlag fügt man 5 g Jodkalium und ein wenig Wasser hinzu, wobei das Quecksilber(II)jodid gelöst wird. Die so erhaltene Lösung spült man in einen 100 cm^3-Kolben, fügt 20 g Natriumhydroxyd, in wenig Wasser gelöst, hinzu und verdünnt nach dem Erkalten der Lösung mit Wasser auf 100 cm^3. Nach der völligen Klärung der Flüssigkeit hebert man die über dem Niederschlag stehende klare Lösung in eine mit Kautschukpfropfen versehene Flasche ab und bewahrt sie im Dunkeln auf (TREADWELL, S. 73). Das Reagens unterliegt auch bei sorgfältigster Aufbewahrung einer dauernden Veränderung (FUCHS).

Ausführung. Man versetzt die Untersuchungssubstanz mit starker Alkalilauge und bringt in die ammoniakhaltige Atmosphäre einen Glasstab, an dem 1 Tropfen von NESSLERs Reagens hängt. Je nach der Menge des vorhandenen Ammoniumsalzes bedeckt sich das Reagens mit einem fahlroten Überzug [DENIGÈS (a), GUTZEIT]. — Oder man setzt zu der neutralen bis alkalischen Untersuchungslösung (von 1 bis 100 cm³) 1 bis 2 cm³ Reagens. Es tritt sofort oder nach einigem Stehen je nach vorhandener Ammoniakmenge eine Gelborange- bis Braunfärbung oder eine gelbrote Fällung ein.

Erfassungsgrenze: Die Reaktion ist sehr empfindlich. Die Empfindlichkeit hängt wesentlich von der Art der Herstellung des Reagenses (FRIEDRICHS) und von seinem Zustand ab (FUCHS). Im Reagensglas lassen sich 0,25 γ Ammoniak in 5 cm³ nachweisen.

Grenzkonzentration: 1:20000000.

Empfohlene Reaktion; s. Tabellen der Reagenzien, S. 282.

Störungen. Die aliphatischen Amine wirken störend. Das Reagens gibt mit Monomethylamin eine gelbe und mit Monoäthylamin eine weiße Fällung, die mit einem Überschuß des Reagenses schnell gelb wird, um bei einem Überschuß des Amins wieder weiß zu werden. Mit Dimethylamin und Diäthylamin gibt das Reagens eine weiße Fällung, die bei Anwendung des letzteren im Überschuß löslich ist. Mit Trimethylamin im Überschuß fällt das NESSLER-Reagens einen weißen Niederschlag, der schnell braun wird [DENIGÈS (a)]. Außerdem stören die Reaktion: das metallische Quecksilber, die Kationen des Eisens, des Calciums und Magnesiums, die Sulfat-, Rhodanid- und Cyanid-Ionen, ferner die sekundären Phosphate sowie der Schwefelwasserstoff und Reduktions- und Oxydationsmittel. Alkohol setzt die Empfindlichkeit des Reagenses herab (DE KONINCK).

Das NESSLERsche Reagens ist für den mikrochemischen Nachweis nicht zu empfehlen, da es keine charakteristischen Krystalle, sondern nur gelbe Flocken liefert (BEHRENS-KLEY, S. 36). Dagegen läßt sich die Reaktion vorteilhaft als Tüpfelreaktion ausführen, s. § 4, 3.

Die NESSLERsche Reaktion stellt eine der üblichsten Nachweismethoden kleiner Mengen Ammoniumsalze bzw. von Ammoniak in Trink-, Mineral-, See- und Nutzwässern, in verschiedenen menschlichen, tierischen und pflanzlichen Flüssigkeiten, Exkrementen und Konkrementen dar. Sie dient auch zur colorimetrischen Bestimmung des Ammoniaks in diesen Fällen [KÜHNEL-HAGEN, WIRTH und ROBINSON, ROSENTHALER (b), COSTEANU u. a.].

6. Nachweis mit alkalischer Quecksilber(II)-Natriumchlorid-Lösung. Bei Einwirkung von Ammoniak auf Quecksilber(II)chlorid wird weißes Quecksilber(II)-amidochlorid, $HgNH_2Cl$, gefällt. Die Reaktion wurde zum empfindlichen Nachweis von Ammoniak direkt und von Ammoniumsalzen in der Weise verwendet, daß zu der Untersuchungslösung etwas Ätzkali oder Kaliumcarbonat zugesetzt wurde (BOHLIG). Die Reaktion hat im Vergleich mit dem NESSLERschen Nachweis den Vorteil, daß die Bildung der Trübung bzw. des Niederschlages durch Anwesenheit von Alkohol nicht gestört wird (DE KONINCK). Quecksilber(II)chlorid gibt jedoch in der Kälte auch in ammoniakfreien Wässern infolge des Gehaltes dieser Wässer an Alkali- und Erdalkalisalzen Niederschläge, die aus basischen Quecksilber(II)salzen (z. B. Hg^{II}-oxychlorid, $HgO \cdot HgCl_2$), oder aus einem unbeständigen Doppelcarbonat von Quecksilber und Calcium bestehen. Dies kann mittels Durchschütteln mit einigen Tropfen verdünnter Essigsäure behoben werden, in der sich das Quecksilber(II)-amidochlorid nur sehr langsam, die unerwünschten Verbindungen aber leicht, gegebenenfalls unter Aufbrausen, lösen (FERRARO).

Grenzkonzentration: Die Empfindlichkeit des Nachweises von Ammoniumsalzen mit Quecksilber(II)chlorid in Gegenwart von freiem Alkali ist ziemlich groß. Im Reagensglas werden noch 0,17 γ Ammoniak in 5 cm³ Lösung ermittelt, was einer Grenzkonzentration 1:30000000 entspricht (SCHÖYEN). DE KONINCK gibt 1:10000000 an. Nach KARAOGLANOV lassen sich mit 1 cm³ gesättigter Quecksilber(II)chlorid-

Lösung und 0,5 cm³ 0,05 n-Natriumcarbonat-Lösung in insgesamt 10 cm³ Lösung 2,5 γ Ammonium nachweisen, bei einer Grenzkonzentration 1:4000000. Durch Zusatz von Essigsäure wird die Empfindlichkeit der Reaktion beträchtlich erniedrigt.

Der weiße Niederschlag des Quecksilber(II)amidochlorids ist jedoch ein nicht krystallinisches Pulver; deshalb eignet sich die Reaktion mit Quecksilber(II)chlorid in Gegenwart von freiem Alkali nicht zum mikrochemischen Nachweis von Ammoniumsalzen, obwohl sie noch 0,05 γ Ammoniak anzeigt (BEHRENS-KLEY, S. 36).

Macht man eine Quecksilber(II)chlorid-Lösung alkalisch, so bildet sich sofort das gelbe Oxyd. Fügt man vorher Natriumchlorid hinzu, so entsteht ein gut wasserlösliches Komplexsalz, Na_2HgCl_4, das gegen Alkali in mäßigem Überschuß beständig ist. Diese Eigenschaft des Quecksilber(II)chlorids unter gleichzeitiger Verwendung des Lithiumcarbonats statt Natrium- oder Calciumcarbonat wurde bei folgender gut brauchbarer Modifikation des Nachweises von GRAVES ausgenützt.

Reagens. In 50 cm³ kalt gesättigter Quecksilber(II)chlorid-Lösung werden 15 g Natriumchlorid gelöst, 35 cm³ gesättigte (ungefähr 1%ige) Lithiumcarbonatlösung und 65 cm³ Wasser unter Schütteln hinzugefügt und, falls nötig, wird unter Zusatz von 3 bis 5 g Talkum klar filtriert. Die Reagenslösung ist haltbar. Bei Bereitung aller Lösungen muß ammoniakfreies Wasser verwendet werden, das ist Wasser, das höchstens 5 γ Ammoniak in 100 cm³ enthält. Man erhält es beim Destillieren von Wasser, das mit Schwefelsäure leicht angesäuert ist.

Ausführung. 5 cm³ der Untersuchungslösung werden mit 1 cm³ des Reagenses versetzt. Bei sehr geringem Ammoniumsalzgehalt empfiehlt es sich, einen Blindversuch anzustellen. Je nach der Menge des anwesenden Ammoniaks entsteht eine weißliche Fällung bzw. nur eine bläuliche Opalescenz.

5 γ Ammonium in 5 cm³ Lösung lassen sich noch nachweisen; das entspricht einer **Grenzkonzentration** 1:1000000 (GRAVES).

Nach KARAOGLANOV: **Erfassungsgrenze** 1 γ NH_3 in 10 cm³ bzw. 1,3 γ NH_4 in 10 cm³.

Grenzkonzentration: 1:10000000 (NH_3) bzw. 1:7000000 (NH_4).

Als Nachteil ist zu bezeichnen, daß der Blindversuch mit der Zeit ebenfalls eine Abscheidung liefert (KARAOGLANOV).

Störungen. Hydroxyl- und Carbonat-Ionen stören. Alkohol stört nicht.

Das Reagens eignet sich nicht nur zum Nachweis, sondern auch zur colorimetrischen Bestimmung des Ammoniaks bzw. der Ammoniumsalze bei Wasseranalysen, bei Makro- und Mikro-Kjeldahl-Bestimmungen usw. Die Empfindlichkeit liegt derjenigen des NESSLERs-Reagenses sehr nahe.

Bemerkung. Eine andere Vorschrift zur Darstellung des Reagenses lautet: 2,5 g Natriumchlorid, 2,5 g Quecksilber(II)chlorid, 8 g Natriumhydrogencarbonat und 1,2 g Natriumcarbonat werden in 100 cm³ Wasser aufgelöst; die klare Lösung wird von dem entstehenden Niederschlage abgehebert. Die Empfindlichkeit des Ammoniaknachweises ist ungefähr die gleiche wie oben angegeben: 0,1 mg Ammoniak in 1 Liter. Man kann statt Quecksilber(II)chlorid auch -bromid, $HgBr_2$, verwenden (KOLTHOFF).

7. Nachweis mit Silbernitrat und Formaldehyd. Die Reduktion von Silbernitrat durch Formaldehyd in ammoniakalischer Lösung zu metallischem Silber kann zum Nachweis des Ammoniums benützt werden [ZENGHELIS, FEIGL (a)]. Man setzt aus der Untersuchungslösung durch Zugabe einer starken Lauge das Ammoniak in Freiheit und läßt dieses auf eine konzentrierte Lösung von Silbernitrat in Formaldehyd einwirken. Es bildet sich dann sofort ein deutlicher Silberspiegel, falls in der Untersuchungslösung Ammonium-Ionen vorhanden waren.

Reagens. 1 Teil einer 20%igen Silbernitratlösung und 3 Teile einer 33%igen Formaldehydlösung werden direkt vor Ausführung der Reaktion gemischt. Diese

Reagenslösung hält sich bei sorgfältiger Bereitung im Dunkeln 1 bis 2 Std. unverändert. Später verändert sich das Reagens, da sich allmählich Silber in Form eines feinen Pulvers abscheidet. Die Silberabscheidung soll zwar den Ammoniaknachweis der auf der Bildung eines glänzenden Spiegels beruht, nicht stören, es ist aber doch zweckmäßiger, stets eine frisch bereitete Reagenslösung zu benutzen (ZENGHELIS).

Ausführung. 0,5 bis 1 cm^3 der Untersuchungslösung werden in ein nicht zu hohes Reagensglas gebracht und mit einigen Tropfen Natronlauge oder Natriumcarbonatlösung bis zur stark alkalischen Reaktion der Lösung versetzt. Über die Öffnung des Reagensglases hält man ein Uhrglas, an dessen Unterseite ein Reagenstropfen hängt und auf dessen Oberseite sich zwecks Kühlung etwas Wasser befindet. Das Reagensglas wird nun in einem Sandbad einige Minuten erwärmt. Bei Anwesenheit von Ammonium-Ionen in der Untersuchungslösung erscheint bald am Reagenstropfen ein Silberkranz, der sich je nach dem Ammoniakgehalt in einigen Sekunden oder Minuten zu einem Spiegel erweitert.

Nach ZENGHELIS gelingt die Reaktion noch sehr deutlich bei der Untersuchung von 1 cm^3 einer 0,0001 n-Ammoniumsalzlösung und sogar noch gut beim Vorliegen von 1 cm^3 0,00002 n-Lösung. Also **Erfassungsgrenze** 0,34 γ Ammoniak. **Grenzkonzentration** 1:3000000. Empfohlene Reaktion, s. Tabellen der Reagenzien, S. 281.

Zum Nachweis des Ammonium-Ions in noch verdünnteren Lösungen empfiehlt ZENGHELIS, ein größeres Volumen der Untersuchungslösung nach Zusatz von verdünnter Schwefelsäure auf ein Volumen von 0,5 bis 1 cm^3 einzudampfen, diese Lösung mit Natriumcarbonat alkalisch zu machen und jetzt den Nachweis wie oben auszuführen.

Störungen. Flüchtige Amine geben dieselbe Reaktion. So hat ROSENTHALER (a) festgestellt, daß Mono-, Di- und Trimethylamin sich ebenso wie Ammoniak verhalten.

Für den Nachweis sehr kleiner Ammoniakmengen hat FEIGL (a) die Reaktion als Tüpfelnachweis ausgearbeitet (vgl. § 4, 4).

8. Nachweis mit Silbernitrat und Tannin. Eine mit Tannin versetzte Silbernitratlösung wird ebenso wie eine Silbernitrat-Formaldehyd-Lösung (§ 2, A. 7) durch kleinste Mengen Ammoniak zu metallischem Silber reduziert. Diese Reaktion schlägt MAKRIS zum Nachweis von Ammonium-Ionen vor, indem er das aus einer Ammoniumsalzlösung in Freiheit gesetzte Ammoniak auf eine Silbernitrat-Tannin-Lösung einwirken läßt.

Als Reagens dient eine Mischung von 5 cm^3 einer 20%igen Silbernitratlösung und 1 cm^3 5%iger Tanninlösung. Die Reagenslösung ist vor ihrer Benützung stets frisch zu bereiten, da sie beim Stehen infolge Reduktion des Silbernitrats verändert wird (MAKRIS).

Ausführung. Die Untersuchungslösung wird in einem Reagensglas mit Kalilauge alkalisch gemacht und langsam erwärmt. Über die Öffnung des Rohres bringt man entweder einen an einem Uhrglas hängenden Tropfen des Reagenses oder beim Nachweis sehr kleiner Ammoniakmengen besser einen kleinen Wattebausch, der mit einigen Tropfen der Reagenslösung imprägniert ist. Bei Anwesenheit von Ammonium-Ionen beobachtet man im ersten Fall die Bildung eines Silberkranzes am Reagenstropfen, im zweiten Fall entsteht eine glänzende Silberausscheidung auf dem Wattebausch.

Man kann auch die Reaktion in der Weise ausführen, daß man die Untersuchungslösung nach Zusatz von Natronlauge destilliert und das Destillat mit dem Reagens versetzt. Ammonium-Ionen sind in der Untersuchungslösung vorhanden, wenn das Destillat bei Prüfung mit der Silbernitrat-Tannin-Lösung hellgelb bis dunkelrot gefärbt wird.

Erfassungsgrenze: Bei der ersten Ausführungsart kann man noch 5 γ Ammoniak in 1 cm^3 sicher nachweisen.

Die Destillationsmethode ist etwas weniger empfindlich, sie gestattet noch einen sicheren Nachweis von 10 γ Ammoniak (MAKRIS).

Grenzkonzentration: 1:200000.

Störungen. Flüchtige Amine, z. B. Mono-, Di- und Trimethylamin, stören, da sie dieselbe Reaktion geben [ROSENTHALER (a)].

Mit dieser Reaktion lassen sich noch erheblich geringere Ammoniakmengen nachweisen, wenn man sie nach FEIGL als Tropfenreaktion ausführt (vgl. § 4, 5).

Tabelle 1. Empfindlichkeiten einiger Nachweisreaktionen des Ammoniums bzw. des Ammoniaks.

Reagenzien	Erscheinung	Nachweisgrenze	Grenzkonzentration	Empfindlichkeit bestimmt
Geruchsprobe	—	10 γ NH_3 in 1 l Luft	—	SMOLCZYK und COBLER
Rotes Lackmuspapier	Blaufärbung	0,7 γ NH_3 in 1 l Luft	—	SMOLCZYK und COBLER
Phenolphthaleinpapier (weiß)	Rotfärbung	7 γ NH_3 in 1 l Luft	—	SMOLCZYK und COBLER
Hämatoxylinlösung	Carminrote Färbung	1 γ NH_3	1:7500000	WILDENSTEIN
$HgCl_2 + Na_2CO_3$	Weiße Fällung	2,5 γ NH_4	1:4000000	KARAOGLANOV
$HgCl_2 + NaCl + Li_2CO_3$	Weiße Fällung	5 γ NH_4 1 γ NH_3	1:1000000 1:10000000	GRAVES KARAOGLANOV
NESSLERS Reagens	Gelbfärbung bis braune Fällung	0,25 γ NH_3	1:20000000	Tabellen der Reagenzien, S. 282
$AgNO_3$ + Formaldehyd	Silberspiegel	0,34 γ NH_3	1:3000000	ZENGHELIS
$AgNO_3$ + Tannin	Silberspiegel	5 γ NH_3	1:200000	MAKRIS
Phenol + NaOCl	Blaue Färbung	1 γ NH_4	1:5000000	VAN SLYKE und HILLER
Thymol + NaOBr	Blaue Färbung	0,5 γ NH_4	1:10000000	LAPIN und HEIN
$CuSO_4$	Blaue Färbung	10 γ NH_3	1:1000000	KARAOGLANOV
KJ + NaOCl	Schwarze Färbung	10 γ NH_3	1:500000	TRILLAT und TURCHET
J_2 + KOH	Schwarze Färbung	10 γ NH_3	1:500000	KARAOGLANOV

B. Weitere Reaktionen.

1. Färbung mit Phenol und Natriumhypochlorit. Wenn man zu einer selbst sehr verdünnten Ammoniak- oder Ammoniumsalzlösung einen Überschuß des Phenols und eine kleine Menge Alkalihypochlorit (Eau de Javelle) hinzufügt, entsteht eine rein blaue Färbung der Lösung (BERTHELOT). Es bildet sich dabei Indophenol, O = ⟨chinoider Ring⟩ = N — ⟨Benzolring⟩ — OH, $C_{12}H_9O_2N$ (TARUGI und LENCI).

In gleicher Stärke geben die analoge Farbreaktion die niedrigen primären aliphatischen Amine, wie Monomethyl- und Monoäthylamin, schwächer die höheren, wie Amylamin. Sekundäre und tertiäre aliphatische Amine reagieren nicht. Von den Aminosäuren gibt nur das Glykokoll eine kräftige Blaufärbung (THOMAS). Die Reaktion läßt sich daher zu einem sehr empfindlichen Nachweis der Ammoniumsalze sowie des Ammoniaks verwenden und eignet sich noch besser als die Prüfung mit NESSLERS Reagens zu deren Nachweis bzw. colorimetrischer Bestimmung in Blut, Harn oder anderen biologischen Flüssigkeiten (VAN SLYKE und HILLER, ORR u. a.).

Ausführung. Zu 5 cm^3 der Untersuchungslösung gibt man 1 cm^3 einer 4%igen Phenollösung und 1 cm^3 der Natriumhypochloritlösung hinzu. Die Natriumhypochloritlösung wird aus 16 g Natriumhydroxyd, aufgelöst in 200 cm^3 Wasser, durch Sättigung mit Chlor bei Zimmertemperatur hergestellt; oder man kann das Eau de Javelle des Handels, das vorher auf das zehnfache Volumen verdünnt wurde, benützen.

Beim Mischen färbt sich die Lösung zuerst grünlich, dann rein blau. Die Färbung nimmt beim Stehen wieder ab. Es ist daher erforderlich, die Beobachtung nicht später als nach ½ Std. anzustellen.

Im Reagensglas kann man 1 γ Ammonium in 5 cm^3 Lösung nachweisen, also **Grenzkonzentration** 1:5000000 (VAN SLYKE und HILLER); nach THOMAS 1:500000. Die Reaktion soll etwas empfindlicher mit Ammoniak- als mit Ammoniumsalzlösungen sein. In 10 cm^3 Lösung kann man 1 γ Ammoniak und 2,5 γ Ammonium nachweisen, was der **Grenzkonzentration** 1:10000000 bzw. 1:4000000 entspricht (KARAOGLANOV).

Störungen. Eine ähnliche Reaktion geben die primären aliphatischen Amine (Methylamin, Äthylamin) und von den Aminosäuren Glykokoll.

Anstatt Phenol- kann Natriumphenolatlösung (25 g Phenol in wenig Wasser gelöst mit 50 cm^3 40%iger Natronlauge und Wasser auf 100 cm^3 gebracht) verwendet werden. Man versetzt 5 cm^3 der Untersuchungsflüssigkeit mit 1 cm^3 der Phenolatlösung und mit 1 cm^3 Natriumhypochloritlösung wie oben (VAN SLYKE und HILLER). Die Reaktion ist im allgemeinen nicht so charakteristisch wie mit Phenol. Die Nachweisgrenze ist für Ammonium die gleiche, für Ammoniak etwas geringer: 8 γ Ammoniak in 10 cm^3, was einer **Grenzkonzentration** von 1:1250000 entspricht (KARAOGLANOV).

2. ***Färbung mit Thymol und Natriumhypobromit.*** Thymol, [Strukturformel: Benzolring mit CH_3, OH, $CH(CH_3)_2$] bildet in Gegenwart von Ammoniumsalzen und bei Oxydation mit Natriumhypobromit einen charakteristischen Farbstoff, so daß diese Farbreaktion zum Nachweis von Ammonium-Ionen geeignet ist (HANSEN, LAPIN und HEIN). Der Farbstoff läßt sich mit einigen organischen Lösungsmitteln ausschütteln, man kann also auch gefärbte Flüssigkeiten untersuchen. Durch Wasserstoffperoxyd wird die Intensität der Färbung erheblich geschwächt (LAPIN und HEIN). Größere Mengen von stark reduzierenden Substanzen, die das Hypobromit zerstören, dürfen in der Untersuchungslösung nicht vorhanden sein (HANSEN).

Reagens und Ausführung nach HANSEN: Als Reagens benötigt man zwei Lösungen, die eine (I) besteht aus 2 g Thymol, 10 cm^3 2 n-Natronlauge und 90 cm^3 Wasser, die andere (II) erhält man durch Mischen von 100 cm^3 Bromwasser mit 35 cm^3 2 n-Natronlauge. Lösung I färbt sich zwar allmählich dunkel, ist aber doch lange Zeit verwendbar, während Lösung II höchstens 2 Wochen beim Aufbewahren in einer braunen Flasche brauchbar bleibt, besser aber vor Ausführung des Nachweises frisch bereitet wird.

5 cm^3 der Untersuchungslösung, die neutral oder alkalisch reagieren muß, werden mit je 1 cm^3 der beiden Reagenslösungen gemischt und 20 Min. ruhig stehen gelassen. Bei Anwesenheit von Ammonium-Ionen erscheint innerhalb dieser Zeit eine tief blaue bis grünblaue Färbung. Schüttelt man die Reaktionslösung jetzt mit einigen Kubikzentimetern Äther, so geht der Farbstoff mit tief roter Farbe in die ätherische Schicht über.

Reagens und Ausführung nach LAPIN und HEIN: Reagenslösung I ist eine 25%ige alkoholische Lösung von Thymol, Lösung II, die Natriumhypobromitlösung, wird durch Mischen von 1 Volumen 2 n-Natronlauge und 2 Volumina gesättigten Bromwassers frisch hergestellt.

5 cm^3 Untersuchungslösung werden mit 1 cm^3 der alkoholischen Thymollösung versetzt. Nach dem Mischen gibt man 12 bis 15 cm^3 der Natriumhypobromitlösung hinzu und nach 1 bis 2 Min. 5 cm^3 Äther oder 3 cm^3 Xylol. Die Mischung wird dann mehrmals vorsichtig umgewendet, worauf die Färbung in die Schicht des organischen Lösungsmittels geht. Bei Verwendung von Äther erhält man eine violette Färbung, während Xylol den Farbstoff mit roter Farbe löst. Der Farbstoff läßt sich ferner durch Äthylalkohol, Aceton oder Amylalkohol mit blaugrüner Farbe, durch Chloroform mit violetter Farbe, durch Petroläther, Benzin, Benzol und seine Homologen mit roter Farbe extrahieren. Wenn man kein organisches Lösungsmittel hinzusetzt, sondern die blaue Reaktionsflüssigkeit ansäuert, so färbt sie sich rot. Aus einer solchen angesäuerten Flüssigkeit extrahieren alle genannten Lösungsmittel ein rotes Pigment.

Erfassungsgrenze: Nach LAPIN und HEIN kann man noch 0,5 γ Ammoniak in 5 cm^3 Untersuchungslösung sicher nachweisen, also **Grenzkonzentration** 1:10000000. HANSEN gibt als Grenzkonzentration 1:1000000 an.

Störungen. Die Reaktion wird auch von Mono-, Di- und Trimethylamin sowie von Glykokoll und Alanin gegeben, allerdings nur bei sehr viel höheren Konzentrationen an diesen Stoffen (HANSEN). HANSEN hält es für möglich, daß die Reaktion der Amine nur darauf zurückzuführen ist, daß sie Spuren von Ammoniak enthielten. Nach LAPIN und HEIN soll von organischen Verbindungen nur Anilin stören, das je nach seiner Konzentration die Ätherschicht gelbrosa bis rot färbt. Harnstoff, der nicht zersetzt wird, färbt die Ätherschicht gelborange, was aber den Ammoniumnachweis nicht stört.

Von den Kationen stören nur Blei und Platin, da bei ihrer Gegenwart und bei Abwesenheit von Ammonium-Ionen die Ätherschicht gelbbraun wird und dadurch die violette Färbung des NH_3-haltigen Farbstoffes maskiert wird. Die Störung durch Blei kann durch Sulfatzusatz leicht beseitigt werden. Von den Anionen stören nur die S''-Ionen, eine Störung, die durch einen Überschuß der Hypobromitlösung vermieden werden kann. Größere Mengen von Hydroxylamin- und Hydrazinsalzen verhindern die Bildung des Farbstoffes. Die Zusammensetzung des Farbstoffes ist von FÜRTH und GÖTZL zu $C_{5,40}H_{6,41}N_{0,064}Br_{0,21}O_{0,66}$ bestimmt worden. Es soll sich dabei um ein Gemenge unbeständiger hochmolekularer Substanzen handeln, in dem sich vermutlich um ein oxydativ verändertes bromiertes Chinonphenolimid eine größere Zahl phenolischer Komplexe gruppieren dürfte.

3. Nachweis mit Natriumhypobromit. Alkalihypobromite reagieren mit Ammoniak oder Ammoniumsalzen unter Stickstoffentwicklung nach der Gleichung:

$$2\,NH_3 + 3\,NaOBr = N_2 + 3\,H_2O + 3\,NaBr.$$

Die Reaktion kann zum Nachweis von aus Ammoniumsalzen durch Alkalilauge freigemachtem Ammoniak verwendet werden.

Ausführung. Ein mit Natriumhypobromit befeuchteter Glasstab wird in den Raum gebracht, in dem sich das ammoniakhaltige Gas befindet. Bei Berührung mit Ammoniak bedeckt sich der feuchte Teil des Glasstabes mit einer großen Zahl von Stickstoffbläschen, die so klein sind, daß sie wie ein weißer Überzug des Glasstabes aussehen. Gleichzeitig verschwindet die gelbe Farbe des Hypobromits.

Dieses Verhalten gegen Natriumhypobromit zeigt nur Ammoniak. Die primären aliphatischen Amine geben mit dem Reagens eine gelbe Fällung, die übrigen Amine überhaupt keine Reaktion [DENIGÈS (a)].

Über die Empfindlichkeit sind keine Angaben gemacht worden.

4. Nachweis mit Kupfersulfat. WACKENRODER benutzt zum Nachweis von Ammonium-Ionen die tiefblaue Farbe, die freies Ammoniak Kupfersalzlösungen infolge Bildung des Tetramminkupfer(II)-Ions erteilt. Er setzt aus der Untersuchungslösung durch Zugabe einer starken Lauge Ammoniak in Freiheit und läßt das gasförmige Ammoniak auf eine Kupfersulfatlösung einwirken.

Ausführung. Die Untersuchungslösung wird nach WACKENRODER auf ein Uhrglas gegeben, mit Kalilauge alkalisch gemacht und schwach erwärmt. Auf das Uhrglas legt man ein Stück Filtrierpapier, das in seiner Mitte mit einer Lösung von Kupfersulfat getränkt ist. Je nach der Ammoniakmenge in der Untersuchungslösung entsteht innerhalb einiger Sekunden oder Minuten ein stärkerer oder schwächerer dunkelblauer Fleck auf dem Kupferpapier.

Erfassungsgrenze: KARAOGLANOV führt die Reaktion im Reagensglas aus und weist noch 10 γ Ammoniak in 10 cm^3 der Probelösung nach, was einer **Grenzkonzentration** von 1:1000000 entspricht.

Störungen. Es stört Schwefelwasserstoff.

5. Nachweis mit Kupfersulfat und Wasserstoffperoxd. SCHMIZ schlägt vor, zum Nachweis von Ammoniak dessen Reaktion mit einer Lösung von Kupfersulfat und Wasserstoffperoxyd zu benutzen. Aus dieser Lösung wird durch eine wäßrige Lösung von Ammoniak, wie durch alle Lösungen, die Hydroxyl-Ionen enthalten, ein braunschwarzer bis hellbrauner Niederschlag von Kupferoxyd ausgefällt. Bei sehr verdünnten Lösungen entsteht kein Niederschlag, sondern nur eine dunkel- bis hellgelbe Färbung der Flüssigkeit. Die Reaktion wird zweckmäßig in engen Reagensgläsern als Schichtprobe ausgeführt.

Ausführung. Man mischt 1 cm^3 1%iger Kupfersulfatlösung mit 1 cm^3 3%iges Wasserstoffperoxyd und überschichtet vorsichtig mit der Untersuchungslösung. Bei Gegenwart von Ammoniak bildet sich je nach dessen Konzentration in der Berührungsschicht eine braunschwarze bis gelbe Zone.

Bei einer Verdünnung 1:10000 ist die Zone hellbraun, bei einer Verdünnung von 1:100000 gelb gefärbt. Die **Grenzkonzentration** ist 1:1000000, bei der ein eben noch wahrnehmbarer gelber Schimmer zu sehen ist (SCHMIZ).

Störungen. Dieselbe Reaktion geben Kalium-, Natrium- und Calciumhydroxyd, überhaupt alle alkalisch reagierenden Substanzen. Von diesen geht die Reaktion mit Ammoniak bis zu den größten Verdünnungen (SCHMIZ). Um die Störungen durch die Alkalien zu vermeiden und auch auf Ammoniumsalz prüfen zu können, wird man aus der Untersuchungslösung durch Zugabe einer starken Lauge das Ammoniak abdestillieren, in Wasser auffangen und das Destillat zur Prüfung benutzen.

6. Nachweis mit Mangan(II)sulfat, Wasserstoffperoxyd und Tetramethyldiaminodiphenylmethan. Bereits 1846 hat WACKENRODER vorgeschlagen, Ammoniak durch seine Einwirkung auf Mangan(II)salze nachzuweisen. Der Nachweis beruht darauf, daß das 2wertige Mangan in Gegenwart von Ammoniak infolge von dessen alkalischer Reaktion durch Luftsauerstoff zu 4wertigem oxydiert wird. WACKENRODER verwendet ein mit Mangan(II)sulfatlösung getränktes Filtrierpapier, auf welches er das aus der Untersuchungslösung durch starke Lauge in Freiheit gesetzte Ammoniak einwirken läßt, wobei innerhalb weniger Minuten auf dem Manganpapier ein gelbbrauner bis dunkelbrauner Fleck entsteht.

CARNEY konnte die Reaktion dadurch wesentlich empfindlicher gestalten, daß er einerseits die Oxydation des Mangan(II)-Ions durch Zugabe von Wasserstoffperoxyd beschleunigt und andererseits das entstandene 4wertige Mangan nach TRILLAT mit Tetramethyl-p-diaminodiphenylmethan, $H_2C(C_6H_4N(CH_3)_2)_2$, nachweist. Eine farblose essigsaure oder citronensaure Lösung der „Tetrabase“, besitzt nämlich die

Eigenschaft, durch kleinste Mengen einer Manganverbindung, in der das Mangan höher als 2wertig ist, infolge Oxydation tiefrot gefärbt zu werden. Diese Farbreaktion der Tetrabase ist auch dann noch gut zu erkennen, wenn die braune Farbe des entstandenen 4wertigen Mangans wegen zu geringer Menge nicht mehr wahrzunehmen ist. Das Wasserstoffperoxyd oxydiert die Mangan(II)-Ionen nur in Gegenwart von Hydroxyl-Ionen, so daß die Reaktion in der unten beschriebenen Ausführung nur bei Anwesenheit von Ammoniumhydroxyd eintritt.

Reagenzien. CARNEY benutzt eine Lösung von 2 g Mangan(II)sulfat und 5 cm^3 3%igem Wasserstoffperoxyd in 200 cm^3 Wasser. Mit dieser Lösung wird ein Stück Filtrierpapier getränkt. Als zweite Lösung dient eine citronensaure Lösung der „Tetrabase"; sie wird bereitet, indem man 2,5 g Tetramethyl-p-diaminodiphenylmethan in einer Lösung von 10 g Citronensäure in 10 cm^3 Wasser auflöst und dann auf 500 cm^3 verdünnt. Diese citronensaure Lösung der organischen Base ist, im Gegensatz zu der von TRILLAT vorgeschlagenen essigsauren Lösung, haltbar.

Ausführung. Die Untersuchungslösung wird unter Zusatz von Natronlauge erhitzt. In die entwickelten Dämpfe hält man das mit Mangan(II)sulfat und Wasserstoffperoxyd getränkte Filtrierpapier. Entsteht ein brauner Fleck auf dem Filtrierpapier, so war Ammonium zugegen. Befeuchtet man den braunen Fleck mit 1 Tropfen der Lösung der „Tetrabase", so färbt er sich tief purpur. Wenn die Menge an Ammoniak sehr gering ist, so ist zwar die Braunfärbung nicht, dagegen aber der Purpurfleck zu erkennen.

Erfassungsgrenze: 100 γ Ammoniak geben noch eine schwache Braunfärbung und einen kräftigen Purpurfleck. 10 γ Ammoniak zeigen bei Prüfung mit der „Tetrabase" einen gerade noch erkennbaren, schwach bläulichen Fleck.

Erfassungsgrenze: 10 γ Ammoniak in 0,5 cm^3.

Grenzkonzentration: 1:50000 (CARNEY).

7a. Fällung mit Jodkalium und Natriumhypochlorit. Versetzt man eine Ammoniak oder Ammoniumsalz enthaltende, nicht saure Lösung mit etwas Jodkalium- und Alkalihypochloritlösung, so entsteht sofort eine intensiv schwarze Färbung, die sich als Fällung von Jodstickstoff, J_3N bzw. NHJ_2, absetzt. Bei Reagensüberschuß verblaßt die Färbung und die Fällung verschwindet (TRILLAT und TURCHET; C. R. FRESENIUS, S. 124).

Ausführung. 20 bis 30 cm^3 der Untersuchungslösung versetzt man mit 3 Tropfen einer 10%igen Kaliumjodidlösung und 2 Tropfen einer konzentrierten Natriumhypochloritlösung (Eau de Javelle des Handels). Die schwarze Färbung entsteht sogleich. Sie ist beständig genug, um eine colorimetrische Bestimmung zu gestatten. In fraglichen Fällen, in denen eine Verwechslung mit der Farbe des Jods, das in Freiheit gesetzt wird, möglich wäre, fügt man noch einen sehr geringen Überschuß von Hypochlorit hinzu.

Erfassungsgrenze: Im Reagensglas 10 γ Ammoniak in 5 cm^3 Lösung.

Grenzkonzentration: 1:500000 (TRILLAT und TURCHET).

Nach KARAOGLANOV ist die Empfindlichkeit des Nachweises viel geringer, etwa 0,5 mg Ammonium in 10 cm^3 Lösung, was einer Grenzkonzentration von 1:20000 entspricht. Der Unterschied läßt sich durch die nach der angegebenen Arbeitsvorschrift nicht ganz genau gleichgehaltene Alkalität der Reaktionsflüssigkeit erklären, vgl. auch die folgende Nachweisreaktion § 2, B. 7b.

Störungen. Die Reaktion liefern nur Ammoniak- und Ammoniumsalzlösungen. Es stören nicht die aliphatischen und aromatischen Amine, Nitrate, Nitrite und Alkalisulfide.

TRILLAT und TURCHET empfehlen die Reaktion zum Nachweis von Ammoniak und von Ammoniumsalzen in Trink- und Nutzwasser.

7 b. Fällung mit Jod und Kaliumhydroxyd. Ein Zusatz von Jodlösung zu einer ammoniakhaltigen Flüssigkeit verursacht die Bildung von Jodstickstoff und die Reaktion verläuft in gleicher Weise, wie wenn Lösungen von Jodkalium und Alkalihypochlorit zugesetzt werden (vgl. die vorhergehende Nachweisreaktion § 2, B. 7a). Durch stets gleich zu haltende Alkalität der Reaktionsflüssigkeit beim Hinzufügen von verhältnismäßig gleichem Überschuß an Kalilauge zu den Ammoniumsalze enthaltenden Lösungen, läßt sich eine größere Empfindlichkeit als bei der vorangehenden Reaktion erzielen (Karaoglanov).

Ausführung. 10 cm^3 der Untersuchungslösung versetzt man mit 0,3 bis 1 cm^3 n-Kalilauge und 2 cm^3 0,1 n-Jodlösung. Die Kalilauge muß im Verhältnis zu dem vorhandenen Ammoniumsalz im Überschuß zugesetzt werden. Es entsteht sofort eine schwarze Färbung bzw. Fällung von Jodstickstoff, die desto schneller verblaßt, je mehr freies Ammoniak bzw. Ammoniumsalz in der ursprünglichen Untersuchungslösung anwesend war.

Erfassungsgrenze: Es lassen sich im Probierglase 20 γ Ammonium in 10 cm^3 Lösung nachweisen.

Grenzkonzentration: 1:500000 (Karaoglanov).

8. Fällung mit Formaldehyd und Brom- bzw. Jodlösung. Bringt man 1 Tropfen der Formaldehydlösung (40%ig) mit Ammoniakdämpfen in Berührung und dann mit Bromwasser, das mit Essigsäure angesäuert ist, so entsteht eine gelbe Trübung oder Fällung eines Bromderivates von Hexamethylentetramin [Denigès (a)].

Ausführung. Man bringt einen mit Formaldehyd befeuchteten Glasstab in den zu prüfenden Raum, in dem sich Ammoniak befindet, und taucht denselben nachher in Bromwasser, welches durch 1 Tropfen Essigsäure angesäuert ist. Es entsteht sofort eine Trübung oder gelbe Fällung, hervorgerufen durch ein Bromderivat von Hexamethylentetramin. Aliphatische Amine geben dieselbe Reaktion.

Angaben über die Empfindlichkeit fehlen (Gutzeit).

van Zijp benutzt statt Bromwasser die Jodkaliumlösung und führt die Reaktion in folgender Weise durch. Man läßt die mit wenig Formaldehydlösung versetzte Untersuchungsflüssigkeit, welche Ammoniumsalze, wie Chlorid, Sulfat, Phosphat oder Oxalat enthält, verdunsten und versetzt den Rückstand mit Jodkaliumlösung. Es entsteht eine charakteristische gelbbraune Krystallfällung von Hexamethylentetraminperjodid, $(CH_2)_6N_4J_4$.

9. Fällung mit Pikrinsäure und Formaldehyd. Die Fällung der Ammoniumsalzlösungen mit gesättigter wäßriger Pikrinsäurelösung, [Strukturformel: Benzolring mit OH oben, O_2N und NO_2 seitlich, NO_2 unten], ist für den Ammoniumnachweis zu wenig empfindlich. Es lassen sich in 5 cm^3 Probelösung, der 5 cm^3 gesättigte Pikrinsäurelösung zugesetzt wurden, etwa 0,02 g Ammonium erkennen, was einer **Grenzkonzentration** 1:500 entspricht.

Auch mit gesättigter Lösung des Natriumpikrats ist die Reaktion kaum empfindlicher (Reichard). Bei der gleichen Reaktion (statt 5 cm^3 gesättigter Pikrinsäurelösung wurden 5 cm^3 einer gesättigten Natriumpikratlösung hinzugefügt) lassen sich 0,01 g Ammonium nachweisen, bei einer **Grenzkonzentration** 1:1000 (Karaoglanov).

Die Lösung der Pikrinsäure in Formaldehyd, gesättigt mit Hexamethylentetraminpikrat, bietet ein empfindlicheres Reagens, das in Berührung mit Ammoniak die Abscheidung des gelben Niederschlages von Hexamethylentetraminpikrat liefert.

Das Reagens besteht aus einer in der Kälte bereiteten, 1%igen Pikrinsäurelösung in käuflichem (40%igem) Formaldehyd, in der man bis zur Sättigung Hexamethylentetraminpikrat auflöst (Kollo und Teodossiu).

Ausführung. Die Probelösung wird mit 1 cm³ des Reagenses versetzt. Die Bildung eines gelben Niederschlages weist die Anwesenheit von Ammoniak nach.

Erfassungsgrenze: Dieses Verfahren gestattet im Reagensglas das 1 mg Ammoniumchlorid entsprechende Ammoniak nachzuweisen (MAKRIS).

10. Fällung als Ammonium-Calciumferrocyanid mit Calciumferrocyanid. So wie Kaliumsalze (s. Kalium § 2, B. 6) geben auch Ammoniumsalze beim Versetzen mit einer Lösung von Calciumferrocyanid in 50%igem Äthylalkohol einen weißen Niederschlag, der die Zusammensetzung $Ca(NH_4)_2[Fe(CN)_6]$ besitzt. Die Reaktion wird zum Ammoniumnachweis vorgeschlagen. Als Reagens dient eine Lösung von Calciumferrocyanid oder von Natriumferrocyanid und Calciumchlorid in 50%igem Äthylalkohol. Man fügt zur Reagenslösung einige Tropfen der auf Ammoniumsalz zu prüfenden Flüssigkeit [GASPAR Y ARNAL (a)].

Eine ähnliche Fällung mit dem Reagens liefern auch Salze des Kaliums, Rubidiums, Caesiums und Thalliums. Auch die alkoholischen Lösungen von Magnesiumferrocyanid, $Mg_2Fe(CN)_6$, und Bariumferrocyanid, $Ba_2Fe(CN)_6$, fällen Ammonium in der Hitze. Das letztere Reagens fällt in der Kälte noch Thallium, nicht aber Kalium, Rubidium und Caesium. Hierdurch ergibt sich die Möglichkeit einer Trennung des Thalliums und Ammoniums von den drei genannten Alkalien [GASPAR Y ARNAL (a)].

Angaben über die Empfindlichkeit der Reaktion fehlen.

11a. Fällung als Ammonium-Natrium-Kobaltinitrit mit Natriumkobaltinitrit. Bei der Einwirkung einer Lösung von Natriumkobaltinitrat, $Na_3Co(NO_2)_6$, auf neutrale bis schwach saure Ammoniumsalzlösungen bildet sich eine gelbe, krystalline Fällung. Der Niederschlag besteht aus Ammonium-Natriumkobaltinitrit, $NH_4Na_2Co(NO_2)_6$ und $(NH_4)_2NaCo(NO_2)_6$, bzw. aus reinem Ammoniumkobaltinitrit, $(NH_4)_3Co(NO_2)_6$. Eine analoge Reaktion geben Kalium-, Rubidium- und Caesiumsalze. Das Natriumkobaltinitrit ist zuerst von DE KONINCK zum Kaliumnachweis empfohlen worden. Durch Zugabe von Alkohol wird die Löslichkeit der Ammoniumkobaltinitrite ebenso wie diejenige der entsprechenden Kaliumverbindungen beträchtlich herabgesetzt.

Reagens. Als Reagenslösung empfiehlt BRAY eine Lösung von 100 g Natriumnitrit in 200 cm³ Wasser, die mit 60 cm³ 30%iger Essigsäure und 10 g Kobaltnitrat, $Co(NO_3)_2 \cdot 6\,H_2O$, versetzt ist und die nach 1- bis 2tägigem Stehen filtriert und auf 400 cm³ aufgefüllt wird. Da das Reagens in Lösung nicht lange haltbar ist, wird es zweckmäßig jedesmal vor dem Gebrauch frisch bereitet, am besten durch Auflösen von reinem Natriumkobaltinitrit, dessen Darstellung BIILMANN beschrieben hat (vgl. Kalium § 2, A. 2a, Anmerkung). Zu diesem Zweck löst man jeweils etwa 0,5 g des reinen Natriumkobaltinitrits in 3 cm³ kaltem Wasser auf.

Ausführung. Die Untersuchungslösung wird mit Essigsäure schwach angesäuert und mit dem gleichen Volumen der Reagenslösung versetzt. Nach einigem Stehen fällt der gelb bis orange gefärbte Niederschlag des Ammoniumsalzes aus (BRAY). BOWSER (a) setzt zu der Reaktionslösung ein gleiches Volumen Alkohol hinzu; dadurch wird nicht nur die Empfindlichkeit erhöht, sondern auch die Fällung stark beschleunigt, so daß die Niederschlagsbildung sofort festgestellt werden kann. Über die Versuchsdurchführung bei sehr verdünnten Lösungen s. BOWSER (b).

Erfassungsgrenze: Nach BRAY gibt 1mg Ammonium in 5 cm³ Lösung beim Versetzen mit 5 cm³ Reagenslösung innerhalb 10 Min. eine Fällung; unter denselben Bedingungen geben 0,5 mg Ammonium nach mehreren Stunden ebenfalls eine Fällung. Also **Grenzkonzentration** 1:10000. Nach KARAOGLANOV nimmt die Empfindlichkeit der Reaktion mit der Reagensmenge zu. Trotzdem ist es nicht zweckmäßig eine konzentrierte Reagenslösung zu verwenden. Aus seinen Versuchen ergibt sich die Nachweisgrenze in wäßriger Lösung zu etwa 4 mg Ammonium in 10 cm³, also eine Grenzkonzentration 1:2500. Bei Zugabe von Alkohol bei der Ausführungsart von

BOWSER (b) ist die Grenzkonzentration 1:100000. Nach WEBER und KRANE wird durch Zugabe von Alkohol die Fällung quantitativ.

Störungen. Es stören Kalium-, Rubidium-, Caesium- und Thallium(I)-Ionen, da sie entsprechende, aber noch schwerer lösliche Kobaltinitrite bilden. Natrium- und Lithiumsalze stören nicht. Freie Mineralsäuren und Alkalien dürfen in der Untersuchungslösung nicht zugegen sein.

Durch Zusatz von Silbernitrat läßt sich die Empfindlichkeit des Nachweises erhöhen (vgl. § 2, B. 11b).

11 b. Fällung als Ammonium-Silber-Kobaltinitrit mit Natriumkobaltinitrit und Silbernitrat. Die Empfindlichkeit des Ammoniumnachweises mit Natriumkobaltinitrit (§ 2, B. 11a) läßt sich noch steigern, wenn man Silbernitrat zusetzt. Wie BURGESS und KAMM festgestellt haben, fallen bei Anwesenheit von Silber-Ionen an Stelle der Ammonium-Natrium-Kobaltinitrite die entsprechenden Silberverbindungen, $NH_4Ag_2Co(NO_2)_6$ bzw. $(NH_4)_2AgCo(NO_2)_6$, aus, die bedeutend schwerlöslicher sind als jene.

Ausführung. Zu der neutralen oder schwach sauren Untersuchungslösung setzt man 1 Tropfen einer 25%igen wäßrigen Lösung von reinem Natrium-Kobaltinitrit hinzu und dann so viel Silbernitratlösung, daß die Reaktionslösung in bezug auf Silbernitrat etwa $^1/_{100}$ normal ist (BURGESS und KAMM).

Grenzkonzentration: Nach BURGESS und KAMM ist die Grenzkonzentration für Ammonium 1:200000.

Störungen. Kalium-, Rubidium-, Caesium- und Thallium(I)-Ionen bilden gleichfalls unlösliche Silber-Kobaltinitrite, deren Löslichkeit noch geringer ist als diejenige der Ammoniumverbindung (Grenzkonzentration für K, Rb, Cs und Tl unter 1:1000000). Lithium- und Natrium-Ionen stören nicht. Es stört ein Überschuß von Natriumnitrit, da infolge Bildung des komplexen Ions $Ag(NO_2)_x$ (Formulierung im Original!) die Konzentration der Silber-Ionen zu weit herabgesetzt wird. Ferner dürfen in der Untersuchungslösung keine Anionen zugegen sein, die schwerlösliche Silbersalze bilden.

12. Fällung als Ammoniumhydrogentartrat mit Natriumhydrogentartrat. Ammoniumsalze werden mit Natriumhydrogentartrat in neutraler oder schwach essigsaurer Lösung gefällt. Es entsteht eine weiße krystalline Fällung von Ammoniumhydrogentartrat, $NH_4H(C_4H_4O_6)$. Zusatz von Natriumacetat bis zum p_H-Wert 4 (Umschlag des Methylorange) und Reiben der Gefäßwände mit einem Glasstab sind günstig für die Bildung des Niederschlages. Der Niederschlag löst sich in starken Säuren und in Alkalien auf, im letzteren Falle unter Bildung des neutralen Salzes. Die Reaktion ist weniger empfindlich als die auf Kalium, da das Ammoniumhydrogentartrat wasserlöslicher ist als Kaliumhydrogentartrat. 100 cm³ Wasser bei 18° lösen 2,606 g des Ammoniumsalzes (TREADWELL, S. 71). Beim Glühen des Salzes verbleibt nur Kohle und keine mit Salzsäure aufbrausende Asche. Diese Reaktion, sowie der Umstand, daß der Niederschlag mit Natronlauge Ammoniak entwickelt, dient zur Unterscheidung von Kalium bzw. anderen Alkalien.

Als Reagens dient eine bei Zimmertemperatur gesättigte Lösung von Natriumhydrogentartrat. Dieselbe muß im Überschuß zu der Probelösung des Ammoniumsalzes zugesetzt werden, etwa 5 cm³ Reagens auf 5 cm³ Probelösung. Es bilden sich leicht übersättigte Lösungen. Werden statt Natriumhydrogentartrat Weinsäurelösungen verwendet, so entsteht keine Fällung (KARAOGLANOV).

Erfassungsgrenze: Nach KARAOGLANOV lassen sich 47 mg Ammonium in 10 cm³ Lösung nachweisen, was einer **Grenzkonzentration** 1:213 entspricht.

Ob die Zugabe von Alkohol die Empfindlichkeit erhöht — so wie dies beim Kalium der Fall ist (s. Kalium § 2, A. 6) —, ist nicht untersucht worden.

Störungen. Bei dem Ammoniumnachweis als Ammoniumhydrogentartrat stören die Salze von Rubidium, Caesium, Thallium, von Erdalkalien und von Blei, welche eine ähnliche Reaktion liefern. Die Natrium- und Lithiumsalze stören nicht.

13. Fällung mit Natriumphosphorwolframat. Mit 5%iger Lösung von Natriumphosphorwolframat geben die Ammoniumsalze eine weiße voluminöse Fällung von Ammoniumphosphorwolframat, dem in Analogie zu dem entsprechenden, ebenfalls schwerlöslichen Kaliumsalz die Formel $(NH_4)_3[PO_4 \cdot (WO_3)_{12} \cdot (H_2O)_x]$ zuzuschreiben wäre. Sie ist in Salpetersäure unlöslich, löst sich jedoch in Ammoniak. Ganz ähnlich aussehende Fällungen geben auch Kalium, Rubidium und Caesium. Nicht gefällt werden Lithium-, Natrium-, Beryllium-, Magnesium-, Calcium-, Strontium- und Barium-Ionen [GASPAR Y ARNAL (b)].

Über die Empfindlichkeit der Reaktion sind keine Angaben gemacht worden.

Mit Natriumwolframat (5%ige Lösung) geben die Ammoniumsalze keinen Niederschlag.

14. Fällung mit Schwefelwasserstoff und Chloralhydrat. Zum Nachweis von Schwefelwasserstoff benutzt CURTMAN eine wäßrige, mit etwas Ammoniak versetzte Lösung des Chloralhydrats. Das Reagens gibt selbst mit sehr kleinen Mengen des Schwefelwasserstoffes eine rotbraune Färbung und nach einigem Stehen einen braunen Niederschlag. Umgekehrt dient ein Gemisch von Chloralhydratlösung mit frisch gesättigtem Schwefelwasserstoffwasser als Reagens auf Ammoniak.

Ausführung. Das frisch bereitete Reagens wird der Probelösung zugesetzt. Es entsteht eine leichte Trübung und die Flüssigkeit färbt sich je nach der Menge des anwesenden Ammoniaks gelb bis braun.

Erfassungsgrenze: 1 Tropfen (etwa 10%igen) Ammoniaks in einem halben Liter destillierten Wassers gibt auf Zusatz von Schwefelwasserstoffwasser-Chloralhydratlösung eine sehr deutliche Gelbfärbung durch die ganze Flüssigkeit (CURTMAN).

§ 3. Nachweis auf mikrochemischem Wege.

I. Nachweis des entbundenen Ammoniaks.

A. Wichtige Reaktionen.

1. Abscheidung mit Platinchlorwasserstoffsäure als Ammoniumhexachloroplatinat. Ammoniumhexachloroplatinat krystallisiert in gleicher Form und Größe wie das entsprechende Kaliumsalz. Es bildet ebenfalls citronengelbe, scharf ausgebildete und stark lichtbrechende Oktaeder sowie ihre Kombinationsformen. Es ist weniger löslich in Wasser als Kaliumhexachloroplatinat und eignet sich zum mikrochemischen Nachweis des Ammoniums. Siehe Abb. 1 bei dem entsprechenden Kaliumsalz („Kalium“ § 3, A. 1).

Ausführung. Man vertreibt das Ammoniak aus der Untersuchungssubstanz mit Natronlauge und fängt es in einem hängenden Tropfen des Reagenses (10%ige Platinchlorwasserstoffsäurelösung) auf. Der Tropfen befindet sich auf der Unterseite des Deckglases, mit welchem die Glaskammer bedeckt wird (Abb. 1). Erwärmung kann meistens unterbleiben, muß jedoch, falls nötig, unter 70° C gehalten werden. Die Bildung der Ammoniumhexachloroplatinatkrystalle kann mit schwacher Vergrößerung (etwa 70mal) unter dem Mikroskop beobachtet werden. Will man größere Krystalle erhalten, so fängt man das entbundene Ammoniak zuerst in 1 Tropfen verdünnter Salzsäure auf und versetzt danach diesen Tropfen mit Platinchlorwasserstoffsäurelösung (BEHRENS-KLEY, S. 36).

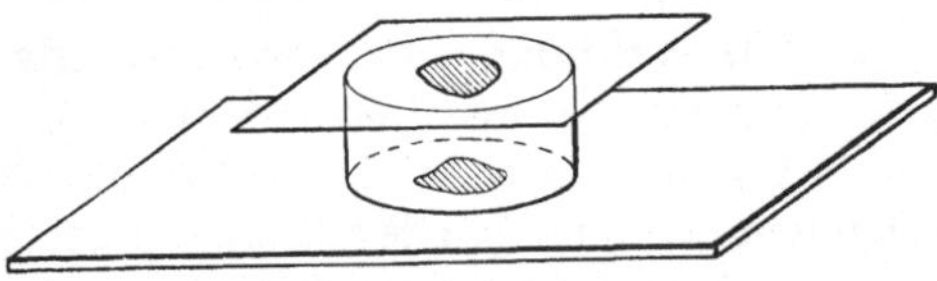

Abb. 1. Glaskammer.

Erfassungsgrenze: 1 γ Ammonium in 0,01 cm^3.
Grenzkonzentration: 1:10000.

Störungen. Manche flüchtigen und wasserlöslichen organischen Verbindungen können in den hängenden Tropfen gelangen und mit Platinchlorwasserstoffsäure eine krystalline Fällung geben. Das Aussehen dieser Krystalle ist jedoch derartig, daß sie mit Ammoniumhexachloroplatinat nicht verwechselt werden können (CHAMOT und MASON, S. 75). Ähnlich aussehende, isomorphe Krystalle geben außer den bereits erwähnten Kalium-, auch noch Thallium(I)-, Rubidium- und Caesium-Ionen.

2a. Abscheidung mit Natrium-Kupfer-Bleinitrit als Ammonium-Kupfer-Bleinitrit. Wirkt Ammoniakgas auf die Lösung von Natrium-Kupfer-Bleinitrit, so bilden sich eigentümliche, dunkelbraune bis schwarze Würfel des Ammonium-Kupfer-Bleinitrits, $(NH_4)_2CuPb(NO_2)_6$, die zum Nachweis der Ammoniumsalze dienen können. Näheres siehe in § 3, II. 1.

Reagenslösung. Eine Lösung von 20 g Natriumnitrit, 9,1 g Kupferacetat, 16,2 g Bleiacetat in 75 cm^3 Wasser wird langsam mit 75 cm^3 96%igem Alkohol und 2 g Essigsäure versetzt. Das Reagens ist frisch herzustellen!

Ausführung. In der Glaskammer wird aus 1 Körnchen der Untersuchungssubstanz oder aus 1 Tröpfchen der Probelösung mit Natron- bzw. Kalilauge oder noch besser mit Magnesiumoxyd Ammoniak in Freiheit gesetzt. Die Glaskammer wird mit einem Deckglas, auf dessen Unterseite sich 1 Tropfen der Reagenslösung befindet, bedeckt. Um ein Auseinanderfließen und rasches Abdunsten der alkoholischen Reagenslösung zu verhindern, bringt man an das Deckglas einen kleinen Paraffinring an und setzt in diesen den Reagenstropfen ein. Nach kurzem Stehenlassen bei Zimmertemperatur bilden sich in dem hängenden Tropfen bei Anwesenheit von Ammoniak die charakteristischen Krystalle des Ammonium-Kupfer-Bleinitrits.

Empfindlichkeit. Nicht angegeben (KISSER).

Über die Ausführung direkt in der Probelösung und über die Störungen s. §3, II. 1.

2b. Abscheidung mit Natrium-Nickel-Bleinitrit als Ammonium-Nickel-Bleinitrit. Bei Einwirkung des Ammoniaks auf Natrium-Nickel-Bleinitrit-Lösung bilden sich gut ausgebildete, orangegelbe Würfel von Ammonium-Nickel-Bleinitrit, $(NH_4)_2NiPb(NO_2)_6$.

Reagenslösung. 20 g Natriumnitrit, 8,8 g Nickel(II)acetat und 16,2 g Bleiacetat werden in 150 cm^3 Wasser unter Zusatz von 2 cm^3 Eisessig gelöst. Das Reagens ist frisch herzustellen.

Ausführung. Der Nachweis wird im hängenden Tropfen ausgeführt. In der Glaskammer wird 1 Körnchen der Untersuchungssubstanz oder 1 Tropfen der Probelösung mit Alkalilauge oder noch besser mit Magnesiumoxyd verrührt. Die Glaskammer wird mit einem Deckglas, auf dessen Unterseite sich 1 Tropfen der Reagenslösung befindet, bedeckt und bei Zimmertemperatur belassen. Bei Anwesenheit von Ammonium beginnt sich der hängende Tropfen bald durch den krystallinen Niederschlag des Ammonium-Nickel-Bleinitrits zu trüben. Kalium scheidet ähnliche Krystalle ab.

Empfindlichkeit. Nicht angegeben (KISSER).

3. Abscheidung mit Jodsäure als Ammoniumjodat. Obwohl Ammoniumjodat nur eine geringe Löslichkeit besitzt, geben Ammoniumsalzlösungen beim Versetzen mit Jodsäure infolge einer sehr hartnäckigen Übersättigungserscheinung im allgemeinen keine Niederschläge. Läßt man dagegen gasförmiges Ammoniak auf eine Jodsäurelösung einwirken, so krystallisiert sofort Ammoniumjodat aus, selbst beim Vorliegen sehr geringer Ammoniakmengen. Diese Reaktion eignet sich zum mikrochemischen Nachweis von Ammoniak [DENIGÈS (b), DENIGÈS und BARLOT].

Verwendet man als Reagens eine 10%ige wäßrige Jodsäurelösung, so bildet sich Ammoniumjodat, NH_4JO_3, in Form quadratischer, flacher Krystalle [DENIGÈS (b)].

Benutzt man ein konzentrierteres Reagens, z. B. eine 50%ige Lösung der Jodsäure, so entstehen meistens rhombische Krystalle von Ammoniumtrijodat, gelegentlich krystallisieren auch Aggregate von Nadeln des wenig stabilen Ammoniumdijodats aus (DENIGÈS und BARLOT).

a) Nachweis mit 10%iger Jodsäurelösung [DENIGÈS (b)].

Ausführung. Etwa 1 cm^3 der Untersuchungslösung versetzt man in einem kurzen Reagensglas mit 0,5 g Magnesiumoxyd. Das Reagensglas bedeckt man mit einem Objektträger, an dessen Unterseite sich ein kleiner Tropfen der 10%igen Jodsäurelösung befindet. Diese Anordnung überläßt man einige Zeit sich selbst und beobachtet den hängenden Tropfen mit dem Mikroskop. Je nach dem Ammoniakgehalt der Untersuchungslösung erscheinen die charakteristischen Krystalle von Ammoniumjodat sofort oder nach einiger Zeit, und zwar bilden sie sich anfangs und vornehmlich am Tropfenrande. Während DENIGÈS die Krystalle von Ammoniumjodat — wie schon oben erwähnt — als quadratische Platten beschreibt (vgl. Abb. 2), gibt GEILMANN eine Mikroaufnahme, nach welcher das Ammoniumjodat kreuzförmige Krystalle bildet (vgl. Abb. 3).

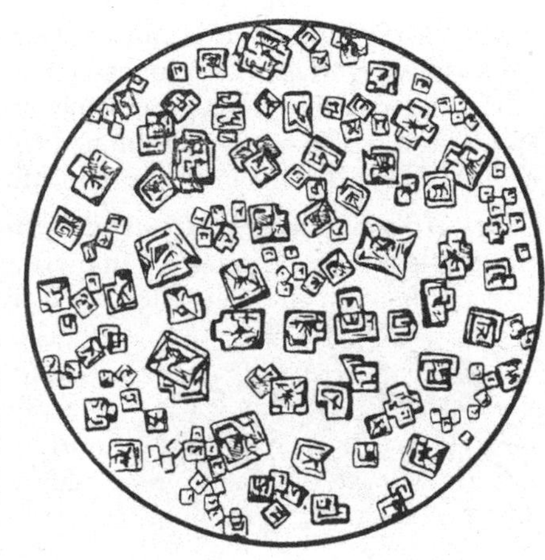

Abb. 2. Ammoniumjodatkrystalle nach DENIGES.

Erfassungsgrenze: Bei Gegenwart von 1 mg Ammonium in 1 cm^3 Untersuchungslösung sind die Krystalle nach wenigen Minuten zu erkennen; bei Anwesenheit von 0,1 mg Ammonium in 1 cm^3 bilden sich die Krystalle innerhalb 1 Std. [DENIGÈS (b)]. Also **Grenzkonzentration** 1:10000. Ist die Untersuchungslösung verdünnter, so dampft man vor Ausführung der Reaktion eine größere Menge auf ein kleines Volumen ein.

Störungen. Nach DENIGÈS (b) stört die Gegenwart flüchtiger Amine den Ammoniumnachweis nicht, da sie unter den angegebenen Bedingungen keine Fällungen geben.

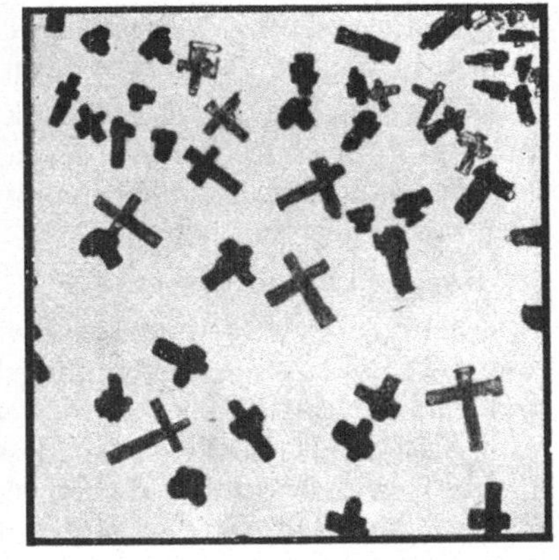

Abb. 3. Ammoniumjodatkrystalle (nach GEILMANN). Vergr. 80fach.

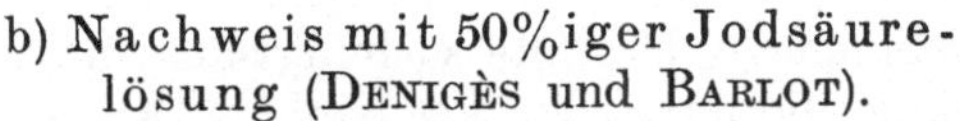

b) Nachweis mit 50%iger Jodsäurelösung (DENIGÈS und BARLOT).

Ausführung. Aus der Untersuchungssubstanz wird durch Alkalihydroxyd das Ammoniak in Freiheit gesetzt. Das Versuchsgefäß ist mit einem Objektträger bedeckt, der an seiner Unterseite 1 Tröpfchen 50%ige Jodsäure trägt. Entsprechend der Ammoniakmenge erhält man nach einigen Minuten oder Stunden eine Krystallabscheidung im Reagenstropfen. Ist der Ammoniakgehalt der Untersuchungssubstanz gering, so bilden sich die rhombischen Krystalle des Trijodats. Wenn dabei der Reagenstropfen infolge zu langer Versuchsdauer austrocknen sollte, so soll man 1 Tropfen Wasser hinzufügen, worauf die rhombischen Krystalle gut zu erkennen sind. Bei größerem Ammoniakgehalt der Untersuchungsprobe krystallisiert im Reagenstropfen zunächst das wenig stabile Dijodat in Form von Nadelaggregaten aus. Auf Zusatz eines weiteren Reagenstropfens löst sich die Fällung wieder auf, und beim Reiben mit einem Glasstab bilden sich jetzt die rhombischen Krystalle des Trijodats in großer Zahl.

Erfassungsgrenze: In der angegebenen Weise lassen sich noch ohne Schwierigkeit 0,05 mg Ammonium nachweisen (DENIGÈS und BARLOT). Der Ammoniumnachweis gelingt aber auch noch herunter bis zu 2 γ, wenn man einen möglichst kleinen Reagenstropfen vorlegt (Durchmesser höchstens 1 mm). Nach 3 bis 4 Std. hat sich dann am Rand des Tropfens eine feine weiße Kante gebildet, die man mit einer Glasspitze in das Innere des Tropfens bringen soll. Nach weiteren 2 Std. sollen dann die rhombischen Blättchen unter dem Mikroskop deutlich zu erkennen sein.

4. Abscheidung mit verdünnter Salzsäure als Ammoniumchlorid. In einer Glaskammer versetzt man die Untersuchungslösung mit 1 Tropfen starker Natronlauge. Auf die Kammer legt man ein Deckglas, auf dessen Unterseite sich 1 Tropfen verdünnter Salzsäure (1:1) befindet. Das entwickelte Ammoniak wird in der Salzsäure aufgefangen und als Ammoniumchlorid mikroskopisch nachgewiesen. Man beobachtet zunächst Nebelbildung (vgl. § 2, A. 3). Nach dem Verdampfen des Reagenstropfens entsteht eine Kruste von zierlichen tannenzweigähnlichen Krystallen, s. Abb. 4 (HERZOG).

Abb. 4. Krystallskelette von Ammoniumchlorid. Vergr. 100fach.

5. Nachweis mit Ölsäure. Wenn man auf einem Objektträger 1 Tropfen freier Ölsäure mit 1 Tropfen verdünntem Ammoniak zusammenfließen läßt, so erkennt man bei mikroskopischer Beobachtung eine lebhafte Bewegung der Flüssigkeit unter Bildung von schönen Myelinformen. Nach längerer Zeit bleibt häufig krystallinisches Ammoniumoleat zurück (NEUBAUER). Nach HERZOG wirkt auch gasförmiges Ammoniak selbst in Spuren auf Ölsäure in ähnlicher Weise ein. Das Auftreten der Myelinformen ist so charakteristisch, daß es zum mikrochemischen Nachweis von Ammoniak oder von Ammoniumsalzen geeignet ist.

Reagens. Reine Ölsäure.

Ausführung. In eine Gasentwicklungskammer (Glaskammer, s. Abb. 1) bringt man 1 Tropfen der Untersuchungslösung bzw. einige Körnchen der festen Substanz und versetzt mit 1 Tropfen starker Natronlauge. Die Glaskammer verschließt man dann mit einem Deckglas, an dessen Unterseite ein kleiner Tropfen freier Ölsäure hängt. Eine Erwärmung der Glaskammer ist nicht erforderlich, sondern im Gegenteil von Nachteil, da der gebildete Wasserdampf stört, nämlich eine Trübung der Ölsäure bewirken kann. Man beobachtet das Verhalten des Reagenstropfens unter einer Lupe. Bei Anwesenheit von Ammonium in der Untersuchungssubstanz gerät der Ölsäuretropfen in zitternde Bewegung, die immer stärker wird, bis schließlich einzelne Teile desselben nach unten gezogen und zum Teil in Fäden herausgerissen werden; gleichzeitig breitet sich der Tropfen merklich aus und wird undurchsichtig weiß. Nach einiger Zeit hört die Bewegung des Tropfens auf, und es hinterbleibt Ammoniumoleat nebst überschüssiger Ölsäure (Abb. 5 und 6).

Erfassungsgrenze: 1 γ Ammoniak (HERZOG).

Angaben über Störungen fehlen.

B. Weitere Reaktionen.

1. Fällungen mit organischen Nitroverbindungen. Organische Nitroverbindungen sind wegen der guten Krystallisationsfähigkeit, Sublimierbarkeit und der besonderen Löslichkeitsverhältnisse ihrer Ammoniumsalze zum Nachweis des Ammoniums geeignet. Besonders gut brauchbar sind dafür Pikrinsäure, (Strukturformel: Benzolring mit OH, O_2N, NO_2, NO_2) und Styphninsäure, (Strukturformel: Benzolring mit OH, O_2N, NO_2, OH, NO_2). Ihre Ammoniumsalze sind im Gegensatz zu den freien Säuren in Chloroform unlöslich und können auf Grund dessen von den Reagenzien getrennt werden. Zu ihrer Identifizierung können außer ihrer charakteristischen Krystallform ihre Sublimierbarkeit und die Mikroschmelzpunktsbestimmung herangezogen werden (FISCHER).

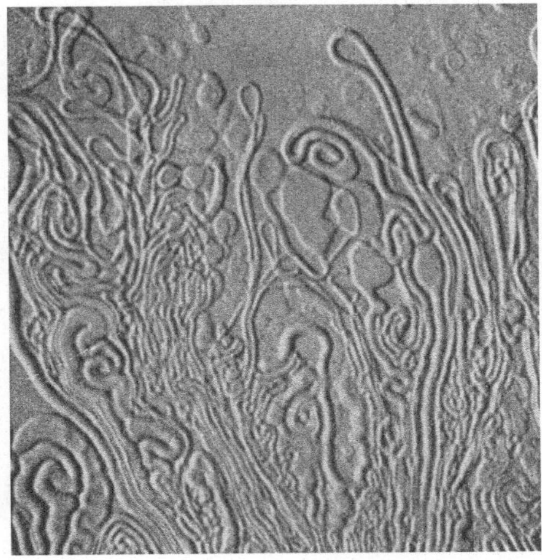

Abb. 5. Myelinformen nach Einwirkung von verdünntem Ammoniak auf Ölsäure bei schiefer Beleuchtung. Vergr. 150fach.

a) Abscheidung mit Pikrinsäure.

α) Im hängenden Tropfen. In der Glaskammer (Abb. 1) wird aus 1 Körnchen der Untersuchungssubstanz oder aus 1 Tröpfchen der Probelösung mit Magnesiumoxyd Ammoniak entbunden. Die Glaskammer wird mit einem Deckglas, auf dessen Unterseite sich 1 Tropfen einer gesättigten wäßrigen Pikrinsäurelösung befindet, bedeckt. Nach kurzer Zeit bilden sich gelbe Ammoniumpikratkrystalle, $C_6H_2(NO_2)_3ONH_4$, welche den Kaliumpikratkrystallen ganz ähnlich sind; s. Abb. 15 in „Kalium", § 3, B. 5. Statt Pikrinsäure kann auch die Styphninsäurelösung, wobei aus Wasser flache Nadeln, Prismen und Spieße auskrystallisieren, verwendet werden (FISCHER).

Erfassungsgrenze: 0,1 γ Ammoniak.

Störungen. Ähnliche Krystallfällungen geben flüchtige aliphatische Amine. Sie werden jedoch durch Magnesiumoxyd nicht in Freiheit gesetzt; deshalb ist die Störung durch Amine nicht zu befürchten (FISCHER).

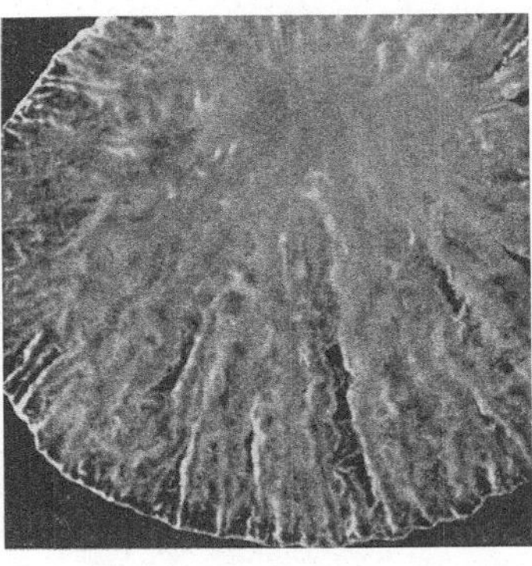

Abb. 6. Ölsäuretropfen, durch Einwirkung von gasförmigem Ammoniak in eine flache, gerunzelte Scheibe von Ammoniumoleat umgewandelt. Lupenbild bei auffallendem Licht. Vergr. 10fach.

β) Auf dem Objektträger. Zu 1 Tropfen 1%iger Pikrinsäurelösung fügt man einige Körnchen der wasserlöslichen Untersuchungssubstanz (FRANGOPOL). Oder man dampft 1 Tropfen der Probelösung, die neutral oder schwach alkalisch sein muß, fast zur Trockne ein und bringt auf den Rand des Eindampfrückstandes 1 Tropfen der gesättigten Pikrinsäurelösung. Es bilden sich lange, glänzende, prismatische Nadeln von Ammoniumpikrat, die in allen Regenbogenfarben spielen. Sie sehen dem Kaliumpikrat ganz ähnlich; s. Abb. 15 in „Kalium", § 3, B. 5.

Erfassungsgrenze: 3 γ Ammoniak in 0,01 cm^3.

Grenzkonzentration: 1:3300 (ORLENKO und FESSENKO).

Störungen. Mehr oder weniger schwerlösliche Pikrate bilden Kalium-, Natrium-, Rubidium-, Caesium-, Magnesium-, Barium-, Strontium- und einige Schwermetall-Ionen. Die Pikrate des Kaliums, Rubidiums, Caesiums und Magnesiums sind dem Ammoniumpikrat ähnlich. Um den möglichen Störungen vorzubeugen, kann man aus dem Ammonsalz durch starke Basen Ammoniak in Freiheit setzen, dasselbe im angesäuerten (HCl) Wassertropfen aufnehmen, diesen eindampfen und den Nachweis, wie oben angegeben, führen.

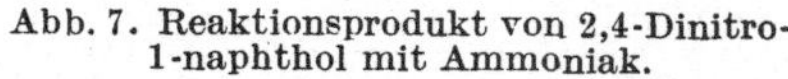

Abb. 7. Reaktionsprodukt von 2,4-Dinitro-1-naphthol mit Ammoniak.

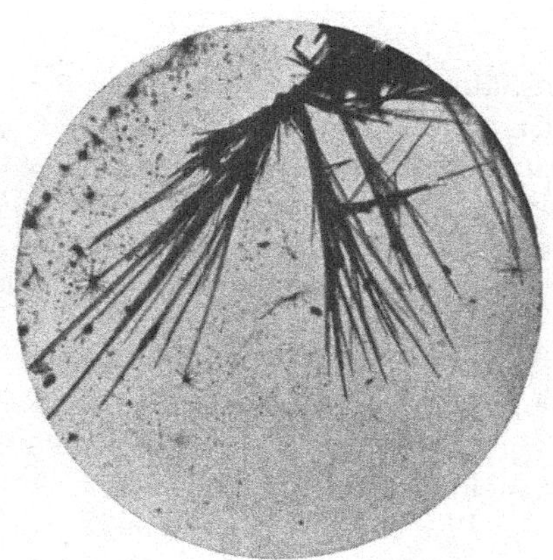

Abb. 8. Reaktionsprodukt von 4,8-Dinitro-1-naphthol mit Ammoniak.

b) Abscheidungen mit Dinitro- und Trinitronaphtholen.

Ganz ähnlich wie mit Pikrinsäure im hängenden Tropfen läßt sich das aus Ammoniumsalzen freigemachte Ammoniak auch mit Lösungen nitrierter Naphthole nachweisen.

Man setzt dem Wassertropfen einige Krystalle eines Nitronaphthols zu und beobachtet die durch Einwirkung von Ammoniak sich bildenden Krystalle. Die mit 2,4 - Dinitro - 1 - naphthol (Dinitro - α - naphthol),

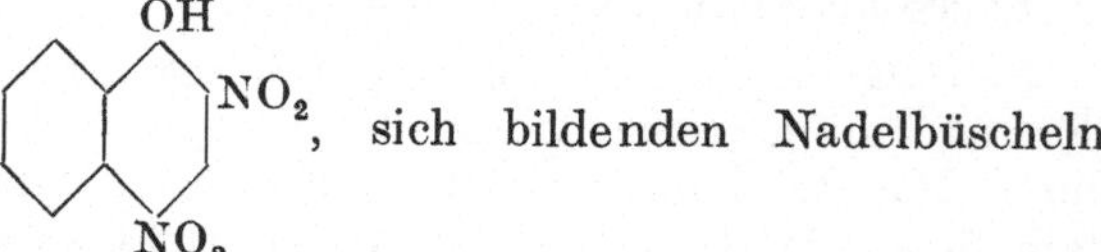

sich bildenden Nadelbüscheln sind gelb bis orange (s. Abb. 7). Mit 4,8-Dinitro-1-naphthol, [Formel: O_2N OH, NO_2], bilden sich orange Nadeln in Büscheln, die einen gelborangen bis rotorangen Dichroismus zeigen und gerade auslöschen (s. Abb. 8). Das 2, 4, 5-Trinitro-1-naphthol (Naphtholpikrinsäure), [Formel: OH, NO_2, O_2N, NO_2], liefert goldgelbe Nadeln mit spitzen Enden in Büscheln (Auslöschungswinkel 20°), die einen dunkel citronengelben bis bräunlichorangen Dichroismus aufweisen (s. Abb. 8). Die Krystalle zersetzen sich bei etwa 172° C.

Abb. 9. Reaktionsprodukt von 2,4,5-Trinitro-1-naphthol (Naphtholpikrinsäure) mit Ammoniak.

Über die möglichen Störungen gilt das bereits Erwähnte (s. § 3, I. B. 1a). Die Reaktionen dienen hauptsächlich zum Mikronachweis flüchtiger Amine neben Ammoniak, mit denen charakteristischere Fällungen als mit Ammoniak entstehen.

Über die Empfindlichkeit des Ammoniaknachweises sind keine Angaben gemacht worden (v. WACEK und LÖFFLER).

2. Fällung mit Pikrinsäure und Kupfersulfat. Pikrinsäure wird in Lösung durch ammoniakalische Kupfersulfatlösung als gelbgrünes Pikrat von der Formel $[C_6H_2(NO_2)_3(OH)]CuO \cdot 2\,NH_3$ ausgefällt (RYMSZA, FRANÇOIS und SEGUIN). Diese Reaktion eignet sich nach KORENMAN (a) auch zum mikrochemischen Nachweis des Ammonium-Ions, wenn man so verfährt, daß man aus der Untersuchungslösung durch Natronlauge Ammoniak in Freiheit setzt und das gasförmige Ammoniak auf 1 Reagenstropfen einwirken läßt, der Pikrinsäure und Kupfersulfat gelöst enthält. Der ausfallende Niederschlag ist krystallin und zeigt nach KORENMAN (a) die in der Abb. 10 wiedergegebenen Formen. RYMSZA beschreibt die Krystalle als nadelförmig, hexagonal oder sargdeckelähnlich mit polarisierender Wirkung.

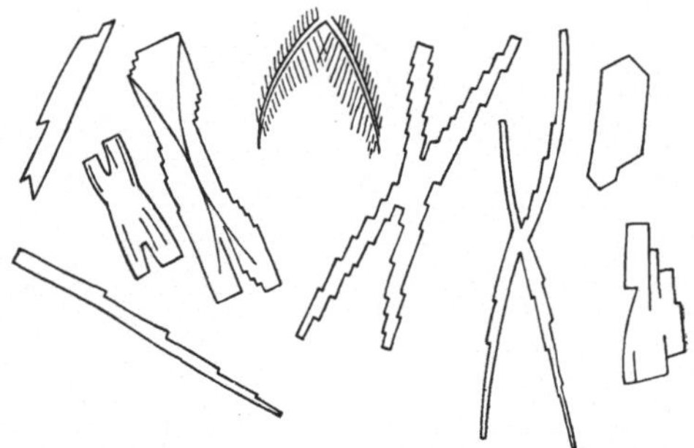
Abb. 10. Fällung mit Pikrinsäure und Kupfersulfat.

Als Reagenslösung empfiehlt KORENMAN (a) eine Mischung gleicher Volumina einer gesättigten wäßrigen Pikrinsäurelösung und einer 0,1%igen Kupfersulfatlösung.

Ausführung. Auf den Boden einer Gasentwicklungskammer (Glaskammer, Abb. 1) bringt man 1 Tropfen der Untersuchungslösung und versetzt ihn mit Ätzkali. Die Glaskammer wird mit einem Glasdeckel bedeckt, an dessen Unterseite 1 Tropfen der Reagenslösung hängt. Bei Gegenwart von Ammonium-Ionen in der Untersuchungslösung erzeugt das entwickelte Ammoniak im Reagenstropfen den gelbgrünen krystallinen Niederschlag (mikroskopische Beobachtung).

Erfassungsgrenze: 2 mg Ammoniak [KORENMAN (a)].

Angaben über Störungen fehlen.

Anwendung. Diese Methode soll nach KORENMAN (a) einen bequemen Nachweis von Ammoniak in Pyridin darstellen. Man bringt in diesem Falle etwa 1 cm^3 des fraglichen Pyridins in einen Porzellantiegel, den man mit einem Objektträger mit hängendem Reagenstropfen bedeckt. Bei Gegenwart von Ammoniak entstehen die charakteristischen Krystalle innerhalb 2 bis 3 Min. Auf diese Weise gelingt noch der Nachweis von 0,01% Ammoniak in Pyridin. Die Dämpfe von ammoniakfreiem Pyridin geben nur bei sehr langer Einwirkung auf den Reagenstropfen feine Krystalle.

Beim Versetzen des Reagenses mit 1 Tropfen ammoniakhaltigen Pyridins bildet sich selbst bei hohem Ammoniakgehalt kein Niederschlag. Die Reaktion liefert nur bei Einhaltung der angegebenen Ausführungsweise — Behandlung des Reagenses mit dem Dampf des zu untersuchenden Pyridins — positive Ergebnisse.

II. Nachweis des Ammonium-Ions.

1. Abscheidung mit Natrium-Kupfer-Bleinitrit als Ammonium-Kupfer-Bleinitrit. So wie Kalium (vgl. § 3, A. 2a) läßt sich auch Ammonium mit Natrium-Kupfer-Bleinitrit mikrochemisch nachweisen. Die Krystalle von Ammonium-Kupfer-Bleinitrit $(NH_4)_2CuPb(NO_2)_6$ sind scharfkantige, dunkelbraune bis schwarze Würfel; die dünnsten Formen sind dunkelrot durchscheinend. Vgl. die Abbildung des ganz ähnlichen Kaliumsalzes („Kalium", § 3, A. 2a, Abb. 2).

Reagenslösung. Als Reagens dient nach BEHRENS-KLEY (a.a.O. S. 28) eine Lösung von 20 g Natriumnitrit, 9,1 g Kupferacetat, 16,2 g Bleiacetat und 2 cm^3 Essigsäure in 150 cm^3 Wasser, die man in gut schließenden Flaschen aufbewahrt. Das Reagens ist grün; es ist nicht lange haltbar, da es salpetrige Säure verliert. Da ein Überschuß an salpetriger Säure zum Gelingen der Reaktion erforderlich ist, muß das Reagens häufiger erneuert werden.

Ausführung. Auf 1 Körnchen der Untersuchungssubstanz oder auf 1 Tropfen der Probelösung läßt man in einer neutralen oder schwach sauren Ammoniumsalzlösung ohne Erwärmen 1 Tropfen der Reagenslösung auf dem Objektträger einwirken. Freie Mineralsäuren stören und müssen, falls vorhanden, vorher mit Natriumacetat abgestumpft werden (BEHRENS-KLEY, S. 28).

Erfassungsgrenze: 0,15 γ Ammonium in 0,01 cm^3.

Grenzkonzentration: 1:6600 (BEHRENS-KLEY, S. 29).

Störungen. Kalium-, Rubidium-, Caesium- und Thallium(I)salze geben mit dem Reagens ganz ähnliche Fällungen, die nicht von denen des Ammoniums unterschieden werden können. Die Löslichkeit dieser Salze sinkt in der angeführten Reihenfolge. Natrium und Erdalkalien geben keine Fällungen mit dem Reagens.

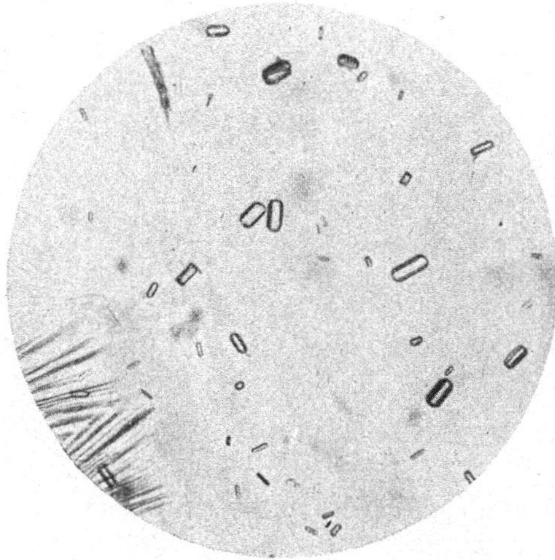

Abb. 11. Krystalle des Ammoniumpikrolonats.

2. Abscheidung mit Pikrolonsäure. Die wäßrige oder alkoholische Lösung der Pikrolonsäure, 1-(4-Nitrophenyl)-4-nitro-3-methyl-pyrazolon(5),

$$\begin{array}{lcl} O_2N \cdot HC & \text{———} & C \cdot CH_3 \\ \quad\ \ | & & \ \| \\ \quad OC \cdot N(C_6H_4 \cdot NO_2) & \cdot & N \end{array},$$

fällt in einer mikrochemisch brauchbaren Form außer mehreren anderen Kationen, wie denjenigen des Calciums, Bariums, Kupfers und Bleis auch das Ammonium-Ion als Ammoniumpikrolonat aus. Kalium-, Natrium- und Magnesium-Ionen werden nicht gefällt. Die Reaktion läßt sich daher zum mikrochemischen Nachweis von Ammonium-Ionen auch in Gegenwart von Kalium-, Natrium- und Magnesium-Ionen verwenden (MARTINI).

Ausführung. Man versetzt auf dem Objektträger 1 Tropfen der Probelösung mit 1 Tropfen der gesättigten wäßrigen Lösung der Pikrolonsäure, die vorher mit 2 Teilen Wasser verdünnt wurde, und erwärmt langsam. Es bilden sich zuerst am Rande, dann auch in der Mitte gelbe, stark glänzende Krystalle in Form von schönen Stengeln und von länglichen Prismen mit dachförmig abgeschrägten Enden, die halbmetallisch aussehen. Sie sind im Vakuum sublimierbar und schmelzen unter Zersetzung bei 250 bis 260° (FISCHER). Unter dem Polarisationsmikroskop zeigen sie Dichroismus, starke Lichtbrechung und schräge Auslöschung mit Winkeln zwischen 25° und 40° (s. Abb. 11).

Erfassungsgrenze: Es lassen sich 10 γ Ammonium im Eindampfrückstand oder 1 γ bei der „Kollodiummethode“ (s. „Rubidium“, § 3, B. 5) nachweisen (MARTINI).

3. Abscheidung als Ammoniumsilicowolframat mit Silicowolframsäure. Ammonium-Ionen geben mit Silicowolframsäure, $H_8(SiW_{12}O_{42})$, einen krystallinen Niederschlag, der sich zum mikrochemischen Nachweis des Ammoniums eignet [ROSENTHALER (c)]. Das Ammoniumsilicowolframat krystallisiert in Form von Rhombendodekaedern und Würfeln, zum Teil in Zwillingskrystallen und größeren Aggregaten. Das ebenfalls schwerlösliche analoge Kaliumsalz bildet Nadelbüschel und Stäbe. Dieser mikrochemische Nachweis des Ammoniums ist also dadurch ausgezeichnet, daß er bei Ammonium und Kalium zu völlig verschiedenen Krystallformen führt.

Als Reagens verwendet ROSENTHALER (c) eine 10%ige wäßrige Lösung der Silicowolframsäure.

Ausführung. In 1 Tropfen der Reagenslösung bringt man 1 Körnchen der Untersuchungssubstanz ein. Bei Anwesenheit von Ammonium-Ionen fallen dabei die charakteristischen Krystalle des Ammoniumsilicowolframats aus (s. Abb. 12).

Empfindlichkeit. Die Nachweisgrenze der Reaktion ist nicht untersucht worden.

Störungen. Natrium-Ionen beeinträchtigen den Ammoniumnachweis nicht; so konnte ROSENTHALER (c) Ammonium noch in einem Gemisch von Ammoniumchlorid mit der 100fachen Menge Natriumchlorid leicht nachweisen. Ferner soll nach ROSENTHALER (c) auch die Gegenwart des Kaliums nicht stören; er konnte in einer Mischung gleicher Teile Ammonium- und Kaliumchlorids die beiden Kationen auf Grund ihrer verschiedenen Krystallformen nebeneinader erkennen. In einem Gemisch gleicher Teile Ammonium-, Kalium- und Natriumchlorids sind die Würfel der Ammoniumverbindung deutlich zu beobachten (nicht dagegen die Krystalle der Kaliumverbindung).

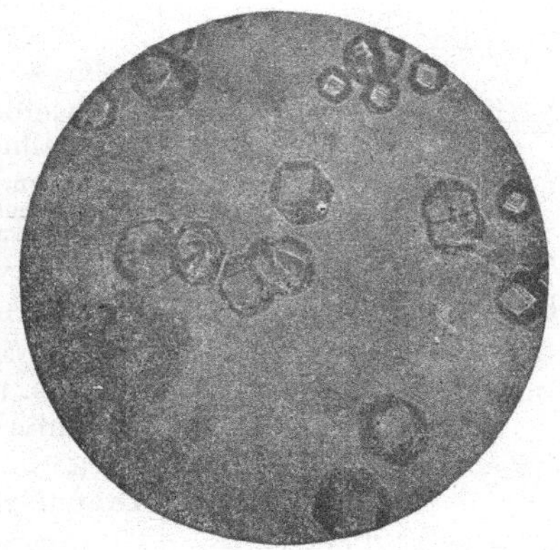

Abb. 12. Ammoniumsilicowolframat.

4. Abscheidung mit Magnesiumsalz und Natriumphosphat als Ammonium-Magnesiumphosphat. Die Umkehrung der Reaktion auf Magnesium und Phosphorsäure läßt sich zum mikroskopischen Nachweis des Ammoniaks bzw. der Ammoniumsalze verwenden. Die Fällung von Ammonium-Magnesiumphosphat, $NH_4MgPO_4 \cdot 6\,H_2O$, bei richtiger Ausführung besteht aus auffallenden Krystallen, die mit Sicherheit erkannt werden können.

Ausführung. a) Zu dem Tropfen der Untersuchungslösung bringt man sehr wenig Magnesiumsulfat und den daneben liegenden Wassertropfen versetzt man mit Natriumphosphat und Natriumhydrogencarbonat. Nach mäßigem Erwärmen läßt man beide Tropfen zusammenfließen; nach einer Weile beobachtet man bei etwa 100facher Vergrößerung die typischen Ammonium-Magnesiumphosphatkrystalle.

Ist in der Lösung Calciumsalz zugegen, so fügt man statt Natriumhydrogencarbonat Natronlauge zu (BEHRENS-KLEY, S. 36).

b) Im Tropfen auf dem Objektträger, der Ammoniumchlorid in saurer Lösung enthält (erhalten bei der Ammoniakentwicklung aus der Probe und Auffangen desselben im Salzsäuretröpfchen in der Glaskammer), löst man 1 Körnchen Magnesiumacetat, $Mg(CH_3COO)_2 \cdot H_2O$, fügt ein Kryställchen von Dinatriumhydrogenphosphat, $Na_2HPO_4 \cdot 12\,H_2O$, hinzu und rührt gründlich. Sollte sich ein Niederschlag bilden, so löst man ihn in möglichst wenig verdünnter Salzsäure. In den so bereiteten Testtropfen läßt man 1 Tropfen mäßig konzentrierter Natronlauge zufließen. Bei Gegenwart von Ammonium-Ionen erscheinen bald orthorhombische Krystalle des Ammonium-Magnesiumphosphats. Gewöhnlich entsteht zuerst ein sehr feinkörniger oder flockiger Niederschlag, welcher bald in große stern- oder x-förmige Gebilde, die sehr charakteristisch sind, übergeht. Diese Krystalle wandeln sich allmählich in prismatische Krystalle um. Dabei bilden sich dünne Platten mit rhombischem oder rechteckigem Rand; beim weiteren Wachsen werden sie prismatisch und erinnern an Hausdächer.

Wenn die Ammoniumkonzentration im Probetropfen sehr gering ist, sind nur die prismatischen Krystalle zu sehen. In diesem Falle empfiehlt es sich, die Mutterlauge zu dekantieren, die krystalline Fällung in sehr wenig verdünnter Salzsäure aufzulösen und in diesen konzentrierten Tropfen Natronlauge fließen zu lassen. Das ist deshalb zweckmäßig, weil die Umwandlung der Skelette in die prismatischen Krystalle für den Nachweis am charakteristischsten ist.

Die Reaktion wird häufig bei der Analyse von Pflanzen und tierischen Produkten benutzt (CHAMOT und MASON, S. 77).

Erfassungsgrenze: 0,5 γ Ammoniak in 0,01 cm^3.

Grenzkonzentration: 1:20000.

Nicht empfohlene Reaktion; s. Tabellen der Reagenzien, S. 280.

Tabelle 2. Empfindlichkeiten einiger Mikro- und Tüpfelnachweise des Ammoniums bzw. des Ammoniaks.

Reagenzien	Erscheinung	Erfassungsgrenze	Grenzkonzentration	Empfindlichkeit bestimmt
H_2PtCl_6	Gelbe Oktaeder	1 γ NH_4	1:10000	BEHRENS-KLEY, S. 36
Jodsäure	Weiße Krystalle	2 γ NH_4	—	DENIGÈS und BARLOT
Pikrinsäure	Gelbe Krystallnadeln	3 γ NH_3	1:3300	ORLENKO und FESSENKO
Ölsäure	Bewegung und Erstarren des Reagenstropfens	1 γ NH_3	—	HERZOG
Pikrolonsäure	Gelbe Krystalle	10 γ NH_4	—	MARTINI
Rotes Lackmuspapier	Blaufärbung	0,01 γ NH_3	1:5000000	FEIGL (a)
Hg_2Cl_2	Schwärzung	2,5 γ NH_3	1:20000	FEIGL (a)
NESSLERS Reagens	Gelb- bis Braunfärbung	0,1 γ NH_3	1:500000	FEIGL (a)
NESSLERS Reagens	Gelb- bis Braunfärbung	0,3 γ NH_3	1:7000	TANANAEFF und BUDKEWITSCH
$AgNO_3$ + Formaldehyd	Grauschwarzer Fleck	0,05 γ NH_3	1:1000000	FEIGL (a)
$AgNO_3$ + Tannin	Grauschwarzer Fleck	0,1 γ NH_3	1:500000	FEIGL (a)
$Mn(NO_3)_2$ + $AgNO_3$ + + Benzidin	Blauer Fleck	0,005 γ NH_3	1:10000000	FEIGL (a)
p-Nitrobenzoldiazoniumchlorid	Rote Färbung	0,67 γ NH_3	1:75000	FEIGL (b)

§ 4. Nachweis durch Tüpfelreaktionen.

*1. **Reaktion mit Farbindicatoren.*** **a) Nachweis mit rotem Lackmuspapier.** Zum Nachweis des Ammoniums als Tropfenreaktion eignet sich das rote Lackmuspapier eher als das neutral gefärbte Papier.

Ausführung. In dem Mikrogasentwicklungsapparat (s. Abb. 13), in dem sich an Stelle des Glasknopfes ein kleines Glashäkchen befindet, wird 1 Tropfen der Probelösung oder ein Stäubchen der festen Substanz mit 1 Tropfen Natronlauge vermischt. An das Häkchen wird ein kleines Streifchen des angefeuchteten roten Lackmuspapiers gehängt, der Apparat verschlossen und auf etwa 40° C während 5 Min. erwärmt. Die Blaufärbung zeigt den Ammoniumgehalt der Probe an. Bei sehr kleinen Ammoniakmengen ist die Farbe des aus dem Apparat entnommenen Streifens mit einem angefeuchteten roten Lackmuspapierstreifen auf einem Uhrglas zu vergleichen.

Erfassungsgrenze: 0,01 γ Ammoniak. **Grenzkonzentration:** 1:5000000 [FEIGL (a)].

Störungen. Andere flüchtige Basen stören.

b) Nachweis mit Phenolphthalein und Formaldehyd. Versetzt man eine Ammonium-Ionen enthaltende Lösung mit Formaldehyd, so steigt die Wasserstoff-Ionen-Konzentration in der Flüssigkeit, was daran zu erkennen ist, daß die durch Phenolphthalein verursachte Rosafärbung der Lösung verschwindet. Dies kann zum Nachweis von Ammonium verwendet werden (PONOMAREW).

Ausführung. Zu 1 bis 2 cm³ der Probelösung werden einige Tropfen Phenolphthaleinlösung gegeben; die Lösung wird mit Kalilauge schwach alkalisch gemacht, um die gefärbten Hydroxyde, die bei weiterem Zusatz des Formaldehyds gegebenenfalls ausfallen und den Farbumschlag vortäuschen würden, auszufällen. Der hierbei entstandene Niederschlag wird abfiltriert, das Filtrat mit Salzsäure vorsichtig bis zur Rosafärbung neutralisiert und Formaldehyd zugesetzt. Die Entfärbung weist auf die Anwesenheit von Ammonium in der Probe hin.

Erfassungsgrenze: 1 γ Ammoniak in 1 cm³. Mußte vorher eine Fällung der gefärbten Hydroxyde vorgenommen werden, so sinkt die Empfindlichkeit der Reaktion. Die Erfassungsgrenze liegt jetzt bei 10 γ Ammoniak in 1 cm³ der Lösung (PONOMAREW).

2. Reaktion mit Quecksilber(I)chlorid. Über die Grundlagen der Reaktion vgl. § 2, A. 4.

Ausführung. Auf den Knopf des Mikrogasentwicklungsapparates (s. Abb. 13) wird etwas in Wasser aufgeschwemmtes Quecksilberchlorid gebracht und nach dem Freimachen des Ammoniaks aus der Probelösung durch 1 Tropfen 2%ige Natronlauge auf Filtrierpapier abgestreift. So läßt sich die Umfärbung ins Grauschwarze leicht erkennen.

Erfassungsgrenze: 2,5 γ Ammoniak.

Grenzkonzentration: 1:20000 [FEIGL (a)].

Auf der Tüpfelplatte ausgeführt, lassen sich 1,5 γ Ammoniak in 0,03 cm³ Lösung nachweisen. Empfohlene Reaktion; s. Tabellen der Reagenzien, S. 282.

Störungen. Eine ähnliche Reaktion geben flüchtige Amine, wie Mono-, Di- und Trimethylamin [DENIGÈS (a), ROSENTHALER (a)].

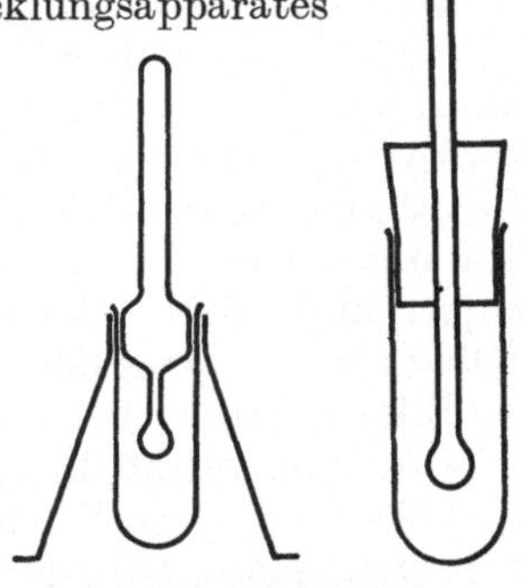

Abb. 13. Mikrogasentbindungsapparat nach FEIGL und KRUMHOLZ.

3. Reaktion mit alkalischer Kaliumquecksilber(II)jodid-Lösung **(NESSLERs *Reagens*).** Die gelbe bis braune Färbung bzw. Fällung des NESSLERschen Reagenses mit Ammoniak (vgl. § 2, A. 5) läßt sich auch in Form einer Tüpfelreaktion zum Nachweis von Ammoniumsalzen verwenden.

Ausführung. Auf den Glasknopf des Mikrogasentwicklungsapparates (Abb. 13) bringt man 1 Tropfen des NESSLER-Reagenses und streift ihn — nach erfolgter Ammoniakentbindung aus der Untersuchungssubstanz mittelst 2 n-Natronlauge — auf Filtrierpapier ab. Bei kleiner Ammoniakmenge ist 1 Tropfen des NESSLER-Reagenses daneben auf das Filtrierpapier zum Vergleich zu bringen, da auch frisch bereitetes Reagens stets eine schwache Gelbfärbung zeigt.

Erfassungsgrenze: 0,1 γ Ammoniak.

Grenzkonzentration: 1:500000 [FEIGL (a)].

Man kann die Tüpfelprobe auch in dieser Weise ausführen: Auf einem Uhrglas vermischt man 1 Tropfen der Probelösung mit 1 Tropfen konzentrierter Lauge, bringt mittelst einer Kapillare die gebildete Suspension auf Filtrierpapier und tüpfelt mit NESSLERs Reagens an. Je nach der Ammoniumkonzentration bildet sich ein gelb oder orange gefärbter Fleck oder Kreisring. Es sind 0,3 γ Ammoniak im Tropfen (0,002 cm³), also bei einer Grenzkonzentration 1:7000, nachweisbar. Sind gleichzeitig Silber-, Quecksilber- oder Bleisalze anwesend, dann werden auf Filtrierpapier nacheinander je 1 Tropfen 2n-Lauge, 1 Tropfen Probelösung und wieder 1 Tropfen Lauge gebracht und der Fleck mit der das NESSLER-Reagens enthaltenden Kapillare kreuzweise durchgestrichen; die gelbe bis orange Färbung entsteht am Rande des Fleckens.

Erfassungsgrenze: 2 γ Ammoniak im Tropfen (0,002 cm^3).

Grenzkonzentration: 1:1000 (TANANAEFF und BUDKEWITSCH).

Die Untersuchungssubstanz wird mit Alkalilauge erhitzt, die entwickelten Dämpfe werden in Wasser aufgenommen und mit NESSLER-Reagens geprüft (VAN NIEUWENBURG).

Störungen. Vgl. § 2, A. 5.

Empfohlene Reaktion; s. Tabellen der Reagenzien, S. 282.

4. Reaktion mit Silbernitrat und Formaldehyd. Der Ammoniumnachweis von ZENGHELIS, die Reduktion einer Silbernitrat-Formaldehydlösung durch Ammoniakdämpfe (§ 2, A. 7), ist von FEIGL (a) als Tüpfelreaktion ausgearbeitet worden. Nach FEIGL hat sich bei seiner Ausführungsart eine etwas andere Zusammensetzung und Herstellung der Reagenslösung als vorteilhafter als die von ZENGHELIS angegebene erwiesen.

Reagens. 10 cm^3 20%ige Silbernitratlösung werden mit 5 Tropfen 40%iger Formaldehydlösung gemischt und mit wenigen Tropfen verdünnter Natronlauge versetzt. Das dabei ausfallende Silber wird abfiltriert. Auf diese Weise wird ein etwaiger Säuregehalt des Formalins, der die Empfindlichkeit des Reagenses herabsetzen würde, beseitigt.

Ausführung. 1 Tropfen bzw. 1 Körnchen der Untersuchungsprobe wird in den Mikrogasentwicklungsapparat (Abb. 13, S. 141) gebracht und mit 1 Tropfen 2n-Natronlauge versetzt. An den Glasknopf des Apparates bringt man 1 Tropfen der Reagenslösung, verschließt und erwärmt die alkalische Untersuchungslösung einige Minuten auf 40°. Dann wird der am Glasknopf hängende Reagenstropfen auf Filtrierpapier abgestreift. Bei Anwesenheit von Ammonium-Ionen ist das entstandene Silber als schwarzer oder grauer Fleck auf dem Filtrierpapier gut zu erkennen.

Erfassungsgrenze: 0,05 γ Ammoniak.

Grenzkonzentration: 1:1000000 [FEIGL (a)].

Störungen. Nach ROSENTHALER (a) stört die Gegenwart von flüchtigen Aminen, z. B. von Mono-, Di- oder Trimethylamin, da sie die gleiche Reaktion geben.

Empfohlene Reaktion; s. Tabellen der Reagenzien, S. 281.

DUVAL empfiehlt zum Erfassen des bei der Wechselwirkung von Silbernitrat und Formaldehyd bei Anwesenheit von Ammoniakspuren entstehenden Silberspiegels die Beobachtung unter dem Mikroskop. Nach seinem Verfahren (s. Original) sollen noch 0,003 γ Ammoniak nachweisbar sein.

5. Reaktion mit Silbernitrat und Tannin. Der Nachweis des Ammoniaks durch seine reduzierende Wirkung auf eine Silbernitrat-Tanninlösung (§ 2, A. 8) kann nach FEIGL (a) auch als Tropfenreaktion ausgeführt werden.

Das Reagens hat dieselbe Zusammensetzung, wie sie MAKRIS angegeben hat (5 cm^3 20%ige Silbernitratlösung und 1 cm^3 5%ige Tanninlösung), nur soll man die Mischung nach FEIGL zweckmäßiger 24 Std. stehen lassen und dann nach Filtration verwenden. Die Reagenslösung ist gelblich gefärbt und nicht längere Zeit haltbar.

Ausführung. 1 Körnchen oder 1 Tropfen der Untersuchungssubstanz wird in dem Mikrogasentwicklungsapparat (Abb. 13, S. 141) mit 1 bis 2 Tropfen Natronlauge versetzt. An den Glasknopf des Apparates bringt man 1 Tropfen der Reagenslösung und erwärmt die Probelösung gelinde einige Minuten. Es entsteht auf dem Glasknopf eine schwarze oder graue Abscheidung von metallischem Silber, die man durch Abstreifen des Reagenstropfens auf Filtrierpapier deutlicher erkennt.

Erfassungsgrenze: 0,1 γ Ammoniak.

Grenzkonzentration: 1:500000 [FEIGL (a)].

Störungen. Nach ROSENTHALER (a) geben alle flüchtigen Amine wie Mono-, Di- und Trimethylamin dieselbe Reaktion.

6. Reaktion mit Mangan(II)nitrat, Silbernitrat und Benzidin. Diesem von FEIGL (a) empfohlenen Nachweis liegt eine Beobachtung von WÖHLER zugrunde, daß aus einer Lösung, die Mangan(II)- und Silber-Ionen enthält, durch Hydroxyl-Ionen ein schwarzer Niederschlag ausgefällt wird, wobei offenbar folgende Reaktion stattfindet:

$$Mn^{\cdot\cdot} + 2\,Ag^{\cdot} + 4\,OH' = MnO_2 + 2\,Ag + 2\,H_2O.$$

Diese Reaktion benutzt FEIGL (a), indem er das aus der Untersuchungslösung durch Alkali in Freiheit gesetzte Ammoniak auf eine Lösung von Mangan(II)- und Silbersalz einwirken läßt. Für sehr verdünnte Ammoniumsalzlösungen, bei denen die Bildung des schwarzen Niederschlags bzw. die Schwarzfärbung der Reagenslösung nicht mehr deutlich zu erkennen ist, läßt sich eine wesentliche Steigerung der Empfindlichkeit dadurch erreichen, daß man nach Ausführung der Reaktion die Reagenslösung mit einer essigsauren Benzidinlösung versetzt. Ist nämlich Mangandioxyd entstanden, sind also Ammonium-Ionen in der Untersuchungslösung vorhanden gewesen, so wird das Benzidin, $H_2N\langle\quad\rangle\text{—}\langle\quad\rangle NH_2$, durch das Mangandioxyd zu einer tiefblau gefärbten Verbindung oxydiert. Diese Reaktion auf Mangandioxyd ist außerdem sehr empfindlich; die Blaufärbung ist bereits deutlich zu erkennen, wenn man das vorhandene Mangandioxyd direkt nicht wahrnehmen kann.

Reagenslösungen. Die Mangan(II)-Silbersalzlösung wird nach FEIGL (a) bereitet, indem man 2,87 g Mangan(II)nitrat in 40 cm^3 Wasser löst, filtriert und diese Lösung mit einer Lösung von 1,69 g Silbernitrat in 40 cm^3 Wasser versetzt und auf 100 cm^3 auffüllt. Dann fügt man zur vollständigen Neutralisation der infolge von Hydrolyse entstandenen Säure tropfenweise verdünnte Natronlauge hinzu, bis gerade ein schwarzer Niederschlag auszufallen beginnt, von dem abfiltriert wird. Diese Reagenslösung ist haltbar, wenn man sie in einer braunen Flasche aufbewahrt.

Eine geeignete Benzidinlösung erhält man, wenn man 0,05 g Benzidinbase oder Benzidinchlorhydrat in 10 cm^3 Essigsäure auflöst, die Lösung mit Wasser auf 100 cm^3 auffüllt und filtriert.

Ausführung. In dem Mikrogasentwicklungsapparat (Abb. 13, S. 141) wird ein Tropfen der Untersuchungslösung mit 1 Tropfen 2 n-Natronlauge versetzt und ein Tropfen der Mangan(II)-Silbersalzlösung auf den Glasknopf gebracht. Den Apparat läßt man über einer erwärmten Asbestplatte 5 Min. bei etwa 40° stehen. Dann wird der Reagenstropfen auf ein Stück quantitatives Filtrierpapier abgestreift. Ist auf dem Papier ein schwarzer oder grauer Fleck zu erkennen, so ist Ammonium in der Untersuchungslösung vorhanden. Die betreffende Stelle des Papiers wird schließlich mit der essigsauren Benzidinlösung angetüpfelt. Bei Anwesenheit von Ammonium in der Probelösung färbt sich das Papier mehr oder weniger tiefblau.

Erfassungsgrenze: 0,005 γ Ammoniak.

Grenzkonzentration: 1:10000000 [FEIGL (a)].

Empfohlene Reaktion; s. Tabellen der Reagenzien, S. 285.

Störungen. Eine analoge Reaktion geben flüchtige Amine, z. B. Mono-, Di- und Trimethylamin [ROSENTHALER (a)].

7a. Reaktion mit p-Nitrobenzol-diazoniumchlorid. Ein von RIEGLER beschriebener Nachweis für Ammoniak beruht darauf, daß eine ammoniumhaltige Lösung nach Zusatz von salzsaurem p-Nitrodiazobenzol, $NO_2\langle\quad\rangle N = N\text{—}Cl$, rot gefärbt wird, wenn unter beständigem Schütteln tropfenweise 10%ige Natronlauge zugesetzt wird. Bei dieser Reaktion soll ein farbiges Ammoniumsalz des p-Nitrophenylnitrosamins, $NO_2\langle\quad\rangle N = NONH_4$, entstehen (C. R. FRESENIUS, S. 125).

Die *Reagenslösung.* 1 g p-Nitranilin wird in 20 cm^3 destilliertem Wasser und 2 cm^3 Salzsäure unter Erhitzen gelöst. Unter starkem Schütteln wird mit 160 cm^3 Wasser verdünnt und nach dem Abkühlen mit 20 cm^3 2,5%iger Natriumnitritlösung gemischt, wobei sich nach kurzem Schütteln alles löst. Das Reagens trübt sich mit der Zeit, ist aber nach Filtration wieder verwendbar (RIEGLER).

Ausführung. Auf eine Tüpfelplatte wird 1 Tropfen der schwach sauren oder neutralen Probelösung gebracht, 1 Tropfen der Reagenslösung hinzugefügt und dann ein linsengroßes Häufchen von Calciumoxyd eingetragen. Bei Anwesenheit von Ammoniumsalzen entsteht sofort rings um das Calciumoxyd eine rote Zone. Eine Eigenreaktion bei Abwesenheit von Ammoniumsalzen tritt erst nach längerem Stehen ein. Bei ganz geringen Mengen von Ammoniumsalz empfiehlt es sich, mit 1 Tropfen Wasser einen Blindversuch anzustellen.

Erfassungsgrenze: 0,67 γ Ammoniak.

Grenzkonzentration: 1:75000 [FEIGL (b)].

Empfohlene Reaktion; s. Tabellen der Reagenzien, S. 285.

Zum Ammoniaknachweis in der Luft kann die Reaktion in folgender Ausführung verwendet werden. Mit der obigen Reagenslösung, die nicht älter als eine Woche sein soll, werden die Streifen von aschenfreiem Filtrierpapier benetzt und noch feucht, oder ein wenig eingetrocknet der ammoniakhaltigen Luft ausgesetzt. Das Reagenspapier muß frisch hergestellt werden, da altes Papier nicht so oder überhaupt nicht mit Ammoniak reagiert. Frische Streifen ändern bei Anwesenheit von Ammoniak schnell ihre Farbe von Blaßgelb nach Rosa bis Rot.

Erfassungsgrenze: 2,5 γ Ammoniak in 1 Liter Luft [KORENMAN (b)].

Störungen. In Anwesenheit von Schwefeldioxyd, Anilin oder Formaldehyd versagt die Reaktion. Die Halogene (Chlor, Brom und Jod) setzen die Empfindlichkeit des Ammoniaknachweises herab.

7b. Reaktion mit anderen diazotierten Aminen. Außer dem p-Nitranilin können auch andere diazotierte Amine zum ähnlichen Ammoniaknachweis in der Luft verwendet werden [KORENMAN (b)], s. Tabelle 3.

Reagenslösungen und -papiere. Zu 3 bis 5 cm^3 gesättigter wäßriger Aminlösung werden mehrere Körnchen Natriumnitrit und 1, höchstens 2 Tropfen 2 n-Salzsäure gegeben. Das Reagens ist eine Woche haltbar. Mit den Lösungen werden Streifen aschenfreien Filtrierpapiers befeuchtet und noch feucht oder ein wenig getrocknet der ammoniakhaltigen Luft ausgesetzt. Die Reagenspapiere müssen frisch hergestellt sein.

Erfassungsgrenzen: S. Tabelle 3.

Störungen. Schwefelwasserstoff stört nur bei Ursol DW, sonst nicht.

Die Halogene (Chlor, Brom und Jod) setzen die Empfindlichkeit des Ammoniaknachweises herab.

Tabelle 3. Verlauf und Erfassungsgrenzen des Ammoniaknachweises mit diazotierten Aminen.

Diazotiertes Amin	Farbe des Reagenspapiers nach der Bereitung	Farbe des Reagenspapiers in NH_3-haltiger Luft	Erfassungsgrenze des Nachweises (γ NH_3 in 1 l)	Die Reagenspapiere sind zu verwenden
Anilin	nahezu farblos	gelb	10	etwas getrocknet
Sulfanilsäure	blaßgelb	grellgelb	7,5—10	feucht
Benzidin	farblos	rosaviolett, rosa	15	frisch und feucht
Phenylhydrazin	farblos	gelb	35	
Ursol DW.	blaßgelb	rosa	4	
Ursol DS.	blaßgelb	rosarot	70	
α-Naphthylamin	fast farblos	violettrot	70	
β-Naphthylamin	blaß, grünlichgelb	orangedunkelbraun, rosa	18	frisch und getrocknet
p-Aminophenyl-Arsinsaures Natrium (Atoxyl)	nahezu farblos	intensiv gelb	18	
p-Nitranilin	blaßgelb	rot, rosa	2,5	

Literatur.

ALDIS, R. W. u. J. CH. PHILIP: J. chem. Soc. London **1930**, 1103; durch C. **1931 I**, 583.

BEHRENS-KLEY: Mikrochemische Analyse, I. Teil, IV. Aufl., Leipzig 1921. — BERTHELOT, P. M.: Répert. Chimie appl. **1859**, S. 284. — BÖTTGER, W.: Qualitative Analyse, 4. bis 7. Aufl., Leipzig 1925. — BOHLIG, E.: A. **125**, 21 (1863). — BOLLAND, A.: C. r. **171**, 955 (1920). — BOUSSINGAULT, J. B.: Ann. Phys. (3) **29**, 576 (1850). — BOWSER, L. T.: (a) Am. Soc. **32**, 78 (1910); (b) **33**, 1566 (1911). — BRAY, W. C.: Am. Soc. **31**, 621, 633 (1909). — BURGESS, L. L. u. O. KAMM: Am. Soc. **34**, 652 (1912).

CARNEY, R. J.: Am. Soc. **34**, 32 (1912). — CHAMOT, E. M. u. C. W. MASON: Handbook of chemical Mikroscopy, Bd. 2, New York 1931. — COSTEANU, N. D.: J. Pharm. Chim. (8) **25**, 101 (1937). — CURTMAN, O.: P. C. H. (N. F.) **4**, 416 (1883).

DAVY, H.: Gilb. Ann. **33**, 245 (1809). — DENIGÈS, G.: (a) Bl. Soc. Pharm. Bordeaux 1898, März; Chem. N. **77**, 267 (1898); durch Fr. **39**, 577 (1900); (b) C. r. **171**, 177 (1920). — DENIGÈS, G. u. J. BARLOT: Bl. (4) **27**, 824 (1920). — DUVAL, C.: C. r. **211**, 588 (1940).

FEIGL, F.: (a) Mikrochemie **13**, 129 (1933); (b) **7**, 10 (1929). — FEIGL F. u. P. KRUMHOLZ: Mikrochemie, Pregl-Festschrift, **1929** 83. — FEIGL, F. u. A. SUCHÁŘIPA: Fr. **67**, 134 (1925). — FERRARO, A.: Boll. chim. farm. **39**, 797 (1900); durch C. **1901 I**, 203. — FISCHER, R.: Mikrochemie **27**, 67 (1939). — FRANÇOIS, M. u. L. SEGUIN: Ann. Falsific. **23**, 481 (1930). — FRANGOPOL, C.: Bl. Soc. România **37**, 259 (1934); durch Fr. **109**, 195 (1937). — FRESENIUS, C. R.: Anleitung zur qualitativen chemischen Analyse, 17. Aufl., Braunschweig 1919. — FRIEDRICHS, O. v.: Ar. **259**, 162, 164 (1921). — FUCHS, H. J.: H. **223**, 144 (1934). — FÜRTH, O. u. F. GÖTZL: Bio. Z. **283**, 358 (1936).

GASPAR Y ARNAL, T.: (a) An. Españ. **24**, 99 (1926); **30**, 398 (1932); Ann. Chim. anal. **14**, 342 (1932); durch Fr. **71**, 246 (1927); **95**, 448 (1933); (b) An. Españ. **26**, 435 (1928); Ann. Chim. anal. **11**, 97 (1929); durch Fr. **80**, 213 (1930). — GEILMANN, W.: Bilder zur qualitativen Mikroanalyse anorganischer Stoffe, Leipzig 1934, Tafel 8 u. 26. — GRAVES, S. S.: Am. Soc. **37**, 1171 (1915). — GUTZEIT, G.: Helv. **12**, 713, 829 (1929).

HANSEN, P. A.: Z. bakt. Parasitenkunde, I. Abt. **115**, 388 (1930); J. Bact. **19**, 223 (1930); durch C. **1930 I**, 2931. — HERZOG, A.: Melliands Textilber. **16**, 52 (1935). — HINTZ, E.: Fr. **21**, 560 (1882).

KARAOGLANOV, Z.: Fr. **119**, 23 (1940). — KISSER, J.: Pharm. Presse **28**, Nr. 5, 2 (1923). — KOLLO, C. u. V. TEODOSSIU: Bl. Soc. România **2**, 100 (1920); durch C. **1921 II**, 1007. — KOLTHOFF, I. M.: Pharm. Weekbl. **57**, 1257 (1920). — KONINCK, L. L. DE: Fr. **32**, 188 (1893); Chem. N. **69**, 220 (1894); durch C. **1894 I**, 1096. — KORENMAN, I. M.: (a) Fr. **90**, 114 (1932); (b) **90**, 115 (1932). — KROUPA, G.: Ch. Z. **5**, 952 (1881). — KÜHNEL HAGEN, S.: Fr. **83**, 164 (1931).

LAPIN, L. u. W. HEIN: Fr. **98**, 236 (1934).

MAKRIS, K. G.: Fr. **81**, 212 (1930). — MARTINI, A.: Mikrochemie **23**, 159 (1937).

NESSLER, J.: Diss. Freiburg i. B. **1856**, 27; C. **1856**, 538. — NEUBAUER, C.: Arch. pathol. Anatomie u. Physiol. **36**, 303 (1866); durch Fr. **5**, 470 (1866). — NIEUWENBURG, C. J. VAN: Mikrochemie **9**, 199 (1931).

ORLENKO, A. F. u. N. G. FESSENKO: Fr. **107**, 411 (1936). — ORR, A. P.: Biochem. J. **18**, 806 (1924); durch Fr. **69**, 368 (1926).

PONOMAREW, W. D.: Betriebslab. **9**, 109 (1940); durch C. **1941 I**, 1705.

REICHARD, C.: Ch. Z. **27**, 1007 (1903). — RIEGLER, E.: Ch. Z. Repert. **21**, 307 (1897). — ROSENTHALER, L.: (a) Mikrochemie **13**, 317 (1933); (b) Mikrochim. A. **2**, 1 (1937); (c) Mikrochemie **2**, 29 (1924). — RYMSZA, A.: Diss. Dorpat 1889; Fr. **36**, 813 (1897).

SCHMIZ, E.: Ar. **265**, 115 (1927). — SCHÖYEN, A.: Fr. **2**, 330 (1863). — SLYKE, D. D. VAN u. A. HILLER: J. biol. Chem. **102**, 499 (1933); durch C. **1933 II**, 3733. — SMOLCZYK, E. u. H. COBLER: Gasmaske **2**, 27 (1930).

TABELLEN der Reagenzien für anorganische Analyse, Leipzig 1938. — TANANAEFF, N. A. u. A. A. BUDKEWITSCH: Chem. J. Ser. B **9**, 362 (1936); durch C. **1936 II**, 511. — TARUGI, N. u. F. LENCI: Boll. chim. farm. **50**, 907 (1911); durch C. **1912 I**, 650. — TEORELL, T.: Bio. Z. **248**, 248 (1932). — THOMAS, P.: Bl. (4) **11**, 796 (1912). — TREADWELL, F. P.: Kurzes Lehrbuch der analytischen Chemie, 1. Band. 15. Aufl., Leipzig u. Wien 1935. — TRILLAT, A.: C. r. **136**, 1205 (1903). — TRILLAT, A. u. TURCHET: C. r. **140**, 374 (1905).

WACEK, A. v. u. H. LÖFFLER: Mikrochemie **18**, 277 (1935). — WACKENRODER, H.: Ar. **98**, 32 (1846). — WEBER, J. u. W. KRANE: H. **165**, 46 (1927). — WILDENSTEIN, R.: Fr. **2**, 9 (1863). — WIRTH, H. E. u. R. J. ROBINSON: Ind. eng. Chem. Anal. Edit. **5**, 293 (1933). — WÖHLER, F.: Pogg. Ann. **41**, 344 (1838).

ZENGHELIS, C. D.: C. r. **173**, 153 (1921); Fr. **62**, 155 (1923); **79**, 411 (1930). — ZIJP, C. VAN: Pharm. Weekbl. **57**, 1345 (1920).

Rubidium.

Rb, Atomgewicht 85,48; Ordnungszahl 37.

Von **HANS SPANDAU**, Greifswald.

Mit 8 Abbildungen.

Inhaltsübersicht.

Rubidium.

Rb, Atomgewicht 85,48; Ordnungszahl 37.

Das Rubidium ist zwar in der Natur weit verbreitet, eigentliche Rubidiummineralien sind aber nicht bekannt. Man findet Rubidium vielmehr immer nur in geringfügigen Mengen in den Mineralien als Begleiter der übrigen Alkalimetalle. Für die Erdrinde wird der durchschnittliche Rubidiumgehalt zu 3 bis $4 \cdot 10^{-3}\%$ angegeben. Die wichtigsten größeren Rubidiumvorkommen sind die im Lepidolith oder Lithiumglimmer, $Si_3O_9Al_2$ (Li, K, $Rb)_2(OH, F)_2$, und im Carnallit der Abraumsalze. Der Rubidiumgehalt des Lepidoliths liegt im allgemeinen zwischen 0,2 und 1%, gelegentlich auch noch höher, der des Carnallits zwischen 0,01 und 0,04%. Diese beiden Vorkommen werden daher auch ausschließlich für die Gewinnung des Rubidiums und seiner Salze benutzt. Alle natürlichen Wässer, Meere, Flüsse, Binnenseen und Mineralquellen enthalten Rubidium, allerdings nur in sehr kleinen Mengen (etwa $10^{-3}\%$). Ferner findet man Rubidium in vielen Pflanzen bzw. deren Aschen.

Das Rubidium ist in allen seinen Verbindungen 1wertig. Es ähnelt in seinen Eigenschaften und in seinem chemischen Verhalten dem Kalium und dem Caesium. Die Verwandtschaft zum Kalium ist so groß, daß beinahe alle Fällungsreaktionen, die zum Nachweis des Kaliums benützt werden, auch als Nachweisreaktionen für Rubidium — und auch für Caesium — dienen können. Diese Reaktionen werden zum großen Teil ebenfalls von den Thallo- und Ammonium-Ionen gegeben.

Die einfachen Salze des Rubidiums sind fast alle leicht löslich, z. B. die Salze der Halogenwasserstoffsäuren, der Schwefelsäure, der Salpetersäure, Kohlensäure, Essigsäure und viele andere mehr. Schwerlöslich und daher zum analytischen Nachweis geeignet sind das Rubidiumperchlorat, das Rubidiumhydrogentartrat, das Rubidiumpikrat und Rubidiumdiliturat, ferner zahlreiche Salze komplexer Säuren und Doppel- oder Tripelsalze. Von diesen sind von analytischem Interesse die Salze der Platinchlorwasserstoffsäure, Zinnchlorwasserstoffsäure, Zinnbromwasserstoffsäure und einiger Heteropolysäuren — Phosphor-Molybdänsäure, Phosphor-Wolframsäure, Silico-Molybdänsäure, Silico-Wolframsäure der 1-12-Reihe und Luteo-Phosphor-Molybdänsäure — sowie die Tripelnitrite des Kobalts und Wismuts, einige Doppel-Eisencyanide und Alaune. Wie schon erwähnt, handelt es sich bei diesen schwerlöslichen Rubidiumverbindungen nicht um Stoffe, die einen spezifischen Nachweis des Rubidiums gestatten, sondern um solche, deren entsprechende Caesium- und bzw. oder Kaliumverbindungen gleichfalls schwerlöslich sind. In der großen Mehrzahl der Fälle nimmt das Rubidiumsalz hinsichtlich seiner Schwerlöslichkeit eine Mittelstellung zwischen der analogen Kalium- und Caesiumverbindung ein. So nimmt z. B. die Löslichkeit von Kalium über das Rubidium zum Caesium ab bei den Chloroplatinaten, Bromostannaten, Pikraten, Silicomolybdaten, während sie in derselben Reihenfolge der Alkalimetalle bei den Hydrogentartraten zunimmt. Gelegentlich besitzt auch die Löslichkeit beim Rubidiumsalz ein Minimum, z. B. bei den Perchloraten.

Wegen der ähnlichen Größe des Ionenradius von Kalium, Rubidium und Caesium sind die Rubidiumsalze meistens mit den analogen Kalium- und Caesiumverbindungen isomorph, so daß auch eine mikrochemische Unterscheidung selten mit Sicherheit möglich ist.

Am schnellsten und sichersten gelingt der Rubidiumnachweis auf spektralanalytischem Wege, wobei die Begleiter des Rubidiums keine Störungen bedingen.

Da nahezu alle Rubidiumsalze in Wasser oder Säuren löslich sind, ist ein Aufschluß nur beim Vorliegen von Silicaten erforderlich. In diesem Falle macht man einen der zum Nachweis der Alkalimetalle in Silicaten üblichen Aufschlüsse, d. h. eine Schmelze mit Calciumcarbonat oder Calciumsulfat oder einem Gemisch von Calciumchlorid und Bariumhydroxyd.

Im Trennungsgang findet man nach der Ausfällung der Schwefelwasserstoff-, Schwefelammonium- und Erdalkaligruppe das Rubidium im Filtrat der Erdalkalien. Diese Lösung enthält neben Rubidium alle übrigen Alkalien, ferner Magnesium- und Ammonium-Ionen; die beiden letzteren lassen sich leicht entfernen, das Magnesium durch Fällung als Hydroxyd, Oxychinolat oder als Magnesium-Ammoniumphosphat, die Ammoniumsalze durch Abrauchen. In dem nunmehr hinterbleibenden Gemisch aller Alkalisalze kann das Rubidium ohne weitere Trennung auf spektralanalytischem Wege nachgewiesen werden. Auf nassem Wege ist indessen ein sicherer Nachweis des Rubidiums neben den übrigen Alkalien infolge des Fehlens einer für Rubidium spezifischen Reaktion im allgemeinen nicht möglich; abgesehen von den Fällen, in denen Rubidium in Abwesenheit von Kalium und Caesium nachgewiesen werden soll — Fälle, die praktisch kaum vorkommen werden —, muß stets ein besonderer Trennungsgang der Alkalien dem Nachweis des Rubidiums vorausgehen. Es sind mehrere solche Trennungsgänge vorgeschlagen worden, bei denen meistens zuerst eine Trennung der Alkalien in 2 Untergruppen vorgenommen wird. Zu der einen Gruppe gehören Rubidium, Caesium und Kalium und zur anderen die beiden leichtesten Alkalimetalle. NOYES und BRAY fällen Rubidium, Caesium und Kalium als Perchlorate durch Behandlung des Alkalisalzgemisches mit Perchlorsäure und Äthylalkohol, wobei Lithium und Natrium in Lösung bleiben. Auch ATO und WADA scheiden Rubidium, Caesium und Kalium als Perchlorate ab, und zwar durch Versetzen der Lösung der Alkalichloride mit Salzsäure und Perchlorsäure. BENEDETTI-PICHLER und BRYANT benutzen bei dem von ihnen ausgearbeiteten Mikroanalysengang die Schwerlöslichkeit der Hexachloroplatinate des Kaliums, Rubidiums und Caesiums zu deren Abtrennung von Natrium und Lithium. Nach GASPAR Y ARNAL (a) können Rubidium, Caesium und Kalium durch eine Lösung von Calciumferrocyanid in 50%igem wäßrigen Alkohol als Doppelferrocyanide ausgefällt und so von Natrium und Lithium getrennt werden.

Es besteht nunmehr noch die Aufgabe, das Rubidium von Kalium und Caesium zu trennen. Zur Lösung dieser Aufgabe sind wiederum verschiedene Vorschläge gemacht worden, von denen hier nur einige ausführlicher erwähnt werden können: NOYES und BRAY verwandeln die Perchlorate durch Behandlung mit Natriumkobaltinitrit in essigsaurer Lösung in die Kobaltinitrite und führen diese durch Eindampfen mit einem Natriumnitritüberschuß und anschließendes stärkeres Erhitzen in die normalen Nitrite über. Die Alkalinitrite werden in Wasser gelöst und mit Wismutnitrit versetzt, wobei Rubidium und Caesium als Natrium-Wismutnitrite ausgefällt werden, während Kalium in Lösung bleibt. Die Natrium-Wismutnitrite des Rubidiums und Caesiums werden in Salzsäure gelöst und mit Antimontrichlorid versetzt. Dadurch wird die Hauptmenge des Caesiums ausgefällt und abgetrennt. Im Filtrat werden Wismut und Antimon durch Sättigung mit H_2S entfernt. Jetzt kann das Rubidium in Gegenwart der noch vorhandenen geringen Caesiummengen mit Natriumhydrogentartrat (§ 2, B, 2) oder mit Natrium-6-chlor-5-nitrotoluol-m-sulfonat (§ 2, B. 5) nachgewiesen werden.

BENEDETTI-PICHLER und BRYANT führen die Chloroplatinate des Rubidiums, Kaliums und Caesiums durch Erhitzen in Chloride über, fällen das Caesium als Caesium-Wismutjodid und trennen dann Kalium und Rubidium in analoger Weise wie NOYES und BRAY.

O'LEARY und PAPISH versetzen die Lösung der Chloride des Kaliums, Rubidiums und Caesiums in salpetersaurer Lösung in der Siedehitze mit 1-Phosphor-9-Molybdänsäure, wodurch Rubidium und Caesium als Luteo-Phosphormolybdate ausgefällt werden, während Kalium in Lösung bleibt. Der Rubidium- und Caesiumniederschlag wird in Natronlauge gelöst; nach der Entfernung des Molybdäns als Sulfid und nach Zugabe von Alkohol werden die Chloroplatinate des Rubidiums und Caesiums ausgefällt. Dann reduziert man die Chloroplatinate mit Hydrazin, entfernt überschüssiges Hydrazin und Salpetersäure und versetzt mit einer konzentrierten Lösung von Silicowolframsäure. Dadurch wird Caesium als Silicowolframat ausgefällt und die Lösung enthält nur noch Rubidium.

ATO und WADA wandeln die Perchlorate des Kaliums, Rubidiums und Caesiums durch Glühen in Chloride um, lösen in wenig Wasser und fällen das Kalium als Chlorid durch Behandeln mit konzentrierter Salzsäure und Alkohol. Die Lösung wird mit Zinnchlorwasserstoffsäure versetzt, wodurch Rubidium und Caesium ausgefällt werden. Der Rubidium- und Caesiumniederschlag wird in Salzsäure gelöst und nach Entfernung des Zinns als Sulfid werden die Chloride mit konzentrierter Salpetersäure und dann mit Oxalsäure behandelt und geglüht, wodurch man Carbonate erhält. Die Carbonate werden in Salzsäure gelöst und mit einer Lösung von Antimontrichlorid in konzentrierter Salzsäure versetzt. Dadurch wird das Caesium ausgefällt, und es hinterbleibt eine kalium- und caesiumfreie Rubidiumsalzlösung.

GASPAR Y ARNAL (a) trennt das Kalium von Rubidium und Caesium durch Behandlung mit Magnesiumferrocyanid in der Siedehitze. Dadurch werden Rubidium und Caesium als Doppelferrocyanide ausgefällt, während Kalium in Lösung bleibt (vgl. § 2, A. 6).

Weitere Vorschläge zur Trennung des Rubidiums von den übrigen Alkalien findet man bei STRECKER und DIAZ, WELLS und STEVENS, FRESENIUS und FROMMES, CLASSEN, WENGER und HEINEN, WENGER und PATRY, TANANAEFF und HARMASCH, VOGEL, MOSER und RITSCHEL.

Nachweismethoden.

§ 1. Nachweis auf spektralanalytischem Wege[1].

A. Ohne spektrale Zerlegung (durch Flammenfärbung).

Die nichtleuchtende Bunsenflamme wird violettrosa gefärbt, wenn man Rubidiumsalze mit Hilfe eines Platindrahtes oder eines Magnesiastäbchens in die Flamme bringt. Voraussetzung für das Gelingen der Flammenreaktion ist eine genügend große Flüchtigkeit der betreffenden Rubidiumverbindung. Bei schwerflüchtigen Substanzen, z. B. bei den Silicaten, ist ein Aufschluß erforderlich, d. h. eine Überführung in ein solches Rubidiumsalz, das leicht verdampft (z. B. Sulfat oder Chlorid). Zu diesem Zwecke wird meistens eine Schmelze mit Gips angewandt.

Nach CLARK soll man die Flammenreaktion auch in der Weise durchführen können, daß man ein mit Wasser halb gefülltes Reagensglas in die Untersuchungslösung eintaucht und das benetzte untere Ende des Reagensglases vorsichtig in der nichtleuchtenden Flamme erhitzt. Dieses Verfahren soll der Platindrahtmethode überlegen sein.

Die Empfindlichkeit wird nach CLARK zu 10^{-3} g Rubidium pro Kubikzentimeter Lösung angegeben.

Störungen der Flammenfärbung treten bei Gegenwart von Caesium-, Kalium-, Natrium-, Lithium- und Strontiumsalzen auf. Die durch Caesiumsalze hervorgerufene Flammenfärbung ist von der Rubidiumflamme nicht zu unterscheiden. Auch die Kaliumflamme ist der Rubidiumflamme außerordentlich ähnlich; Kaliumsalze färben die Flamme blauviolett, Rubidiumsalze mehr rötlichviolett; der Unterschied in der Farbe ist aber zu gering, als daß eine eindeutige Unterscheidung möglich wäre. Schon bei Anwesenheit verhältnismäßig geringer Natriummengen in der Untersuchungssubstanz wird die Rubidiumflamme durch die intensiv gelbe Flammenfärbung des Natriums überdeckt. Auch bei Gegenwart von Lithium- und Strontiumsalzen ist die charakteristische Rubidiumflamme nicht mehr zu erkennen. Die Störungen durch

[1] Mitbearbeitet von J. VAN CALKER, Münster (Westf.).

Natrium-, Lithium- und Strontiumsalze lassen sich vermeiden, wenn man die Flamme durch geeignete Absorptionsmittel betrachtet. Wegen der Ähnlichkeit der Rubidium- und Kaliumflamme können durchweg dieselben Absorptionsmittel benutzt werden, die bei der Prüfung auf Kalium empfohlen werden (vgl. Kalium, § 1, A), also z. B. Kobaltgläser oder Farbplatten; die letzteren bestehen aus einer Glasplatte mit einem Gelatineüberzug, der mit einem oder mehreren organischen Farbstoffen getränkt ist. Dabei sind die Farbstoffe so auszuwählen, daß die Filter nur das äußerste Rot durchlassen. Diese Bedingung erfüllen die von MOIR bzw. HERZOG vorgeschlagenen Farbplatten. MOIR tränkt die Gelatine mit einem Gemisch von Methylenblau und Methylorange bzw. mit Methylviolett und Pikrinsäure oder anderen Farbstoffmischungen. HERZOG verwendet ein Gemisch von Patentblau und Tartrazin; das Filter von HERZOG läßt nur rotes Licht mit Wellenlängen $\lambda > 6750$ Å und grünes Licht mit 5000 Å $< \lambda < 5550$ Å durchtreten, es hält also die Linien der Natrium-, Lithium- und Strontiumflamme vollständig zurück. Die Kaliumlinien werden durch die genannten Filter nicht absorbiert. Eine Trennung der Kalium- von der Rubidiumflammenfärbung durch Absorptionsmittel dürfte auch kaum möglich sein, da die charakteristischen Linien der beiden Alkalien im roten Spektralbereich zu nahe beieinander liegen.

B. Durch spektrale Zerlegung.

1. Emissionsspektrum.

Allgemeines[1]. Zuverlässig und eindeutig ist der Nachweis des Rubidiums auf spektralanalytischem Wege, der sich mit allen bekannt gewordenen Anregungsmethoden durchführen läßt. Die empfindlichsten Nachweislinien liegen bei 7948/7800 Å. Ihre Beobachtung ist visuell ohne weiteres möglich. Sollen sie beim photographischen Nachweis herangezogen werden — zum Spurennachweis ist das notwendig — so müssen für dieses Spektralgebiet sensibilisierte Ultrarotplatten benützt werden. Die in den meisten Fällen benützten Linien 4216, 4202 Å liegen in einem photographisch wesentlich günstigeren Gebiet. Für die meisten analytischen Fragen genügt die Empfindlichkeit dieser Linien bei weitem. Wenn mit Kohlen als Trägerelektroden gearbeitet wird, muß bei der Feststellung der blauen Linie mit erhöhter Sorgfalt vorgegangen werden, da in diesem Gebiet Cyanbanden der Kohle liegen, die vor allem bei kleiner Dispersion des Apparates die Analyse erschweren. Durch Zugabe von z. B. Natrium im Überschuß oder durch Tränken der Elektroden in Kochsalzlösung läßt sich die Intensität der Cyanbanden sehr stark herunterdrücken (PREUSS, ROLLWAGEN), ebenso durch Arbeiten in CO_2-Gas. Wenn mit einem Quarzspektrographen gearbeitet werden muß, und auf die Linien 4216, 4202 Å als Nachweislinien nicht verzichtet werden kann, empfiehlt sich die Anwendung einer der mitgeteilten Maßnahmen auf alle Fälle. Unter Umständen genügt es aber, der Wahl der Spaltbreiten sein besonderes Augenmerk zuzuwenden und durch Testaufnahmen die günstigste Breite zu ermitteln, bei der ein sicheres Erkennen der Linien gewährleistet ist. Ergänzend zu den obigen beiden Dubletts wird im Funken zwischen Goldelektroden die Funkenlinie 4572 Å als Analysenlinie empfohlen (LÖWE, TWYMAN und SMITH). SCHEIBE führt in seiner Tabelle der letzten Linien noch folgende an: 2799, 5725, 6160, 6299 Å. Entgegen unserer sonst geübten Begrenzung, die letzten Linien nur nach den Tabellen von GERLACH-RIEDL anzugeben, sind hier weitere Linien aufgezählt, da die an sich empfindlichsten zuerst genannten Dubletts in etwas ungünstigem Bereich liegen.

Im folgenden sind die Intensitätsverhältnisse der besonders geeigneten Analysenlinien und die Störmöglichkeiten durch Linien anderer Elemente, wie sie von GERLACH und RIEDL zusammengestellt sind, wiedergegeben:

[1] Vgl. auch die allgemeinen Bemerkungen über den spektralanalytischen Nachweis der Alkalimetalle (Lithiumkapitel, Seite 27, Fußnote 1).

$\lambda = 4215{,}6$ Å und $\lambda = 4201{,}8$ Å. Die Intensität der Linie $\lambda = 4201{,}8$ Å ist sehr viel stärker als diejenige der ersten Linie. Bei Verwendung geeigneter Ultrarotplatten sind die beiden Rubidiumlinien im roten Spektralbereich, $\lambda = 7800{,}3$ Å und $\lambda = 7947{,}6$ Å empfindlicher.

Koinzidenzen sind zu erwarten:

Bei der Linie $\lambda = 4215{,}6$ Å mit Linien von Eisen, Osmium, Strontium und Wolfram sowie mit sehr schwachen Linien von Kupfer und Mangan. Bei kleiner Dispersion des Spektrographen sind auch noch Störungslinien der folgenden Elemente zu beachten: Linien von Silber, Chrom, Molybdän, Palladium, Rhodium, Ruthenium und schwache Linien von Kobalt, Scandium, Titan, Vanadin sowie eine sehr schwache Funkenlinie des Quecksilbers. Starke Störungslinien sind die Funkenlinie des Strontiums, $\lambda = 4215{,}5$ Å (die zweitstärkste Strontiumlinie!) und die Bogenlinie des Palladiums $\lambda = 4213{,}0$ Å.

Bei der Linie $\lambda = 4201{,}8$ Å mit Linien vom Eisen, Mangan, Nickel, Osmium, Platin und schwachen Linien vom Rhodium und Ruthenium. Bei geringer Dispersion des Spektrographen können ferner Linien vom Chrom, Molybdän, Ruthenium, Vanadin sowie schwache Linien vom Kobalt und Titan stören. Als starke Störungslinien sind die Bogenlinien des Eisens $\lambda = 4202{,}0$ Å und des Rutheniums $\lambda = 4199{,}9$ Å genannt.

Nachweis in Lösungen. Über die Verwendung der Flamme liegen von den in den vorhergehenden Abschnitten genannten Autoren Spezialuntersuchungen vor. Neben dem Bunsenbrenner als einfachstem Anregungsmittel empfiehlt sich für höhere Ansprüche die Gebläseflamme, wie sie aus vielen Veröffentlichungen von LUNDEGÅRDH bekannt ist. Die Empfindlichkeit ist sehr hoch. WAIBEL arbeitet mit einem abgeänderten Zerstäuber, der wenig Lösung verbraucht (1 cm^3 Lösung), und analysiert damit noch 10^{-5} molare Lösungen. BOSSUET bringt die Untersuchungslösung mit Hilfe eines Stäbchens von Magnesiumpyrophosphat in die Flamme (bis 1 γ Rb nachgewiesen); es kann also auch ohne Zerstäuber erfolgreich gearbeitet werden.

LEONARD und WHELAN benutzen das Funkenspektrum zum Nachweis des Rubidiums in rubidiumchloridhaltigen Lösungen und arbeiten dabei mit röhrenförmigen Elektroden aus Gold, Silber oder Platin. Sie gehen herunter bis zu 0,001%igen Lösungen.

SCHLEICHER und LAURS unterwerfen die Untersuchungslösung zunächst einer Elektrolyse mit einer Quecksilberkathode und untersuchen dann das entstandene Amalgam spektrographisch im Funken. Bei der Elektrolyse dient als Kathode ein Kupferdraht, auf dessen Spitze vorher etwa 500 γ Quecksilber elektrolytisch niedergeschlagen wurden. Die Anode ist ein kleiner Tiegeldeckel aus Silber oder Platin. 0,1 cm^3 der Untersuchungslösung werden unter Zusatz von Hydrazinhydrat als Depolarisator bei einer Spannung von 4 bis 8 Volt elektrolysiert. Die Elektrolyse wird nach 20 bis 30 Min. Dauer ohne Auswaschen unterbrochen, und das entstandene Amalgam wird unmittelbar abgefunkt. Für diese Methode geben SCHLEICHER und LAURS als Nachweisgrenze 10 γ Rubidium an.

Nachweis in Pulvern und Salzen. Die Frage der Trägerelektroden ist im einleitenden Abschnitt schon angeschnitten worden. Der Nachweis geschieht bequemer, wenn man nicht auf die Verwendung von Kohleelektroden angewiesen ist. Der empfindlichste Nachweis läßt sich in der Bogenentladung durchführen. Aber auch Flamme und Funken sind geeignet, wie die folgenden Untersuchungen zeigen.

URBAIN und WADA bestimmen die Grenze der Nachweisbarkeit des Rubidiums im Bogenspektrum. Ein Aufschließen der Mineralien und Glührückstände und ein Überführen in Lösungen ist nicht erforderlich. Die Untersuchungssubstanz wird mit Zinkoxyd vermischt, damit sie gut schmilzt und gleichmäßig verdampft. Außerdem hat Zinkoxyd den Vorteil, daß es keinen kontinuierlichen Untergrund und keine störenden Linien gibt. Als Elektroden dienen Stäbe aus Elektrolytkupfer. Der Bogen wird mit 2 bis 3 Amp. und 40 Volt betrieben. Für die Rubidiumlinie $\lambda = 4201{,}8$ Å wird die Nachweisgrenze zu 2,6 γ Rubidium angegeben.

TOLMATSCHEW benutzt zum Nachweis des Rubidiums in natürlichen Aluminiumsilicaten den elektrischen Bogen als Lichtquelle und die Linien des ersten Dubletts der Hauptserie unter Verwendung von Neocyanin als Sensibilisator. Die Empfindlichkeit soll mit dem ersten Dublett besser sein als bei Benutzung des zweiten Dubletts.

DUREUIL empfiehlt, beim Nachweis des Rubidiums im Bogen- oder Funkenspektrum Elektroden aus Magnesium zu verwenden, da Magnesium im sichtbaren Gebiet nur wenig eigene Linien besitzt. Der Lichtbogen wird höchstens mit 110 Volt und 1 Amp. betrieben, um eine Entflammung zu verhindern. KONISHI und TSUGE benutzen zur Erzeugung des Bogenspektrums Kohle- oder Graphitelektroden, die sie mit 10 Amp. und 60 Volt betreiben. Auf die untere positive Elektrode bringen sie das zu untersuchende Salz; diese Elektrode lassen KONISHI und TSUGE während des Brennens rotieren. Rubidium wird von ihnen bis zu 10^{-1} mg nachgewiesen.

IWAMURA weist Rubidium im künstlichen Carnallit nach. Bei Benutzung der Linie 4201,8 Å kann noch ein Rubidiumgehalt von $1{,}2 . 10^{-2}$% nachgewiesen werden. Die Arbeitsweise ist derart, daß man die Untersuchungssubstanz mit Zuckerkohle und Zuckersirup im Mörser verreibt und innig mischt und aus diesem Brei Elektroden formt, die vor ihrer Benutzung getrocknet werden. In gleicher Weise können auch Elektroden aus einer Mischung der Untersuchungssubstanz mit Zinkoxyd (bzw. Magnesiumoxyd oder Calciumoxyd) und Salzsäure hergestellt werden.

GAZZI benutzt zum Nachweis des Rubidiums die Linien 7947,6 Å und 7800,3 Å, die im Bogen, in der Flamme oder im induzierten Funken erzeugt werden. Als Bezugsspektrum dient das Spektrum von Neon und Argon. Die Spektren von Natrium, Magnesium und Calcium stören nicht. Das Verfahren soll sich zur Untersuchung des Trockenrückstandes von Mineralwässern besonders eignen.

RUSSANOW weist Rubidium in Salzen und Mineralien mit Hilfe des Flammenspektrums nach, wobei er die für Lösungen übliche Methode (Acetylenluftbrenner; Zerstäuber) auf die Untersuchung fester Substanzen überträgt. Er hat einen Acetylenluftbrenner mit einer besonderen Einblasevorrichtung für feste Stoffe konstruiert; durch den Luftstrom des Brenners wird die Untersuchungssubstanz, die vorher getrocknet und möglichst fein gepulvert werden muß, gleichmäßig in die Flamme geblasen. Man erreicht so eine gleichmäßige und dauerhafte Einführung der Substanz in die Flamme und eine gleichmäßige Färbung der gesamten Flamme. Die durch das Einblasen erzeugten Spektren sollen kräftiger und linienreicher als die durch Einführen der Substanz von außen erregten Spektren sein. Gegenüber dem Bogenspektrum erscheint als Vorteil, daß keine Störungen durch die Linien der Elektroden möglich sind. Allerdings werden bei dem Einblaseverfahren erhebliche Substanzmengen benötigt, da etwa 0,1 g Substanz in 1,5 Min. verbraucht werden. Nach dieser Methode hat RUSSANOW hauptsächlich Rubidium in Glimmern nachgewiesen. Die Empfindlichkeitsgrenze liegt bei einem Rubidiumgehalt von etwa 0,005%.

Nachweis in Metallen. Es empfiehlt sich die Analyse im Bogen oder Funken mit viel Selbstinduktion; das Untersuchungsmaterial wird als Elektrode benutzt.

Nachweis in organischem Material. Untersuchungen im Bogen, Funken oder Hochfrequenzfunken sind immer durchführbar.

Nachweisgrenzen der verschiedenen Methoden. KIRCHHOFF und BUNSEN bestimmen in der Flamme 0,2 γ Rubidiumchlorid, SCHULER kommt sogar auf 0,03 γ Rubidium (als Chlorid). WAIBEL kann 10^{-5} molare Lösungen bestimmen (entspricht 0,8 γ). Im Funken können 10^{-3}%ige Lösungen analysiert werden (LEONARD und

Whelan). Die Angaben schwanken ebenso wie für die Bogenentladung stark. Als Anhaltspunkt kann gelten, daß in der Flamme und im Bogen 10^{-2} bis $10^{-1}\,\gamma$ noch erkennbar sein werden, im Funken vielleicht eine Größenordnung weniger. In den meisten Fällen wird nicht mit den roten Linien gearbeitet, so daß die Empfindlichkeitsgrenze wesentlich durch die Art der Registrierung und nicht durch die Art der Anregung bestimmt ist. Wenn man eine nicht zu energiereiche Entladung wählt, besteht gar kein Grund dafür, daß der Nachweis des Rubidiums wesentlich unempfindlicher ist als der des Natriums, wenn nur genügend empfindliche Platten zur Verfügung stehen.

Beeinflussung der Nachweisgrenzen. Schuler gibt an, daß die Nachweisempfindlichkeit im Funken von Chlorid (0,3 γ) über Bromid, Jodid, Nitrat zum Sulfat abnimmt. Ein hundertfacher Überschuß an KCl oder NaCl vermindert die Nachweisempfindlichkeit auf 3 γ. Diese Angaben (z. B. auch daß Chlorgas oder Chloroformdämpfe in der Flamme stören von Fredenhagen, Smithells, Dawson und Wilson) dürfen nicht verallgemeinert werden, da systematische Untersuchungen über diese Beeinflussungen noch ausstehen. Jedenfalls ist Vorsicht geboten, wenn letzte Empfindlichkeit verlangt wird.

2. Absorptionsspektrum.

Nachweis im Absorptionsspektrum von Alkannatinktur. Formánek schlägt vor, Rubidium in der Weise nachzuweisen, daß man die Untersuchungslösung zu einer Alkannalösung zusetzt und das Absorptionsspektrum untersucht. Durch die Anwesenheit von Rubidium (und auch anderer Kationen) wird nämlich das Absorptionsspektrum der Alkannalösung stark verändert. Man benutzt eine verdünnte alkoholische Alkannatinktur, deren Konzentration so zu wählen ist, daß alle Absorptionsstreifen des Alkannins voneinander scharf getrennt sind und mittelstark erscheinen (Hauptstreifen: 5240 Å; Nebenstreifen: 5640 Å, 5451 Å und 4885 Å). Auf Zusatz von einigen Tropfen verdünnten Ammoniaks ändert sich die Farbe der Lösung von Gelbrot nach Blau; das Absorptionsspprektrum besitzt jetzt einen Hauptstreifen bei 6428 Å und einen Nebenstreifen bei 5948 Å. Setzt man nun noch einige Tropfen einer Rubidiumchloridlösung hinzu, so verschieben sich die Streifen des Absorptionsspektrums, der Hauptstreifen liegt bei 6397 Å und der Nebenstreifen bei 5914 Å. Zum Nachweis des Rubidiums hat man also die Alkannalösung mit einigen Tropfen der Untersuchungslösung zu versetzen und etwas verdünntes Ammoniak hinzuzufügen. Rubidium ist anwesend, wenn das Absorptionsspektrum den Hauptstreifen bei 6397 Å und einen Nebenstreifen bei 5914 Å besitzt.

Das Rubidium muß als Chlorid vorliegen, damit es sich in der alkoholischen Alkannalösung lösen kann. Ammoniumsalze stören nicht. Ähnliche Absorptionsspektren erhält man, wenn man an Stelle des Rubidiumsalzes Caesium-, Kalium- oder Natriumsalze zur Alkannalösung zusetzt. Mit abnehmendem Atomgewicht des Alkalimetalls verschieben sich die Absorptionsstreifen nur wenig von längeren nach kürzeren Wellenlängen. Über Störungen des Rubidium-Absorptionsspektrums bei Anwesenheit der übrigen Alkalien bzw. über die Möglichkeit des Rubidiumnachweises neben einem oder mehreren der übrigen Alkalimetalle liegen keine Angaben vor.

§ 2. Nachweis auf nassem Wege.

A. Wichtige analytische Reaktionen.

Dieser Paragraph ist in zwei Unterabschnitte eingeteilt. Zunächst werden alle diejenigen Reaktionen besprochen, mit deren Hilfe Rubidium auch in Gegenwart von Kalium-Ionen nachgewiesen werden kann, während im Abschnitt b diejenigen Fällungsmittel aufgeführt sind, die außer Rubidium auch Kalium fällen. Dabei ist zu beachten, daß einige der unter b genannten Reaktionen eine größere Empfindlichkeit besitzen als die empfindlichsten der Gruppe a und daher mit Vorteil verwendet werden, wenn man bei Abwesenheit von Kalium auf Rubidium zu prüfen hat.

a) Reaktionen, bei denen die Anwesenheit von Kalium-Ionen nicht stört.

1. Fällung als Rubidium-Natrium-Wismutnitrit mit Natrium-Wismutnitrit. Rubidium-Ionen geben mit Natrium-, Wismut- und Nitrit-Ionen in schwach saurer Lösung einen schwerlöslichen Niederschlag der Zusammensetzung $Rb_2NaBi(NO_2)_6$. Das Tripelnitrit ist gelb gefärbt und bildet oktaedrische Krystalle (BALL). Ersetzt man Natrium durch Silber, so bildet sich eine entsprechendes Tripelnitrit von der Formel $Rb_2AgBi(NO_2)_6$, das noch unlöslicher als das Rubidium-Natrium-Wismutnitrit ist (BALL und ABRAM).

Das Natrium-Wismutnitritreagens wird nach BALL am besten folgendermaßen bereitet: 50 g reines Natriumnitrit werden in 100 cm³ Wasser aufgelöst und mit Salpetersäure neutralisiert. In dieser Lösung löst man 10 bis 20 g pulverisiertes Wismutnitrat. Die entstandene orangefarbene Lösung von Natrium-Wismutnitrit wird filtriert und in einer verschlossenen Flasche aufbewahrt, da sie Sauerstoff absorbiert und trübe wird, wenn sie längere Zeit der Luft ausgesetzt wird.

Das Reagens wird durch einen Überschuß von Wasser unter Bildung einer weißen Fällung hydrolysiert. Zur Vermeidung der störenden Hydrolyse ist es notwendig, die Untersuchungslösung zu einem großen Reagensüberschuß zuzusetzen und mit verdünnter Salpetersäure schwach anzusäuern. BALL verwendet 5 cm³ Reagenslösung, setzt 1 bis 2 Tropfen verdünnter Salpetersäure hinzu und versetzt dann mit 1 cm³ Untersuchungslösung. Bei Anwesenheit von viel Rubidium, z. B. mit einer 1%igen Rubidiumnitratlösung, entsteht die Fällung des Tripelnitrits sofort. Wenn die Untersuchungslösung verdünnter ist, entsteht die Fällung erst nach einiger Zeit; in diesem Falle muß das Gemisch in einer verschlossenen Flasche aufbewahrt werden, um eine Berührung mit Luft und eine durch Oxydation bedingte Trübung zu vermeiden. Eine eventuell entstandene geringe Trübung verschwindet bei Zugabe von 1 bis 2 Tropfen verdünnter Salpetersäure.

NOYES und BRAY geben für die Ausfällung des Rubidium-Natrium-Wismutnitrits eine etwas andere Arbeitsvorschrift als BALL an. In ihrem systematischen Analysengang für die Alkalimetalle fällen sie Rubidium, Kalium und Caesium als Perchlorate, führen diese in Kobaltinitrite über und zersetzen sie durch Erhitzen unter Zusatz von viel Natriumnitrit in Kobaltoxyd und die einfachen Alkalinitrite. Das Rubidium liegt also bereits als Nitrit neben einem Überschuß von Natriumnitrit vor. Das Kobaltoxyd wird entfernt und die Alkalinitrite werden in 1 bis 2 cm³ Wasser gelöst. Diese Lösung wird mit Essigsäure neutralisiert und mit etwa einem Sechstel ihres Volumens an Wismutnitratlösung [gesättigte Lösung von $Bi(NO_3)_3 \cdot 5\,H_2O$ in 6 n-Essigsäure] versetzt. Dann verschließt man das Reagensglas und läßt es 15 bis 30 Min. in einem Eiswassergemisch stehen. Entsteht eine gelbe krystalline Fällung, die sich auch beim Schütteln und Erwärmen auf Zimmertemperatur nicht wieder löst, so ist Rubidium (oder Caesium) zugegen. Um eine möglichst große Empfindlichkeit zu erzielen, ist es nach NOYES und BRAY notwendig, daß das Reaktionsgemisch nur ein kleines Volumen einnimmt, hoch konzentriert an $NaNO_2$ und mäßig konzentriert an Wismutnitrat ist und längere Zeit auf 0° gekühlt wird. Ferner soll die Lösung essigsauer sein, damit keine Hydrolyse des Wismutsalzes möglich ist.

BALL gibt an, daß bei Zugabe von 1 cm³ einer 0,5%igen Lösung von $RbNO_3$ zu 5 cm³ Reagens sofort eine deutliche Fällung entsteht, während eine halb so konzentrierte Lösung nur noch eine schwache Fällung erzeugen soll. Also **Erfassungsgrenze:** 1,5 mg Rubidium in 1 cm³. **Grenzkonzentration:** 1:690. Bei der Ausführungsart der Reaktion nach NOYES und BRAY soll die Nachweisgrenze bei 0,5 mg Rubidium liegen. **Grenzkonzentration:** 1:2000.

Störungen. Lithium, Natrium, Kalium, Ammonium und Erdalkalien geben mit dem Reagens keine Fällungen und stören den Rubidiumnachweis nicht. So kann nach NOYES und BRAY noch 1 mg Rubidium neben einem 500fachen Kaliumüberschuß einwandfrei nachgewiesen werden. Eine analoge Reaktion wie das Rubidium gibt nur das Caesium; Caesium-Natrium-Wismutnitrit ist sogar unlöslicher als das entsprechende Rubidium-Tripelnitrit. Ferner stören Chlor-Ionen, wenn ihre Konzentration höher als 1% ist, da dann Wismutoxychlorid ausgefällt wird. Nitrat-, Sulfat- und Acetat-Ionen können in jeder Konzentration vorliegen, ohne Störungen hervorzurufen. Schließlich sei noch auf die bereits erwähnte Hydrolyse des Reagenses beim Verdünnen mit Wasser hingewiesen.

Das eingangs genannte Rubidium-Silber-Wismutnitrit, $Rb_2AgBi(NO_2)_6$, fällt aus, wenn man zu der Natrium-Wismutnitritlösung Silbernitrat zusetzt und dann mit einer Rubidiumsalzlösung versetzt. Um eine gleichzeitige Ausscheidung des Rubidium-Natriumsalzes zu vermeiden, ist es erforderlich, daß ein Überschuß von Silber gegenüber Rubidium vorliegt. Das Rubidium-Silber-Wismutnitrit soll nach BALL und ABRAM orangegelbe, wahrscheinlich oktaedrische Krystalle bilden, nach ROBIN in gelben, rechteckigen Plättchen auskrystallisieren. Es ist unlöslicher als die entsprechende Rubidium-Natriumverbindung.

2. Fällung als Rubidiumsilicomolybdat mit 1-Silico-12-Molybdänsäure. Beim Versetzen einer Rubidiumsalzlösung mit einer sauren Silicomolybdatlösung entsteht ein gelber krystalliner Niederschlag von Rubidiumsilicomolybdat. Die Silicomolybdänsäure, $H_4[Si(Mo_3O_{10})_4(H_2O)_x]$, ist als Reagens auf Rubidium zuerst von PARMENTIER angegeben; er stellte fest, daß das Rubidium- und Caesiumsalz dieser Säure schwerlöslich sind, während die entsprechenden Lithium-, Natrium- und Kaliumsalze eine außerordentlich gute Löslichkeit besitzen. Später haben MOSER und RITSCHEL (b) sowie G. JANDER und Mitarbeiter die Silicomolybdänsäure hinsichtlich ihrer Eignung zum analytischen Nachweis des Rubidiums und zur Rubidium-Kaliumtrennung genauer untersucht. MOSER und RITSCHEL (b) haben die Löslichkeit des Rubidiumsilicomolybdats bei 20° in Wasser zu 4,1 g in 1 Liter bestimmt. G. JANDER und FABER haben festgestellt, daß in 3 n-Salzsäure die Löslichkeit noch geringer ist, nämlich etwa 2 g in 1 Liter beträgt. Die Konzentration an Rubidium in einer gesättigten Rubidiumsilicomolybdatlösung beträgt also nur etwa 0,03 g in 100 cm³. Durch Anwendung eines Reagensüberschusses wird die Löslichkeit noch weiter herabgesetzt.

MOSER und RITSCHEL (b) bereiten das Reagens folgendermaßen: Zu einer siedend heißen Lösung von Natriumsilicat setzt man in jeweils kleinen Anteilen eine Aufschlämmung von 20 g Molybdänsäure in Wasser, löst die dabei zum Teil ausfallende Kieselsäure durch Zugabe von Natronlauge und versetzt die Lösung mit Salpetersäure bis zur starken Gelbfärbung; dann wird filtriert und die Lösung auf dem Wasserbad auf ein Volumen von 300 cm³ eingeengt.

Da nach dieser Vorschrift die angewandte Molybdänsäure nicht völlig in Lösung zu bringen ist, haben JANDER und BUSCH die Reagenslösung auf anderem Wege hergestellt. 60 g festes NaOH löst man in 400 cm³ Wasser und erhitzt die Lösung zum Sieden. In der Siedehitze setzt man portionsweise im Laufe von 15 Min. insgesamt 172 g reines Molybdäntrioxyd hinzu. Wenn alles MoO_3 in Lösung gegangen ist, verdünnt man mit 500 cm³ kalten Wassers und setzt unter dauerndem Rühren 350 cm³ Salpetersäure (250 cm³ konzentrierte HNO_3 vom spezifischen Gewicht 1,39 mit 100 cm³ Wasser verdünnt) hinzu, wobei keine bleibende Fällung entstehen darf. Anschließend gießt man zu der Molybdatlösung unter dauerndem Rühren in dünnem Strahl eine Natriumsilicatlösung. Diese bereitet man durch Auflösen von 28 g $Na_2SiO_3 \cdot 9\,H_2O$ in 125 cm³ 2 n-NaOH und 15 Min. langes Erhitzen zum Sieden (zwecks Aufspaltung der Polysilicate). Die durch Vereinigung der Molybdat- und

Silicatlösung entstehende, intensiv gelb gefärbte saure Silicomolybdatlösung wird auf dem Wasserbad auf ein Volumen von 700 bis 800 cm³ eingeengt und filtriert.

5 cm³ einer $^1/_{12}$ n-Rubidiumchloridlösung geben mit 2cm³ Reagens nach 10 Min. einen feinen gelben Niederschlag. Nach längerem Stehen gibt auch noch eine doppelt verdünnte Lösung einen Niederschlag. **Grenzkonzentration** bei Beobachtung nach 10 Min. 1:199; **Erfassungsgrenze** 25 mg Rubidium in 5 cm³ [MOSER und RITSCHEL (b)].

Störungen. Caesium- und Thalliumsilicomolybdat sind gleichfalls schwerlöslich. Das Caesiumsalz ist sogar schwerer löslich als das Rubidiumsalz, und zwar 32mal. Lithium- und Natrium-Ionen stören nicht, Kalium- und Ammonium-Ionen nur dann, wenn ihre Konzentration außerordentlich groß ist. So soll das Kaliumsilicomolybdat selbst aus salzsauren, konzentrierten Kaliumchloridlösungen erst nach langer Zeit und nur in Spuren ausfallen (G. JANDER und FABER). Das silicomolybdänsaure Ammonium fällt ebenfalls nur aus konzentrierten Lösungen aus (PARMENTIER). Vgl. auch „Nachweis auf mikrochemischem Wege", S. 173.

3. Fällung mit Zinn(IV)bromid. Rubidiumchlorid wird in bromwasserstoffsaurer Lösung durch Zinn(IV)bromid als schwerlösliches Doppelsalz ausgefällt. Der entstehende gelblichweiße, krystalline Niederschlag hat die Zusammensetzung $2\,RbCl \cdot SnBr_4$ [MOSER und RITSCHEL (b)]. Als Reagens verwendet man eine Lösung von Zinn(IV)bromid in Bromwasserstoffsäure. MOSER und RITSCHEL (b) bereiten die Reagenslösung durch Auflösen von 20 g $SnBr_4$ in 100 cm³ Bromwasserstoffsäure vom spezifischen Gewicht 1,38. Die auf Rubidium zu prüfende Lösung, in der das Rubidium als Chlorid vorliegen soll, wird mit dem gleichen Volumen Reagenslösung versetzt. Nach einigen Minuten Stehen wird die Reaktionslösung auf Bildung einer Trübung oder eines Niederschlages geprüft.

5 cm³ einer $^1/_6$ n-Rubidiumchloridlösung geben mit 5 cm³ Reagens nach 10 Min. eine gerade noch sichtbare Trübung, die sich allmählich in schwachgelb gefärbten Krystallen absetzt. **Erfassungsgrenze** also 36 mg Rubidium in 5 cm³; **Grenzkonzentration** 1:140 [MOSER und RITSCHEL (b)]. Es ist also bei Ausführung der Reaktion zu beachten, daß die zu prüfende Rubidiumchloridlösung nicht zu verdünnt ist.

Störungen. Es stören Caesium- und Ammonium-Ionen, da sie durch Zinnbromwasserstoffsäure gleichfalls gefällt werden. Die Caesiumverbindung, $2\,CsCl \cdot SnBr_4$, ist bedeutend schwerlöslicher als das Rubidiumdoppelsalz; es entsteht noch eine deutliche Trübung, wenn man eine $^1/_{300}$ n-Caesiumchloridlösung mit dem Reagens versetzt. Dagegen stört Kalium nicht, da selbst eine konzentrierte Kaliumchloridlösung keine Spur einer Trübung gibt.

4. Fällung als Rubidium-Zinnhexachlorid mit Zinn(IV)chlorid. Rubidiumsalze reagieren in stark salzsaurer Lösung mit Zinn(IV)chlorid unter Bildung eines weißen Niederschlages von Rubidium-Zinnhexachlorid, Rb_2SnCl_6. Dieses Doppelsalz ist in Wasser löslich, schwerlöslich dagegen in konzentrierter Salzsäure. Durch Zugabe von Alkohol wird die Löslichkeit stark herabgesetzt (STRECKER und DIAZ).

Als Reagens verwenden MOSER und RITSCHEL (b) eine 50%ige Lösung von Zinn(IV)chlorid in konzentrierter Salzsäure, von der sie 2 Teile zu 5 Teilen der Untersuchungslösung geben.

STRECKER und DIAZ konzentrieren die wäßrige Probelösung, geben eine Mischung von 1 Teil konzentrierter Salzsäure und 2 Teilen Alkohol hinzu und versetzen dann in der Siedehitze mit einer Lösung von Zinn(IV)chlorid in Alkohol.

Bei Ausführung der Reaktion nach MOSER und RITSCHEL (b) geben 5 cm³ einer $^1/_{22}$ n-Rubidiumchloridlösung mit 2 cm³ Reagens nach 10 Min. einen gerade noch sichtbaren weißen Niederschlag; also **Erfassungsgrenze** 14 mg Rubidium in 5 cm³, **Grenzkonzentration** 1:363. Über die Empfindlichkeit bei der Ausführung nach STRECKER und DIAZ, die zur quantitativen Rubidiumbestimmung empfohlen wird, liegen keine Angaben in der Literatur vor.

Störungen. Eine analoge Reaktion gibt Caesium, das als Cs_2SnCl_6 ausgefällt wird. Das Caesiumzinnhexachlorid ist sogar wesentlich schwerlöslicher als die Rubidiumverbindung und wird daher aus 12mal verdünnteren Lösungen noch ausgefällt [MOSER und RITSCHEL (b)]. Ammonium-Ionen stören ebenfalls. Kaliumchlorid bildet mit Zinn(IV)chlorid kein entsprechend schwerlösliches Salz, es kann aber insofern stören, als KCl in starker Salzsäure praktisch unlöslich ist. Daher ist bei Anwesenheit von Kalium der Nachweis des Rubidiums in der Ausführungsart von MOSER und RITSCHEL (b) unmöglich, da Rb_2SnCl_6 und KCl zusammen ausgefällt würden. Dagegen stört die Gegenwart des Kaliums bei der Methode von STRECKER und DIAZ nicht; bei der Zugabe des Salzsäure-Alkoholgemisches scheidet sich Kaliumchlorid (und auch Natriumchlorid) ab und wird abfiltriert, während das Rubidiumhexachlorid erst beim Versetzen mit der alkoholischen $SnCl_4$-Lösung ausgefällt wird.

5. Fällung als Rubidium-Luteophosphormolybdat mit 1-Phosphor-9-Molybdänsäure. Rubidium-Ionen werden in salpetersaurer Lösung durch 1-Phosphor-9-Molybdänsäure (= Luteophosphormolybdänsäure), $H_3PO_4 \cdot 9\,MoO_3 \cdot 7\,H_2O$, als gelber krystalliner Niederschlag von Rubidium-Luteophosphormolybdat gefällt (O'LEARY und PAPISCH). Die Zusammensetzung dieses Salzes ist etwas von den Fällungsbedingungen abhängig; sein Rubidiumgehalt schwankt innerhalb gewisser Grenzen, je nachdem, ob Rubidium oder die Säure im Überschuß angewandt ist.

Darstellung des Reagenses. Die käufliche 1-Phosphor-12-Molybdänsäure wird unter Umrühren sorgfältig unter Vermeidung von Überhitzung so lange auf 300 bis 350° erhitzt, bis keine orangefarbenen Teile mehr sichtbar sind und die gesamte Krystallmasse in die grüne Verbindung übergegangen ist. Nach dem Abkühlen extrahiert man mit Wasser und oxydiert die grüne Lösung mit etwas Bromwasser. Aus der vorsichtig eingedampften Lösung krystallisiert die 1-Phosphor-9-Molybdänsäure in kurzen gelben Prismen aus. Diese von O'LEARY und PAPISH angegebene Darstellungsmethode besitzt gegenüber anderen Verfahren den Vorteil, daß ein Überschuß von Phosphorsäure vermieden wird, was von Bedeutung ist, da durch die Anwesenheit freier Phosphorsäure im Reagens die Fällung des Rubidium-Luteophosphormolybdats verzögert wird.

Ausführung der Reaktion. Man löst die auf Rubidium zu prüfende Substanz in Salpetersäure (1:3), erhitzt zum Sieden und versetzt unter Umrühren mit der Luteophosphormolybdänsäure. Angaben über die Empfindlichkeit fehlen, da O'LEARY und PAPISH nur die Eignung der Reaktion zur quantitativen Bestimmung und Trennung von Rubidium, Caesium und Kalium untersucht haben. Die Empfindlichkeit ist aber offenbar sehr groß, denn O'LEARY und PAPISH geben an, daß Rubidium sogar bei einem großen Kaliumüberschuß (23 mg RbCl neben 1 g KNO_3) durch das Reagens quantitativ gefällt wird und daß nach der Ausfällung des Rubidiums als Luteophosphormolybdat im Filtrat spektrographisch kein Rubidium nachgewiesen werden konnte.

Störungen. Caesiumsalze werden durch Luteophosphormolybdänsäure ebenfalls gefällt. Kalium-Ionen stören nicht, sie bleiben in Lösung, jedenfalls dann, wenn die salpetersaure Lösung nicht mehr als 10 g Kalium im Liter enthält (O'LEARY und PAPISH).

6. Fällung als Rubidium-Magnesiumferrocyanid mit Magnesiumferrocyanid. Rubidium-Ionen geben mit Magnesium- bzw. Calcium- und Ferrocyanid-Ionen einen weißen Niederschlag von Rubidium-Magnesiumferrocyanid, $Rb_2Mg[Fe(CN)_6]$ bzw. Rubidium-Calciumferrocyanid, $Rb_2Ca[Fe(CN)_6]$. Diese Reaktion wird von MURMANN sowie GASPAR Y ARNAL (a) zum Rubidiumnachweis empfohlen. Während Calciumferrocyanid in alkoholisch-wäßriger Lösung (1:1) außer Rubidium (Caesium, Thallium und Ammonium) auch Kalium fällt, gibt Magnesiumferrocyanid mit Kaliumsalzen keinen Niederschlag; das letztere ist also als Reagens zum Nachweis des Rubidiums neben Kalium geeignet. Magnesiumferrocyanid wird aus Bariumferrocyanid in geringem Überschuß und Magnesiumsulfat mit nachträglicher Entfernung des $Ba_2Fe(CN)_6$-Überschusses durch Zugabe von Alkohol in Lösung erhalten. Dieses Reagens fällt Rubidium bereits teilweise in der Kälte und in der Siedehitze vollständig.

Erfassungsgrenze: Es können noch 1,45 mg Rubidium in 5 cm³ Lösung nachgewiesen werden.

Grenzkonzentration: 1:3400 (Murmann).

Störungen. Caesium-, Thallium- und Ammonium-Ionen stören, da sie gleichfalls mit Magnesiumferrocyanid unlösliche Doppelferrocyanide bilden; die entsprechende Caesiumverbindung ist unlöslicher als das Rubidiumsalz; eine Lösung mit 0,34 mg Caesium in 5 cm³ gibt noch eine deutliche Fällung (Grenzkonzentration 1:15000). Lithium-, Natrium- und Kaliumsalze werden durch das Reagens nicht gefällt.

7. ***Fällung als Rubidium-Kobaltferricyanid mit Kobaltferricyanid.*** Rubidium-Ionen geben in Gegenwart von Kobalt-Ionen mit Kaliumferricyanid einen braunvioletten, feinflockigen Niederschlag von Rubidium-Kobaltferricyanid der ungefähren Zusammensetzung $Co_5Rb_2[Fe(CN)_6]_4$. Bei Abwesenheit von Rubidium entsteht eine blutrote, feinflockige Fällung des normalen Kobaltferricyanids, $Co_3[Fe(CN)_6]_2$. Die Anwesenheit des Rubidiums und der Einbau desselben in den Ferricyanidniederschlag bewirkt also eine starke Farbänderung der Fällung (Kubli).

Ausführung. Die Untersuchungslösung wird auf ein kleines Volumen eingedampft und mit einer verdünnten Kobaltsalzlösung — am geeignetsten ist nach Kubli 0,1 n-Kobaltsulfatlösung — versetzt. Dann fügt man tropfenweise eine verdünnte Lösung von Kaliumferricyanid (etwa $^1/_{30}$ mol. Lösung) hinzu und beobachtet die Farbe des ausfallenden Niederschlags. Ist der Niederschlag blutrot, so ist Rubidium abwesend, ist er dunkelviolett, so ist Rubidium zugegen.

Erfassungsgrenze: Mengen von 20 mg Rubidium rufen nach Kubli eine gerade noch sichtbare Färbänderung des Niederschlags hervor.

Störungen. Lithium-, Natrium-, Kalium- und Erdalkalisalze stören nicht, sie haben keinen Einfluß auf die Farbe des ausfallenden Niederschlags. Es stören dagegen Ammonium- und Caesiumsalze, die ebenso wie Rubidium tieferfarbige, violette Fällungen hervorrufen. Ammoniumsalze sind also vor Ausführung der Reaktion durch Abrauchen zu entfernen. Die Farbreaktion ist für Caesium etwa 20mal so empfindlich wie für Rubidium. Schwermetalle dürfen selbstverständlich in der Untersuchungslösung nicht vorhanden sein.

b) Reaktionen, bei denen auch Kalium-Ionen gefällt werden.

1. ***Fällung als Rubidium-Kobaltinitrit bzw. Rubidium-Silber-Kobaltinitrit.*** Rubidiumsalze bilden mit Natrium-Kobaltinitrit in neutraler bis schwach saurer Lösung gelbe krystalline Fällungen. Rosenbladt hat das Natrium-Kobaltinitritreagens, das de Koninck zum Kaliumnachweis empfohlen hat, als erster zum Nachweis des Rubidiums verwendet und festgestellt, daß die dem Kaliumsalz analoge Rubidiumverbindung noch wesentlich schwerlöslicher ist als jene. Er schreibt dem Salz die Formel $Rb_3Co(NO_2)_6 \cdot H_2O$ zu. Später hat sich herausgestellt, daß der Niederschlag nicht aus dem reinen Rubidium-Kobaltinitrit besteht, sondern auch noch Rubidium-Natrium-Kobaltinitrit, $Rb_2NaCo(NO_2)_6$ und $RbNa_2Co(NO_2)_6$, enthält.

Der Rubidiumnachweis mit Natrium-Kobaltinitrit läßt sich bedeutend empfindlicher gestalten, wenn man noch Silbernitrat hinzufügt (Burgess und Kamm). Bei Anwesenheit von Silber-Ionen bilden sich statt der Rubidium-Natrium-Kobaltinitrite die entsprechenden Silbersalze, $RbAg_2Co(NO_2)_6$ und $Rb_2AgCo(NO_2)_6$, die sehr viel schwerer löslich als die Rubidium-Natrium-Kobaltinitrite sind. Rubidiumsalzlösungen, die so verdünnt sind, daß das Natrium-Kobaltinitritreagens selbst keine Fällung gibt, bilden in Anwesenheit von 0,01 n $AgNO_3$-Lösung sofort einen gelben Niederschlag von Rubidium-Silber-Kobaltinitrit.

α) **Fällung mit Natrium-Kobaltnitrit. Herstellung der Reagenslösung und Ausführung:** MONTEMARTINI und MATUCCI lösen 10 g Kobaltcarbonat in möglichst wenig Essigsäure, kochen die Lösung zur Vertreibung der Kohlensäure auf und verdünnen mit Wasser auf 1 Liter. Eine zweite Lösung enthält 130 g Natriumnitrit in 1 Liter. Eine Mischung gleicher Volumina dieser beiden Lösungen wird zur Fällung benutzt. MOSER und RITSCHEL (b) bereiten die Natrium-Kobaltinitritlösung nach folgender Vorschrift: 30 g kryst. Kobaltnitrat werden in 60 cm^3 Wasser gelöst, filtriert und mit 100 cm^3 einer 60%igen Natriumnitritlösung und mit 3 cm^3 Eisessig versetzt. Der durch Spuren von Kaliumverunreinigungen entstandene Niederschlag hat sich nach 24 Std. abgesetzt. Die klare Lösung wird abgehebert und filtriert. Vor Verwendung des Reagenses wird noch zu 20 cm^3 der Lösung 1 cm^3 Eisessig hinzugesetzt.

Da die Lösung von Natrium-Kobaltinitrit nicht längere Zeit haltbar ist, empfiehlt es sich, das Reagens durch Auflösen von festem, reinem Natrium-Kobaltinitrit vor dem Gebrauch frisch zu bereiten. Die Darstellung des reinen Natrium-Kobaltinitrits ist von BIILMANN beschrieben worden und im Kaliumkapitel ausführlich wiedergegeben. (Kalium § 2 A 2a, Anmerkung.) BIILMANN löst etwa 500 mg $Na_3Co(NO_2)_6$ in 3 cm^3 kalten Wassers auf und benutzt diese Lösung als Reagens.

Die auf Rubidium zu prüfende Lösung, die neutral oder schwach essigsauer sein muß, wird mit der Reagenslösung versetzt. Bei Anwesenheit von Rubidium trübt sich zunächst die Lösung und nach einigen Minuten hat sich der gelbe Niederschlag von Rubidium-Natrium-Kobaltinitrit zu Boden gesetzt.

ROSENBLADT gibt an, daß sich 1 Teil des Rubidiumniederschlags bei 17° in 20000 Teilen Wasser löst. Nach MOSER und RITSCHEL (b) geben 5 cm^3 einer $^1/_{1800}$ norm. Rubidiumchloridlösung nach 5 Min. einen gerade noch sichtbaren Niederschlag. **Erfassungsgrenze:** 0,17 mg Rubidium in 5 cm^3. **Grenzkonzentration:** 1:29500.

Störungen. Es stören Kalium-, Caesium-, Thallium- und Ammonium-Ionen, da sie entsprechende schwerlösliche Verbindungen bilden. Die Löslichkeit des Caesium- und Thallium-Kobaltinitrits ist ungefähr dieselbe wie diejenige des Rubidiumsalzes, während das Kalium- und Ammoniumsalz etwas leichter löslich sind. Lithium- und Natrium-Ionen stören den Rubidiumnachweis nicht. Freie Mineralsäuren, Phosphorsäure und Alkalien dürfen in der Untersuchungslösung nicht vorhanden sein.

β) **Fällung mit Natrium-Kobaltnitrit und Silbernitrat.** Zu der neutralen oder schwach sauren Untersuchungslösung setzt man 1 Tropfen einer 25%igen wäßrigen Lösung von reinem Natrium-Kobaltinitrat und dann soviel Silbernitratlösung hinzu, daß die Lösung in bezug auf $AgNO_3$ etwa $^1/_{100}$ normal ist. Selbst in einer Rubidiumsalzlösung, die weniger als 1 Teil Rubidium auf 1 Million Teile Wasser enthält, entsteht sofort eine gelbe Fällung (BURGESS und KAMM).

Grenzkonzentration: 1:1000000.

Störungen. Kalium, Caesium, Thallium und Ammonium bilden analoge schwerlösliche Silber-Kobaltinitrite. Die drei ersten werden gleichfalls noch bei einer Verdünnung von 1:1000000 ausgefällt, während ein Niederschlag von Ammonium-Silber-Kobaltinitrit entsteht, wenn 1 Teil NH_4 in 200000 Teilen Wasser enthalten ist. Lithium- und Natrium-Ionen stören nicht. Die Anwesenheit von $NaNO_2$ verhindert das Ausfallen des Rubidiumsilbersalzes, da infolge Bildung des komplexen Ions $Ag(NO_2)_x$ (im Original so formuliert!) die Silber-Ionen-Konzentration herabgesetzt wird. Selbstverständlich darf die Probelösung keine Halogenid-Ionen oder andere Anionen, die schwerlösliche Silbersalze bilden, enthalten.

Diese Reaktion in der Ausführung von BURGESS und KAMM ist der empfindlichste Rubidiumnachweis auf nassem Wege.

2. Fällung als Rubidium-Phosphorwolframat mit Phosphorwolframsäure. MOSER und RITSCHEL (b) empfehlen, Rubidium mittels Phosphorwolframsäure nachzuweisen, da das Rubidium-Phosphorwolframat nur eine äußerst geringe Löslichkeit besitzt. Sie haben gefunden, daß das Rubidiumsalz der Phosphorwolframsäure bei 20^0 eine Löslichkeit von 75 mg in 1 Liter hat. Sie verwenden reinste käufliche Phosphorwolframsäure, der sie die Zusammensetzung

$$P_2O_5 \cdot 20\, WO_3 \cdot 11\, H_2O + 16\, H_2O$$

zuschreiben. Es dürfte sich aber bei dieser Säure im wesentlichen um die 1-Phosphor-12-Wolframsäure, $H_3[PO_4(W_3O_9)_4 \cdot (H_2O)_x]$, handeln, die durch wenig Luteo-Phosphorwolframsäure (= 2-Phosphor-18-Wolframsäure) verunreinigt war. Da das ausgefällte Rubidiumsalz eine in gewissen Grenzen wechselnde Zusammensetzung aufwies, haben MOSER und RITSCHEL (b) keine Formel dafür angegeben. Beim Arbeiten mit reiner 1-Phosphor-12-Wolframsäure sollte man aber in Analogie zu dem entsprechenden, ebenfalls schwerlöslichen Kaliumsalz einen Niederschlag der Formel $Rb_3[PO_4 \cdot (W_3O_9)_4 \cdot (H_2O)_x]$ erwarten.

Als Reagenslösung verwenden MOSER und RITSCHEL (b) eine 10%ige wäßrige Lösung von Phosphorwolframsäure. Zu 5 cm^3 Untersuchungslösung setzen sie 2 cm^3 Reagens. Infolge Übersättigungserscheinungen entsteht in verdünnten Lösungen der weiße Niederschlag oder die Trübung erst nach längerem Stehen. GASPAR Y ARNAL (b) fällt das Rubidium mit einer 5%igen Natrium-Phosphorwolframatlösung.

Bei Ausführung der Reaktion ist zu beachten, daß die Phosphorwolframsäure nur in saurer Lösung beständig ist, während sie in Lösungen, deren p_H größer als 6 bis 7 ist, in ihre Komponenten aufspaltet. Man sollte daher die Untersuchungslösung vor Ausführung der Reaktion mit Salpetersäure schwach ansäuern.

5 cm^3 einer $^1/_{1800}$ mol. Rubidiumchloridlösung geben mit 2 cm^3 10%iger Phosphorwolframsäurelösung nach 10 Min. eine gerade noch sichtbare weiße Trübung [MOSER und RITSCHEL (b)]. Also **Erfassungsgrenze** 0,17 mg Rubidium in 5 cm^3; **Grenzkonzentration** 1:29500.

Störungen. Kalium-, Caesium- und Ammoniumsalze geben eine analoge Reaktion. Die Löslichkeit der Phosphorwolframate nimmt vom Kalium über das Rubidium zum Caesium stark ab. Grenzkonzentration für Kalium 1:2800 (LUTZ) und für Caesium 1:202000 [MOSER und RITSCHEL (b)]. Natrium-, Barium-, Strontium-, Calcium- und Magnesium-Ionen stören nicht. Natrium-Phosphorwolframat ist so löslich, daß es durch das Reagens nur aus einer gesättigten Natriumchloridlösung ausgefällt wird.

3. Fällung als Rubidium-1-Phosphor-12-Molybdat mit 1-Phosphor-12-Molybdänsäure. Beim Versetzen einer Rubidiumsalzlösung mit einer Lösung von 1-Phosphor-12-Molybdänsäure entsteht in schwach saurer Lösung innerhalb einiger Minuten ein gelber Niederschlag von Rubidium-1-Phosphor-12-Molybdat. Der Rubidiumniederschlag dürfte analog dem bekannten Ammonium-Phosphormolybdat zusammengesetzt sein und die Formel $Rb_3[PO_4 \cdot (Mo_3O_9)_4 \cdot (H_2O)_x]$ besitzen. ILLINGWORTH und SANTOS verwenden als Reagens eine Lösung der 1-Phosphor-12-Molybdänsäure, während GASPAR Y ARNAL (b) das Reagens (sogenannte „Nitrophosphorsäuremolybdänsäure“) durch Vermischen wäßriger Lösungen von Dinatriumphosphat, Natriummolybdat und Salpetersäure herstellt. Wesentlich ist, daß die Reaktionslösung sauer reagiert, da die Phosphormolybdänsäure in alkalischer Lösung in ihre Bestandteile zerfällt. Aus dem gleichen Grunde ist auch das Rubidium-Phosphormolybdat in Ammoniak leicht löslich.

Entsprechende Niederschläge mit Phosphormolybdänsäure bilden Ammonium-, Kalium- und Caesium-Ionen. Nach ILLINGWORTH und SANTOS soll man mittels Phosphormolybdänsäure 1 Teil Kalium in 10000 Teilen Wasser und Caesium bei einer Verdünnung von 1:500000 noch nachweisen können. Die Grenzkonzentration für Rubidium dürfte zwischen diesen beiden Zahlen liegen.

Störungen. Beim Nachweis des Rubidiums stören Ammonium-, Kalium-, Caesium-, Thallium-, Silber- und Quecksilbersalze, die alle mit Phosphormolybdänsäure Fällungen geben (ILLINGWORTH und SANTOS). Nicht gefällt werden dagen Lithium-, Natrium-, Magnesium- und Calciumsalze.

4. Fällung als Rubidium-Calciumferrocyanid mit Calciumferrocyanid. Rubidium-Ionen geben mit Calcium- und Ferrocyanid-Ionen einen weißen Niederschlag von Rubidium-Calciumferrocyanid, $Rb_2CaFe(CN)_6$ [MURMANN, DE RADA und GASPAR Y ARNAL, GASPAR Y ARNAL (a)]. Die Empfindlichkeit der Reaktion läßt sich durch Zugabe von Alkohol steigern. Als Reagens verwendet GASPAR Y ARNAL (a) eine wäßrig-alkoholische Lösung von Calciumferrocyanid, die er durch Auflösen von 7 g Natriumferrocyanid und 3 g Calciumchlorid in einem Gemisch von 95 cm^3 Wasser und 80 cm^3 Alkohol herstellt.

Erfassungsgrenze: 2,9 mg Rubidium können noch in 5 cm^3 Lösung mit Calciumferrocyanid nachgewiesen werden; also **Grenzkonzentration:** 1:1700 (MURMANN).

Störungen. Kalium-, Ammonium-, Caesium- und Thallium-Ionen werden durch das Reagens gleichfalls gefällt. Die beiden letzteren werden bereits durch eine wäßrige Lösung von Calciumferrocyanid vollständig gefällt, während die Fällung von Rubidium, Kalium und Ammonium nur in der wäßrig-alkoholischen Lösung vollständig ist. Eine Trennung der genannten Elemente von Rubidium ist möglich durch aufeinanderfolgende Abscheidung mit Barium-, Calcium- und Magnesiumferrocyanid [GASPAR Y ARNAL (a)]. Bei der Reaktion mit Calciumferrocyanid gibt MURMANN als Grenzkonzentration für Caesium 1:150000 an.

Über den Nachweis des Rubidiums mit Magnesiumferrocyanid vgl. § 2, A. a. 6.

5. Fällung als Rubidiumpikrat mit Natriumpikrat. Natriumpikrat fällt aus Rubidiumsalzlösungen einen gelben krystallinen Niederschlag von Rubidiumpikrat, $C_6H_2(NO_2)_3ORb$. Die Löslichkeit des Rubidiumpikrats in Wasser bei 20° wird zu 3,8 g in 1 Liter angegeben [MOSER und RITSCHEL (b)]. Die Untersuchungslösung muß neutral oder alkalisch sein, da in saurer Lösung die Krystalle der Pikrinsäure selbst ausfallen. Als Reagens verwendet man eine wäßrige Lösung von Natriumpikrat, REICHARD empfiehlt eine kalt gesättigte Lösung (10%ig), während MOSER und RITSCHEL (b) mit einer 5%igen Lösung arbeiten.

Nach REICHARD wird eine Rubidiumsulfatlösung in einer Verdünnung von 1:300 sofort gefällt. MOSER und RITSCHEL (b) finden, daß 5 cm^3 einer $^1/_{90}$ n-Rubidiumchloridlösung beim Versetzen mit 2 cm^3 der 5%igen Natriumpikratlösung nach 5 Min. einen geraden noch sichtbaren Niederschlag ergeben; **Erfassungsgrenze:** 3,4 mg Rubidium in 5 cm^3; **Grenzkonzentration:** 1:1475.

Störungen. Natrium- und Lithiumsalze stören nicht. Eine analoge Reaktion wie Rubidium geben Kalium-, Ammonium-, Caesium- und Thallium-Ionen mit Natriumpikrat. Das Caesiumpikrat besitzt etwa dieselbe Löslichkeit (3,08 g in 1 Liter) wie das Rubidiumsalz, die Pikrate des Kaliums und Ammoniums sind etwas löslicher als dieses.

Die von CALEY zum Kaliumnachweis als Reagens empfohlene alkoholische Pikrinsäurelösung ist zur Erkennung des Rubidiums bisher nicht benutzt worden. Es ist aber anzunehmen, daß die Empfindlichkeit für Rubidium, ebenso wie das beim Kalium der Fall ist, in alkoholischer Lösung besser ist als in wäßriger.

6. Fällung als Rubidium-Hexachloroplatinat mit Platinchlorwasserstoffsäure. Rubidiumsalzlösungen geben beim Versetzen mit Platinchlorwasserstoffsäure in saurer bis neutraler Lösung einen gelben krystallinen Niederschlag von Rubidium-Hexachloroplatinat, Rb_2PtCl_6. Alkalische Untersuchungslösungen sind vorher mit Salzsäure anzusäuern. Über das Löslichkeitsverhalten von Rubidium-Platinhexachlorid in Wasser liegen ältere Angaben von BUNSEN vor und neuere Messungen von ARCHIBALD und HALLETT, von denen die letzteren als die offensichtlich richtigeren hier auszugsweise wiedergegeben seien. ARCHIBALD und HALLETT haben gefunden, daß sich in 1 Liter Wasser 137 mg des Rubidiumsalzes bei 0^0, 283 mg bei 20^0 und 3,34 g bei 100^0 lösen.

Genaue Angaben über die Empfindlichkeit des Rubidiumnachweises mit Platinchlorwasserstoffsäure liegen in der Literatur nicht vor. Da sich die Löslichkeiten des Rubidium- und Kalium-Hexachloroplatinates wie 1:40 verhalten, dürfte die Empfindlichkeit der Reaktion zum Nachweis des Rubidiums außerordentlich viel besser sein als diejenige des Kaliumnachweises (für Kalium ist die Grenzkonzentration 1:590). Bekanntlich wird durch Zugabe von Alkohol die Empfindlichkeit des Kaliumnachweises stark erhöht. Das gleiche dürfte auch für Rubidium zutreffen.

Kalium-, Ammonium-, Caesium- und Thalliumsalze geben analoge Fällungen mit Platinchlorwasserstoffsäure. Das Caesium-Hexachloroplatinat hat eine etwa 3mal kleinere Löslichkeit als das Rubidiumsalz. Die Thalliumverbindung ist noch schwerer löslich.

Vgl. auch den mikrochemischen Nachweis mit Platinchlorwasserstoffsäure § 3, A. 5.

*7. **Fällung als Rubidiumperchlorat mit Perchlorsäure.*** Rubidium-Ionen geben in saurer, neutraler oder alkalischer Lösung mit Perchlorsäure einen weißen krystallinen Niederschlag von Rubidiumperchlorat, $RbClO_4$. Von allen Alkaliperchloraten hat das Rubidiumperchlorat die kleinste Löslichkeit in Wasser. In 1 Liter Wasser lösen sich bei 20^0 etwa 10 g bzw. bei 100^0 etwa 174 g $RbClO_4$ [MOSER und RITSCHEL (b), CALZOLARI]. Man arbeitet daher bei möglichst niedriger Temperatur und mit möglichst konzentrierten Lösungen. Zur Vermeidung von Übersättigungserscheinungen ist das Reiben mit einem Glasstab zu empfehlen. Durch Zugabe von Alkohol wird die Löslichkeit des Rubidiumperchlorats herabgesetzt, bei 25^0 lösen sich in 1 Liter 50%igen Alkohols 5,2 g bzw. in 75%igem Alkohol 2,0 g $RbClO_4$ (FLATT).

Als Reagens verwenden MOSER und RITSCHEL (b) 1 n-Perchlorsäure. Eine Lösung von Natriumperchlorat als Fällungsmittel soll nicht zu empfehlen sein, da dann die Empfindlichkeit kleiner ist als bei Verwendung von $HClO_4$ [MOSER und RITSCHEL (b)].

NOYES und BRAY fällen mit 9 n-Perchlorsäure unter Zusatz von Alkohol. Sie versetzen die Untersuchungslösung mit einigen cm^3 9 n-Perchlorsäure und erhitzen bis zur Entwicklung von Perchlorsäuredämpfen. Nach dem Abkühlen setzen sie die 4fache Menge 99%igen Äthylalkohols hinzu.

5 cm^3 einer $^1/_{36}$ n-Rubidiumchloridlösung geben mit 2 cm^3 1 n-Perchlorsäure innerhalb von 5 Min. einen gerade noch sichtbaren Niederschlag; also **Erfassungsgrenze** 1,7 mg Rubidium in 1 cm^3, **Grenzkonzentration** 1:585 [MOSER und RITSCHEL (b)]. Bei der Methode von NOYES und BRAY gibt eine Lösung, die 1 mg Rubidium enthält, mit 3 cm^3 9 n-$HClO_4$ und 20 cm^3 99%igem Äthylalkohol fast sofort eine deutliche Fällung.

Störungen. Natrium- und Lithiumsalze geben mit Perchlorsäure — auch bei Zusatz von Alkohol — keine Fällungen. Es stören Kalium- und Caesium-Ionen, da ihre Perchlorate in Wasser gleichfalls schwerlöslich sind [nach MOSER und RITSCHEL (b) lösen sich bei 20^0 in 1 Liter Wasser 16,8 g $KClO_4$ bzw. 15,7 g $CsClO_4$].

B. Weitere Reaktionen.

*1. **Fällung als Rubidium-Aluminiumalaun oder Rubidium-Eisenalaun.*** Der Rubidium-Aluminiumalaun, $RbAl(SO_4)_2 \cdot 12\,H_2O$ ist in Wasser verhältnismäßig wenig löslich; seine Löslichkeit ist sehr viel kleiner als die des Kalium- bzw. Ammoniumalauns. In 100 g Wasser lösen sich 2,27 g Rubidiumalaun bzw. 13,5 g

Kaliumalaun bei 17⁰ (REDTENBACHER) und 3,15 g Rubidiumalaun bzw. 19,2 g Ammoniumalaun bei 25⁰ (LOCKE). BROWNING und SPENCER schlagen daher vor, als Reagens auf Rubidium eine gesättigte Lösung von Ammonium-Aluminiumalaun zu verwenden. Sie setzen die Reagenslösung im Überschuß zu der Untersuchungslösung hinzu.

1 cm^3 einer Rubidiumchloridlösung, die 0,2 mg Rubidium enthält, gibt beim Versetzen mit 5 cm^3 Reagenslösung eine deutliche Fällung (BROWNING und SPENCER). Also **Grenzkonzentration** 1:5000.

Störungen. Caesiumsalze stören, da der Caesium-Aluminiumalaun weniger löslich ist als der Rubidiumalaun. Unter denselben Bedingungen wie oben entsteht bereits eine Fällung bei Anwesenheit von 0,05 mg Caesium in 1 cm^3 (BROWNING und SPENCER). Inwieweit Kalium- und Thalliumsalze stören, ist nicht untersucht. Bei Abwesenheit von Rubidium und Caesium und Gegenwart von Kalium oder Thallium wird aber infolge der größeren Löslichkeiten der Kalium- und Thallium-Aluminiumalaune erst bei sehr viel größeren Konzentrationen an Kalium bzw. Thallium ein Niederschlag ausfallen. Lithium- und Natriumsalze stören nicht.

An Stelle von Ammonium-Aluminiumalaun kann auch eine gesättigte Lösung von Ammonium-Eisenalaun als Reagens benutzt werden. Die Löslichkeiten der Eisenalaune sind ebenfalls von LOCKE bestimmt: 124 g Ammonium-, 64,6 g Thallium-, 17 g Rubidium- und 2,7 g Caesium-Eisenalaun lösen sich bei 25⁰ in 100 cm^3 Wasser. Empfindlichkeitsangaben für die Reaktion mit Eisen-Ammoniumalaun liegen in der Literatur nicht vor.

2. Fällung als Rubidiumhydrogentartrat mit Natriumhydrogentartrat. Rubidiumsalze geben mit Natriumhydrogentartrat in neutraler bis essigsaurer Lösung eine weiße krystalline Fällung von Rubidiumhydrogentartrat, $RbH(C_4H_4O_6)$. Der Niederschlag löst sich in starken Säuren und in Alkalien, in letzterem Fall unter Bildung des neutralen weinsauren Salzes. Man muß daher in neutraler bis schwach essigsaurer Lösung arbeiten. Die Reaktion mit Natriumhydrogentartrat auf Rubidium ist weniger empfindlich als auf Kalium, da das Rubidiumbitartrat weniger schwerlöslich ist als das des Kaliums. Bei 20⁰ lösen sich in 100 cm^3 Wasser 0,85 g des Rubidiumsalzes bzw. 0,54 g des Kaliumsalzes. Die entsprechende Caesiumverbindung ist 8 bis 9mal löslicher als das Rubidiumhydrogentartrat [MOSER und RITSCHEL (b)].

Als Reagens verwenden MOSER und RITSCHEL (b) eine 10%ige Lösung von Natriumbitartrat, von der sie 2 cm^3 zu 5 cm^3 Untersuchungslösung zugeben. NOYES und BRAY verdampfen die Untersuchungslösung zur Trockne, geben unter Kühlung und ständigem Rühren tropfenweise eine gesättigte Natriumhydrogentartratlösung hinzu und lassen das Gemisch zur Aufhebung der Übersättigung unter häufigem Rühren etwa 10 Min stehen. Bei Anwesenheit von Rubidium hat sich nach dieser Zeit eine Fällung gebildet. Um auch möglichst kleine Mengen Rubidium noch zu erkennen, soll man zunächst nur 5 Tropfen der Reagenslösung hinzusetzen.

Nach MOSER und RITSCHEL (b) geben 5 cm^3 einer $^1/_{15}$ n-Rubidiumchloridlösung mit 2 cm^3 10%iger Natriumbitartratlösung innerhalb von 5 Min. einen deutlichen Niederschlag; also **Erfassungsgrenze** 20 mg Rubidium in 5 cm^3; **Grenzkonzentration** 1:246. Bei der Arbeitsweise von NOYES und BRAY gelingt noch der Nachweis von 1 mg Rubidium. Wenn man nämlich 1 mg Rubidium als $RbNO_3$ in fester Form mit 5 Tropfen der gesättigten Natriumbitartratlösung versetzt, so entsteht innerhalb von 3 Min. eine Fällung. Gibt man jedoch noch 1 cm^3 Reagenslösung hinzu, so löst sich der Niederschlag wieder auf. Daher ist also ein großer Überschuß des Fällungsmittels zu vermeiden.

Ob — ebenso wie beim Kaliumnachweis mit Natriumbitartrat (vgl. das Kapitel „Kalium“ § 2, A 6) — durch Zugabe von Alkohol die Empfindlichkeit erhöht wird, ist nicht untersucht.

Störungen. Kalium- und Ammoniumsalze geben eine ähnliche Reaktion. Ferner stören Thallium, Erdalkalien und Blei. Da Caesiumhydrogentartrat, wie schon erwähnt, bedeutend leichter löslich ist als das Rubidiumsalz, geben Caesium-Ionen mit dem Reagens nur dann eine Fällung, wenn sie in verhältnismäßig großer Konzentration vorliegen. Nach MOSER und RITSCHEL (b) werden erst 1,4 g Caesium in 5 cm^3 gefällt (Grenzkonzentration 1:3,5). 8 mg Caesium als festes $CsNO_3$ geben weder mit 5 Tropfen der gesättigten Natriumhydrogentartratlösung noch mit einem größeren Reagensvolumen einen Niederschlag innerhalb von 30 Min. (NOYES und BRAY). Die Gegenwart von Natrium- und Lithiumsalzen stört nicht.

3. Fällung als Rubidium-Uranylchromat mit Uranylchromat. Rubidium-Ionen geben beim Versetzen mit einer Uranylchromatlösung eine charakteristische gelbe Fällung von Rubidium-Uranylchromat [GASPAR Y ARNAL (c)]. Der Niederschlag ist in Säuren und in konzentrierter Natriumchloridlösung löslich; er geht ebenfalls in Lösung, wenn man Uranylnitratlösung hinzusetzt. Zugabe von Alkohol vermindert die Löslichkeit des Rubidium-Uranylchromats. Kalium- und Caesium-Ionen geben eine analoge Reaktion. Die Löslichkeit der Doppeluranylchromate nimmt vom Kalium über das Rubidium zum Caesium ab.

Das Reagens wird zweckmäßig folgendermaßen bereitet: Eine Natriumchromatlösung von etwa 5% CrO_4-Gehalt wird mit einer 5%igen Uranylnitratlösung im stöchiometrischen Verhältnis der Bildung von UO_2CrO_4 versetzt. Ein Überschuß von Uranylnitrat ist dabei unbedingt zu vermeiden, da — wie erwähnt — das Rubidium-Uranylchromat in überschüssigem Uranylnitrat löslich ist.

Störungen. Infolge der Unlöslichkeit des Kalium- und Caesium-Uranylchromats dürfen Kalium- und Caesium-Ionen bei der Prüfung auf Rubidium mit Uranylchromat nicht zugegen sein. Natrium-Ionen geben mit dem Reagens keine Fällung. Ammonium-Ionen werden nur gefällt, wenn die Reaktionslösung erwärmt wird.

4. Fällung als dilitursaures Rubidium mit Dilitursäure. Rubidium-Ionen geben in neutraler bis schwach saurer Lösung mit Dilitursäure (= 5-Nitrobarbitursäure), $C_4H_3O_5N_3$, einen schwerlöslichen krystallinen Niederschlag von Rubidiumdiliturat (FREDHOLM). Wegen der Löslichkeitsabnahme und der besseren Krystallisation bei Gegenwart von Alkohol ist es zweckmäßig, als Reagens eine alkoholisch-wäßrige Lösung der Dilitursäure zu verwenden. FREDHOLM benutzt eine 0,1 n-Lösung in 40%igem Äthylalkohol. Da die Dilitursäure eine starke Säure ist, kann man den Nachweis auch in ziemlich stark sauren Lösungen durchführen. Die Reaktion der Untersuchungslösung darf dagegen nicht stark alkalisch sein, weil andernfalls die Dilitursäure als dreibasische Säure wirkt und leichter lösliche Rubidiumsalze bildet.

Angaben über die Empfindlichkeit fehlen. Für Kalium, das ein analoges schwerlösliches Diliturat bildet, ist die Erfassungsgrenze 0,02 mg in 1 cm^3 und die Grenzkonzentration 1:50000.

Störungen. Natrium-Ionen stören kaum, da das Natriumdiliturat wesentlich leichter löslich ist. Schwerlöslich dagegen sind die dilitursauren Salze des Kaliums, Ammoniums, Magnesiums und Bariums (über das Verhalten des Caesiums liegen keine Angaben vor). Zur Erkennung des Rubidiums neben diesen Elementen kann man aber die verschiedene Krystallform der Diliturate verwenden. Das dilitursaure Rubidium und Kalium krystallisieren in rhombischen Blättchen, von denen die des Kaliums wesentlich größer und besser ausgebildet sind, während die Diliturate des Natriums, Ammoniums, Magnesiums, Calciums und Bariums und die freie Dilitursäure selbst nadel- oder stäbchenförmige Krystalle bilden (Abbildungen der Krystalle siehe FREDHOLM).

Herstellung der Dilitursäure siehe Kalium-Kapitel § 2, B. 10.

5. Fällung als Rubidium-6-chlor-5-nitro-m-toluolsulfonat mit Natrium-6-chlor-5-nitro-m-toluolsulfonat. Rubidium-Ionen geben mit dem Natriumsalz der 6-Chlor-5-nitro-m-toluolsulfonsäure einen voluminösen Niederschlag des Rubidiumsalzes. $CH_3 \cdot C_6H_2 \cdot Cl \cdot NO_2 \cdot SO_3Rb$ (Noyes und Bray). Als Reagens verwenden Noyes und Bray eine gesättigte wäßrige Lösung des Natriumsulfonats. Sie verdampfen die Untersuchungslösung zur Trockne und geben 1 cm^3 der Reagenslösung hinzu.

0,5 mg Rubidium als $RbNO_3$ geben mit 1 cm^3 Reagenslösung sofort die voluminöse Fällung. Also **Grenzkonzentration** 1:2000 (Noyes und Bray). O'Leary und Papish erhielten jedoch keine Fällung mit einer Lösung, die 10 mg Rubidiumchlorid in 1 cm^3 enthielt.

Störungen. Kalium- und Ammonium-Ionen stören, da sie mit dem Reagens gleichfalls voluminöse Niederschläge bilden. Grenzkonzentration für Kalium 1:2500 (H. Davies und W. Davies). Nach O'Leary und Papish soll die Reaktion auf Kalium empfindlicher sein als auf Rubidium. Natrium-, Magnesium- und Aluminiumsalze stören den Nachweis nicht, da die Sulfonate dieser Elemente sehr viel löslicher sind. Auch das Caesium-6-chlor-5-nitro-m-toluolsulfonat hat eine größere Löslichkeit als das Rubidiumsalz. So haben Noyes und Bray beobachtet, daß 10 mg Caesium als $CsNO_3$ beim Versetzen mit 1 cm^3 Reagenslösung selbst nach langem Stehen keine Fällung erzeugen.

Die analoge Bromverbindung ist weniger empfindlich als das Natrium-6-chlor-5-nitro-m-toluolsulfonat (O'Leary und Papish).

6. Fällung als Rubidium-Zirkonsulfat mit Zirkonsulfat. Ebenso wie Kaliumsulfat (vgl. Kalium, § 2, B, 4) reagiert auch Rubidiumsulfat in neutraler Lösung mit wäßriger Zirkonsulfatlösung unter Bildung eines weißen krystallinen Niederschlags. Nach Yajnik und Tandon hat das ausfallende Rubidium-Zirkonsulfat die Zusammensetzung $Zr_2O_3(SO_4Rb)_2 \cdot 15\,H_2O$, sie entspricht also völlig der des Kaliumsalzes, wenn man von ihrem verschiedenen Wassergehalt absieht. Für das Gelingen der Reaktion ist von Wichtigkeit, daß man in neutraler Lösung arbeitet und die Untersuchungslösung nicht zu verdünnt ist.

Als Reagenslösung benutzen Yajnik und Tandon eine kalt gesättigte wäßrige Lösung von Zirkonsulfat (etwa 20%ige Lösung), die sie in der Weise herstellen, daß sie 22 g reinstes Zirkonsulfat erhitzen, die heiße Substanz in 100 cm^3 kaltes Wasser eintragen und die Lösung nach ½stündigem, dauerndem Rühren filtrieren. Die Reagenslösung ist in einer verschlossenen Flasche aufzubewahren; sie zersetzt sich infolge Hydrolyse, wenn sie länger als 48 Std. steht. Man benutze also stets eine frisch bereitete Lösung. Zu der neutralen Untersuchungslösung setzt man ein gleiches Volumen der Reagenslösung, schüttelt die Mischung tüchtig durch und läßt sie längere Zeit bei 0^0 stehen. Bei Gegenwart von Rubidium ist dann die weiße Fällung zu erkennen. Das Rubidium muß als Sulfat vorliegen. Anderenfalls ist also das Rubidiumsalz vorher durch Behandlung mit Schwefelsäure in das Sulfat umzuwandeln.

Genaue Angaben über die Empfindlichkeit der Reaktion fehlen. Die Empfindlichkeit ist aber offenbar recht groß, da Yajnik und Tandon Zirkonsulfat zur quantitativen Bestimmung des Rubidiums verwenden. Sie können noch 10 mg Rb in 10 cm^3 Lösung mit einer Genauigkeit von 2% bestimmen. Also **Grenzkonzentration** unter 1:1000. Sicher kann noch 1 mg Rubidium in 1 cm^3 Lösung nachgewiesen werden.

Störungen. Kalium- und Caesium-Ionen geben dieselbe Reaktion. Die übrigen Alkalien und Ammoniumsalze werden durch Zirkonsulfat nicht ausgefällt und stören daher nicht. So haben Yajnik und Tandon festgestellt, daß bei der quantitativen Bestimmung des Rubidiums ein 15facher Überschuß an Lithium- bzw. Ammoniumsulfat keinen Fehler verursacht. Ferner fanden Reed und Withrow, daß beim analogen Kaliumnachweis ein 250facher Überschuß an Natrium- bzw. ein 120facher

Überschuß an Ammoniumsulfat nicht stört, was auch für den Rubidiumnachweis zutreffen dürfte. Allerdings wird durch die Gegenwart großer Natriummengen die Fällung des Rubidium-Zirkonsulfats zeitlich verzögert.

Freie Säuren dürfen in der Untersuchungslösung nicht zugegen sein, da in saurer Lösung leichter lösliche Salze entstehen. Selbstverständlich stören alle die Ionen, die mit Zirkon oder Sulfat schwerlösliche Verbindungen bilden.

Anmerkung. Die Beobachtung von REED und WITHROW, daß Rubidium beim Kaliumnachweis mit Zirkonsulfat nicht stört, also durch das Reagens nicht gefällt wird, führen YAJNIK und TANDON auf die Benutzung einer sauren und zu verdünnten Reagenslösung zurück. In der Tat war die Reagenslösung von REED und WITHROW nur 8,7%ig in bezug auf Zirkonsulfat und enthielt 4% freie Schwefelsäure.

*7. **Fällung als Rubidium-Silicowolframat.*** Rubidium-Ionen geben in nicht zu verdünnter Lösung mit einer wäßrigen Lösung der 1-Kiesel-12-Wolframsäure, $H_8SiW_{12}O_{42} \cdot (H_2O)_x$, einen weißen Niederschlag von Rubidium-Silicowolframat, $Rb_8SiW_{12}O_{42}$ (GODEFFROY, NOYES und BRAY). Das silicowolframsaure Rubidium ist in kaltem Wasser schwerlöslich, leichter löslich in siedendem Wasser. Bei 20° lösen sich 0,69 g in 100 cm^3 Wasser (GODEFFROY). NOYES und BRAY verwenden als Reagens eine 1 n-Lösung von Kieselwolframsäure.

Eine Lösung von 10 mg Rubidium als Nitrat in 5 cm^3 gibt mit 1 cm^3 1 n-Silicowolframsäure bei Eiskühlung innerhalb von 15 Min. einen deutlichen Niederschlag. **Grenzkonzentration** 1:500 (NOYES und BRAY).

Störungen. Caesium-Ionen geben dieselbe Reaktion, sogar in sehr viel verdünnteren Lösungen, da das Caesium-Silicowolframat bedeutend schwerlöslicher ist als das Rubidiumsalz (nach NOYES und BRAY ist die Grenzkonzentration für Caesium 1:8000). Auch Ammonium-Ionen stören, sie geben mit Silicowolframsäure eine Fällung von $(NH_4)_4H_4SiW_{12}O_{42}$ (FREUNDLER und MÉNAGER).

Lithium-, Kalium-, Natrium- sowie die Erdalkali-Ionen geben — selbst bei Anwesenheit sehr großer Mengen — mit dem Reagens keine Niederschläge. Nach FREUNDLER und MÉNAGER kann man noch 1 Teil Rubidiumchlorid in einem Gemenge von 100 Teilen KCl + NaCl erkennen, wenn man die Untersuchungslösung mehrere Male mit einem Überschuß an Silicowolframsäure zur Trockne eindampft und den Rückstand in der Kälte mit einer NaCl-Lösung behandelt. Dabei bleibt das Rubidium-Silicowolframat ungelöst, während die silicowolframsauren Salze der leichteren Alkalien in Lösung gehen.

C. Unsichere Reaktionen.

*1. **Fällung als Rubidium-Blei(IV)chlorid.*** Rubidiumchlorid gibt mit einer Lösung von Bleitetrachlorid in halbkonzentrierter Salzsäure beim Einleiten von Chlor einen gelben, krystallinen Niederschlag von Rubidium-Blei(IV)chlorid, Rb_2PbCl_6. Dieses Doppelsalz besitzt bei 20° eine Löslichkeit von 0,3 g in 100 cm^3 Lösung [WELLS (a)].

Der Nachweis von Rubidium wird in der Weise ausgeführt, daß man zu der Rubidiumsalzlösung ein gleiches Volumen konzentrierter Salzsäure hinzusetzt und dann mit einer Lösung von Bleichlorid, die man durch Kochen von Bleidioxyd mit einem großen Überschuß von Salzsäure erhält, versetzt, wobei gleichzeitig Chlor in das Reaktionsgemisch eingeleitet wird. Je Kubikzentimeter Reaktionslösung bleiben 0,86 mg Rubidium gelöst; also **Grenzkonzentration** 1:1160 in der Reaktionslösung.

Die entsprechende Caesiumverbindung ist bedeutend unlöslicher (6,8 mg Cs_2PbCl_6 in 100 g Lösung). Natrium- und Kalium-Ionen stören dagegen nicht; NaCl und KCl fallen teilweise bei Zugabe der konzentrierten Salzsäure aus und werden abfiltriert. Der bei Zugabe von Bleichlorid entstehende Niederschlag enthält kein Natrium und Kalium.

Diese Methode von WELLS (a), die zugleich zur Darstellung von Rubidium- (und Caesium-)salzen aus natürlichen Salzgemischen empfohlen wird, soll nach O'LEARY und PAPISH für die qualitative Analyse unbrauchbar sein.

2. Fällung mit Ammoniummethylsulfit. Versetzt man eine Rubidiumsalzlösung mit einer Lösung von Ammoniummethylsulfit, $CH_3SO_3NH_4$, so fällt das methylsulfosaure Rubidium, CH_3SO_3Rb, in Form feiner Fäden aus (ARBUSOW und KARTASCHOW). Natrium-, Kalium- und Caesium-Ionen geben eine analoge Reaktion. Magnesiumsalze stören nicht.

§ 3. Nachweis auf mikrochemischem Wege.

A. Wichtige Fällungsreaktionen.

1. Abscheidung mit Gold(III)chlorid und Silberchlorid als Rubidium-Silber-Goldchlorid. Beim Zusammenbringen von Rubidiumchlorid mit einer Goldtrichloridlösung, in der etwas Silberchlorid gelöst ist, fällt ein Niederschlag von blutroten Krystallen aus, die zum mikrochemischen Nachweis des Rubidiums geeignet sind (EMICH, BAYER). Die Krystalle bestehen aus rhombischen Prismen und Täfelchen. Das Rubidium-Silber-Goldchlorid hat eine hinsichtlich Silber- und Goldgehalt je nach den Versuchsbedingungen wechselnde Zusammensetzung, die der Formel

$$Ag_x \cdot Au_{2-\frac{x}{3}} \cdot Cl_6 \cdot 3\,RbCl$$

entspricht, wobei x eine Zahl zwischen 0 und 6 sein kann (BAYER). WELLS (b), GEILMANN und HUYSSE formulieren das Salz als $Rb_6Ag_2Au_3Cl_{17}$. Durch Wasser wird der Niederschlag unter Verschwinden der roten Krystalle in seine Komponenten gespalten. Gegen konzentrierte Salzsäure ist er beständig.

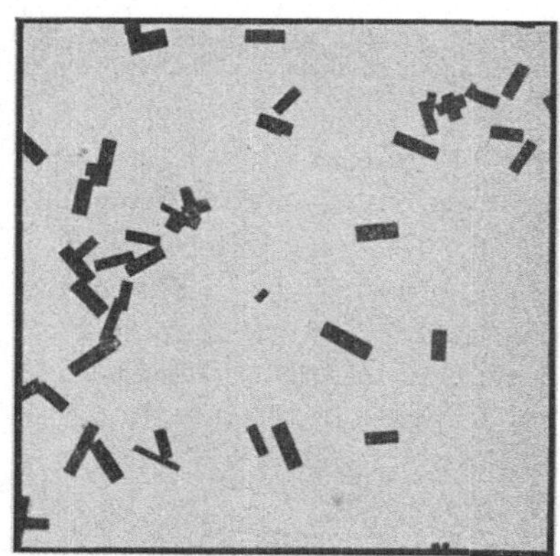

Abb. 1. Rubidium-Silber-Goldchlorid (nach GEILMANN). Vergr. 80fach.

Als Reagens dient eine Auflösung von Silberchlorid in stark salzsaurer Goldchloridlösung. BAYER benutzt eine Reagenslösung, die in bezug auf Gold ungefähr 2%ig und in bezug auf Silber 0,5%ig ist.

Der Nachweis wird so geführt, daß man die Untersuchungslösung auf dem Objektträger eindunsten läßt und den Rückstand mit der Reagenslösung befeuchtet. Bei Anwesenheit von Rubidium entstehen blutrote Prismen, die sich gelegentlich zu Kreuzen und Büscheln vereinigen. Es ist zu beachten, daß man nicht zu viel Gold-Silberchloridlösung hinzusetzen darf, da sonst die Reaktion ausbleiben kann (BAYER).

BAYER erhielt noch eine deutliche Reaktion mit 0,05 cm^3 Reagenslösung und 0,1 cm^3 einer 0,1%igen Rubidiumchloridlösung. **Erfassungsgrenze** also 0,1 γ Rubidium; **Grenzkonzentration** 1:1000.

Störungen. Kalium- und Natriumsalze stören nicht. BAYER konnte noch 1 Teil Rubidium neben 100 Teilen Kalium bzw. 50 Teilen Natrium nachweisen. Ammonium-Ionen geben fast dieselbe Reaktion wie Rubidium; Ammoniumsalze müssen daher vor Ausführung der Reaktion entfernt werden. Caesium beeinträchtigt die Reaktion insofern, als das Caesium-Silber-Goldchlorid schwerlöslich ist und daher bei Anwesenheit von Caesium die kleinen schwarzen, würfel- oder sternförmigen Krystalle der Caesiumverbindung gleichfalls ausfallen. Trotzdem kann man aber noch Rubidium bei einem 10fachen Caesiumüberschuß nachweisen (siehe unten). Kupfer- und Bleisalze beeinträchtigen die Reaktion nicht; dagegen stören Quecksilber- und Wismutsalze, da in ihrer Gegenwart andersartige Krystalle ausfallen. Salzsäure und Salpetersäure stören nicht.

Nachweis von Rubidium neben Caesium. In Gegenwart von Caesium führt BAYER die Reaktion folgendermaßen aus: Er dunstet die Untersuchungslösung auf dem Objektträger ein, setzt 1 Tropfen Reagenslösung daneben und läßt diffundieren. An der Berührungsstelle entstehen zunächst die kleinen schwarzen Krystalle der Caesiumverbindung. Bald darauf erscheinen auch die blutroten Krystalle des Rubidium-Silber-Goldchlorids. Ist die Caesiummenge größer als die Rubidiummenge, so ist dafür zu sorgen, daß genügend Goldchlorid und besonders Silberchlorid vorhanden ist, damit nach dem Ausfallen des gesamten Caesiums auch die Rubidiumverbindung noch auskrystallisieren kann. Gegebenenfalls soll man noch etwas festes Silberchlorid hinzusetzen. Auf diese Weise konnte BAYER noch 1 Teil Rubidium neben 10 Teilen Caesium nachweisen. Bei Gegenwart von Caesium soll die Rubidiumreaktion durch Zusatz von Kaliumchlorid bedeutend empfindlicher werden (BAYER).

2. Abscheidung mit Gold(III)bromid und Silberbromid als Rubidium-Silber-Goldbromid. Analog dem Rubidium-Silber-Goldchlorid (§ 3, A, 1) ist auch das Rubidium-Silber-Goldbromid schwerlöslich und durch eine charakteristische Krystallform ausgezeichnet, so daß diese Verbindung ebenfalls zum mikrochemischen Rubidiumnachweis geeignet ist. Es entsteht beim Zusammenbringen von Rubidiumbromid mit einer Lösung von Goldbromwasserstoffsäure und einer Lösung von Silberbromid in Bromwasserstoffsäure. Das Rubidium-Silber-Goldbromid krystallisiert in Nadeln bis zu 1 mm Länge, die in dünnen Schichten dunkelviolett, in dickeren Schichten schwarz erscheinen. Wasser zersetzt die Krystalle unter Ausscheidung von Silberbromid. Konzentrierte Schwefelsäure und konzentrierte Essigsäure wirken auf die Krystalle nicht ein. Die Zusammensetzung des Rubidium-Silber-Goldbromids soll der Formel $Rb_3Ag_xAu_{2-\frac{x}{3}}Br_9 (0 < x < 6)$ entsprechen, ist also der Chlorverbindung analog (SUSCHNIG).

Als Reagens dient eine Lösung von Auribromid und Silberbromid in Bromwasserstoffsäure. Zum Nachweis des Rubidiums wird 1 Tropfen der Untersuchungslösung auf dem Objektträger eingedunstet und mit 1 Tropfen der Reagenslösung versetzt. Je nach der Rubidiummenge erscheinen die charakteristischen Krystalle entweder sofort oder nach einiger Zeit. Ein Überschuß des Reagenses ist zu vermeiden.

Erfassungsgrenze: 0,1 γ Rubidium (SUSCHNIG), 0,05 γ Rubidium (BURKSER und RUBLOF).

Störungen. Lithium-, Natrium-, Kalium-, Magnesium-, Calcium-, Strontium-, Barium-Ionen und Arsenverbindungen stören die Reaktion nicht. Calcium, Strontium und Barium scheiden nur in sehr starken Lösungen Krystalle aus. Ammonsalze stören, da sie analoge schwerlösliche Krystalle mit dem Reagens bilden. Auch Caesium-Ionen werden durch die Gold-Silberbromidlösung als Caesium-Silber-Goldbromid ausgefällt; die Caesiumkrystalle sind kleine schwarze Würfel oder Sternchen. Bei Gegenwart von Caesium fallen zunächst die Caesiumkrystalle und erst danach die Krystalle der Rubidiumverbindung aus. Es liegen keine Angaben darüber vor, bis zu welchem Grenzverhältnis Rubidium:Caesium der Rubidiumnachweis noch einwandfrei möglich ist. Schwefelsäure beeinträchtigt die Reaktion nicht.

3. Abscheidung mit Gold(III)jodid und Silberjodid als Rubidium-Silber-Goldjodid. Noch etwas empfindlicher als die Rubidiumnachweise als Rubidium-Silber-Goldchlorid bzw. -bromid (§ 3, A, 1 und 2) ist der Nachweis als entsprechendes Jodid, das BURKSER und RUBLOF zum mikrochemischen Nachweis des Rubidiums empfehlen. Das Rubidium-Silber-Goldjodid fällt aus stark jodwasserstoffsaurer Lösung in Form schwarzer sechseckiger Krystalle aus. Die von BURKSER und RUBLOF analysierten Niederschläge von Rubidium-Silber-Goldjodid hatten — je nach dem

Verhältnis AgJ:RbJ im Reaktionsgemisch — die Zusammensetzung

$$3AuJ \cdot AuJ_3 \cdot 4RbJ \cdot AgJ \text{ bzw. } 3AuJ \cdot AuJ_3 \cdot 3RbJ \cdot AgJ.$$

Wasser, Alkohol und Äther zerstören die Krystalle unter Ausscheidung von Silberjodid.

Als Reagenslösung dient eine Lösung von Goldjodid in starker Jodwasserstoffsäure und eine Lösung von Silberjodid in Jodwasserstoffsäure. Die erstere wurde von BURKSER und RUBLOF durch Auflösen von Gold und Jod in Jodwasserstoffsäure (D 1,5) unter Zusatz von Äther als Katalysator hergestellt und hatte einen Goldgehalt von 4,5%. Die Silberjodidlösung wurde durch Auflösen von Silberjodid in Jodwasserstoffsäure bereitet und hatte einen Silbergehalt von etwa 14%.

Den Rubidiumnachweis führen BURKSER und RUBLOF in der Weise durch, daß sie 1 Tropfen der Untersuchungslösung auf dem Objektträger zur Trockne eindampfen. Neben dem Rückstand wird je 1 Tropfen (= 5 mm³) der Gold- und Silberlösung gebracht und mit dem Rückstand vermischt. Bei Anwesenheit von Rubidium fallen sofort die schwarzen sechseckigen Krystalle aus. Bei Zugabe von Jodwasserstoffsäure lösen sich die Krystalle nicht wieder auf.

Erfassungsgrenze: Ohne Schwierigkeit lassen sich noch 0,05 γ Rubidium erkennen. Es gelang BURKSER und RUBLOF sogar noch der Nachweis von 0,01 γ Rubidium. Bei derartig kleinen Rubidiummengen soll es vorteilhaft sein, die Vermischung auf dem Objektträger allmählich vorzunehmen.

Störungen. Chlor-Ionen stören nicht; das Rubidium braucht also nicht als Jodid anwesend zu sein, sondern kann auch als Chlorid vorliegen. Natriumsalze beeinträchtigen selbst bei 100fachem Überschuß die Reaktion nicht. Auch Kaliumsalze bilden mit dem Reagens keine Krystalle; beim Nachweis von größeren Rubidiummengen als 0,5 γ stört die Anwesenheit eines 100fachen Kaliumüberschusses nicht, sondern verhilft im Gegenteil zur Bildung bedeutend größerer Krystalle; bei kleineren Rubidiummengen als 0,03 γ darf der Kaliumüberschuß nicht größer als 40fach sein. Bei großem Kaliumüberschuß wird die Ausscheidung der Rubidiumkrystalle verzögert, so daß man die Gegenwart oder Abwesenheit von Rubidium erst nach ½stündigem Stehen des Reaktionsgemisches beurteilen kann.

Über die Störungen durch Ammoniumsalze geben BURKSER und RUBLOF folgendes an: Die dem Rubidium-Tripeljodid analoge Ammoniumverbindung ist bedeutend löslicher; ein bei großen Ammoniummengen eventuell ausgefallener Niederschlag des Ammonium-Tripeljodids löst sich bei Zugabe von Jodwasserstoffsäure im Gegensatz zu der Rubidiumverbindung wieder auf. Bei Anwesenheit eines 30fachen Überschusses von Ammonium-Ionen gibt 0,01 γ Rubidium sofort eine deutliche Reaktion, während ein 50facher Überschuß die Bildung der Rubidiumkrystalle hemmt.

Caesium-Ionen bilden mit dem Reagens einen Niederschlag, der aber durch seine Krystallform von den Rubidiumkrystallen leicht zu unterscheiden ist. Das Caesium-Tripeljodid bildet wurmartige Anhäufungen kleiner Krystalle, die sich zu Sternchen und Kreuzen gruppieren. Die Reaktion auf Caesium ist noch empfindlicher als diejenige auf Rubidium.

Es sei noch erwähnt, daß Rubidium, Caesium, Kalium und Ammonium — allerdings bei etwas größeren Konzentrationen — mit der Aurijodidlösung allein schon Niederschläge bilden. Durch Hinzufügen der Silberjodidlösung lösen sich die Krystalle der beiden letzteren wieder auf, während sich die Rubidium- und Caesium-Krystalle in die Tripeljodide umwandeln.

4. Abscheidung mit Dipikrylamin als Dipikrylamin-Rubidium. Der Rubidiumnachweis mit Dipikrylamin ist der entsprechenden Kaliumreaktion analog. Das von POLUEKTOFF zum Kaliumnachweis empfohlene Dipikrylaminreagens haben SCHEINZISS und etwa gleichzeitig auch VAN NIEUWENBURG und VAN DER HOEK hinsichtlich seiner Eignung zum Rubidiumnachweis untersucht.

Das p-Dipikrylamin (= Hexanitrodiphenylamin), $C_6H_2(NO_2)_3$-NH-$C_6H_2(NO_2)_3$, ist eine gelbe krystalline Substanz, die in Wasser unlöslich ist, die sich aber in Natronlauge oder Natriumcarbonat unter Bildung ihres Natriumsalzes mit intensiv orangeroter Farbe löst. Diese schwach alkalische Lösung des Dipikryl-Natriums gibt — ebenso wie mit Kaliumsalzen — mit Rubidium-Ionen eine Fällung. Der Niederschlag besteht aus dem Rubidiumsalz des Dipikrylamins, $C_6H_2(NO_2)_3$-NRb-$C_6H_2(NO_2)_3$. Anfangs fällt ein feines Pulver aus, aus dem sich langsam kleine, gelbe, rhombische Krystalle (Rhomben, Quadrate, Rechtecke) mit schwarzen Rändern oder Punkten von der Größe 50 bis 75 μ bilden.

Zur Bereitung des Reagenses empfiehlt POLUEKTOFF, 0,2 g Dipikrylamin mit einem Gemisch aus 20 cm^3 Wasser und 2 cm^3 1 n-Natriumcarbonatlösung zum Sieden zu erhitzen und die entstandene Lösung nach dem Erkalten zu filtrieren. SCHEINZISS verwendet eine konzentriertere Reagenslösung, nämlich eine 2%ige wäßrige Lösung des Dipikrylamin-Natriums.

Die **Erfassungsgrenze** ist 0,05—0,1 γ Rubidium in 1 mm^3 (SCHEINZISS). VAN NIEUWENBURG und VAN DER HOEK geben als ungefähre Nachweisgrenze sogar 0,01 γ Rubidium an.

Störungen. Die Gegenwart von Natrium- und Lithiumsalzen stört nicht. Auch Magnesium-, Calcium-, Strontium- und Barium-Ionen geben keine Fällungen mit dem Dipikrylamin-Natrium, sind aber bei Benutzung der Reagenslösung von POLUEKTOFF zu entfernen, da diese CO_3-Ionen enthält. Be, Zr, Pb und Hg geben mit dem Reagens krystalline Niederschläge und sind daher vor Ausführung der Reaktion zu entfernen. Ferner stören Ammoniumsalze und müssen vorher abgeraucht werden. Inwieweit Kalium-, Caesium- und Thallo-Ionen, die mit Dipikrylamin dem Rubidiumsalz ähnliche Niederschläge bilden, zu Störungen des Rubidiumnachweises Anlaß geben, haben sowohl SCHEINZISS als auch VAN NIEUWENBURG und VAN DER HOEK eingehend untersucht.

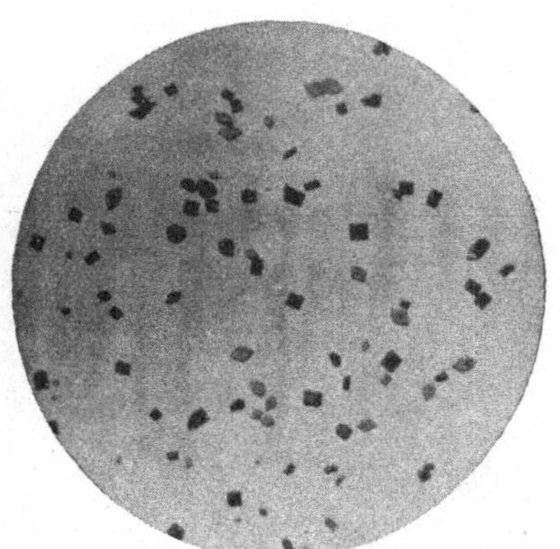

Abb. 2. Rubidiumdipikrylamin. Vergr. 85fach.

Das Kaliumdipikrylamin krystallisiert in rhombischen oder hexagonalen Krystallen, die bedeutend größer sind als die des Rubidiumsalzes. Trotz der verschiedenen Krystallgröße halten aber VAN NIEUWENBURG und VAN DER HOEK den Rubidiumnachweis bei Gegenwart von Kalium für nicht sicher. SCHEINZISS hält dagegen den Nachweis von Rubidium und Kalium nebeneinander für möglich, da sich zunächst das Rubidiumsalz als feines Pulver abscheidet und die großen Kaliumkrystalle erst wesentlich später ausfallen.

Der Rubidiumnachweis neben Thallium ist dadurch charakterisiert, daß zunächst das Rubidiumdipikrylamin in Form des feinen Pulvers abgeschieden wird und danach erst die Krystalle des Thallosalzes entstehen (SCHEINZISS).

Caesiumdipikrylamin kann in zwei verschiedenen Formen auskrystallisieren, in einer Form, die den Rubidiumkrystallen völlig analog ist, oder in Form langer, feiner Nadeln, die sich meist zu Büscheln, Garben und sternförmigen Aggregaten vereinigen. Wird die Reaktion in einem Gemisch aus gleichen Teilen Wasser und Glycerin ausgeführt, so entstehen nur die Krystalle des nadelförmigen Typs, während die Form der Rubidiumkrystalle durch Glycerin nicht verändert wird. Allerdings wird durch die Zugabe von Glycerin die Empfindlichkeit der Reaktion stark verringert. Man kann also Rubidium und Caesium nebeneinander nachweisen, indem man einen kleinen

Tropfen der Untersuchungslösung auf dem Objektträger zur Trockne eindampft, den Rückstand mit möglichst wenig Wasser aufnimmt, die gleiche Menge Glycerin zufügt und mit 1 Tropfen der Reagenslösung versetzt. Rhombische Krystalle zeigen die Anwesenheit von Rubidium an, Nadeln die von Caesium. Auf diese Weise gelingt noch der Nachweis von 10 γ Rubidium neben 100 γ Caesium (VAN NIEUWENBURG und VAN DER HOEK).

5. Abscheidung mit Platinchlorwasserstoffsäure oder Kaliumhexachloroplatinat. Die Fällung des Rubidiums als Rubidiumhexachloroplatinat (§ 2, A, b, 6) ist auch zum mikrochemischen Nachweis geeignet, besonders aus dem Grund, weil bei der mikrochemischen Untersuchung in gewissem Grade eine Unterscheidung von den analogen platinchlorwasserstoffsauren Salzen des Kaliums, Caesiums und Thalliums möglich ist. Das Rubidiumhexachloroplatinat, Rb_2PtCl_6, wird in neutraler bis schwach saurer Lösung durch eine gesättigte, schwach saure Lösung von Kaliumhexachloroplatinat ausgefällt. Es krystallisiert wie das Kaliumsalz in Form gelber Oktaeder. Die Löslichkeit der Chloroplatinate nimmt vom Kalium über Rubidium und Caesium zum Thallium stark ab. Alle diese platinchlorwasserstoffsauren Salze krystallisieren in Oktaedern. Zur Identifizierung wird ihre verschiedene Löslichkeit und die unterschiedliche Größe der auskrystallisierten Oktaeder verwendet.

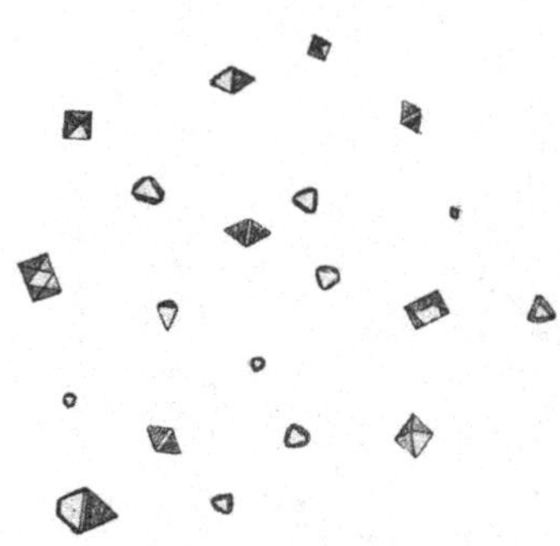

Abb. 3. Rubidiumhexachloroplatinat (HUYSSE). Vergr. 420fach.

Ausführung. Wenn man — wie beim Nachweis des Kaliums — eine wäßrige Lösung von Platinchlorid als Reagens benutzt, so versetzt man den neutralen oder mit Salzsäure schwach angesäuerten, erwärmten Probetropfen auf dem Objektträger mit 1 Tropfen der Reagenslösung. Verwendet man eine gesättigte Lösung von Kaliumhexachloroplatinat, so verdampft man 2 bis 3 Tropfen der Untersuchungslösung auf derselben Stelle des Objektträgers zur Trockne und bringt auf den Rückstand einen größeren Tropfen Reagenslösung. Bei Anwesenheit von Rubidium krystallisieren die gelben Oktaeder aus, die nach BEHRENS-KLEY eine Größe von 8 bis 10 μ haben sollen.

Beim Arbeiten mit einer Lösung von Platinchlorwasserstoffsäure ist als **Erfassungsgrenze** 0,3 γ Rubidium angegeben (BEHRENS-KLEY). Bei Benutzung einer gesättigten Lösung von Kaliumhexachloroplatinat soll die Nachweisgrenze bei 0,5 γ Rubidium liegen (BEHRENS-KLEY).

Störungen. Ammonium-Ionen geben mit dem Reagens eine analoge Fällung. Ammonsalze sind daher vor Ausführung der Reaktion durch sorgfältiges Ausglühen vollständig zu vertreiben. Natrium-, Lithium- und Magnesiumsalze stören nicht.

Unterscheidung von Kalium, Caesium und Thallium. Nach BEHRENS-KLEY wird das Thallium zuerst gefällt; das Thalliumhexachloroplatinat besteht aus sehr kleinen Oktaedern von der Größe 1 bis 1,25 μ. Danach fällt das Caesium in Oktaedern von der Größe 2 bis 6 μ aus. Erst erheblich später sollen die wiederum größeren Oktaeder des Rubidiumhexachloroplatinats auskrystallisieren; ihre Größe soll zwischen 8 und 20 μ liegen und sie sollen über eine 3mal so große Entfernung als die Caesiumoktaeder zerstreut sein. Zum Schluß erscheinen die Oktaeder des Kaliumsalzes mit einer Größe von 30 bis 70 μ. Nach diesen Angaben sollte es also möglich sein, Rubidium in Gegenwart von Thallium-, Caesium- und Kaliumsalzen einwandfrei nachzuweisen, da zwischen den Rubidiumkrystallen einerseits und den Oktaedern der übrigen Metalle andererseits in ihrer Größe Lücken vorhanden sind.

GRAVESTEIN, der die Angaben von BEHRENS-KLEY für Rubidium, Caesium und Kalium nachgeprüft hat, kommt zu dem Ergebnis, daß die Krystallgröße der Oktaeder keine derartig eindeutigen Folgerungen zuläßt, da die Größe der auskrystallisierenden Oktaeder von den Konzentrationsverhältnissen abhängig ist. Er findet, daß die Bereiche der Krystallgrößen der einzelnen Chloroplatinate einander überdecken und daß keine meßbaren Lücken vorhanden sind. Es ist nach GRAVESTEIN daher nicht möglich, festzustellen, ob Rubidium und Caesium zugleich oder ob nur eines der beiden Metalle anwesend ist. Ferner muß man beim Nachweis von Rubidium neben Kalium vorsichtig sein. Wenn man nämlich zum Nachweis geringer Rubidiummengen mit konzentrierten Lösungen arbeiten muß und wenn dann nur ein geringfügiger Niederschlag kleiner Oktaeder entsteht, so ist damit noch nicht eindeutig Rubidium nachgewiesen. In solchen Fällen empfiehlt GRAVESTEIN, den Niederschlag von der Lösung abzutrennen, ihn durch Erhitzen zu zersetzen, den Rückstand mit Wasser auszuziehen, diese Lösung einzudampfen, den Trockenrest durch Anhauchen zu befeuchten und mit 1 Tropfen Kaliumplatinchloridlösung zu versetzen. Entsteht dann der Niederschlag sofort wieder, so ist Rubidium (oder Caesium) sicher anwesend.

6. Abscheidung mit Ammoniumsilicomolybdat als Rubidiumsilicomolybdat. Rubidiumsilicomolybdat, $Rb_4[Si(Mo_3O_{10})_4 \cdot (H_2O)_x]$, das durch Fällung einer Rubidiumsalzlösung mit Silicomolybdänsäure oder ihrem Ammoniumsalz in saurer Lösung entsteht (§ 2, A, a, 2), krystallisiert in gelben, rundlichen, mutmaßlich dodekaedrischen Körnern aus. Die Krystalle haben eine Größe von 10 bis 20 μ (BEHRENS-KLEY, BEHRENS).

Abb. 4. Rubidiumsilicomolybdat (HUYSSE). Vergr. 420fach.

Ausführung. Für den mikrochemischen Nachweis wird als Reagens eine gesättigte Lösung von Ammoniumsilicomolybdat empfohlen. Das Ammoniumsilicomolybdat stellt PARMENTIER aus einem Gemisch von Ammoniummolybdat und Natriumsilicat in salpetersaurer Lösung unter Zusatz von Ammoniumnitrat her. Die gelbe Mischung wird zum Sieden erhitzt, wobei das Ammoniumsilicomolybdat in Form kleiner gelber Krystalle ausfällt. Der Niederschlag wird aus heißem Wasser umkrystallisiert und dann eine gesättigte Lösung hergestellt. 1 Tropfen der Reagenslösung wird zu 1 Tropfen der nicht zu verdünnten Untersuchungslösung auf dem Objektträger hinzugesetzt. Durch Zusatz von Salpetersäure wird die Bildung des Rubidiumsilicomolybdatniederschlags beschleunigt.

Eine 1%ige Lösung von Rubidiumchlorid wird durch das Reagens sofort gefällt.

Erfassungsgrenze: 0,7 γ Rubidium (BEHRENS, BEHRENS-KLEY).

Störungen. Lithium-, Natrium- und Kaliumsalze stören nicht, da sie selbst in ihren konzentrierten Lösungen durch das Reagens nicht gefällt werden. Ammonium-Ionen geben dieselbe Reaktion, Ammoniumsalze sind also vorher durch Abrauchen zu vertreiben. Caesium- und Thallosalze geben mit der Ammoniumsilicomolybdatlösung ebenfalls Fällungen; die Krystalle des Caesiumsilicomolybdats haben dieselbe Form wie die des Rubidiumsalzes, aber eine andere Größe (2 bis 6 μ). Das Thallosilicomolybdat wird als feiner gelber Staub gefällt.

7. Abscheidung mit Natrium-Kupfer-Bleinitrit als Rubidium-Kupfer-Bleinitrit. Natrium-Kupfer-Bleinitrit ist ein sehr empfindliches Reagens zum mikrochemischen Nachweis des Rubidiums. Versetzt man eine Rubidiumsalzlösung mit einer Natrium-Kupfer-Bleinitritlösung in essigsaurer Lösung, so fällt das Rubidium-Kupfer-Bleinitrit, $Rb_2CuPb(NO_2)_6$, in Form schwarzer Würfel aus. Die Anwendung dieser Reaktion ist aber insofern beschränkt, als der Nachweis des Rubidiums nur bei Abwesenheit von Kalium, Caesium und Thallium, die analoge schwerlösliche Tripelnitrite bilden, eindeutig ist.

Ausführung. Als Reagens empfiehlt BEHRENS-KLEY eine Lösung von 20 g Natriumnitrit, 9,1 g Kupferacetat, 16,2 g Bleiacetat und 2 cm^3 Essigsäure in 150 cm^3 Wasser. Diese grün gefärbte Reagenslösung ist in kleinen, gut schließenden Flaschen aufzubewahren und häufiger zu erneuern, da sie salpetrige Säure verliert, zum Gelingen der Reaktion aber ein Überschuß von HNO_2 erforderlich ist.

Der Nachweis wird in der Weise ausgeführt, daß man 1 Körnchen der Untersuchungssubstanz oder 1 Tropfen der neutralen Probelösung auf den Objektträger bringt, dann 1 Tropfen der Reagenslösung zusetzt und bei Zimmertemperatur einwirken läßt. Bei Anwesenheit von Rubidium entstehen die schwarzen Würfel, die bei geringer Dicke dunkelrot durchscheinend sind (s. Abb. 2 des Kaliumkapitels).

BEHRENS-KLEY gibt als **Erfassungsgrenze** 0,018 γ Rubidium an.

Störungen. Natrium und die Erdalkalien stören nicht. Freie starke Säuren dürfen in der Untersuchungslösung nicht vorhanden sein. Ammonium-, Kalium-, Caesium- und Thalliumsalze geben mit dem Reagens analoge Fällungen ihrer Tripelnitrite, die dem Rubidium-Kupfer-Bleinitrit isomorph sind. Die Löslichkeit der Tripelnitrite nimmt in der Reihe Kalium, Ammonium, Rubidium, Caesium, Thallium stark ab. Die Größenverhältnisse der Krystalle der einzelnen Tripelnitrite sind nicht derartig verschieden, daß man mit ihrer Hilfe die Tripelnitrite des Kaliums, Rubidiums und Caesiums voneinander unterscheiden könnte (BEHRENS-KLEY).

8. Abscheidung mit Gold(III)chlorid und Palladium(II)chlorid als Rubidium-Gold(III)-Palladium(II)chlorid. Rubidium-Ionen geben in salzsaurer Lösung mit Aurichlorid und Palladochlorid einen dunkelschwarzblauen, krystallinen Niederschlag von Rubidium-Gold(III)-Palladium(II)chlorid, $Rb_2AuPdCl_7$. Diese Reaktion empfiehlt TANANAEFF zum mikrochemischen Nachweis des Rubidiums.

Ausführung. Als Reagenslösung benutzt TANANAEFF eine äquimolekulare, möglichst konzentrierte Lösung von Aurichlorid und Palladochlorid. Für die meisten Fälle soll eine 1%ige Lösung genügen, für den Nachweis sehr kleiner Rubidiummengen verwendet man besser eine 10%ige Lösung. TANANAEFF bereitet die Lösung, indem er 1,97 g Gold und 1,06 g Palladium in Königswasser löst, die Lösung zur Trockne eindampft, den Rückstand zur Vertreibung der Salpetersäure mit Salzsäure versetzt und abermals zur Trockne eindampft. Der Rückstand wird in so viel Salzsäure, wie zur Lösung erforderlich ist, gelöst und die Lösung mit Wasser auf 100 cm^3 aufgefüllt.

1 Tropfen der Untersuchungslösung wird auf dem Objektträger zur Trockne gebracht und mit 2 bis 3 Tropfen der Reagenslösung versetzt, wobei der dunkelschwarzblaue Niederschlag von $Rb_2AuPdCl_7$ ausfällt. Der Niederschlag löst sich verhältnismäßig leicht in heißem Wasser und krystallisiert beim Erkalten wieder aus. Der Niederschlag besteht aus Krystallen des regulären Systems, die je nach der Konzentration der Lösung in verschiedenen Formen, Oktaedern bis zu kreuzartigen Krystallen, entstehen. Das Rubidium-Gold(III)-Palladium(II)chlorid ist in Ätzalkalien leicht löslich.

In reinen Lösungen kann Rubidium noch in $^1/_{250}$ n-Lösungen nachgewiesen werden. Also **Grenzkonzentration** 1:10000, **Erfassungsgrenze** 1 γ Rubidium in 0,01 cm^3. Bei Anwesenheit anderer Kationen beträgt die Empfindlichkeit 3 γ Rubidium in 0,01 cm^3 (TANANAEFF).

Störungen. Caesium- und Thallium(I)-Ionen geben dieselbe Reaktion. Eine Unterscheidung des Rubidium-Gold-Palladiumchlorids und der entsprechenden Thalliumverbindung ist auf Grund ihres Verhaltens gegenüber Natronlauge möglich. Der Rubidiumniederschlag (und ebenso der Caesiumniederschlag) löst sich in Natronlauge auf, während der Thalliumniederschlag durch Zusatz von NaOH infolge Oxydation des Tl^+ zu Tl^{3+} und Reduktion des Auri- und Pallado-Ions zum Metall tiefschwarz gefärbt wird. In Gegenwart von Caesium läßt sich Rubidium nachweisen, falls auf 1 Teil Rubidium nicht mehr als 4 Teile Caesium kommen. In diesem Falle versetzt man die Untersuchungslösung mit der 10%igen Reagenslösung und erhitzt auf 70°. Dabei reichert sich das Rubidium infolge der größeren Löslichkeit in der Wärme in der Lösung an. Von der heißen Lösung bringt man 1 Tropfen auf den Objektträger und läßt erkalten. Das Vorwiegen von großen oktaedrischen Krystallen weist auf die Anwesenheit von Rubidium hin (TANANAEFF, KANKANJAN und DARBINJAN).

Natrium-, Kalium- und Magnesium-Ionen stören den Rubidiumnachweis nicht. Der Nachweis des Rubidiums als Gold-Palladiumchlorid kann auch als Tüpfelreaktion ausgeführt werden (vgl. § 4).

B. Weitere Fällungsreaktionen.

1. Abscheidung mit Natrium-Wismutthiosulfat als Rubidium-Wismutthiosulfat. Rubidiumsalze geben ebenso wie Kaliumsalze in alkoholisch-wäßriger Lösung mit Natrium-Wismutthiosulfat eine gelbgrüne krystalline Fällung. Der Niederschlag hat die Zusammensetzung $Rb_3Bi(S_2O_3)_3$ und krystallisiert in monoklinen Nadeln, die häufig zu Bündeln vereinigt sind (HUYSSE). Diese Reaktion ist bei Abwesenheit von Kalium- und Caesium-Ionen zum mikrochemischen Nachweis des Rubidiums geeignet.

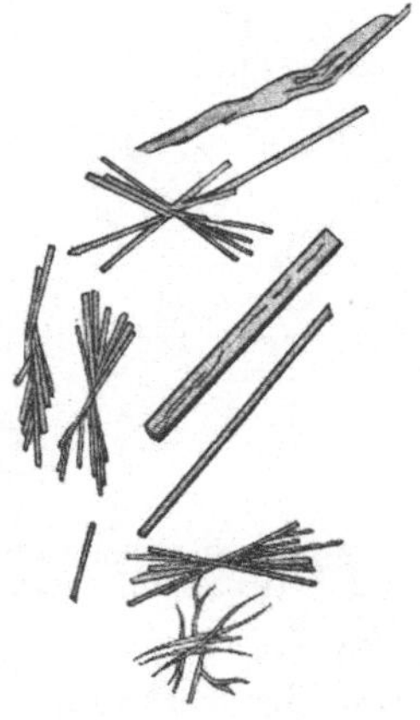

Abb. 5. Rubidium-Wismutthiosulfat (HUYSSE). Vergr. 240fach.

Ausführung. Als Reagens dient eine Lösung von Natrium-Wismutthiosulfat in wäßrigem Alkohol. Die Reagenslösung wird nach HUYSSE zweckmäßig folgendermaßen bereitet: Auf einem Uhrglas löst man etwas basisches Wismutnitrat in möglichst wenig Salzsäure und fügt so viel Wasser hinzu, bis sich ein dicker, weißer Niederschlag absetzt. Dieser Niederschlag wird durch Versetzen mit Natriumthiosulfat wieder in Lösung gebracht, wobei zu beachten ist, daß man nicht mehr Thiosulfat zusetzt, als zur Auflösung des Niederschlags erforderlich ist. Die gelb gefärbte Lösung wird mit Alkohol gemischt, bis eine dauernde Trübung entsteht, dann setzt man wenig Wasser hinzu, bis die Trübung eben wieder verschwunden ist. Das Reagens ist stets frisch zu bereiten, da es nicht haltbar ist, sondern sich unter Abscheidung von Wismutsulfid allmählich zersetzt. 1 Tropfen der Untersuchungslösung wird auf dem Objektträger zur Trockne gebracht und mit 1 Tropfen Reagenslösung versetzt. Bei Anwesenheit von Rubidium entstehen sofort die gelbgrünen monoklinen Nadeln bzw. Nadelbündel.

Die Empfindlichkeit der analogen Kaliumreaktion wird zu 0,7 γ Kalium angegeben. Da das Rubidium-Wismutthiosulfat weniger löslich ist als die Kaliumverbindung, dürfte die **Erfassungsgrenze** noch unter 0,7 γ Rubidium liegen.

Störungen. Ammonium-, Lithium-, Natrium-, Magnesium- und Calcium-Ionen geben keine Niederschläge mit dem Reagens und stören nicht. Kalium- und Caesium-Ionen geben dieselbe Reaktion wie Rubidium. Barium- und Strontiumsalze bilden weiße Fällungen.

2. Abscheidung mit Naphtholgelb S (2,4-Dinitro-1-naphthol-7-sulfonsäure). FREDIANI und GAMBLE empfehlen Naphtholgelb S als mikrochemisches Reagens auf Rubidium, da bei dieser Reaktion Caesiumsalze nicht stören. Rubidium-Ionen geben in neutraler bis schwach saurer Lösung mit einer Lösung von Naphtholgelb S einen aus gelben Nadeln bestehenden Niederschlag des entsprechenden Rubidiumsalzes. Als Reagens verwenden FREDIANI und GAMBLE eine 0,5%ige wäßrige Lösung von Naphtholgelb S, das vorher 3mal aus Wasser umkrystallisiert wurde. Statt dessen kann auch eine 0,5%ige Lösung von Naphtholgelb S in reiner Ameisensäure verwendet werden. 1 Tropfen der neutralen Untersuchungslösung wird auf dem Objektträger mit 1 Tropfen der Reagenslösung versetzt. Bei einer Konzentration von 3 mg Rubidium pro Kubikzentimeter entstehen sofort nach dem Mischen der beiden Tropfen die schön geformten gelben Nadeln. Im polarisierten Licht geben die Nadeln einen Auslöschungswinkel von 76,4°. Benutzt man als Reagens eine Lösung von Naphtholgelb S in reiner Ameisensäure, so sind die ausfallenden Nadeln rötlich gefärbt und beträchtlich größer als in wäßriger Lösung.

Nachweisgrenze: 6,8 γ Rubidium (FREDIANI und GAMBLE).

Störungen. Kalium stört, da es mit Naphtholgelb S ebenfalls nadelförmige Krystalle bildet. Caesium-Ionen stören dagegen nicht, sie werden durch das Reagens nicht gefällt. Man kann Rubidium noch bei Gegenwart eines 230fachen Caesiumüberschusses nachweisen. Auch Lithium-, Natrium-, Ammonium- und Magnesium-Ionen dürfen bei der Prüfung auf Rubidium zugegen sein. Von zahlreichen weiteren untersuchten Metallsalzen stören die des Thalliums, Quecksilbers, Silbers, Bleis, Kupfers und Zinns; sie bilden unlösliche Salze, die die Gegenwart von Rubidium maskieren können.

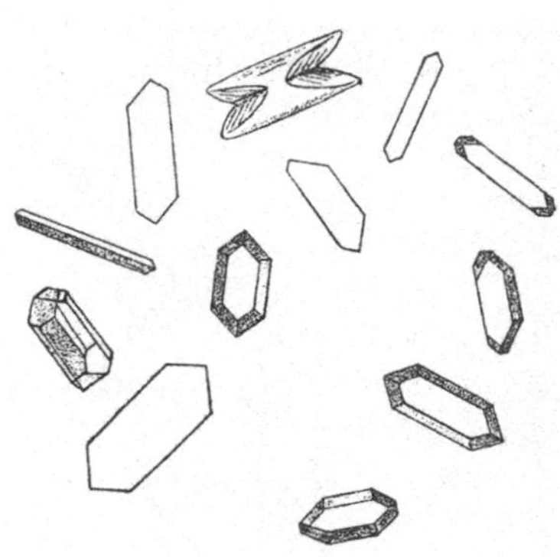

Abb. 6. Rubidiumhydrogentartrat (HUYSSE). Vergr. 240fach.

Geringe Mengen freier starker Säuren verhindern die Bildung des unlöslichen Rubidiumsalzes. Saure Lösungen sind daher vorher mit kalium- und rubidiumfreier Natronlauge zu neutralisieren. Essigsäure und Ameisensäure haben keinen Einfluß auf die Empfindlichkeit.

3. Abscheidung mit Natriumhydrogentartrat als Rubidiumhydrogentartrat. Die Reaktion des Rubidiums mit Natriumhydrogentartrat unter Bildung des weißen krystallinen Niederschlags von Rubidiumhydrogentartrat, $RbH(C_4H_4O_6)$, (vgl. § 2, B, 2), kann auch zum mikrochemischen Nachweis des Rubidiums benutzt werden. Das Rubidiumhydrogentartrat bildet Krystalle des rhombischen Systems (Prismen mit Doma), sie gleichen völlig denen der analogen Kaliumverbindung. Als Reagens verwendet BEHRENS-KLEY eine 5%ige wäßrige Lösung von Natriumhydrogentartrat; wegen der nicht unerheblichen Löslichkeit des Rubidiumhydrogentartrats ist es zweckmäßig, die rubidiumhaltige Substanz in fester Form zu prüfen.

Die Empfindlichkeit der Mikroreaktion ist nicht bestimmt. Für den Nachweis auf nassem Wege geben MOSER und RITSCHEL (b) als **Grenzkonzentration** 1 : 246 an.

Kalium-Ionen geben dieselbe Reaktion, das Kaliumsalz ist sogar etwas schwerlöslicher als die Rubidiumverbindung. Auch die Hydrogentartrate des Caesiums und Thalliums krystallisieren in denselben Formen wie das des Rubidiums. Allerdings stören Caesium-Ionen nur in sehr großer Konzentration wegen der etwa 9mal größeren Löslichkeit des Caesiumhydrogentartrats.

4. Abscheidung als Rubidium-Wismutsulfat. Ebenso wie die Sulfate des Kaliums und Natriums bildet auch Rubidiumsulfat mit Wismutsulfat ein in Wasser und verdünnten Säuren schwerlösliches Doppelsulfat (KORENMAN und JAGNJATINSKAJA). Die Reagenslösung bereitet man nach BEHRENS-KLEY, indem man Wismutnitrat in verdünnter Schwefelsäure, gegebenenfalls unter Zusatz von wenig verdünnter Salpetersäure, auflöst. 1 Tropfen der Untersuchungslösung wird auf dem Objektträger mit Schwefelsäure zur Trockne eingedampft und mit

1 Tropfen der Wismutsulfatlösung versetzt. Bei Anwesenheit von Rubidium krystallisiert das Rubidium-Wismutsulfat aus.

Weitere schwerlösliche Wismutdoppelsulfate bilden Natrium-, Kalium-, Ammonium- und Caesium-Ionen. Ammonsalze sind vorher durch Verdampfen zu vertreiben. Natrium-Wismutsulfat krystallisiert in andersartigen Krystallen, nämlich in Form hexagonaler Stäbchen aus (vgl. „Natrium" § 3, A. 6), so daß eine Unterscheidung des Rubidiums vom Natrium möglich ist. Aber auch neben Kalium (vgl. „Kalium", § 3, A. 6) kann man Rubidium trotz der verhältnismäßig ähnlichen Krystallform ihrer Wismutdoppelsulfate erkennen, und zwar auf Grund ihres verschiedenen Verhaltens gegenüber verdünnter Schwefelsäure. KORENMAN und JAGNJATINSKAJA führen den Nachweis des Rubidiums neben Kalium in der Weise aus, daß sie zunächst — wie oben beschrieben — die Wismutdoppelsulfate ausfällen, dann die Flüssigkeit von dem Niederschlag mittels eines Stückchens Filtrierpapier entfernen und 1 Tropfen 2 bis 4 n-Schwefelsäure zu den Krystallen zugeben. Bleibt jetzt der Niederschlag während einiger Minuten ungelöst, so spricht das für die Gegenwart von Rubidium. Auf diese Weise konnten KORENMAN und JAGNJATINSKAJA noch 3 γ Rubidium neben 90 γ Kalium nachweisen.

*5. **Abscheidung mit Natriumbromid und Rhodiumchlorid.*** Beim Versetzen einer Rubidiumsalzlösung mit je 1 Tropfen 20%iger Natriumbromidlösung und 20%iger Rhodiumchloridlösung bildet sich an der Tropfenoberfläche ein irisierendes Häutchen. Im Mikroskop erkennt man kleine, glänzende und stark brechende, gelblichweiße Oktaeder, die langsam an Größe zunehmen [MARTINI (a)]. Diese Reaktion ist bei 1 bis 0,1%igen Rubidiumsalzlösungen sehr deutlich. Bei größeren Verdünnungen ist es zweckmäßig, die Untersuchungslösung einzudampfen und den Rückstand mit den Reagenslösungen zu versetzen, oder aber die von MARTINI (b) ausgearbeitete „Kollodiummethode" zu verwenden. Man arbeitet dann so, daß man die Untersuchungslösung auf dem Objektträger zur Trockne bringt, über den erkalteten Rückstand 2 bis 3 Tropfen einer 4%igen ätherisch-alkoholischen Kollodiumlösung ausfließen läßt und nach dem Verdampfen des Lösungsmittels auf die dünne Kollodiumschicht je 1 Tropfen der beiden Reagenslösungen bringt.

Erfassungsgrenze: 0,1 γ Rubidium.

Störungen. Caesium-Ionen geben dieselbe Reaktion; die übrigen Alkalien stören nicht.

*6. **Abscheidung mit Natriumperchlorat.*** Die Fällung des Rubidiums als Perchlorat eignet sich auch zum mikrochemischen Nachweis des Rubidiums. Versetzt man 1 Tropfen einer nicht zu verdünnten Rubidiumsalzlösung mit 1 Tropfen einer 5%igen Natriumperchloratlösung, so bildet sich wie beim Kalium eine große Zahl typischer Krystalle, die man durch Vergleichsproben leicht identifizieren kann (DENIGÈS).

Störungen. Außer den Rubidium-Ionen geben von den Alkalimetallen nur Kalium und Caesium entsprechende Niederschläge, während Lithium-, Natrium-, Ammonium- und Thallium-Ionen nicht stören. Die Krystalle des Rubidiumperchlorats sollen durch Vergleichsproben nach DENIGÈS von denen des Kalium- und Caesiumperchlorats unterschieden werden können. Ferner geben auch einige Alkaloide in schwach essigsaurer Lösung mit Natriumperchlorat Krystallabscheidungen (DENIGÈS). Abbildungen siehe HUYSSE sowie GEILMANN.

C. Unsichere Reaktionen.

*1. **Fällung mit Uranylacetat.*** Rubidiumsalze geben mit Uranylacetat in essigsaurer Lösung einen gelben krystallinen Niederschlag des Doppelacetats. Das Rubidium-Uranylacetat krystallisiert in tetragonalen Prismen mit pyramidalen Enden oder zuweilen in Form dünner tetragonaler Plättchen (CHAMOT und BEDIENT). Als Reagenslösung verwendet man eine etwa 10%ige Lösung von Uranylacetat in verdünnter Essigsäure. Die Untersuchungslösung wird auf dem Objektträger zur Trockne gebracht und mit 1 Tropfen der Reagenslösung versetzt. Es bilden sich leicht übersättigte Lösungen, was die Zuverlässigkeit der Reaktion beeinträchtigt.

Empfindlichkeitsangaben fehlen.

Störungen. Alle übrigen Alkalien und Thallosalze geben mit Uranylacetat ebenfalls Krystallfällungen, desgleichen die Erdalkalien und einige Schwermetall-Ionen. Die Schwermetalle und Erdalkalien müssen also vor Ausführung der Reaktion entfernt werden. Aber auch neben den anderen Alkalien und Thallium ist ein einwandfreier Nachweis nicht möglich. Die Krystalle des Kalium- und Thallo-Uranylacetats sind denen der Rubidiumverbindung außerordentlich ähnlich und von diesen mikroskopisch nicht zu unterscheiden. Caesium-Uranylacetat bildet anfangs mehr oder weniger rechteckige oder rautenförmige Gebilde, später erscheinen Haufen von sternförmig angeordneten dünnen Platten. Natrium-Uranylacetat krystallisiert in Tetraedern (CHAMOT und BEDIENT).

Abb. 7. Rubidium-Uranylacetat.

2. Fällung mit Natriumpermanganat. KNIGA benutzt Natriumpermanganat zum mikrochemischen Nachweis des Rubidiums. Beim Versetzen von Rubidiumsalzen mit Natriumpermanganat bildet sich ein violetter bis braunschwarzer, krystalliner Niederschlag von Rubidiumpermanganat. Die Reaktion ist nicht sehr empfindlich. Natrium- und Erdalkalisalze stören nicht. Kalium-, Caesium- und Ammonium-Ionen geben ähnliche Fällungen wie Rubidium. Ferner stören Chrom-, Kobalt-, Mangan-, Jodid- und Cyanid-Ionen.

3. Fällung mit Kalium-Wismutjodid. Der von TANANAEFF empfohlene mikrochemische Nachweis des Caesiums, die Fällung desselben mit Kalium-Wismutjodid, soll nach KORENMAN und JAGNJATINSKAJA nicht für Caesium spezifisch sein, sondern das Reagens soll auch mit Rubidiumsalzen eine Fällung geben. KORENMAN und JAGNJATINSKAJA geben zu 1 Tropfen der Untersuchungslösung 1 Körnchen Kalium-Wismutjodid, worauf bei Anwesenheit von Rubidium ein Niederschlag entsteht.

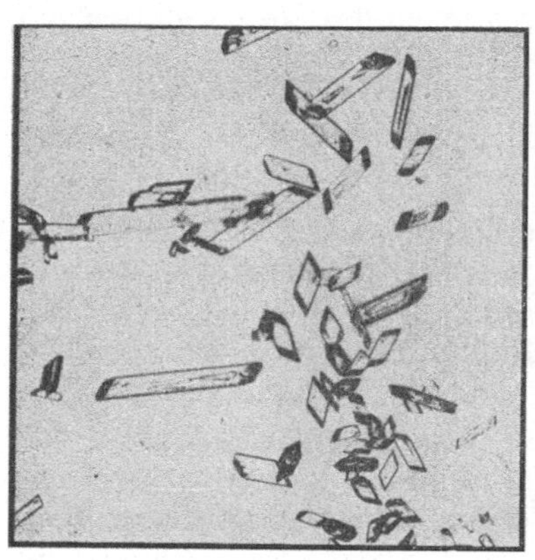

Abb. 8. Rubidium-Goldchlorid (nach GEILMANN). Vergr. 65fach.

Nachweisgrenze: 3 γ Rubidium; **Grenzkonzentration:** 1:1000.

Caesium- und Thallosalze geben mit dem Reagens gleichfalls Niederschläge. Nach TANANAEFF sollen Rubidiumsalze durch Kalium-Wismutjodid überhaupt nicht gefällt werden, so daß er geradezu Kalium-Wismutjodid zur Trennung von Caesium und Rubidium empfiehlt.

4. Fällung mit Goldchlorid. Versetzt man eine Rubidiumchloridlösung mit Goldchloridlösung, so scheiden sich bei konzentrierten Lösungen sofort, bei verdünnten Lösungen erst beim Eindunsten goldgelbe Krystalle von Rubidium-Goldchlorid aus (GEILMANN). Angaben über die Empfindlichkeit fehlen. Caesium-Ionen geben eine analoge Reaktion. Die Fällungen des Rubidium- und Caesium-Goldchlorids unterscheiden sich durch ihre Krystallform.

5. Fällung mit Zinn(IV)chlorid. Die Fällung des Rubidiums als Rubidium-Zinnhexachlorid (§ 2, A, a, 4) kann auch zum mikrochemischen Nachweis benutzt werden. Man verdampft die Untersuchungslösung auf dem Objektträger zur Trockne und versetzt mit einer salzsauren Lösung von Zinn(IV)chlorid. Bei Gegenwart von Rubidium erscheinen farblose, stark lichtbrechende Oktaeder. Die Reaktion ist bei weitem nicht so empfindlich wie die entsprechende Caesiumreaktion. Es stören Caesium-, Kalium- und Ammonium-Ionen. Bei Zusatz von Natriumjodid entsteht ein gelber Niederschlag (GEILMANN, KRAMER sowie BEHRENS-KLEY).

§ 4. Nachweis durch Tüpfelreaktionen.

Reaktion mit Gold(III)chlorid und Palladium(II)chlorid. Der Rubidiumnachweis mit Gold(III)chlorid und Palladium(II)chlorid (§ 3, A, 8) kann nach TANANAEFF auch als Tüpfelreaktion ausgeführt werden. Als Reagens dient eine äquimolare Lösung von Goldchlorid und Palladochlorid in verdünnter Salzsäure (Herstellung der Reagenslösung vgl. § 3, A, 8). 1 Tropfen der Untersuchungslösung wird auf ein Stückchen Filtrierpapier gebracht und mit 1 Tropfen Reagenslösung versetzt. Bei Anwesenheit von Rubidium erhält man einen dunklen Fleck auf dem Filtrierpapier (Bildung von $Rb_2AuPdCl_7$). Bei Zugabe von Natronlauge verschwindet der Fleck wieder vollständig.

Caesium- und Thallosalze geben ebenfalls einen dunklen Fleck. Der durch Thallo-Ionen erzeugte Fleck verhält sich gegenüber Natronlauge anders, er verschwindet nicht bei deren Zugabe, sondern wird im Gegenteil intensiver schwarz gefärbt. Diese Tüpfelreaktion auf Rubidium ist nur eindeutig bei Abwesenheit von Caesium und Thallium. Natrium-, Kalium- und Magnesium-Ionen stören die Tüpfelreaktion nicht.

Literatur.

ARBUSOW, A. u. A. KARTASCHOW: J. Russ. phys.-chem. Ges. **46**, 284 (1914). — ARCHIBALD, E. H. u. L. T. HALLETT: Am. Soc. **47**, 1314 (1925). — ATO, S. u. J. WADA: Sci. Pap. Inst. Tôkyô **4**, 263 (1926).

BALL, W. C.: Soc. **95**, 2126 (1909). — BALL, W. C. u. H. H. ABRAM: Soc. **103**, 2110 (1913). — BAYER, E.: M. **41**, 223 (1920). — BEHRENS, H.: Fr. **30**, 137 (1891). — BEHRENS, H. u. P. D. C. KLEY: Mikrochemische Analyse, 3. Aufl., Leipzig 1915. — BENEDETTI-PICHLER, A. A. u. J. T. BRYANT: Ind. eng. Chem. Anal. Edit. **10**, 107 (1938). — BILLMANN, E.: Fr. **39**, 284 (1900). — BOSSUET, R.: Bl. (4) **51**, 681 (1932); C. r. **196**, 469 (1933). — BROWNING, P. E. u. S. R. SPENCER: Am. J. Sci. (IV) **42**, 279 (1916). — BUNSEN, R.: Pogg. Ann. **113**, 337 (1861). — BURGESS, L. L. u. O. KAMM: Am. Soc. **34**, 652 (1912). — BURKSER, E. u. S. RUBLOF: Mikrochem. **5**, 137 (1927); Ukrain. chem. J. **2**, 355 (1926).

CALEY, E. R.: Am. Soc. **52**, 953 (1930). — CALZOLARI, F.: G. **42 II**, 89 (1912). — CHAMOT, E. M. u. H. A. BEDIENT: Mikrochem. **6**, 13 (1928). — CLARK, A. R.: J. Chem. Education **12**, 242 (1935); **13**, 383 (1936). — CLASSEN, A.: Ausgewählte Methoden der analytischen Chemie, Braunschweig 1901.

DAVIES, H. u. W. DAVIES: Soc. **123**, 2976 (1923). — DENIGÈS, G.: Ann. Chim. anal. **22**, 103 (1917). — DUREUIL, E.: C. r. **182**, 1020 (1926).

EMICH, F.: M. **39**, 775 (1918); **41**, 243 (1920).

FLATT, R.: Diss. Zürich 1923. — FORMÁNEK, J.: Fr. **39**, 412 (1900). — FREDENHAGEN, C.: Ann. Phys. (4) **20**, 145 (1906); Phys. Z. **8**, 404, 730 (1907). — FREDHOLM, H.: Fr. **104**, 400 (1936). — FREDIANI, H. A. u. L. GAMBLE: Mikrochem. **26**, 25 (1939). — FRESENIUS, L. u. M. FROMMES: Fr. **86**, 184 (1931). — FREUNDLER, P. u. Y. MÉNAGER: C. r. **182**, 1158 (1926); Fr. **71**, 248 (1927).

GASPAR Y ARNAL, T.: (a) An. Españ. **24**, 99 (1926); **30**, 398 (1932); Ann. Chim. anal. **14**, 342 (1932); (b) An. Españ. **26**, 435 (1928); Ann.Chim. anal. **11**, 97 (1929); Fr. **80**, 213 (1930); (c) Chim. Ind. **20**, 631 (1928); An. Españ. **26**, 184 (1928); Fr. **79**, 210 (1930). — GAZZI, V.: Ann. Chim. applic. **24**, 595 (1934). — GEILMANN, W.: Bilder zur qualitativen Mikroanalyse anorganischer Stoffe, Leipzig 1934. — GERLACH, W. u. E. RIEDL: Die chemische Emissions-Spektralanalyse, III. Teil, Leipzig 1936. — GODEFFROY, R.: B. **9**, 1363 (1876). — GRAVESTEIN, H.: Mikrochem., EMICH-Festschrift, S. 135, 1930.

HERZOG, A.: Ch. Z. **42**, 145 (1918); Fr. **57**, 373 (1918). — HUYSSE, A. C.: Atlas zum Gebrauch bei der mikrochemischen Analyse, Leiden 1932; Fr. **39**, 10 (1900).

ILLINGWORTH, I. W. u. I. A. SANTOS: Nature **134**, 971 (1934). — IWAMURA, A.: Mem. Sci. Kyoto Univ. (A), **14**, 43 (1931); (A) **15**. 355 (1932).

JANDER, G. u. F. BUSCH: Z. anorg. Ch. **187**, 165 (1930); **194**, 38 (1930). — JANDER, G. u. H. FABER: Z. anorg. Ch. **179**, 321 (1929).

KIRCHHOFF, G. u. R. BUNSEN: Pogg. Ann. **113**, 373 (1861). — KNIGA, A.: Kali (russ.) **1935**, Nr. 7, 32. — KONINCK, L. L. DE: Fr. **20**, 390 (1881). — KONISHI, K. u. T. TSUGE: J. chem. Soc. Japan **12**, 216 (1936). — KORENMAN, I. M. u. G. J. JAGNJATINSKAJA: Chem. J. Ser. B **10**, 1496 (1937). — KRAMER, G.: Mikroanalytische Nachweise anorganischer Ionen, Leipzig 1937. — KUBLI, J. U.: Diss. Zürich 1925.

LEONARD, A. G. G u. P. WHELAN: Pr. Dublin Soc. **15**, 274 (1918). — LOCKE, J.: Am. Chem. J. **26**, 166 (1901). — LÖWE, F.: Atlas der Analysenlinien der wichtigsten Elemente, Dresden-Leipzig 1936. — LUNDEGÅRDH, H.: Die quantitative Spektralanalyse der Elemente, 1. Teil, Jena 1929; 2. Teil, 1934. — LUTZ, O.: Fr. **59**, 145 (1920).

MARTINI, A.: (a) Mikrochem. **23**, 159 (1937); Fr. **118**, 446 (1940); (b) Mikrochem. **7**, 239 (1929). — MOIR, J.: E. P. 9368 (1909). — MONTEMARTINI, C. u. G. MATUCCI: G. **33 II**, 189 (1903). — MOSER, L. u. E. RITSCHEL: (a) Fr. **70**, 184 (1927); (b) Ber. Wien. Akad. **134**, IIb, 19 (1925); M. **46**, 19 (1925). — MURMANN, E.: Öst. Ch. Z. **26**, 140 (1923); **28**, 42 (1925).

NIEUWENBURG, C. J. VAN u. T. VAN DER HOEK: Mikrochem. **18**, 175 (1935). — NOYES, A. A. u. W. C. BRAY: A System of qualitative Analysis for the rare Elements, New York 1927.

O'LEARY, W. J. u. J. PAPISH: Ind. eng. Chem. Anal. Edit. **6**, 107 (1934).

PARMENTIER, F.: C. r. **94**, 213 (1882). — POLUEKTOFF, N. S.: Kali (russ.) **2**, 44 (1933); Mikrochem. **14**, 265 (1933). — PREUSS, E.: Chemie der Erde **9**, 365 (1935).

RADA, F. D. DE u. T. GASPAR Y ARNAL: An. Españ. **24**, 150 (1926). — REDTENBACHER, J.: J. pr. **94**, 442 (1865). — REED, R. D. u. J. R. WITHROW: Am. Soc. **50**, 1515 u. 2985 (1928); **51**, 1063 (1929). — REICHARD, C.: Fr. **40**, 377 (1901). — ROBIN, P.: J. Pharm. Chim. (8) **18**, 386 (1933). — ROLLWAGEN, W.: Spectrochim. Acta **1**, 66 (1939). — ROSENBLADT, TH.: B. **19**, 2531 (1886). — RUSSANOW, A. K.: Z. anorg. Ch. **214**, 77 (1933); Mineral. Rohstoffe (russ.) **8**, Nr. 4, 21 (1933).

SCHEIBE, G., in W. BÖTTGER: Physikalische Methoden der analytischen Chemie, Bd. I, Leipzig 1933. — SCHEINZISS, O. G.: Betriebslab. **4**, 1047 (1935); Fr. **109**, 197 (1937). — SCHLEICHER, A. u. L. LAURS: Fr. **108**, 241 (1937). — SCHULER, W.: Ann. Phys. (4) **5**, 934 (1901). — SMITHELLS, A., H. M. DAWSON u. H. A. WILSON: Phil. Trans. A **193**, 106 (1900). — STRECKER, W. u. F. O. DIAZ: Fr. **67**, 321 (1925). — SUSCHNIG, E.: M. **42**, 399 (1921).

TANANAEFF, N. A.: Fr. **88**, 343 (1932). — TANANAEFF, N. A. u. E. P. HARMASCH: Fr. **89**, 256 (1932). — TANANAEFF, N. A., A. G. KANKANJAN u. M. W. DARBINJAN: Chem. J. Ser. B **6**, 980 (1933). — TOLMATSCHEW, J. M.: C. r. Acad. URSS (N.S.) **1**, 464 (1934); Bl. Acad. URSS. (7) 905 (1934). — TWYMAN, F. u. D. M. SMITH: Wavelength Tables for Spectrum Analysis, London 1931.

URBAIN, P. u. M. WADA: C. r. **199**, 1199 (1934); Bl. (5) **3**, 163 (1936).

VOGEL, J.: Ber. Wien. Akad. **134**, IIb, **270** (1925); M. **46**, 270 (1925).

WAIBEL, F.: Wiss. Veröffentl. Siemens-Konzern **14**, Heft 2, 32 (1935). — WELLS, H. L.: (a) Am. J. Sci (3) **46**, 188 (1893); Z. anorg. Ch. **4**, 341 (1893); (b) Am. J. Sci. (5), **4**, 476 (1922). — WELLS, R. C. u. R. E. STEVENS: Ind. eng. Chem Anal. Edit. **6**, 439 (1934). — WENGER, P. u. C. HEINEN: C. r. Séances Soc. Phys. Hist. nat. Genève **37**, 49 (1920). — WENGER, P. u. M. PATRY: C. r. Séances Soc. Phys. Hist. nat. Genève **40**, 92 (1923).

YAJNIK, N. A. u. G. L. TANDON: J. Indian chem. Soc. **7**, 287 (1930).

Caesium.

Cs, Atomgewicht 132,91; Ordnungszahl 55.

Von **HANS SPANDAU**, Greifswald.

Mit 11 Abbildungen.

Inhaltsübersicht.

Caesium.

Cs, Atomgewicht 132,91; Ordnungszahl 55.

Das Caesium ist in der Natur weit verbreitet, allerdings nur in sehr kleiner Konzentration. Man findet es fast stets als mengenmäßig geringfügigen Begleiter der übrigen Alkalimetalle. Der durchschnittliche Caesiumgehalt der Erdrinde beträgt etwa $7 \cdot 10^{-5}\%$, liegt also um etwa 2 Zehnerpotenzen niedriger als der Gehalt an Rubidium. Ein ausgesprochenes Caesiummineral, das einzige bisher bekannte, ist der Pollucit oder Pollux, ein Caesium-Aluminiumsilicat von der Zusammensetzung $2\,Cs_2O \cdot 2\,Al_2O_3 \cdot 9\,SiO_2 \cdot H_2O$ mit einem Gehalt von 30 bis 36% Caesiumoxyd. Dieses Mineral ist aber so selten, daß es zur Gewinnung von Caesium und seinen Salzen praktisch kaum in Frage kommt. Verhältnismäßig viel Caesium findet sich in einigen, meist rosafarbenen Abarten des Berylls, nämlich 0,1 bis 4,6% Cs_2O. Aber auch dieses Mineral kommt zu selten vor, als daß man daraus größere Caesiummengen gewinnen könnte. Auf Caesium verarbeitet werden dagegen hauptsächlich der Lepidolith oder Lithiumglimmer, ein Kalium-Aluminiumsilicat, das neben verhältnismäßig viel Lithium und Rubidium auch 0,1 bis 0,8% Caesium enthält, und der natürliche und künstliche Carnallit. Der natürliche Carnallit der Kalisalzlager weist einen durchschnittlichen Gehalt von $2 \cdot 10^{-4}\%$ Caesiumchlorid auf, während in dem künstlichen Carnallit, der bei der Kalisalzfabrikation anfällt, das Caesium bereits erheblich angereichert ist. Im Meer- und Flußwasser ist Caesium nur in äußerst geringer Menge vorhanden, dagegen enthalten einige Mineralquellen verhältnismäßig viel Caesium.

Das Caesium tritt in seinen Verbindungen stets 1wertig auf. In seinen chemischen Eigenschaften ist es dem Rubidium und auch noch dem Kalium sehr ähnlich. Viele Reaktionen hat das Caesium ferner mit dem 1wertigen Thallium-Ion und mit dem Ammonium-Ion gemeinsam.

Die einfachen Salze des Caesiums sind fast alle in Wasser leicht löslich, z. B. die Salze der Halogenwasserstoffsäuren, der Schwefelsäuren, Kohlensäure, Salpetersäure, Essigsäure und viele andere mehr. Schwerlöslich sind von den einfachen Salzen nur das Perchlorat, Permanganat und Pikrat, ferner viele Doppel- und Tripelsalze und die Salze einiger komplexer Säuren. Hier sind zunächst zu nennen die bekannten Fällungsmittel für Kalium, die Platinchlorwasserstoffsäure, die 1-Phosphor-12-Wolframsäure, 1-Phosphor-12-Molybdänsäure, Natrium- und Silberkobaltinitrit, Zirkonsulfat, Uranylchromat, Natrium-Wismutthiosulfat und Dipikrylamin. In neuerer Zeit sind auch einige Reagenzien gefunden worden, die Kalium und teilweise auch Rubidium nicht fällen, die also einen mehr oder weniger spezifischen Caesiumnachweis gestatten. Hierzu gehören 1-Silico-12-Wolframsäure, Antimon(III)chlorid, Zinn(IV)-bromid, Kalium-Wismutjodid, Natrium-Praseodymnitrit, Gold(III)-Platin(IV)-bromid, bei deren Anwendung in gewissem Grade weder Kalium- noch Rubidium-Ionen stören, und 1-Silico-12-Molybdänsäure, 1-Phosphor-9-Molybdänsäure, Zinnchlorwasserstoffsäure, Natrium-Wismutnitrit, Magnesiumferrocyanid und die Gold-Silberhalogenide, die Kalium-Ionen zwar nicht, wohl aber auch Rubidium-Ionen fällen.

Am eindeutigsten und zugleich am schnellsten gelingt jedoch der Caesiumnachweis auf spektralanalytischem Wege, da hierbei die übrigen Akalien keine Störungen bedingen.

Da nahezu alle einfachen Salze des Caesiums leicht löslich sind, ist ein Aufschluß nur beim Vorliegen von Silicaten erforderlich. In diesem Fall empfiehlt sich die Anwendung eines der zum Nachweis der Alkalien üblichen Aufschlüsse, z. B. eine Schmelze mit Calciumcarbonat oder Calciumsulfat oder einem Gemisch von Calciumchlorid und Bariumhydroxyd.

Im Analysengang findet man das Caesium nach Ausfällung der Metalle der Salzsäure-, Schwefelwasserstoff-, Schwefelammonium- und Erdalkaligruppe im Filtrat der letzteren. Diese Lösung enthält außer Caesium alle übrigen Alkalien sowie Magnesium- und Ammonium-Ionen. In diesem Gemisch kann das Caesium bereits auf spektralanalytischem Wege eindeutig nachgewiesen werden, während beim Nachweis auf nassem Wege eine mehr oder weniger weitgehende Abtrennung der übrigen Elemente erforderlich ist, je nachdem welches Caesiumreagens man verwendet und je nachdem, ob man auf einige oder alle übrigen Alkalimetalle neben Caesium gleichfalls prüfen will. In letzterem Falle fällt man zunächst das Magnesium als Hydroxyd, Oxychinolat oder Magnesium-Ammoniumphosphat aus und vertreibt die Ammonsalze durch Abrauchen. Dann geht man meist so vor, daß man die drei schwersten Alkalimetalle durch gemeinsame Ausfällung von Natrium und Lithium abtrennt. Zu dieser Trennung der Alkalimetalle in 2 Untergruppen wird u. a. eine Behandlung mit Perchlorsäure und Äthylalkohol (Noyes und Bray) bzw. mit Perchlorsäure in salzsaurer Lösung (Ato und Wada) oder eine Behandlung mit Platinchlorwasserstoffsäure (Benedetti-Pichler und Bryant) empfohlen. Nach Gaspar y Arnal können Caesium, Rubidium und Kalium auch durch eine Lösung von Calciumferrocyanid in 50%igem wäßrigem Alkohol als Doppelferrocyanide ausgefällt und so von Natrium und Lithium getrennt werden.

Benedetti-Pichler und Bryant überführen die Chloroplatinate des Caesiums, Rubidiums und Kaliums in die Chloride und weisen das Caesium nach Tananaeff als Wismutjodid nach. Ato und Wada wandeln die Perchlorate in die Chloride um, scheiden das Kaliumchlorid durch Behandlung mit konzentrierter Salzsäure und absolutem Alkohol ab und fällen Caesium und Rubidium mit Zinnchlorwasserstoffsäure. Die Chlorostannate werden in Chloride überführt, und nach Entfernung des Zinns wird das Caesium mit Antimon(III)chloridreagens nachgewiesen. Noyes und Bray behandeln die Perchlorate mit Natrium-Kobaltinitrit, zersetzen die ausgefällten Kobaltinitrite des Caesiums, Rubidiums und Kaliums in normale Nitrite und fällen nach Entfernung des Kobalts das Caesium und Rubidium gemeinsam als Wismutnitrite. Diese lösen sie in Salzsäure und weisen das Caesium mit Antimon(III)chlorid oder — beim Vorliegen geringer Caesiummengen nach Ausfällung des Rubidiums als Hydrogentartrat — mit Silicowolframsäure nach.

O'Leary und Papish trennen die Kaliumuntergruppe, indem sie zunächst die Alkalichloride in salpetersaurer Lösung in der Siedehitze mit 1-Phosphor-9-Molybdänsäure versetzen und dadurch die Luteophosphormolybdate des Caesiums und Rubidiums ausfällen. Dann lösen sie die Luteophosphormolybdate in Natronlauge, entfernen das Molybdän, fällen Caesium und Rubidium als Chlorplatinate, führen diese in Chloride über und weisen jetzt Caesium als Silicowolframat nach.

Nach Gaspar y Arnal (a) kann man Caesium und Rubidium von Kalium auch durch Behandlung mit Magnesiumferrocyanid in der Siedehitze trennen; dabei bleibt Kalium in Lösung, während Caesium und Rubidium als Doppelferrocyanide ausfallen.

Literatur über weitere Vorschläge zur Trennung der Kaliumuntergruppe siehe Kapitel „Rubidium" (Einleitung, S. 150).

Nachweismethoden.

§ 1. Nachweis auf spektralanalytischem Wege[1].

A. Ohne spektrale Zerlegung (durch Flammenfärbung).

Caesiumsalze färben die nicht leuchtende Bunsenflamme violettrosa, wenn man sie mit Hilfe eines Platindrahtes oder eines Magnesiastäbchens in die Flamme bringt, unter der Voraussetzung, daß die zu untersuchende Caesiumverbindung eine ausreichende Flüchtigkeit bei der betreffenden Flammentemperatur besitzt. Bei schwerflüchtigen Verbindungen, z. B. bei den Silicaten, ist zum sicheren Caesiumnachweis ein vorhergehender Aufschluß zu empfehlen.

Man kann die Flammenreaktion auch in der Weise ausführen, daß man ein mit Wasser halb gefülltes Reagensglas in die Untersuchungslösung eintaucht und das benetzte untere Ende desselben vorsichtig über der nichtleuchtenden Flamme erhitzt. Dieses Verfahren, das CLARK angibt, soll der Platindrahtmethode überlegen sein.

Die Empfindlichkeit der Methode von CLARK liegt unter 10^{-3} g Caesium pro Kubikzentimeter Lösung.

Störungen der Flammenfärbung treten bei Gegenwart der übrigen Alkalien und von Strontiumsalzen auf. Rubidiumsalze geben dieselbe Flammenfärbung wie Caesiumsalze. Kaliumsalze färben die Flamme zwar mehr blauviolett, aber der Farbunterschied ist zu gering, als daß eine eindeutige Unterscheidung möglich wäre. Natriumsalze stören insofern, als die durch sie erzeugte intensiv gelbe Flamme schon bei verhältnismäßig geringer Natriumkonzentration, ebenso wie die Kaliumflamme, auch die Caesiumflamme überdeckt (vgl. „Kalium“, § 1, A). Das gleiche gilt auch für die Lithium- und Strontiumsalze. Die Störungen der Kaliumflamme durch Natrium-, Lithium- und Strontiumsalze lassen sich bekanntlich durch Verwendung geeigneter Absorptionsmittel (Farbfilter) beseitigen (vgl. „Kalium“, § 1, A). Ob diese Farbfilter (z. B. die von MEYER, CORNWALL sowie HERZOG) auch den Nachweis des Caesiums bei Gegenwart von Natrium, Lithium und Strontium gestatten, ist meistens nicht untersucht. Lediglich MCCAY gibt an, daß das von ihm zum Kaliumnachweis vorgeschlagene Lichtfilter auch die Linien der Caesiumflamme durchläßt, während es die Linien der Natrium-, Lithium-, Strontium-, Calcium- und Bariumflamme vollständig zurückhält. Als Absorptionsmittel dient bei dem Filter von MCCAY eine Lösung von Chromalaun (310 g Chromalaun in 1 Liter Wasser gelöst), die in eine rechteckige, prismatische Flasche gefüllt wird (Schichtdicke 4,7 cm). Lichtfilter, die die Caesiumflamme nicht beeinflussen, aber die Linien der Kalium- und Rubidiumflamme absorbieren, sind bisher nicht beschrieben worden. Wegen der großen Ähnlichkeit der Flammenfärbungen und der Nachbarschaft der Spektrallinien der drei schwersten Alkalimetalle dürfte eine Trennung durch Absorptionsmittel — falls sie überhaupt möglich ist — große Schwierigkeiten bereiten.

B. Durch spektrale Zerlegung.

1. Emissionsspektrum.

Allgemeines[2]. Der empfindlichste und zugleich sicherste Nachweis des Caesiums ist der Nachweis mit Hilfe der spektroskopischen Beobachtung, der sich mit allen bekannt gewordenen Methoden durchführen läßt. Die empfindlichsten Linien liegen bei 8943,6 Å; 8521,2 Å. Visuelle Beobachtung ist für dieses ultrarote Dublett nicht mehr möglich; sollen diese Linien beim photographischen Nachweis herangezogen werden — zum Spurennachweis ist das notwendig — so müssen für dieses Spektralgebiet sensibilisierte Ultrarotplatten benutzt werden. Für die meisten ana-

[1] Mitbearbeitet von J. VAN CALKER, Münster (Westf.).

[2] Vgl. auch die allgemeinen Bemerkungen zum spektralanalytischen Nachweis der Alkalimetalle (Lithiumkapitel, Seite 27, Fußnote 1).

lytischen Fragen genügt die Benutzung der im günstigeren Bereich gelegenen Linien 4593,2 Å; 4555,3 Å. Wenn möglich, sollte die Analyse mit einem Glasspektrographen durchgeführt werden, da Quarzspektrographen in diesem Gebiet schon eine sehr kleine Dispersion haben. Im ultravioletten Bereich eignen sich die Linien 2525,6 Å (TWYMAN und SMITH) und 2630,6 Å (SCHEIBE). Die Empfindlichkeit dieser Linien ist im allgemeinen geringer als die der vier obengenannten, wie das von verschiedenen Autoren bestätigt wird (LÖWE, TWYMAN und SMITH, RUSSEL, HARTLEY und MOSS, DE GRAMONT). Für visuelles Arbeiten kommen nur die Linien 4593 und 4555 Å in Frage.

Brauchbare Analysenlinien sowie Koinzidenzen nach GERLACH-RIEDL:

$\lambda = 4593{,}2$ Å und $\lambda = 4555{,}3$ Å. Die Intensität der zweiten Linie ist sehr viel stärker als die der Linie $\lambda = 4593{,}2$ Å. Bei Verwendung geeigneter Ultrarotplatten sind die beiden roten Caesiumlinien $\lambda = 8521{,}2$ Å und $\lambda = 8943{,}6$ Å als empfindlicher vorzuziehen.

Koinzidenzen sind zu erwarten:

1. Bei der Linie 4593,2 Å mit Linien von Aluminium, Eisen, Nickel und Vanadin sowie einer schwachen Molybdänlinie und einer sehr schwachen Linie des Iridiums. Beryllium und Lithium rufen an der Stelle dieser Linie einen starken Untergrund hervor. Die Analysenlinie wird durch eine Rutheniumlinie verbreitert. Bei kleiner Dispersion des Spektrographen sind ferner Koinzidenzen mit Linien des Bariums, Kobalts, Chroms, Mangans, Molybdäns, Osmiums, Palladiums, Rhodiums, Rutheniums, Wolframs und einer Funkenlinie des Antimons sowie einer schwachen Scandiumlinie möglich. Starke Störungslinien sind die Rutheniumlinie 4592,5 Å und die Bogenlinie des Vanadins 4594,1 Å.

2. Bei der Linie $\lambda = 4555{,}3$ Å mit Linien von Barium, Beryllium, Blei, Platin, Ruthenium und Titan sowie mit schwachen Linien von Chrom, Kupfer und Eisen und einer sehr schwachen Linie des Molybdäns. Von den genannten Linien tritt diejenige des Bleis besonders im Abreißbogen, die des Kupfers im Funkenspektrum auf. Die Eisenlinie (4556,1 Å) verbreitert die Analysenlinie. Aluminium hat in diesem Spektralgebiet einen starken Untergrund. Bei geringer Dispersion des Spektrographen ist auch noch auf Störungen durch Linien von Eisen, Mangan, Molybdän, Nickel, Palladium, Rhodium, Vanadin und einer Funkenlinie des Siliciums sowie durch schwache Linien von Kobalt, Osmium und Wolfram zu achten. Als starke Störungslinien sind genannt: Die Linie des Bariums $\lambda = 4554{,}0$ Å, die zu den stärksten Bariumlinien gehört, die Rutheniumlinie $\lambda = 4554{,}5$ Å und die beiden Titanlinien $\lambda = 4555{,}5$ Å und $\lambda = 4552{,}5$ Å.

Nachweis in Lösungen. Die Flamme ist bei allen Alkalien als Anregungsmethode sehr geeignet. Neben dem Bunsenbrenner als einfachstem Gerät empfiehlt sich für höhere Ansprüche die Gebläseflamme, wie sie aus vielen Veröffentlichungen von LUNDEGÅRDH bekannt ist. Die Empfindlichkeit ist sehr hoch. WAIBEL arbeitet mit einem abgeänderten Zerstäuber, der wenig Lösung verbraucht (1 cm^3) und analysiert damit noch 10^{-5} mol Lösungen. BOSSUET bringt die Untersuchungslösung mit Hilfe eines Magnesiumpyrophosphatstäbchens in die Gebläseflamme und weist mit einem Spektrographen großer Öffnung und panchromatischen Platten noch 1 γ Caesium nach. Die Verwendung des Zerstäubers ist also nicht unbedingt notwendig.

LEONARD und WHELAN benutzen das Funkenspektrum zum Nachweis der Alkalien, wobei die Untersuchungslösung in röhrenförmige Elektroden aus Gold, Silber oder Platin gebracht wird. Sie können mit ihrer Methode Rubidium noch in 0,001%igen Lösungen nachweisen.

IWAMURA hat eine Methode zur qualitativen und quantitativen Erkennung des Caesiums in caesiumchloridhaltigen Lösungen angegeben, bei welcher er die Untersuchungslösung mit Kohle und Zuckersirup mischt und aus dem Brei Elektroden formt, die über dem Bunsenbrenner gelinde erhitzt werden, und dann abgefunkt werden können. Als Analysenlinie benutzt IWAMURA die Linie $\lambda = 4555{,}3$ Å. Die Methode eignet sich für Lösungen bis zu einer Konzentration von minimal $2 \cdot 10^{-4}\%$ Caesiumchlorid.

SCHLEICHER und LAURS beschreiben ein Verfahren zum Nachweis der Alkalien in Lösungen, bei welchem die Metalle zunächst auf elektrolytischem Wege an einer Quecksilberelektrode abgeschieden und die entstandenen Amalgame spektrographisch im Funken untersucht werden. Bei der Elektrolyse dient als Kathode ein Kupferdraht, auf dessen Spitze vorher etwa 500 γ Quecksilber elektrolytisch niedergeschlagen wurden, und als Anode ein kleiner Tiegeldeckel aus Silber oder Platin. Die Alkalien lagen in Lösung als Chloride oder Bromide vor. 0,1 cm^3 der Untersuchungslösung wurde bei einer Spannung von 4 bis 8 Volt elektrolysiert. Zur Bindung des bei der Elektrolyse freiwerdenden Halogens wurde Silber oder Hydrazinhydrat verwendet. Nach einer Dauer von 15 bis 30 Min. wurde die Elektrolyse ohne Auswaschen unterbrochen und das gebildete Amalgam unmittelbar abgefunkt mit einem Strom von 1 bis 1,5 Amp. und 70 Volt Spannung. Die Methode ist nicht besonders empfindlich. 10 γ Caesium können so nachgewiesen werden.

Nachweis in Pulvern und Salzen. Der empfindlichste Nachweis läßt sich in der Bogenentladung durchführen. Es ist zweckmäßig, nicht mit hoher Strombelastung zu arbeiten. Es gelingt aber natürlich auch ohne weiteres, das Caesium mit der Funken- oder Flammenanregung nachzuweisen, wie die folgenden Untersuchungen zeigen. Dabei sei darauf hingewiesen, daß die beschriebenen Methoden keinesfalls als notwendige Maßnahmen verstanden werden dürfen, da an sich keine Gründe dafür vorliegen, warum man mit den meist üblichen Anregungsmethoden nicht zum Ziele kommen sollte.

URBAIN und WADA bestimmten die Nachweisgrenzen der Alkalien im Bogenspektrum. Ein Aufschließen der Mineralien und Glührückstände mit kleinem Alkaligehalt und ein Überführen in Lösungen ist nicht erforderlich. Sie vermischen die Untersuchungssubstanz mit Zinkoxyd, damit sie gut schmilzt und gleichmäßig verdampft. Als Elektroden dienen Stäbe aus Elektrolytkupfer oder Zinkoxyd. Kohleelektroden sind nicht zu empfehlen, da Kohle schwer alkalifrei zu erhalten ist und im Spektrogramm zu Störungen Anlaß geben könnte. Der Bogen wird mit 2 bis 3 Amp. und 40 Volt betrieben. Die Grenze der Nachweisbarkeit ist für Caesium $8 \cdot 10^{-3}$ mg bei Benutzung der Linie $\lambda = 4555{,}3$ Å. Die Empfindlichkeit des Caesiumnachweises wird durch die Gegenwart anderer Alkalimetalle nicht beeinflußt.

TOLMATSCHEW weist Caesium in einigen natürlichen Aluminiumsilicaten spektralanalytisch mit Hilfe des Bogenspektrums nach. Bei Benutzung von Neocyanin als Sensibilisator sind die intensiven Linien des ersten Dubletts der Hauptserie empfindlicher als die Linien des zweiten Dubletts.

DUREUIL empfiehlt die Anwendung von Magnesiumelektroden zur Aufnahme von Bogen- oder Funkenspektren der Alkalien. Die Elektroden aus Magnesium haben den Vorteil, daß sie im sichtbaren Gebiet nur wenig eigene Linien zeigen. Zum Nachweis werden 3 mg Substanz benötigt. Bei Benutzung der Magnesiumelektroden ist zu beachten, daß der Bogen höchstens mit 110 Volt und 1 Amp. betrieben werden darf, da anderenfalls eine Entflammung der Elektroden erfolgt.

GAZZI, der die spektroskopische Erkennung der Elemente Caesium, Rubidium und Kalium nebeneinander und neben anderen Elementen — besonders in Trockenrückständen von Mineralwässern — untersucht hat, kommt zu dem Ergebnis, daß die Linien im ultraroten Gebiet, also die Caesiumlinie $\lambda = 8521{,}2$ Å, den Linien im sichtbaren Gebiet überlegen sind, da sie eine leichtere Unterscheidung der Elemente gestatten. GAZZI hat dabei die im Bogen, in der Flamme und im Funken erzeugten Spektren verwendet. Als Bezugsspektrum diente dasjenige des Neons und Argons.

KONISHI und TSUGE weisen Caesium im Bogenspektrum unter Verwendung von Kohle- oder Graphitelektroden nach. Der Lichtbogen wird mit 10 Amp. und 60 Volt betrieben. Auf die untere, positive Elektrode, die sie während des Brennens rotieren lassen, bringen sie die Untersuchungssubstanz. Sie kommen bei der Bestimmung des Caesiums bis zu minimal 10^{-1} mg.

RUSSANOW benutzt das für Lösungen übliche Verfahren (Acetylen-Luftbrenner und Zerstäuber) auch zum Nachweis des Caesiums in Mineralien und Salzen. Die erforderliche gleichmäßige und dauerhafte Verteilung der festen Untersuchungssubstanz in der Flamme wird durch eine besonders konstruierte Einblasevorrichtung gewährleistet. Die Untersuchungsprobe muß getrocknet und möglichst fein gepulvert werden und wird durch den Luftstrom des Brenners in die Flamme geblasen. Das Verfahren von RUSSANOW hat wegen der Verwendung des Flammenspektrums gegenüber dem Funken- und Bogenspektrum den Vorteil, daß keine störenden Linien der Elektroden auftreten können. Ein Nachteil des Einblaseverfahrens ist der verhältnismäßig sehr große Verbrauch an Substanz (0,1 g Substanz in 1,5 Min.). Bei dieser Methode beträgt die Empfindlichkeitsgrenze für den Nachweis des Caesiums in Mineralien $4 \cdot 10^{-3}$%. RUSSANOW hat sein Verfahren hauptsächlich zur Erkennung von Caesium, Rubidium und Lithium in Glimmern benutzt.

Nachweis in Metallen. Es empfiehlt sich die Analyse im Bogen oder Funken bei Anwendung hoher Selbstinduktion; das Untersuchungsmaterial wird als Elektroden benutzt.

Nachweis in organischem Material. Untersuchungen im Bogen, Funken oder Hochfrequenzfunken sind immer durchführbar.

Nachweisgrenzen der verschiedenen Methoden. Die Mitteilungen über Nachweisgrenzen sind sehr unterschiedlich und geben keine Möglichkeit, genaue Angaben über die Nachweisgrenzen der verschiedenen Methoden zu machen. BOSSUET kann 1 γ in der Flamme feststellen. WAIBEL findet entsprechend 10^{-5} mol Lösung als Grenzkonzentration. Im Funken können 10^{-3}%ige Lösungen analysiert werden (LEONARD und WHELAN). IWAMURA gibt $2 \cdot 10^{-4}$% für Caesiumchloridlösungen an. SCHLEICHER und LAURS erreichen trotz elektrolytischer Anreicherung nur 10 γ; URBAIN und WADA arbeiten im Bogen mit der gleichen Größenordnung von 8 γ, KONISHI und TSUGE geben sogar 10^{-1} mg als Grenze an. Es ist am Platze für das Caesium zu wiederholen, was an entsprechender Stelle für das Rubidium gesagt wurde: Als Anhaltspunkt kann gelten, daß in der Flamme und im Bogen 10^{-2} bis 10^{-1} γ noch erkennbar sein werden, im Funken vielleicht eine Größenordnung weniger. In den meisten Fällen wird nicht mit den roten Linien gearbeitet, so daß die Empfindlichkeitsgrenze wesentlich durch die Art der Registrierung und nicht durch die Art der Anregung bestimmt ist. Wenn man eine nicht zu energiereiche Entladung wählt, besteht gar kein Grund dafür, daß der Nachweis des Caesiums wesentlich unempfindlicher wäre als der des Natriums, wenn nur genügend empfindliche Platten zur Verfügung stehen.

Beeinflussung der Nachweisgrenzen. Über die Beeinflussung der Nachweisgrenzen liegt wenig Material vor. Beim Arbeiten in der Flamme muß darauf geachtet werden, daß nicht ein schwer verdampfbares Salz verwendet wird. Nach SCHULER ist die Empfindlichkeit bei Verwendung des Chlorids am günstigsten. Sie nimmt ab in der Reihenfolge: Bromid, Jodid, Nitrat, Sulfat, Caesium-Aluminiumalaun. KIRCHHOFF und BUNSEN berichten, daß sie bei 300- bis 400fachem Überschuß an NaCl oder KCl nur noch 3 γ Caesium nachweisen konnten. Es muß betont werden, daß diese Angaben nur für in diesem Fall zur Beobachtung benutzte Linien Gültigkeit haben. Aus ähnlich gelagerten Fällen kann z. B. geschlossen werden, daß die im Ultraroten gelegenen Linien wahrscheinlich nicht unempfindlicher werden, wenn

Natrium und Kalium im Überschuß in der Entladung vorhanden sind, sofern man dafür sorgt, daß die gleiche Gesamtmenge des nachzuweisenden Caesiumsalzes zur Verdampfung kommt.

2. Absorptionsspektrum.

Nachweis im Absorptionsspektrum von Alkannatinktur. FORMÁNEK weist Caesium mittels des Absorptionsspektrums der Caesium-Alkannaverbindung nach. Dieser Möglichkeit liegt folgende Beobachtung zugrunde: Eine verdünnte alkoholische Alkannatinktur zeigt bei genügend großer Verdünnung ein Absorptionsspektrum mit einem Hauptstreifen bei 5240 Å und drei Nebenstreifen bei 5640 Å, 5451 Å und 4885 Å. Auf Zugabe einiger Tropfen verdünnten Ammoniaks ändert sich die Farbe der Lösung von Gelbrot nach Blau und das Absorptionsspektrum hat jetzt einen Hauptstreifen bei 6428 Å und einen Nebenstreifen bei 5948 Å. Setzt man nun noch einige Tropfen einer Caesiumchloridlösung hinzu, so verschieben sich die Absorptionsstreifen etwas in Richtung nach kürzeren Wellenlängen (Hauptstreifen: 6410 Å; Nebenstreifen 5922 Å). Der Nachweis ist also in der Weise auszuführen, daß man zu der Alkannatinktur zunächst etwas Ammoniak und dann einige Tropfen der Untersuchungslösung hinzusetzt und die Lage der Absorptionsstreifen beobachtet. Bei Gegenwart von Caesium liegt der Hauptstreifen bei 6410 Å und der Nebenstreifen bei 5922 Å.

Bei der Verwendung der alkoholischen Lösung des Alkannins muß das Caesium als Chlorid vorliegen. Ammoniumsalze stören nicht. Rubidium-, Kalium- und Natriumsalze geben mit der Alkannatinktur ein ähnliches Absorptionsspektrum wie Caesium, nur sind die Absorptionsstreifen mit abnehmendem Atomgewicht des Alkalimetalls weiter nach kürzeren Wellenlängen verschoben.

§ 2. Nachweis auf nassem Wege.

A. Wichtige analytische Reaktionen.

Dieses Kapitel ist in 3 Unterabschnitte eingeteilt. Zunächst werden alle diejenigen Reaktionen besprochen, mit deren Hilfe Caesium auch in Gegenwart von Rubidium- und Kalium-Ionen nachgewiesen werden kann („spezifische Reaktionen"). Im 2. Unterabschnitt sind alle diejenigen Fällungsmittel zusammengestellt, bei deren Benutzung die Anwesenheit von Kalium-Ionen nicht stört, die aber außer Caesium auch Rubidium fällen. Im 3. Unterabschnitt werden schließlich solche analytisch wichtigen Reagenzien gebracht, die außer Caesium sowohl Rubidium als auch Kalium fällen. Zu dieser Einteilung ist noch zu bemerken, daß nicht jede der in Frage kommenden Reaktionen völlig eindeutig einem der 3 Unterabschnitte zugeordnet werden kann, daß es vielmehr bei einigen Reaktionen fraglich ist, in welchem Unterabschnitt sie zu behandeln sind. Dies gilt besonders für die „spezifischen Reaktionen". Da ihre Spezifität meist nur eine beschränkte ist, insofern als diese Caesiumfällungsmittel bei genügend großem Überschuß an Kalium- oder Rubidium-Ionen schließlich auch Kalium und Rubidium ausfällen.

a) Spezifische Reaktionen (Reaktionen, bei denen die Gegenwart von Kalium und Rubidium nicht stört).

1. Fällung als Caesium-Antimon(III)chlorid mit Antimon(III)chlorid. Beim Versetzen einer nicht zu verdünnten Lösung eines Caesiumsalzes mit einer Lösung von Antimon(III)chlorid in konzentrierter Salzsäure entsteht ein weißer Krystallniederschlag [GODEFFROY (a)]. Die Zusammensetzung dieses Niederschlages, die mehrfach eingehend untersucht wurde [GODEFFROY(a), REMSEN und SAUNDERS, MOSER und RITSCHEL], ist nicht einheitlich, das Verhältnis Caesiumchlorid zu Antimon(III)chlorid im Niederschlag wechselt je nach den Fällungsbedingungen. Nach MOSER und RITSCHEL entsteht in konzentrierten Caesiumsalzlösungen zunächst eine schwach lichtbraun gefärbte, pulvrige Fällung von der wahrscheinlichen Formel $SbCl_3 \cdot 6\,CsCl$, die sich allmählich unter der Einwirkung von weiterem Antimon(III)-chlorid in eine caesiumärmere, weiße, krystalline Form der Zusammensetzung $2\,SbCl_3 \cdot 3\,CsCl$ verwandelt. Diese letzteren Krystalle fallen in verdünnten Caesiumsalzlösungen sofort aus. Das Caesium-Antimondoppelsalz ist in Wasser und verdünnter Salzsäure infolge hydrolytischer Spaltung löslich. Auch in konzentrierter Salzsäure ist es beträchtlich löslich (Moser und Ritschel). Die entsprechenden Rubidium- und Kaliumverbindungen sind sehr viel löslicher, sie fallen daher nur in sehr konzentrierten Lösungen aus.

Ausführung. Strecker und Diaz empfehlen, das Caesiumsalz, das in diesem Fall als Chlorid vorliegen muß, in Eisessig zu lösen und mit einer Lösung von Antimon(III)-chlorid in Eisessig zu versetzen, da das Caesium-Antimondoppelsalz in antimon(III)-chloridhaltigem Eisessig völlig unlöslich sei. Rubidium und Kalium werden auch bei dieser Methode nur aus ganz konzentrierten Lösungen gefällt, allerdings wird Rubidium mit dem Caesium-Antimon(III)chlorid leicht mitgefällt. Das Mitfällen von Rubidium läßt sich durch Zugabe von Eisen(III)chlorid vermeiden, es entsteht dann ein Niederschlag, der Caesiumchlorid, Antimon(III)chlorid und Eisenchlorid enthält.

Als Reagenslösung verwenden Moser und Ritschel eine 20%ige Lösung von Antimon(III)chlorid in konzentrierter Salzsäure. Zu 5 cm³ Untersuchungslösung geben sie 2 cm³ Reagenslösung und beobachten die Niederschlagsbildung nach 10 Min. langem Stehen.

Noyes und Bray benutzen als Reagens eine 6 n-Lösung von Antimontrichlorid in 6 n-Salzsäure. Sie lösen die Untersuchungssubstanz in 3 cm³ 4 n-Salzsäure, geben 8 bis 12 Tropfen ihrer Reagenslösung hinzu und lassen das Reaktionsgemisch unter häufigem Umrühren 30 Min. stehen. Nach dieser Zeit hat sich bei Anwesenheit von Caesium eine Fällung gebildet. Über das Verhalten des Rubidiums bei dieser Ausführungsart der Reaktion machen sie folgende Angaben: 100 mg Rubidium (als Chlorid) geben selbst nach 2stündigem Stehen keinen Niederschlag und 1 mg Rubidium wird von 100 mg Caesium nicht mitgefällt.

Eine 0,2 bis 0,3%ige Caesiumchloridlösung gibt innerhalb 10 Min. noch einen deutlichen, krystallinen Niederschlag; **Grenzkonzentration:** 1:505; **Erfassungsgrenze:** 2 mg Caesium in 1 cm³ (Moser und Ritschel).

Über die Empfindlichkeit des Reagenses von Noyes und Bray liegen folgende Angaben vor: Eine Lösung von 5 mg Caesium in 3 cm³ 4 n-Salzsäure gibt mit dem Reagens innerhalb von 20 Min. eine deutliche Fällung (Grenzkonzentration: 1:600).

Störungen. Rubidium- und Kalium-Ionen stören nur, wenn sie in sehr großem Überschuß vorliegen. Sie werden erst in 15 bzw. 10%igen Lösungen ausgefällt. Nach Moser und Ritschel sind unter den von ihnen für die Fällung von Caesium angegebenen Bedingungen die Grenzkonzentrationen 154 mg Rubidium bzw. 98 mg Kalium in 1 cm³. Die übrigen Alkali- sowie Ammonium-Ionen stören nicht.

2. Fällung mit Zinn(IV)bromid. Caesiumchlorid gibt mit einer Lösung von Zinn(IV)bromid in Bromwasserstoffsäure eine gelblichweiße, krystalline Fällung von der Zusammensetzung $2\,CsCl \cdot SnBr_4$. Der Niederschlag ist in Salzsäure unlöslich, löst sich dagegen in verdünnter Schwefelsäure (Moser und Ritschel). Rubidiumchlorid gibt erst in sehr viel konzentrierteren Lösungen einen analogen Niederschlag und Kaliumchlorid wird selbst in gesättigter Lösung durch die Zinnbromwasserstoffsäure nicht gefällt.

Als Reagens empfehlen Moser und Ritschel eine Lösung von 20 g Zinn(IV)-bromid in 100 cm³ Bromwasserstoffsäure vom spezifischen Gewicht 1,38. Die auf Caesium zu prüfende Lösung, in der das Caesium als Chlorid vorliegen muß, wird mit dem gleichen Volumen Reagenslösung versetzt. Nach 10 Min. langem Stehen wird die Reagenslösung auf Bildung eines Niederschlags oder einer Trübung geprüft.

Nach MOSER und RITSCHEL geben 5 cm^3 einer $^1/_{300}$ n-Caesiumchloridlösung mit 5 cm^3 der Reagenslösung innerhalb von 10 Min. eine gerade noch sichtbare gelblichweiße Trübung. **Grenzkonzentration:** 1:4520; **Erfassungsgrenze:** 0,22 mg Caesium in 1 cm^3.

Störungen. Wie schon erwähnt, gibt selbst eine gesättigte Kaliumchloridlösung mit dem Reagens keine Spur einer Trübung. Rubidium-Ionen werden erst gefällt, wenn ihre Konzentration in der Untersuchungslösung größer ist als $^1/_6$ mol (Nachweisgrenze für Rubidium 7,2 mg in 1 cm^3, Grenzkonzentration: 1:140). Es stören Ammonium-Ionen, da sie mit dem Reagens gleichfalls einen Niederschlag geben.

3. Fällung als Caesiumsilicowolframat mit 1-Silico-12-Wolframsäure. Wie GODEFFROY (b) zuerst beobachtet hat, entsteht beim Versetzen einer Caesiumsalzlösung mit einer wäßrigen Lösung von 1-Silico-12-Wolframsäure,

$$H_8SiW_{12}O_{42} \cdot (H_2O)_x,$$

ein weißer, krystalliner Niederschlag von Caesiumsilicowolframat, $Cs_8SiW_{12}O_{42}$. Das Caesiumsilicowolframat ist in kaltem Wasser sehr schwer löslich, leichter löslich in siedendem Wasser. 1 Teil Salz löst sich bei 20° C in 20000 Teilen Wasser und bei 100° in 200 Teilen Wasser [GODEFFROY (b)]. In Alkohol ist das Salz nach GODEFFROY (b) praktisch unlöslich, desgleichen in salzsäurehaltigem Wasser, während es in alkalischem oder ammoniakalischem Medium infolge Zersetzung der Kieselwolframsäure in Lösung geht. Rubidiumsalze geben erst in sehr viel konzentrierteren Lösungen eine analoge Reaktion, da sich 1 Teil des Rubidiumsilicowolframats bei 20° C bereits in 150 Teilen Wasser löst [GODEFFROY (b)]. Nach FREUNDLER und MÉNAGER ist das Rubidiumsilicowolframat derart löslich, daß 0,4 g Rubidium in 100 cm^3 Lösung durch Silicowolframsäure nicht gefällt werden. Das silicowolframsaure Kalium und die Silicowolframate der übrigen Alkalien sind in Wasser sehr leicht löslich.

O'LEARY und PAPISH benutzen die Silicowolframsäure zur quantitativen Trennung des Caesiums vom Rubidium. Sie fanden, daß in 6 n-salzsaurer Lösung das Caesiumsilicowolframat quantitativ gefällt wird, daß dagegen Rubidium und Kalium vollständig in Lösung bleiben. So konnten sie z. B. 9,5 mg Caesiumchlorid in Gegenwart von 1 g Kaliumnitrat bzw. 34 mg Rubidiumchlorid in 6 n-salzsaurer Lösung quantitativ als Silicowolframat ausfällen. Sie lösen die Untersuchungssubstanz, in welcher das Caesium als Chlorid vorliegen soll, in 6 n-Salzsäure auf und geben in der Kälte eine Lösung von 0,5 bis 1 g Silicowolframsäure in wenigen Kubikzentimetern Wasser hinzu.

NOYES und BRAY benutzen als Reagens eine 1 n-Lösung der Silicowolframsäure, von der sie 1 cm^3 zu 4 cm^3 der neutralen bis schwach sauren Untersuchungslösung hinzusetzen, und lassen das Reaktionsgemisch einige Minuten bis ½ Std. in Eiswasser stehen.

Nach NOYES und BRAY gibt eine Lösung von 0,5 mg Caesium (als Nitrat) in 4 cm^3 mit 1 cm^3 1 n-Kieselwolframsäure bei Eiskühlung innerhalb von 5 Min. eine deutliche, weiße Fällung. **Grenzkonzentration:** 1:8000 und **Erfassungsgrenze:** 125 γ Caesium in 1 cm^3.

Störungen. Kalium-, Natrium, Lithium und die Erdalkalielemente stören nicht, da sie selbst in konzentrierten Lösungen mit dem Reagens keine Fällung geben. Rubidium-Ionen stören nur, wenn sie in großer Konzentration vorliegen. Nach NOYES und BRAY geben 8 mg Rubidium (als Nitrat) unter den oben für den Caesiumnachweis von ihnen angegebenen Bedingungen selbst nach 30 Min. langem Stehen in Eiswasser keine Spur eines Niederschlags. Bei Gegenwart von 10 mg Rubidium fällt dagegen nach 15 Min. Kühlung ein Niederschlag aus. Nach FREUNDLER und MÉNAGER soll sogar noch eine Lösung von 4 mg Rubidium in 1 cm^3 nicht gefällt werden. Die Anwesenheit von Salpetersäure soll die Fällung des Caesiums mit Silicowolframsäure verhindern (O'LEARY und PAPISH). Ammonium-Ionen stören, da sie mit Silicowolframsäure einen Niederschlag von $(NH_4)_4H_4SiW_{12}O_{42}$ geben (FREUNDLER und MÉNAGER).

4. Fällung mit Kaliumferricyanid und Bleiacetat. Versetzt man eine Caesiumsalzlösung mit einer konzentrierten essigsauren Bleiacetatlösung und einer kalt gesättigten Kaliumferricyanidlösung, so entsteht eine orangerote, krystalline Fällung von der Zusammensetzung $CsCOOCH_3 \cdot Pb_2[Fe(CN)_6]COOCH_3$. Im Mikroskop erkennt man, daß das Doppelsalz in Form viereckiger Blättchen auskrystallisiert (KUBLI). Der Niederschlag geht in Wasser — besonders in der Wärme — mit hellgrüngelber Farbe leicht in Lösung. Alle anderen Alkalimetalle geben mit Bleiacetat und Kaliumferricyanid keine analoge Fällung. Z. B. gab sowohl eine konzentrierte Rubidiumnitratlösung als auch eine gesättigte Kaliumnitratlösung mit den beiden Reagenzien selbst nach langem Stehen keine Spur einer Fällung (KUBLI).

Als Reagenslösungen dienen eine kalt gesättigte essigsaure Bleiacetatlösung und eine kalt gesättigte Lösung von Kaliumferricyanid. Beim Zusammengeben dieser beiden Lösungen entsteht keine Reaktion. Zu diesem Gemisch gibt man die Untersuchungslösung, in der das Caesium am besten als Nitrat vorliegt. Bei Anwesenheit von Caesium fällt dann der orangerote bis braunrote Niederschlag aus.

Eine 0,1 n-Caesiumnitratlösung gibt sofort eine deutliche Fällung. Die Empfindlichkeit ist indessen bedeutend größer, zumal wenn man die mikrochemische Arbeitsweise benutzt (vgl. § 3, A, 1).

Störungen. Alle Alkalimetalle, ferner Magnesium und die Erdalkalien stören nicht. Die Untersuchungslösung darf dagegen keine Sulfat- und Chlorid-Ionen enthalten, da sie mit den Blei-Ionen des Reagenses einen störenden Niederschlag bilden. Das gleiche gilt natürlich für alle übrigen bleifällenden Anionen und für alle Kationen, die mit Kaliumferricyanid eine Fällung geben.

Nach KUBLI führt man den Nachweis des Caesiums mit Bleiacetat und Kaliumferricyanid am besten als Mikroreaktion aus (vgl. § 3, A, 1).

5. Fällung als Caesium-Kobaltferricyanid mit Kobaltferricyanid. Caesium-Ionen geben in Gegenwart von Kobalt-Ionen mit Kaliumferricyanid einen blauschwarz-violetten, feinflockigen Niederschlag von Caesium-Kobaltferricyanid, $Cs_2Co_5[Fe(CN)_6]_4$. Bei Abwesenheit von Caesium entsteht eine blutrote Fällung des normalen Kobaltferricyanids $Co_3[Fe(CN)_6]_2$. Die Anwesenheit von Caesium kann man also an der starken Farbvertiefung des ausfallenden Niederschlags erkennen. Kalium-Ionen sind ohne jeden Einfluß auf die Farbe der Fällung. Das gleiche gilt auch für Natrium- und Lithiumsalze. Rubidiumsalze rufen nur dann eine gewisse ähnliche Farbvertiefung wie Caesium hervor, wenn sie in verhältnismäßig großer Menge vorliegen. Die Farbreaktion ist auf Caesium mehr als 20mal empfindlicher als auf Rubidium (KUBLI).

Ausführung. Die Untersuchungslösung wird auf ein kleines Volumen eingedampft und mit einer verdünnten Kobaltsalzlösung versetzt. Nach KUBLI eignet sich am besten eine 0,1 n-Kobaltsulfatlösung. Hierauf fügt man tropfenweise eine verdünnte Lösung von Kaliumferricyanid hinzu. Die Konzentration der letzteren paßt man den jeweils vorliegenden Caesiummengen an; KUBLI verwendet $^1/_{30}$ bis $^1/_{150}$ mol Kaliumferricyanidlösungen. Aus der Farbe des ausfallenden Niederschlags wird auf die An- oder Abwesenheit von Caesium geschlossen. Ist die Fällung blutrot, so ist Caesium abwesend; ist sie schwarzviolett, so ist Caesium nachgewiesen.

0,5 bis 1 mg Caesium bewirken noch eine deutlich sichtbare Farbverschiebung. **Grenzkonzentration:** 1:750 (KUBLI).

Störungen. Lithium-, Natrium-, Kalium-, Magnesium- und Erdalkali-Ionen stören nicht, da sie keinen Einfluß auf die Farbe des ausfallenden Niederschlags haben. Wie schon erwähnt, stören Rubidiumsalze, wenn sie in großem Überschuß vorliegen. Bei Gegenwart größerer Mengen Rubidium läßt sich Caesium nicht mit Bestimmtheit erkennen. Mengen von 20 bis 30 mg Rubidium rufen eine eben sichtbare Farbänderung des Niederschlags hervor. Ammoniumsalze geben eine analoge Reaktion wie Caesium, sie sind daher vor Ausführung des Caesiumnachweises durch Abrauchen zu entfernen. Schwermetalle dürfen in der Untersuchungslösung nicht zugegen sein.

6. Fällung als Caesium-Wismutjodid. Caesiumsalze geben mit Kalium-Wismutjodid in stark essigsaurer oder jodwasserstoffsaurer Lösung einen leuchtend roten, krystallinen Niederschlag von $Cs_3Bi_2J_9$ (WELLS und FOOTE, TANANAEFF). Das Caesium-Wismutjodid krystallisiert in flachen hexagonalen Plattenprismen. Es ist in starker Essigsäure unlöslich, löslich in Salzsäure und schwacher Essigsäure. Starke Salpetersäure und Schwefelsäure wirken zersetzend. Der Caesiumniederschlag ist in Wasser, Alkohol und Äther wenig löslich, zersetzt sich jedoch bei längerer Einwirkung. Rubidium-Ionen werden nach TANANAEFF durch Kalium-Wismutjodid überhaupt nicht gefällt. Dagegen haben KORENMAN und JAGNJATINSKAJA festgestellt, daß Rubidiumsalze, allerdings erst bei 50mal so großer Konzentration als Caesium, gleichfalls einen Niederschlag bilden. Auch FELDMANN findet, daß Rubidium mit Kalium-Wismutjodid eine Fällung liefert. Die Reaktion ist also nur bei nicht zu großem Rubidiumüberschuß sicher. Kaliumsalze werden nicht gefällt.

Die Reagenslösung bereitet TANANAEFF in der Weise, daß er zu 5 g gesättigter Kaliumjodidlösung 1 g Wismutoxyd zusetzt, unter Umschütteln zum Sieden erhitzt und dann 25 cm³ starke Essigsäure in kleinen Anteilen zufügt, wobei sich beim Erwärmen alles löst und eine hellorange Lösung entsteht. Ebenso eignet sich ein Reagens, das man durch Auflösen von Wismutoxyd in Jodwasserstoffsäure erhält. Beim Versetzen einer Caesiumsalzlösung mit der Reagenslösung bildet sich der leuchtendrote Niederschlag. Am besten führt man die Reaktion als Tüpfelreaktion aus (vgl. § 4, 3).

Grenzkonzentration: 1:1420 (TANANAEFF); 1:50000 (KORENMAN und JAGNJATINSKAJA).

Störungen. Von den Alkalien stört nur Rubidium, wenn es in großem Überschuß vorliegt. Thallium-Ionen geben mit Kalium-Wismutjodid eine zimtfarbene Fällung und müssen daher vor Ausführung des Caesiumnachweises entfernt werden.

Den Tüpfelnachweis des Caesiums als Caesium-Wismutjodid siehe § 4, 3.

7. Fällung als Caesium-Gold(III)-Platin(IV)bromid. Caesiumsalze geben mit einem Gemisch von Gold(III)bromid und Platin(IV)bromid einen tiefschwarzen Niederschlag von Caesium-Gold(III)-Platin(IV)bromid, $Cs_2Au_2PtBr_{12}$ (BURKSER und KUTSCHMENT). Kaliumsalze zeigen selbst bei großen Konzentrationen keine analoge Reaktion und beeinflussen den Nachweis des Caesiums in keiner Weise. Das gleiche gilt auch für Natrium-, Lithium- und Ammoniumsalze. Rubidiumsalze geben nur in ziemlich konzentrierten Lösungen mit dem Reagens eine ähnliche Fällung.

Die Reagenslösung ist so zu bereiten, daß sie auf 1 Mol Platinbromid 2 Mole Goldbromid enthält. Die Konzentration an metallischem Gold soll zwischen 1 und 10% liegen. Je verdünnter die Lösung ist, um so konzentrierter muß die Reagenslösung sein. Zum Nachweis des Caesiums in Gegenwart von Rubidium empfehlen BURKSER und KUTSCHMENT eine Reagenslösung mit einem Gehalt von 3% Gold und 1,5% Platin zu verwenden.

Die Reaktion führen BURKSER und KUTSCHMENT als Tüpfelreaktion aus (vgl. § 4, 1).

0,025%ige Caesiumsalzlösungen geben noch eine deutliche Reaktion; **Grenzkonzentration:** 1:4000 (BURKSER und KUTSCHMENT).

Störungen. Kalium-, Ammonium-, Natrium- und Lithiumsalze stören die Reaktion nicht. Rubidium gibt eine analoge Reaktion wie Caesium, wenn seine Konzentration größer als 2% ist. In einem Gemisch von Rubidium- und Caesiumchlorid konnten BURKSER und KUTSCHMENT das Caesium noch nachweisen, wenn die Menge an Caesiumchlorid mindestens 3% betrug. In derartigen Fällen stellt man sich am besten eine etwa 1%ige Lösung der Untersuchungssubstanz her.

8. Fällung mit Natriumnitrit und Praseodymnitrat. Caesiumsalze bilden mit Natriumnitrit und Nitraten einiger seltener Erden (Lanthan, Cer, Praseodym, Neodym, Samarium und Gadolinium) in Wasser sehr wenig lösliche, krystalline Niederschläge (SARKAR und GOSWAMI). Von diesen ist das Tripelnitrit des Praseodyms von der Zusammensetzung $Cs_2NaPr(NO_2)_6$, das in blaßgrün gefärbten Oktaedern krystallisiert, zum analytischen Nachweis des Caesiums besonders geeignet. Bei dieser Reaktion stören Rubidium und Kalium nicht (SARKAR und GOSWAMI).

Als Reagens dient eine Lösung von 3 g Praseodymnitrat und 10 g Natriumnitrit in 100 cm³ Wasser, die nach ihrer Herstellung zu filtrieren und in einer gut verschlossenen Flasche aufzubewahren ist.

Versetzt man diese Reagenslösung mit einer Caesiumsalzlösung, so entsteht innerhalb weniger Minuten der Niederschlag des Tripelnitrits. Es wird geraten, das Caesiumsalz in Form des Nitrats anzuwenden. SARKAR und GOSWAMI empfehlen, die Reaktion als Mikronachweis anzuwenden (vgl. § 3, A, 2).

Erfassungsgrenze: 0,04 γ Caesium (SARKAR und GOSWAMI).

Störungen. Nach SARKAR und GOSWAMI soll die Reaktion für Caesium spezifisch sein. Rubidium- und Kaliumsalze stören nicht.

b) Reaktionen, bei denen die Gegenwart von Rubidium stört, nicht aber die von Kalium.

1. Fällung als Caesium-Natrium-Wismutnitrit mit Natrium-Wismutnitrit. Caesiumsalze geben in schwach salpetersaurer Lösung beim Versetzen mit Natriumnitrit und Wismutnitrat einen schwerlöslichen, gelb gefärbten, krystallinen Niederschlag von der Zusammensetzung $Cs_9Na_6Bi_5(NO_2)_{30}$ (BALL). NOYES und BRAY formulieren das Caesium-Natrium-Wismutnitrit als $Cs_2NaBi(NO_2)_6$, entsprechend der Formel des ebenfalls schwerlöslichen Rubidiumtripelnitrits (vgl. „Rubidium" § 2, A, a, 1). In Gegenwart von Silber-Ionen bildet sich ein noch schwerer lösliches Tripelnitrit von der Formel $Cs_2AgBi(NO_2)_6$ (BALL und ABRAM). Rubidiumsalze werden unter denselben Bedingungen ebenfalls als Tripelnitrit gefällt, Kaliumsalze dagegen nicht.

Als Reagens verwendet man eine Natrium-Wismutnitritlösung, die man sich nach BALL am besten folgendermaßen bereitet: 50 g reines Natriumnitrit werden in 100 cm³ Wasser aufgelöst und nötigenfalls mit Salpetersäure neutralisiert. In dieser Lösung löst man 10 bis 20 g pulverisiertes Wismutnitrat auf. Man erhält so eine orangefarbene Lösung von Natrium-Wismutnitrit, die man filtriert und in einer gut verschlossenen Flasche aufbewahren muß, da sie Sauerstoff absorbiert und trübe wird, wenn sie längere Zeit der Einwirkung der Luft ausgesetzt wird.

Das Reagens wird durch einen Überschuß von Wasser hydrolysiert, wobei eine weiße Fällung entsteht. Es ist daher notwendig, die Untersuchungslösung zu einem verhältnismäßig großen Reagensüberschuß zuzusetzen und mit verdünnter Salpetersäure anzusäuern. BALL führt den Nachweis so aus, daß er zu 5 cm³ Reagenslösung 1 bis 2 Tropfen verdünnte Salpetersäure hinzusetzt und dann 1 cm³ Untersuchungslösung hinzufügt. Enthält die Untersuchungslösung mehr als 2% eines Caesiumsalzes, so entsteht sofort die gelbe Fällung des Tripelnitrites. Wenn die Untersuchungslösung verdünnter ist, fällt der Niederschlag erst nach einiger Zeit aus. In diesem Fall muß man das Reaktionsgemisch in einer verschlossenen Flasche aufbewahren, um eine Berührung mit Luft und eine durch Oxydation bedingte Trübung zu vermeiden. Sollte die Lösung jedoch trübe geworden sein, so kann die geringe Trübung durch Zugabe von 1 bis 2 Tropfen verdünnter Salpetersäure wieder zum Verschwinden gebracht werden.

NOYES und BRAY geben in ihrem systematischen Trennungsgang für die Alkalien eine etwas andere Arbeitsvorschrift für die Ausfällung des Caesium-Natrium-Wismutnitrits an. In ihrem Analysengang liegen Caesium, Rubidium und Kalium als Kobaltinitrite vor. Diese zersetzen sie durch Erhitzen unter Zusatz von viel Natriumnitrit in Kobaltoxyd und die normalen Alkalinitrite, entfernen das Kobaltoxyd, lösen das Gemisch der Alkalinitrite in 1 bis 2 cm^3 Wasser und neutralisieren mit Essigsäure. Die Wismutnitrite des Caesiums und Rubidiums werden jetzt ausgefällt durch Zugabe etwa eines Sechstels ihres Volumens an Wismutnitratlösung. Diese Reagenslösung von NOYES und BRAY ist eine gesättigte Lösung von Wismutnitrat in 6 n-Essigsäure. Nach Zugabe der Wismutnitratlösung wird das Reagensglas verschlossen und 15 bis 20 Min. unter Eiskühlung stehen gelassen. Entsteht eine gelbe krystalline Fällung, die sich auch beim Schütteln und beim Erwärmen auf Zimmertemperatur nicht wieder löst, so ist Caesium (oder Rubidium) zugegen. Zur Erzielung einer möglichst großen Empfindlichkeit soll das Reaktionsgemisch nur ein kleines Volumen einnehmen, hochkonzentriert an Natriumnitrit und mäßig konzentriert an Wismutnitrat sein und längere Zeit auf 0^0 gekühlt werden. Ferner soll die Lösung zur Vermeidung einer Hydrolyse des Wismutsalzes essigsauer sein.

Nach BALL gibt 1 cm^3 einer 0,02%igen Caesiumnitratlösung nicht sofort, aber nach einigen Stunden eine Fällung. **Erfassungsgrenze:** 0,2 mg Caesium in 1 cm^3; **Grenzkonzentration:** 1:5000. Bei der Ausführungsart der Reaktion von NOYES und BRAY geben 0,5 mg Caesium, gelöst in 1 cm^3 Wasser, innerhalb 5 Min. eine Fällung; **Grenzkonzentration:** 1:2000.

Störungen. Lithium-, Natrium-, Kalium-, Ammonium-, Thallium- und Erdalkalisalze geben mit dem Reagens keine Fällung und stören den Caesiumnachweis nicht (BALL, NOYES und BRAY). Nach NOYES und BRAY geben 500 mg Kalium, gelöst in 2 cm^3 Wasser, mit dem Reagens keine Fällung. Von den Alkalimetallen stört nur Rubidium, das ebenfalls ein schwerlösliches Tripelnitrit bildet (Grenzkonzentration für Rubidium nach BALL 1:690 bzw. nach NOYES und BRAY 1:2000). Von den Anionen stören Chlorid-Ionen, wenn ihre Konzentration größer als 1% ist, da dann Wismutoxychlorid ausgefällt wird. Nitrat-, Sulfat- und Acetat-Ionen können in jeder Konzentration vorliegen, ohne Störungen hervorzurufen.

Das eingangs erwähnte Caesium-Silber-Wismutnitrit, $Cs_2AgBi(NO_3)_6$, fällt aus, wenn man zu der Natrium-Wismutnitritlösung Silbernitrat zufügt und dann mit einer Caesiumsalzlösung versetzt, wobei das Silber im Überschuß gegenüber dem Caesium vorliegen muß. Caesium-Silber-Wismutnitrit bildet sehr kleine gelbe Krystalle, die noch schwerer löslich als das Caesium-Natrium-Wismutnitrit sind. Rubidium und Thallium bilden ebenfalls schwerlösliche Silber-Wismutnitrite (BALL und ABRAM).

2. Fällung als Caesiumsilicomolybdat mit 1-Silico-12-Molybdänsäure. Caesiumsalzlösungen geben beim Versetzen mit einer sauren Lösung von 1-Silico-12-Molybdänsäure, $H_4[Si(Mo_3O_{10})_4 \cdot (H_2O)_x]$, einen gelben krystallinen Niederschlag von Caesiumsilicomolybdat, $Cs_4SiMo_{12}O_{40} \cdot (H_2O)_x$. Diese Reaktion hat zuerst PARMENTIER zum Nachweis des Caesiums empfohlen. PARMENTIER hat auch bereits festgestellt, daß von den Alkalisalzen der Silicomolybdänsäure außer dem Caesiumsalz nur noch das Rubidiumsalz schwerlöslich ist und daß das Lithium-, Natrium- und insbesondere auch das Kaliumsilicomolybdat eine außerordentlich gute Löslichkeit besitzen. Neuere Untersuchungen über die Eignung der Silicomolybdänsäure zum analytischen Nachweis des Caesiums und zur Trennung des Caesiums vom Kalium liegen von MOSER und RITSCHEL sowie von G. JANDER und Mitarbeitern vor. MOSER und RITSCHEL geben die Löslichkeit des Caesiumsilicomolybdats bei 20^0 zu 0,4 g in 1 Liter Wasser an. Nach G. JANDER und BUSCH löst sich in 2,5 n-Salzsäure sogar noch bedeutend weniger Caesiumsilicomolybdat, nämlich nur 0,11 g in 1 Liter. Die Konzentration an Caesium in einer derartigen gesättigten Caesiumsilicomolybdatlösung beträgt also nur 2,5 mg/100 cm³.

Die Reagenslösung stellen MOSER und RITSCHEL folgendermaßen her: Eine Aufschlämmung von 20 g Molybdänsäure in Wasser setzen sie in kleinen Anteilen zu einer siedenden Lösung von Natriumsilicat, die dabei ausfallende Kieselsäure bringen sie durch Zugabe von Natronlauge wieder in Lösung. Dann versetzen sie mit so viel Salpetersäure, bis die Lösung stark gelb gefärbt ist, filtrieren und engen auf dem Wasserbad auf ein Volumen von 300 cm³ ein.

G. JANDER und BUSCH konnten nach der Vorschrift von MOSER und RITSCHEL die angewandte Molybdänsäure nicht vollständig in Lösung bringen und haben daher einen anderen Weg zur Herstellung der Reagenslösung gewählt, nach welchem zuverlässige und haltbare Lösungen hergestellt werden können. Sie geben zu einer Lösung von 60 g NaOH in 400 cm³ Wasser in der Siedehitze portionsweise 172 g reines Molybdäntrioxyd. Wenn alles MoO_3 gelöst ist, verdünnt man mit 500 cm³ kaltem Wasser und setzt unter dauerndem Rühren in Anteilen 350 cm³ Salpetersäure (250 cm³ konzentrierter HNO_3 vom spezifischen Gewicht 1,39 + 100 cm³ Wasser) hinzu. Unmittelbar anschließend gießt man unter dauerndem Rühren in dünnem Strahl eine vorher zu bereitende Natriumsilicatlösung hinein. Diese Natriumsilicatlösung ist eine Lösung von 28 g $Na_2SiO_3 \cdot 9\,H_2O$ in 125 cm³ 2 n-Natronlauge, die man zur Aufspaltung etwa vorhandener Polysilicate 15 Min. lang zum Sieden erhitzt. Die durch Vereinigung der Molybdat- und Silicatlösung entstehende saure Silicomolybdatlösung ist intensiv gelb gefärbt; sie wird auf dem Wasserbad auf ein Volumen von 700 bis 800 cm³ eingedampft und vor dem Gebrauch filtriert.

5 cm³ einer $^1/_{600}$ n-Caesiumchloridlösung geben nach MOSER und RITSCHEL mit 2 cm³ ihrer Reagenslösung innerhalb von 10 Min. einen deutlichen gelben Niederschlag. Nach längerem Stehen soll auch noch eine doppelt so verdünnte Caesiumsalzlösung eine Fällung geben. **Erfassungsgrenze:** 0,16 mg Caesium in 1 cm³; **Grenzkonzentration** bei Beobachtung nach 10 Min. 1:6325.

Störungen. Rubidium- und Thallium-Ionen stören, da sie gleichfalls schwerlösliche Silicomolybdate bilden. Das Rubidiumsilicomolybdat ist allerdings leichter löslich als das Caesiumsalz (Nachweisgrenze für Rubidium 5 mg in 1 cm³). Lithium-, Natrium- und Kaliumsalze stören nicht; selbst konzentrierte Kaliumchloridlösungen geben nach langer Zeit nur Spuren eines Niederschlages (G. JANDER und FABER). Das silicomolybdänsaure Ammonium ist etwas weniger löslich als das Kaliumsalz, so daß aus konzentrierten Ammoniumsalzlösungen ein Niederschlag ausgefällt wird (PARMENTIER).

Vgl. auch den Nachweis als Caesiumsilicomolybdat auf mikrochemischem Wege (§ 3, A, 8).

3. Fällung als Caesium-Zinnhexachlorid mit Zinn(IV)chlorid. Caesiumsalze bilden in stark salzsaurer Lösung mit Zinn(IV)chlorid eine weiße feinkrystalline Fällung von Caesium-Zinnhexachlorid, Cs_2SnCl_6 (ŠTOLBA). Dieses Doppelsalz ist in konzentrierter Salzsäure schwerlöslich; in Wasser löst es sich infolge hydrolytischer Zersetzung. Durch Zugabe von Alkohol zur salzsauren Lösung wird die Löslichkeit noch weiter herabgesetzt (STRECKER und DIAZ). Die Angabe von ŠTOLBA, daß das entsprechende Rubidiumsalz in Salzsäure leicht löslich ist, erwies sich als unrichtig. Rubidiumsalze werden vielmehr in etwas konzentrierteren Lösungen als die Caesiumsalze durch eine salzsaure Zinn(IV)chloridlösung gleichfalls ausgefällt (MOSER und RITSCHEL). Kalium-Ionen bilden keine analoge schwerlösliche Verbindung. Es ist dabei aber zu beachten, daß Kaliumchlorid selbst in konzentrierter Salzsäure verhältnismäßig wenig löslich ist.

Als geeignetste Reagenslösung empfehlen MOSER und RITSCHEL eine 50%ige Lösung von Zinn(IV)chlorid in konzentrierter Salzsäure. Auf 5 cm^3 Untersuchungslösung geben sie etwa 2 cm^3 Reagenslösung.

STRECKER und DIAZ führen die Fällung in einem Gemisch aus 1 Teil konzentrierter Salzsäure und 2 Teilen Alkohol aus. Die Untersuchungssubstanz löst man in möglichst wenig Wasser, gibt das Alkohol-Salzsäuregemisch hinzu und versetzt dann mit einer Lösung von Zinn(IV)chlorid in der gleichen Mischung von Alkohol und Salzsäure.

MOSER und RITSCHEL geben an, daß 5 cm^3 einer $^1/_{260}$ n-Caesiumchloridlösung mit 2 cm^3 ihrer Reagenslösung innerhalb von 10 Min. eine gerade noch erkennbare Fällung liefern. **Erfassungsgrenze:** 0,36 mg Caesium in 1 cm^3; **Grenzkonzentration:** 1:2740. Bei der Ausführungsart nach STRECKER und DIAZ ist die Fällung quantitativ.

Störungen. Daß Rubidium dieselbe Reaktion gibt, wurde bereits erwähnt. Bei der Methode von STRECKER und DIAZ wird auch Rubidium quantitativ gefällt. MOSER und RITSCHEL geben für ihre Ausführungsart der Reaktion als Nachweisgrenze für Rubidium 2,8 mg in 1 cm^3 und als Grenzkonzentration 1:363 an. Ammonium-Ionen stören ebenfalls. Bei der Ausführungsart von MOSER und RITSCHEL stören auch Kalium-Ionen insofern, als Kaliumchlorid wegen seiner geringen Löslichkeit in konzentrierter Salzsäure zusammen mit dem Caesium-Zinnhexachlorid ausfällt. Dagegen stört die Gegenwart von Kalium bei der Methode von STRECKER und DIAZ nicht; bei der Zugabe des Alkohol-Salzsäuregemisches zur Untersuchungssubstanz scheidet sich das eventuell vorhandene Kaliumchlorid (und ebenso NaCl) bereits aus und kann abgetrennt werden, bevor die eigentliche Reagenslösung zugesetzt wird.

4. Fällung als Caesium-Luteophosphormolybdat mit 1-Phosphor-9-Molybdänsäure. Caesium-Ionen geben in salpetersaurer Lösung mit 1-Phosphor-9-Molybdänsäure (= Luteophosphormolybdänsäure), $H_3PO_4 \cdot 9\,MoO_3 \cdot (H_2O)_x$, einen gelben krystallinen Niederschlag von Caesium-Luteophosphormolybdat (O'LEARY und PAPISH). Die Zusammensetzung dieses schwerlöslichen Salzes ist ungefähr $Cs_2HPO_4 \cdot 9MoO_3 \cdot (H_2O)_6$, sein Caesiumgehalt ist etwas von den Fällungsbedingungen abhängig. Rubidium-Ionen geben einen entsprechenden Niederschlag, während das Kalium-Luteophosphormolybdat nur in sehr konzentrierten Lösungen ausfällt.

Darstellung des Reagenses. Die käufliche 1-Phosphor-12-Molybdänsäure wird unter beständigem Umrühren (zur Vermeidung lokaler Überhitzung) so lange auf 300 bis 350° erhitzt, bis keine orangefarbenen Teile mehr sichtbar sind und die gesamte Krystallmasse eine grüne Farbe angenommen hat. Nach dem Erkalten wird die Säure mit Wasser extrahiert und die grüne Lösung mit wenig Bromwasser oxydiert. Aus der langsam eingedampften Lösung scheiden sich dann die kurzen gelben Prismen der Luteophosphormolybdänsäure aus. Bei dieser Darstellungsmethode wird gegenüber anderen Verfahren ein Überschuß an Phosphorsäure vermieden, was von Bedeutung ist, da die Anwesenheit freier Phosphorsäure im Reagens die Fällung des Caesium-Luteophosphormolybdats verzögert.

Ausführung des Nachweises. Die Untersuchungssubstanz wird in Salpetersäure (1:3) gelöst, zum Sieden erhitzt und mit der Luteophosphormolybdänsäure versetzt.

Nach der angegebenen Methode wird Caesium quantitativ gefällt. Nach der Ausfällung des Caesium-Luteophosphormolybdats soll sich im Filtrat auf spektroskopischem Wege kein Caesium mehr nachweisen lassen (O'LEARY und PAPISH).

Störungen. Rubidium-Ionen stören, da sie durch Luteophosphormolybdänsäure gleichfalls quantitativ gefällt werden. Kalium-Ionen stören den Caesiumnachweis nicht, vorausgesetzt, daß ihre Konzentration nicht höher ist als 10 g im Liter. O'LEARY und PAPISH konnten z. B. noch 7,5 mg Caesium neben 1 g Kaliumnitrat quantitativ bestimmen.

5. Fällung als Caesium-Magnesiumferrocyanid mit Magnesiumferrocyanid. Caesium-Ionen geben beim Versetzen mit Magnesium- und Ferrocyanid-Ionen einen weißen Niederschlag von Caesium-Magnesiumferrocyanid. GASPAR Y ARNAL (a) formuliert die Fällung als $Cs_2Mg[Fe(CN)_6]$, das Doppelferrocyanid ist aber nach MURMANN nicht ganz einheitlich zusammengesetzt. Die Empfindlichkeit der Reaktion wird durch Zugabe von Alkohol erhöht. Während Rubidium mit Magnesiumferrocyanid ebenfalls einen Niederschlag gibt, der allerdings etwas löslicher ist als das Caesiumsalz, wird Kalium überhaupt nicht gefällt.

Magnesiumferrocyanid wird aus Bariumferrocyanid in geringem Überschuß und Magnesiumsulfat mit nachträglicher Entfernung des Bariumferrocyanidüberschusses durch Zugabe von Alkohol in Lösung erhalten [GASPAR Y ARNAL (a)].

Nach MURMANN geben noch 0,34 mg Caesium in 5 cm^3 eine deutliche Fällung; **Grenzkonzentration:** 1:15000.

Störungen. Lithium-, Natrium- und Kalium-Ionen geben keine Fällungen mit dem Reagens. Es stört aber, wie schon erwähnt, Rubidium, das als Rubidium-Magnesiumferrocyanid ausgefällt wird (Grenzkonzentration für Rubidium 1:3400). Ferner stören Thallium- und Ammonium-Ionen, letztere allerdings nur beim Fällen in der Hitze.

c) *Reaktionen, bei denen Kalium- und Rubidium-Ionen stören.*

1. Fällung als Caesium-Natrium-Kobaltinitrit bzw. Caesium-Silber-Kobaltinitrit. Caesiumsalze geben — ebenso wie die des Kaliums und Rubidiums — beim Versetzen mit Natriumkobaltinitrit in neutraler bis schwach saurer Lösung einen gelben krystallinen Niederschlag. Das Natrium-Kobaltinitritreagens, das DE KONINCK zum Kaliumnachweis eingeführt hat, ist zuerst von ROSENBLADT auch zum Nachweis des Caesiums empfohlen worden. ROSENBLADT fand, daß das Caesium-Kobaltinitrit, dem er die Formel $Cs_3Co(NO_2)_6$ zuschreibt, schwerer löslich ist als die analoge Kaliumverbindung: 1 Teil des Caesiumsalzes löst sich bei 17° in 20100 Teilen Wasser. Die Zusammensetzung des Niederschlags entspricht übrigens nicht der genannten Formel, die Fällung ist uneinheitlich und enthält außer $Cs_3Co(NO_2)_6$ die Caesium-Natriumkobaltinitrite $Cs_2NaCo(NO_2)_6$ und $CsNa_2Co(NO_2)_6$. Wie der Kalium- und Rubidiumnachweis mit Natrium-Kobaltinitrit läßt sich auch der des Caesiums durch Zugabe von Silbernitrat noch wesentlich empfindlicher gestalten (BURGESS und KAMM). Bei Gegenwart von Silber-Ionen fallen Caesium-Silber-Kobaltinitrite $CsAg_2Co(NO_2)_6$ und $Cs_2AgCo(NO_2)_6$ aus, die ungleich schwerer löslich sind als die entsprechenden Natriumverbindungen. Caesiumsalzlösungen, die so verdünnt sind, daß das Natrium-Kobaltinitritreagens selbst keine Fällung erzeugt, geben bei Anwesenheit von $^1/_{100}$ n-Silbernitrat sofort eine gelbe Fällung.

a) **Fällung mit Natrium-Kobaltinitrit. Herstellung der Reagenslösung und Ausführung.** MONTEMARTINI und MATUCCI lösen 10 g Kobaltcarbonat in möglichst wenig Essigsäure, vertreiben die Kohlensäure durch Erhitzen und verdünnen mit Wasser auf 1 Liter. Eine zweite Lösung enthält 130 g Natriumnitrit in 1 Liter. Eine Mischung gleicher Volumina dieser beiden Lösungen wird zur Fällung benutzt. MOSER und RITSCHEL empfehlen, die Reagenslösung folgendermaßen zu bereiten: Eine Lösung von 30 g Kobaltnitrat in 60 cm^3 Wasser wird filtriert und mit 100 cm^3 einer 60%igen $NaNO_2$-Lösung und 3 cm^3 Eisessig versetzt. Nach 24 Std. wird die Natrium-Kobaltinitritlösung filtriert; vor dem Gebrauch wird noch 1 cm^3 Eisessig auf 20 cm^3 Reagens zugesetzt.

Da die Reagenslösung nicht längere Zeit haltbar ist, empfiehlt es sich, das Reagens vor seiner Verwendung stets frisch herzustellen, und zwar am einfachsten durch Auflösen von festem, reinem Natrium-Kobaltinitrit (etwa 500 mg in 3 cm^3 kalten Wassers). Die Darstellung des reinen Natrium-Kobaltinitrits ist von BILLMANN beschrieben und im Kaliumkapitel ausführlich wiedergegeben (Kalium, § 2, A, 2 a, Anmerkung).

Die auf Caesium zu prüfende Lösung, die neutral oder schwach essigsauer sein soll, wird mit der Reagenslösung versetzt; MOSER und RITSCHEL verwenden 2 cm^3 ihrer Reagenslösung auf 5 cm^3 Untersuchungslösung. Bei Anwesenheit von Caesium setzt sich der gelbe Niederschlag in wenigen Minuten zu Boden.

Nach MOSER und RITSCHEL geben 5 cm^3 einer $^1/_{2400}$ n-Caesiumchloridlösung nach 10 Min. einen gerade noch sichtbaren Niederschlag. **Erfassungsgrenze:** 40 γ Caesium in 1 cm^3; **Grenzkonzentration:** 1:25300.

Störungen. Kalium-, Rubidium-, Thallium- und Ammonium-Ionen geben die gleiche Reaktion. Die Löslichkeit des Rubidium- und Thallium-Natrium-Kobaltinitrits ist von derselben Größenordnung wie diejenige der Caesiumverbindung, während das Kalium- und Ammoniumtripelnitrit etwas leichter löslich sind. Lithium- und Natriumsalze stören nicht. Freie Mineralsäuren, Phosphorsäure und Alkalien dürfen in der Untersuchungslösung nicht vorhanden sein.

β) **Fällung mit Natrium-Kobaltinitrit und Silbernitrat.** Zu der neutralen oder schwach sauren Untersuchungslösung setzt man 1 Tropfen einer 25%igen, wäßrigen Lösung von reinem Natrium-Kobaltinitrit und dann so viel Silbernitratlösung, daß das Reaktionsgemisch in bezug auf $AgNO_3$ etwa $^1/_{100}$ normal ist. Nach BURGESS und KAMM gibt eine Caesiumsalzlösung, die 1 Teil Caesium in 1 Million Teilen Wasser enthält, noch sofort eine Fällung. Die **Grenzkonzentration** liegt also unter 1:1000000.

Störungen. Kalium, Rubidium, Thallium und Ammonium stören, da sie analoge schwerlösliche Silber-Kobaltinitrite bilden. Die Empfindlichkeit der Reaktion in bezug auf Kalium, Rubidium und Thallium ist etwa die gleiche wie diejenige für Caesium (1:1000000). Das Ammonium-Silber-Kobaltinitrit ist nur wenig löslicher (Grenzkonzentration 1:200000). Lithium- und Natrium-Ionen stören nicht. Gegenwart von viel Natriumnitrit verhindert das Ausfallen von Caesium-Silber-Kobaltinitrit, da die Silber-Ionen-Konzentration infolge Bildung des komplexen Ions $Ag(NO_2)_x$ (Formulierung in der Originalarbeit!) zu stark herabgesetzt wird. Anionen, die schwerlösliche Silbersalze bilden, sind aus der Untersuchungslösung zu entfernen.

Diese Reaktion in der Ausführung von BURGESS und KAMM ist der empfindlichste Caesiumnachweis auf nassem Wege.

2. Fällung als Caesium-1-Phosphor-12-Molybdat mit 1-Phosphor-12-Molybdänsäure. Caesium-Ionen geben in salpetersaurer Lösung mit einer Lösung von 1-Phosphor-12-Molybdänsäure eine gelbe Fällung von Caesium-1-Phosphor-12-Molybdat. Der Niederschlag ist analog dem bekannten Ammoniumphosphormolybdat zusammengesetzt und besitzt die Formel $Cs_3PMo_{12}O_{40} \cdot (H_2O)_x$. ILLINGWORTH und SANTOS verwenden als Reagens eine konzentrierte Lösung der 1-Phosphor-12-Molybdänsäure, während GASPAR Y ARNAL (b) das Reagens (sogenannte „Nitrophosphormolybdänsäure") durch Vermischen wäßriger Lösungen von Dinatriumphosphat, Natriummolybdat und Salpetersäure hergestellt. Wesentlich ist, daß die Reaktionslösung sauer reagiert, da die Phosphormolybdänsäure in alkalischer Lösung in ihre Bestandteile zerfällt. Aus diesem Grunde ist auch das Caesiumphosphormolybdat in Ammoniak und Alkalien löslich. In verdünnter Salpetersäure ist das Salz praktisch unlöslich.

Empfindlichkeit. ILLINGWORTH und SANTOS konnten Caesium in einer Lösung, die 1 Teil Caesium in 500000 Teilen Wasser enthielt, mit Phosphormolybdänsäure noch nachweisen. Bei derartig verdünnten Lösungen dauert es einige Minuten, bis die Fällung zu erkennen ist. Nach GASPAR Y ARNAL (b) soll der Niederschlag schneller in der Wärme entstehen.

Störungen. Kalium-, Ammonium-, Rubidium-, Thallium-, Silber- und Quecksilbersalze werden ebenso wie Caesium durch 1-Phosphor-12-Molybdänsäure gefällt.

Für Kalium ist die Grenzkonzentration 1:10000. Die phosphormolybdänsauren Salze des Lithiums, Natriums und der 2- und 3wertigen Elemente sind alle leicht löslich (ILLINGWORTH und SANTOS).

3. Fällung als Caesiumphosphorwolframat mit Phosphorwolframsäure. Caesiumsalze geben mit Phosphorwolframsäure eine weiße voluminöse Fällung von Caesiumphosphorwolframat [MOSER und RITSCHEL, GASPAR Y ARNAL (b)]. MOSER und RITSCHEL verwenden als Reagens reinste käufliche Phosphorwolframsäure, der sie die Zusammensetzung $P_2O_5 \cdot 20\,WO_3 \cdot 11\,H_2O + 16\,H_2O$ zuschreiben. Es dürfte sich aber bei dieser Säure im wesentlichen um die 1-Phosphor-12-Wolframsäure, $H_3[PO_4 \cdot (WO_3)_{12} \cdot (H_2O)_x]$, die durch 2-Phosphor-18-Wolframsäure verunreinigt war, gehandelt haben. Das ausgefällte Caesiumsalz besitzt nach MOSER und RITSCHEL eine in gewissen Grenzen wechselnde Zusammensetzung; es wird daher keine Formel angegeben. Beim Arbeiten mit reiner 1-Phosphor-12-Wolframsäure sollte man aber in Analogie zu dem entsprechenden, ebenfalls schwerlöslichen Kaliumsalz einen Niederschlag der Formel $Cs_3[PO_4 \cdot (WO_3)_{12} \cdot (H_2O)_x]$ erwarten. Das von MOSER und RITSCHEL erhaltene Caesiumphosphorwolframat hatte eine Löslichkeit von 40 mg im Liter. Das entsprechende Kaliumsalz war etwa 3mal löslicher. Das phosphorwolframsaure Caesium ist in Salpetersäure unlöslich, geht aber in Ammoniak infolge Aufspaltung der Heteropolysäure in Lösung.

Als Reagenslösung empfehlen MOSER und RITSCHEL eine 10%ige wäßrige Lösung der Phosphorwolframsäure, von der sie 2 cm³ zu 5 cm³ Untersuchungslösung zusetzen. GASPAR Y ARNAL (b) benutzt eine 5%ige wäßrige Natriumphosphorwolframatlösung. In sehr verdünnten Lösungen entsteht der weiße Niederschlag oder die Trübung infolge Übersättigungserscheinung erst nach längerem Stehen.

Bei Ausführung der Reaktion ist zu beachten, daß die Phosphorwolframsäure nur in saurer Lösung beständig ist und in alkalischer Lösung in ihre Bestandteile zerfällt. Man sollte daher die Untersuchungslösung vor Ausführung der Reaktion mit Salpetersäure schwach ansäuern.

Nach MOSER und RITSCHEL geben 5 cm³ einer $^1/_{19000}$ n-Caesiumchloridlösung mit 2 cm³ 10%iger Phosphorwolframsäurelösung nach 10 Min. eine gerade noch sichtbare weiße Trübung. **Erfassungsgrenze:** 5 γ Caesium in 1 cm³; **Grenzkonzentration:** 1:202000.

Störungen. Ammonium-, Kalium-, Rubidium- und Thallium-Ionen geben eine analoge Reaktion, während Natrium- und Lithium-Ionen nicht stören, da ihre Phosphorwolframate nur aus gesättigten Lösungen ausfallen. Von den Alkaliphosphorwolframaten ist das des Caesiums am wenigsten löslich (Grenzkonzentration für Rubidium 1:29500; für Kalium 1:2800). Erdalkalisalze stören den Caesiumnachweis nicht.

4. Fällung als Caesium-Calciumferrocyanid mit Calciumferrocyanid. Caesium-Ionen geben beim Versetzen mit Calcium- und Ferrocyanid-Ionen eine weiße Fällung von Caesium-Calciumferrocyanid. GASPAR Y ARNAL (a) formuliert den Niederschlag als $Cs_2Ca[Fe(CN)_6]$, das Doppelferrocyanid ist aber nach MURMANN nicht ganz einheitlich zusammengesetzt. Die Empfindlichkeit der Reaktion läßt sich durch Zugabe von Alkohol erhöhen. Als Reagens verwenden DE RADA und GASPAR Y ARNAL eine wäßrig-alkoholische Lösung von Calciumferrocyanid, die sie durch Auflösen von 7 g Natriumferrocyanid und 3 g Calciumchlorid in einem Gemisch aus 95 cm³ Wasser und 80 cm³ Äthylalkohol herstellen.

Erfassungsgrenze: Nach MURMANN kann man noch 34 γ Caesium in 5 cm³ deutlich nachweisen; also **Grenzkonzentration:** 1:150000.

Störungen. Bei Verwendung des wäßrig-alkoholischen Reagenses stören Kalium-, Ammonium-, Rubidium- und Thallium-Ionen, da sie mit dem Reagens ebenfalls schwerlösliche Doppelferrocyanide bilden. Lithium und Natrium stören nicht.

Eine Störung durch Kalium- und Ammonium-Ionen tritt nicht ein, wenn man Magnesiumferrocyanid an Stelle von Calciumferrocyanid verwendet, wodurch allerdings die Empfindlichkeit auf den 10. Teil absinkt (vgl. § 2, A, b, 5).

5. Fällung als Caesiumpikrat. Pikrinsäure oder Natriumpikrat fällen aus Caesiumsalzlösungen einen gelben krystallinen Niederschlag von Caesiumpikrat. $C_6H_2(NO_2)_3 \cdot OCs$ (Reichard, Moser und Ritschel). Die Untersuchungslösung muß neutral oder alkalisch sein, da in saurer Lösung die Krystalle der Pikrinsäure selbst ausfallen. Die Löslichkeit des Caesiumpikrats in Wasser ist von Moser und Ritschel bei 20° zu 3,08 g in 1 Liter bestimmt worden. Sie ist etwas geringer als diejenige des Kalium- und Rubidiumpikrats (5,06 bzw. 3,80 g in 1 Liter H_2O). Wegen der größeren Löslichkeit des Natriumpikrats gegenüber der Pikrinsäure verwendet man als Reagenslösung zweckmäßig eine Natriumpikratlösung. Reichard benutzt eine 10%ige, Moser und Ritschel eine 5%ige wäßrige Lösung von Natriumpikrat.

Nach Reichard wird eine Caesiumsalzlösung, die 1 Teil Caesium in 400 Teilen Wasser enthält, durch die 10%ige Natriumpikratlösung innerhalb von 2 Min. gefällt. Bei einer doppelt so verdünnten Lösung ist der Niederschlag erst nach mehreren Stunden zu erkennen. Obwohl Moser und Ritschel mit einer verdünnteren Reagenslösung arbeiten, finden sie eine höhere Empfindlichkeit: 5 cm^3 einer $^1/_{150}$ n-Caesiumchloridlösung gaben mit 2 cm^3 5%iger Natriumpikratlösung nach 5 Min. einen noch sichtbaren Niederschlag. Moser und Ritschel weisen auf das Vorkommen von Übersättigungserscheinungen hin, was die verschiedenen Empfindlichkeitsangaben verständlich macht. **Erfassungsgrenze:** 640 γ Caesium in 1 cm^3; **Grenzkonzentration:** 1:1580.

Störungen. Natrium- und Lithiumsalze stören nicht. Eine entsprechende Reaktion wie Caesium geben Kalium-, Ammonium-, Rubidium- und Thallium-Ionen mit Natriumpikrat.

Ein empfindlicheres Reagens als die wäßrige Natriumpikratlösung stellt nach Caley eine gesättigte Lösung von Pikrinsäure in 96%igem Alkohol dar, von der er einen großen Überschuß zur Untersuchungslösung zusetzt. Voraussetzung ist bei der Anwendung des alkoholischen Reagenses, daß die Untersuchungslösung nur alkohollösliche Salze enthält. In diesem Fall stören auch Natrium-Ionen. Lithium- und Magnesiumsalze stören nicht.

6. Fällung als Caesium-Hexachloroplatinat mit Platinchlorwasserstoffsäure. Platinchlorwasserstoffsäure fällt aus sauren bis neutralen Caesiumsalzlösungen einen gelben krystallinen Niederschlag von Caesium-Hexachloroplatinat, Cs_2PtCl_6. Alkalische Caesiumsalzlösungen sind vorher mit Salzsäure anzusäuern. Die Löslichkeit des Caesium-Hexachloroplatinats in Wasser sowie diejenige der anderen schwerlöslichen Alkalichloroplatinate ist von Bunsen und neuerdings von Archibald und Hallett untersucht worden. Archibald und Hallett, deren Messungen als die offensichtlich richtigeren hier auszugsweise wiedergegeben seien, geben an, daß sich in 1 Liter Wasser 47 mg Caesium-Hexachloroplatinat bei 0° bzw. 86 mg bei 20° und 915 mg bei 100° lösen. Die Zahlen von Bunsen liegen wesentlich höher. Von den Chloroplatinaten des Kaliums, Rubidiums und Caesiums ist das Caesiumsalz am wenigsten löslich. In Alkohol ist die Löslichkeit des Caesium-Hexachloroplatinats wesentlich geringer als in Wasser.

Genaue Angaben über die Empfindlichkeit des Caesiumnachweises liegen in der Literatur nicht vor. Die Empfindlichkeit der Reaktion ist aber, besonders beim Arbeiten in alkoholisch-wäßriger Lösung, sehr gut, da es sich ja um eine Standardmethode der quantitativen Bestimmung handelt.

Störungen. Kalium-, Ammonium-, Rubidium- und Thalliumsalze geben analoge

Fällungen mit Platinchlorwasserstoffsäure. Das Thallo-Hexachloroplatinat ist das schwerstlösliche der Gruppe.

Vgl. auch den mikrochemischen Nachweis mit Platinchlorwasserstoffsäure, § 3, A, 7.

7. Fällung als Caesiumperchlorat mit Perchlorsäure. Caesium-Ionen geben in saurer, neutraler oder alkalischer Lösung mit Perchlorsäure einen weißen krystallinen Niederschlag von Caesiumperchlorat, $CsClO_4$. Das Caesiumperchlorat hat etwa die gleiche Löslichkeit wie das entsprechende Kaliumsalz, während das Rubidiumperchlorat schwerer löslich ist. In 1 Liter Wasser lösen sich 15,7 g $CsClO_4$ bei 20° bzw. 286 g $CsClO_4$ bei 100° (MOSER und RITSCHEL, CALZOLARI). Es empfiehlt sich daher, bei möglichst niedriger Temperatur und mit möglichst konzentrierten Lösungen zu arbeiten und zur Vermeidung von Übersättigungserscheinungen mit einem Glasstab zu reiben. Durch Zugabe von Alkohol wird die Löslichkeit des Caesiumperchlorats herabgesetzt. Nach FLATT lösen sich bei 25° in 1 Liter 50%igem wäßrigen Alkohol 8,7 g bzw. in 75%igem Alkohol 3,6 g $CsClO_4$.

Als Reagenslösung verwenden MOSER und RITSCHEL eine 1 n-Perchlorsäure. Eine Lösung von Natriumperchlorat ist als Reagens weniger geeignet, da die Empfindlichkeit geringer ist als bei Verwendung von Perchlorsäure (MOSER und RITSCHEL). NOYES und BRAY fällen mit 9 n-Perchlorsäure unter Zusatz eines Überschusses von Alkohol. Sie versetzen zunächst die Untersuchungssubstanz mit einigen Kubikzentimetern der 9 n-Perchlorsäure und erhitzen bis zur Entwicklung von Perchlorsäuredämpfen; nach dem Abkühlen fügen sie die 4fache Menge 99%igen Äthylalkohols hinzu und lassen das Reaktionsgemisch unter Kühlung und Schütteln 15 Min. stehen.

5 cm³ einer $^1/_{24}$ n-Caesiumchloridlösung geben mit 2 cm³ 1 n-Perchlorsäure nach 10 Min. einen gerade noch sichtbaren Niederschlag; **Erfassungsgrenze:** 4 mg Caesium in 1 cm³; **Grenzkonzentration:** 1:250 (MOSER und RITSCHEL). Bei Ausführung der Reaktion nach NOYES und BRAY ist die Empfindlichkeit besser: 1 mg Caesium gibt bei Anwendung von 3 cm³ 9 n-Perchlorsäure und 20 cm³ 99%igem Äthylalkohol fast sofort eine schwache Fällung. Sogar 0,5 mg Caesium werden durch 1 cm³ 9 n-Perchlorsäure und 4 cm³ 99%igen Alkohol noch gefällt, allerdings erst nach 2stündigem Stehen.

Störungen. Natrium- und Lithiumsalze geben mit Perchlorsäure — auch bei Zusatz von Alkohol — keine Fällungen. Bei Anwendung von 20 cm³ Alkohol (Ausführungsart von NOYES und BRAY) werden 500 mg Natrium und 200 mg Lithium nicht gefällt. Es stören Kalium- und Rubidium-Ionen, da sie mit dem Reagens gleichfalls Niederschläge bilden. Ammoniumperchlorat fällt nur in verhältnismäßig konzentrierten Lösungen aus. Einige Alkaloide geben in schwach saurer Lösung mit Perchlorat-Ionen Krystallausscheidungen (DENIGÈS).

B. Weitere Reaktionen.

1. Fällung als Caesium-Aluminiumalaun oder Caesium-Eisenalaun. Der Caesium-Aluminiumalaun, $CsAl(SO_4)_2 \cdot 12\,H_2O$, ist in kaltem Wasser verhältnismäßig wenig löslich; seine Löslichkeit ist beträchtlich kleiner als diejenige des Kalium- bzw. Ammoniumalauns. In 100 g Wasser lösen sich 0,62 g Caesiumalaun bzw. 13,5 g Kaliumalaun bei 17° (REDTENBACHER) und 0,76 g Caesiumalaun bzw. 19,2 g Ammoniumalaun bei 25° (LOCKE). BROWNING und SPENCER empfehlen daher eine gesättigte Lösung von Ammonium-Aluminiumalaun als Reagens zum Nachweis des Caesiums. Es ist ein Überschuß an Reagenslösung zu verwenden.

Nach BROWNING und SPENCER gibt 1 cm³ einer Caesiumchloridlösung, die nur 50 γ Caesium enthält, mit 5 cm³ gesättigter Ammoniumalaunlösung noch einen deutlichen Niederschlag; **Grenzkonzentration:** 1:20000.

Störungen. Rubidiumsalze stören, da der Rubidiumalaun ebenfalls viel schwerlöslicher ist als der Ammoniumalaun (Grenzkonzentration für Rubidium 1:5000). Natriumsalze werden nicht gefällt. Inwieweit Kalium- und Thallosalze stören, ist nicht untersucht. Bei Abwesenheit von Caesium und Rubidium und Gegenwart von Kalium oder Thallium wird aber infolge der größeren Löslichkeiten des Kalium- und Thallium-Aluminiumalauns ein Niederschlag erst bei sehr viel höheren Konzentrationen an Kalium bzw. Thallium ausfallen. Die Löslichkeit der Alaune nimmt in der Reihenfolge Ammonium, Kalium, Thallium, Rubidium, Caesium sehr stark ab (LOCKE).

An Stelle von Ammonium-Aluminiumalaun kann auch eine gesättigte Lösung von Ammonium-Eisenalaun als Reagens benutzt werden. Empfindlichkeitsangaben für den Caesiumnachweis mit Ammonium-Eisenalaun liegen in der Literatur nicht vor. Die Löslichkeiten der Eisenalaune sind von LOCKE gemessen: In 100 cm^3 Wasser lösen sich 124 g Ammonium-, 64,6 g Thallium-, 17 g Rubidium- und 2,7 g Caesium-Eisenalaun bei 25^0. Die Verwendung des Eisenalauns dürfte also der des Aluminiumalauns vorzuziehen sein, da bei den Eisenalaunen die Caesiumverbindung 46mal schwerlöslicher als die Ammoniumverbindung ist, während bei den Aluminiumalaunen das entsprechende Löslichkeitsverhältnis nur 1:25 beträgt.

2. Fällung als Caesium-Zirkonsulfat mit Zirkonsulfat. Caesiumsulfat reagiert in neutraler Lösung mit wäßriger Zirkonsulfatlösung unter Bildung eines schwerlöslichen, weißen, krystallinen Niederschlags. Dieselbe Reaktion geben auch Kalium- und Rubidium-Ionen. Der Niederschlag besteht im Falle des Caesiums aus Caesium-Zirkonsulfat und hat die Zusammensetzung $Zr_2O_3 \cdot (CsSO_4)_2 \cdot 11\,H_2O$ (YAJNIK und TANDON). Für das Gelingen der Reaktion ist von Wichtigkeit, daß man in neutraler Lösung arbeitet und die Untersuchungslösung nicht zu verdünnt ist.

Als Reagenslösung empfehlen YAJNIK und TANDON eine gesättigte, wäßrige Lösung von Zirkonsulfat (etwa 20%ige Lösung), die in der Weise zu bereiten ist, daß man 22 g reinstes Zirkonsulfat 15 Min. über dem Gebläse erhitzt, die heiße Substanz in 100 cm^3 kaltes Wasser einträgt und die Lösung nach ½stündigem, dauerndem Rühren filtriert. Die so erhaltene Reagenslösung ist in einer Glasstöpselflasche aufzubewahren; sie zersetzt sich infolge Hydrolyse, wenn sie länger als 48 Std. steht. Man soll daher eine frisch bereitete Reagenslösung benutzen. Zu der neutralen Untersuchungslösung setzt man ein gleiches Volumen Reagenslösung, schüttelt das Reaktionsgemisch und läßt es 2 bis 3 Std. bei 0^0 stehen (YAJNIK und TANDON). Wichtig ist, daß das Caesium in der Untersuchungslösung als Sulfat vorliegt. Andere Caesiumsalze sind vor Ausführung der Reaktion durch Behandlung mit Schwefelsäure in das Sulfat umzuwandeln.

Empfindlichkeit. YAJNIK und TANDON haben die Eignung des Zirkonsulfats lediglich zur quantitativen Bestimmung untersucht, es fehlen daher genaue Angaben über die Nachweisgrenze und Grenzkonzentration. Die Empfindlichkeit ist aber offenbar recht groß, da sich noch 12,5 mg Caesium in 10 cm^3 Untersuchungslösung mit einer Genauigkeit von 2% bestimmen lassen (YAJNIK und TANDON). Also liegt die Nachweisgrenze unter 1,2 mg in 1 cm^3 und die Grenzkonzentration unter 1:800.

Störungen. Kalium- und Rubidium-Ionen geben dieselbe Reaktion mit etwa der gleichen Empfindlichkeit. Die übrigen Alkalien und Ammonsulfat werden durch Zirkonsulfat nicht ausgefällt und stören nicht. YAJNIK und TANDON konnten Caesium neben einem 12fachen Überschuß an Lithium- bzw. Ammoniumsulfat genau bestimmen. REED und WITHROW fanden für den analogen Kaliumnachweis, daß ein 250facher Überschuß an Natrium- bzw. ein 120facher Überschuß an Ammoniumsulfat nicht stört, was auch für den Caesiumnachweis zutreffen dürfte. Bei Gegenwart von viel Natrium wird allerdings die Ausfällung des Caesiumzirkonsulfats zeitlich etwas verzögert (YAJNIK und TANDON). Freie Säuren stören, da sie die Löslichkeit des Doppelsulfats erhöhen. Selbstverständlich dürfen alle Ionen, die mit Zirkon- oder Sulfat-Ionen schwerlösliche Salze bilden, in der Untersuchungslösung nicht zugegen sein.

Anmerkung. Die Beobachtung von REED und WITHROW, daß 11,6 mg Caesiumsulfat in 2 cm³ Lösung beim Kaliumnachweis mit Zirkonsulfat nicht stören, also nicht gefällt werden, führen YAJNIK und TANDON auf die Benutzung einer sauren und zu verdünnten Reagenslösung zurück.

3. Fällung als Caesium-Uranylchromat mit Uranylchromat. Eine wäßrige Lösung von Uranylchromat gibt mit Caesium-Ionen einen gelben krystallinen Niederschlag des schwerlöslichen Caesium-Uranylchromats [GASPAR Y ARNAL (c)]. Der Niederschlag löst sich in Säuren und auch in konzentrierter Natriumchloridlösung auf; er geht ebenfalls in Lösung, wenn man einen Überschuß von Uranylnitratlösung hinzusetzt. Durch Zugabe von Alkohol wird die Löslichkeit des Caesium-Uranylchromats herabgesetzt.

GASPAR Y ARNAL (c), der die Reaktion angegeben hat, stellt die Reagenslösung folgendermaßen her: Eine Lösung von Natriumchromat mit etwa 5% CrO_4-Gehalt versetzt man mit einer 5%igen Uranylnitratlösung im stöchiometrischen Verhältnis der Bildung von Uranylchromat, $UO_2 \cdot CrO_4$. Dabei ist zu beachten, daß die Reagenslösung keinen Überschuß von Uranylnitrat enthalten darf, da das Caesium-Uranylchromat in überschüssigem Uranylnitrat leicht löslich ist.

Störungen. Mit dem Reagens geben außer den Caesium-Ionen auch die des Kaliums und Rubidiums schwerlösliche, gelbe Niederschläge. Die Löslichkeit dieser Alkali-Uranylchromate nimmt vom Kalium über das Rubidium zum Caesium ab. Natrium- und Ammonium-Ionen stören dagegen nicht. Die dem Caesium-Uranylchromat entsprechende Ammoniumverbindung fällt erst beim Erwärmen der Lösung aus; das Natriumsalz gibt weder in der Kälte noch in der Hitze einen Niederschlag.

C. Unsichere Reaktionen.

1. Fällung als Caesium-Blei(IV)chlorid. Caesiumchlorid gibt mit einer Lösung von Blei(IV)chlorid in starker Salzsäure beim Einleiten von Chlor einen gelb bis braun gefärbten krystallinen Niederschlag von Caesium-Blei(IV)chlorid, Cs_2PbCl_6. In einer salzsauren Lösung (rauchende Salzsäure und Wasser im Verhältnis 1:1), die einen Überschuß von Blei(IV)chlorid enthält und mit Chlor gesättigt ist, besitzt das Caesium-Bleihexachlorid eine Löslichkeit von 6,8 mg in 100 cm³ [WELLS (a)].

Der Nachweis wird in der Weise ausgeführt, daß man zu der Untersuchungslösung ein gleiches Volumen konzentrierter Salzsäure hinzufügt, dann mit einer Bleitetrachloridlösung, die man durch Kochen von Bleidioxyd mit einem großen Überschuß von Salzsäure erhält, versetzt und gleichzeitig Chlor in das Reaktionsgemisch einleitet. Bei Anwesenheit von Caesium fallen dann die gelben Krystalle von Cs_2PbCl_6 aus. Unter diesen Bedingungen bleiben, wie aus den obigen Löslichkeitsangaben folgt, nur 26 γ Caesium je Kubikzentimeter in Lösung; also **Grenzkonzentration** in der Reaktionslösung 1:38000.

Störungen. Rubidium gibt gleichfalls einen gelben Niederschlag, der allerdings löslicher ist als das Caesium-Blei(IV)chlorid. Die Löslichkeit von Rb_2PbCl_6 beträgt 0,3 g in 100 cm³ Reaktionslösung. Natrium- und Kalium-Ionen stören dagegen nicht. Bei Anwesenheit von Natrium- und Kalium-Ionen entsteht bereits bei Zugabe der konzentrierten Salzsäure zur Untersuchungslösung eine Fällung von NaCl bzw. KCl, die abfiltriert wird. Der später beim Versetzen mit der Blei(IV)chloridlösung ausfallende Niederschlag von Cs_2PbCl_6 soll kalium- und natriumfrei sein [WELLS (a)].

Nach O'LEARY und PAPISH soll dagegen die Methode von WELLS für die qualitative Analyse unbrauchbar sein.

2. Fällung als Caesiumhydrogentartrat. Caesium-Ionen kann man, ebenso wie die des Kaliums und Rubidiums, mit Natriumhydrogentartrat ausfällen. Die Konzentration der Caesiumsalzlösung muß aber sehr hoch sein, da das Caesiumhydrogentartrat nicht besonders schwerlöslich ist. In 100 cm^3 Wasser lösen sich 7,11 g $CsHC_4H_4O_6$ bei 20^0 bzw. 98 g bei 100^0 (MOSER und RITSCHEL, ALLEN). Die entsprechenden Rubidium- und Kaliumverbindungen sind etwa 8- bzw. 13mal schwerer löslich als das Caesiumhydrogentartrat. Alle drei schwerlöslichen Hydrogentartrate lösen sich in starken Säuren und in Alkalien, im letzteren Falle unter Bildung neutraler weinsaurer Salze. Ob durch Zugabe von Alkohol die Löslichkeit stark herabgesetzt wird, wie das beim Kaliumbitartrat der Fall ist, ist nicht untersucht.

Als Reagens verwenden MOSER und RITSCHEL eine 10%ige Lösung von Natriumhydrogentartrat. Wenn sie 2 cm^3 dieser Lösung zu 5 cm^3 einer Caesiumsalzlösung zusetzen, so erhalten sie bei einer 3 n-CsCl-Lösung nach 10 Min. einen gerade noch sichtbaren Niederschlag. Läßt man das Reaktionsgemisch 24 Std. stehen, so geben auch 2 n-CsCl-Lösungen einen Niederschlag. **Erfassungsgrenze:** 280 mg Caesium in 1 cm^3; **Grenzkonzentration:** 1:3,5.

Die Gegenwart von Natrium- und Lithiumsalzen stört nicht. Dagegen geben Kalium, Rubidium, Ammonium, Thallium, Erdalkalimetalle und Blei eine analoge Reaktion.

3. Fällung mit Ammoniummethylsulfit. Versetzt man eine Caesiumsalzlösung mit einer wäßrigen Lösung von Ammoniummethylsulfit ($CH_3SO_3NH_4$) und Alkohol, so fällt das Caesiummethylsulfit, CH_3SO_3Cs, in Form feiner Fäden aus. Natrium-, Kalium- und Rubidium-Ionen geben eine ähnliche Reaktion. Magnesiumsalze stören nicht (ARBUSOW und KARTASCHOW).

4. Fällung mit Natrium-6-chlor-5-nitro-m-toluolsulfonat. Das Natrium-6-chlor-5-nitro-m-toluolsulfonat, das von H. DAVIES und W. DAVIES als Kaliumreagens empfohlen wird und das NOYES und BRAY zum Nachweis des Rubidiums benutzen, gibt auch mit Caesiumsalzen einen Niederschlag. Das Caesium-6-chlor-5-nitro-m-toluolsulfonat, $CH_3 \cdot C_6H_2 \cdot Cl \cdot NO_2 \cdot SO_3Cs$, ist allerdings löslicher als die entsprechenden Kalium- und Rubidiumverbindungen. Als Reagens verwendet man eine gesättigte Lösung des Natriumsulfonats. Bei Verwendung von 1 cm^3 Reagenslösung geben noch 12 bis 15 mg Caesium eine Fällung (NOYES und BRAY). Kalium-, Rubidium- und Ammonium-Ionen stören.

§ 3. Nachweis auf mikrochemischem Wege.

A. Wichtige Fällungsreaktionen.

1. Abscheidung mit Bleiacetat und Kaliumferricyanid. Die in § 2, A, a, 4 beschriebene Reaktion auf Caesium mit konzentrierter essigsaurer Bleiacetatlösung und gesättigter Kaliumferricyanidlösung wird von KUBLI, der sie gefunden hat, besonders als Mikroreaktion empfohlen. Die entstehende schwerlösliche Caesiumverbindung von der Zusammensetzung $CsCOOCH_3 \cdot Pb_2[Fe(CN)_6]COOCH_3$ krystallisiert in orangeroten viereckigen Blättchen aus. Alle anderen Alkalimetalle, auch Rubidium und Kalium, selbst wenn sie in konzentrierten Lösungen vorliegen, geben mit Bleiacetat und Kaliumferricyanid keine Fällung. Die Reaktion von KUBLI ist also eine spezifische Reaktion für Caesium-Ionen, sie besitzt allerdings nicht die allerhöchste Empfindlichkeit.

Ausführung. Auf den Objektträger bringt man einen kleinen Tropfen einer konzentrierten essigsauren Bleiacetatlösung, vermischt ihn mit einem kleinen Tropfen konzentrierter Kaliumferricyanidlösung und versetzt dann mit einem größeren Tropfen der Untersuchungslösung. Ist die Konzentration der Untersuchungslösung an Caesium größer als 0,1 normal, so sind die charakteristischen Krystalle des

Doppelsalzes bereits nach kurzer Zeit im Mikroskop zu sehen. Wenn die Untersuchungslösung verdünnter ist, so soll man die Reaktionslösung vorsichtig und allmählich abdampfen und während des Abdampfens im Mikroskop beobachten. Die orangeroten viereckigen Krystalle des Blei-Caesiumdoppelsalzes sind dann in überschüssiges auskrystallisierendes Kaliumferricyanid eingebettet. Ist die Caesiumkonzentration sehr klein, $^1/_{1000}$ normal und darunter, so soll das Eindampfen auf möglichst kleinem Raum vorgenommen werden. KORENMAN und JAGNJATINSKAJA dampfen 1 Tropfen der Untersuchungslösung auf dem Objektträger zur Trockne ein und setzen das Gemisch gesättigter Lösungen von Kaliumferricyanid und Bleiacetat hinzu.

Erfassungsgrenze: KUBLI konnte Caesium noch in 1 Tropfen einer $^1/_{1000}$ n-Caesiumnitratlösung nachweisen; das entspricht 5 γ Caesium in 0,05 cm³; **Grenzkonzentration:** 1:10000. In einer $^1/_{5000}$ n-$CsNO_3$-Lösung ist bei Anwendung von 5 bis 6 Tropfen die Reaktion ebenfalls noch deutlich (KUBLI). KORENMAN und JAGNJATINSKAJA gelang der Nachweis von 0,6 γ Caesium in einer Konzentration von 1:5000.

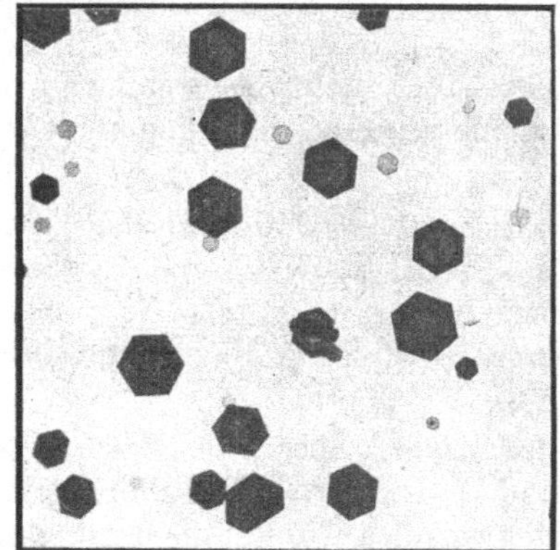

Abb. 1. Caesium-Wismutjodid (nach GEILMANN). Vergr. 80fach.

Störungen. Alle Alkalimetalle, Magnesium und die Erdalkalien stören in keiner Konzentration (KUBLI). Die Untersuchungslösung muß dagegen von Sulfat- und Chlorid-Ionen und allen sonstigen bleifällenden Anionen frei sein. Schwermetalle, die mit Kaliumferricyanid Niederschläge bilden, sind ebenfalls vorher zu entfernen.

2. Abscheidung mit Natriumnitrit und Praseodymnitrat. Eine spezifische und überdies recht empfindliche Mikroreaktion für Caesium, die von SARKAR und GOSWAMI beschrieben ist, beruht auf der Bildung des schwerlöslichen Caesium-Natrium-Praseodymnitrits, $Cs_2NaPr(NO_2)_6$ (vgl. § 2, A, a, 8). Dieses Tripelnitrit krystallisiert in blaßgrünen Oktaedern.

Die Reagenslösung erhält man durch Auflösen von 3 g Praseodymnitrat und 10 g Natriumnitrit in 100 cm³ Wasser. Diese Lösung ist zu filtrieren und in einer gut verschlossenen Flasche aufzubewahren. 1 Tropfen der Reagenslösung versetzt man auf dem Objektträger mit 1 Tropfen der Untersuchungslösung. Nach 3 bis 4 Min. sind die schönen oktaedrischen Krystalle unter dem Mikroskop zu erkenen. Am besten gelingt die Reaktion, wenn das Caesium in der Untersuchungslösung als Nitrat vorliegt. Nachweisgrenze 0,04 γ Caesium (SARKAR und GOSWAMI). Rubidium- und Kalium-Ionen stören nicht.

An Stelle des Praseodymnitrats kann auch Lanthan-, Cer-, Neodym-, Samarium- oder Gadoliniumnitrat verwendet werden, da auch diese seltenen Erden mit Caesium schwerlösliche Tripelnitrite bilden. Allerdings ist Praseodymnitrat insofern am geeignetsten, als $Cs_2NaPr(NO_2)_6$ in dieser Reihe von Tripelnitriten am beständigsten ist.

3. Abscheidung als Doppeljodid. **a) Abscheidung mit Kalium-Wismutjodid als Caesium-Wismutjodid.** Der Nachweis des Caesiums mit Kalium-Wismutjodid in stark essigsaurer oder jodwasserstoffsaurer Lösung (§ 2, A, a, 6) kann auch als Mikroreaktion ausgeführt werden. Der Niederschlag von Caesium-Wismutjodid, $Cs_3Bi_2J_9$, besteht aus blutroten, hexagonalen, prismatischen Platten. Größe der Krystalle = 150 bis 200 μ (BEHRENS-KLEY).

TANANAEFF benutzt als Reagens eine Lösung von Kaliumjodid und Wismutoxyd in starker Essigsäure oder eine Lösung von Wismutoxyd in Jodwasserstoffsäure.

KORENMAN und JAGNJATINSKAJA verwenden festes Kalium-Wismutjodid, von dem sie 1 Körnchen auf dem Objektträger zur Untersuchungslösung zusetzen. Bei Anwesenheit von Caesium entstehen die roten, hexagonalen Scheiben.

Erfassungsgrenze: 0,7 γ Caesium in 0,01 cm^3 (TANANAEFF); 0,25 γ Caesium (BEHRENS-KLEY). Nach KORENMAN und JAGNJATINSKAJA soll man sogar noch 0,06 γ in einer Verdünnung 1:50000 erkennen können.

Störungen. Lithium-, Natrium- und Kalium-Ionen stören nicht. Auch Rubidium soll nach TANANAEFF durch Kalium-Wismutjodid nicht gefällt werden. KORENMAN und JAGNJATINSKAJA finden jedoch, daß Rubidium mit dem Reagens ebenfalls einen Niederschlag gibt, und geben als Nachweisgrenze 3 γ Rubidium in einer Verdünnung von 1:1000 an. Thallium-Ionen stören, da sie mit Kalium-Wismutjodid eine zimtfarbene Fällung geben (TANANAEFF).

Vgl. auch die Tüpfelreaktion mit Kalium-Wismutjodid, § 4, 3.

b) Abscheidung als Caesium-Antimonjodid. An Stelle von Wismutoxyd kann man auch Antimon(III)oxyd verwenden. Beim Versetzen einer Caesiumsalzlösung mit einer salzsauren Lösung von Antimon(III)oxyd und Natriumjodid oder Kaliumjodid entstehen orange bis blutrot gefärbte, hexagonale Krystalle von Caesium-Antimonjodid (BEHRENS-KLEY, GEILMANN, KORENMAN und JAGNJATINSKAJA). Neben regulären Sechsecken scheiden sich regenschirmartige Wachstumsformen ab. Die Krystalle erreichen eine Größe von 150 bis 200 μ. Auf den Objektträger bringt man 1 Tropfen einer 2,5%igen Antimon(III)oxydlösung in Salzsäure, gibt etwas Natrium- oder Kaliumjodid hinzu und versetzt mit 1 Tropfen der Untersuchungslösung.

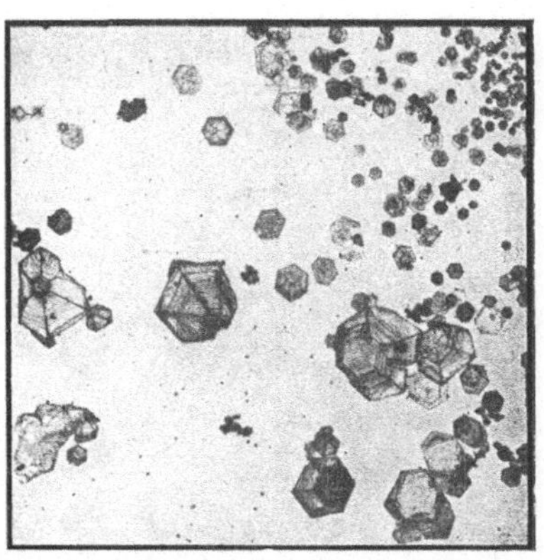

Abb. 2. Caesium-Antimonjodid (nach GEILMANN). Vergr. 80fach.

Erfassungsgrenze: 0,25 γ Caesium (BEHRENS-KLEY). KORENMAN und JAGNJATINSKAJA konnten sogar noch 0,03 γ Caesium in einer Verdünnung 1: 100000 nachweisen.

c) Abscheidung als Caesium-Zinnjodid. TANANAEFF empfiehlt, Caesium mikrochemisch als Caesium-Zinnjodid nachzuweisen. Auf einem Uhrglas gibt er zu der Untersuchungslösung so viel festes Kaliumjodid zu, daß ein Teil ungelöst bleibt, und versetzt dann mit etwas Zinn(IV)chloridlösung. Nach dem Durchmischen bildet sich bei Anwesenheit von Caesium eine schwarze Fällung von Caesium-Zinnjodid, $CsSnJ_5$; dieser Niederschlag ist in gesättigter Kaliumjodidlösung und in Alkohol unlöslich, wird aber in Wasser unter Entfärbung zersetzt.

Die Alkalimetalle und Thallium stören nicht, da sie keine analoge Reaktion geben (TANANAEFF).

Vgl. auch die Tüpfelreaktion mit Kaliumjodid und Zinn(IV)chlorid, § 4, 4.

d) Abscheidung mit Natrium-Silberjodid als Caesium-Silberjodid. GRAVESTEIN empfiehlt, Caesium mikrochemisch als Caesium-Silberjodid nachzuweisen. Caesiumsalze bilden nämlich mit Natrium-Silberjodid in wäßrig-alkoholischer Lösung einen schwerlöslichen Niederschlag von Caesium-Silberjodid. Der Niederschlag besteht aus weißen bis schwach gelb gefärbten, dünnen Nadeln, die bei Gegenwart von viel Caesium oft X-Formen (analog den aus Wasser gefällten Bleichloridkrystallen) bilden. Dem Caesium-Silberjodid schreibt GRAVESTEIN auf Grund einer vorläufigen Analyse die Formel $CsAg_2J_3$ zu.

Ausführung. Als Reagenslösung benutzt man am besten eine Lösung von 5 g Silbernitrat in 20 cm^3 Wasser, der 20 bis 21 g Natriumjodid zugesetzt sind.

1 Tropfen dieser Reagenslösung wird auf dem Objektträger mit 1 Tropfen der wäßrigen Untersuchungslösung versetzt. Dann fügt man 1 Tropfen 96%igen Alkohol hinzu, worauf bei Anwesenheit von Caesium die charakteristischen nadelförmigen Krystalle von Caesium-Silberjodid ausfallen.

Die Reagenslösung kann man auch auf dem Objektträger herstellen, indem man wenig Silbernitrat in 1 Tropfen Wasser löst und so viel gesättigte Natriumjodidlösung hinzusetzt, daß der anfänglich entstandene Niederschlag von Silberjodid sich wieder löst und 1 Tropfen dieser Lösung beim Verdünnen mit der gleichen Menge Alkohol nur eine geringfügige Trübung liefert. Die weitere Ausführung des Nachweises erfolgt dann wie oben.

Beim Verdünnen der Reagenslösung soll zuweilen eine Trübung entstehen, die von einem feinkörnigen Niederschlag herrührt, in welchem manchmal gut ausgebildete, sechseckige Täfelchen wahrzunehmen sind. Ein derartiger Niederschlag besteht aus reinem Silberjodid. Von Wichtigkeit bei der Ausführung der Reaktion ist, daß die charakteristischen Nadeln erst bei Zugabe des Alkohols entstehen. Wenn aber bereits vor dem Versetzen mit Alkohol Nadeln zu erkennen sind, was bei Gegenwart größerer Mengen an Caesium- oder auch Rubidiumsalzen der Fall ist, so soll man 1 Tropfen Wasser hinzufügen. Dadurch werden die Nadeln zersetzt, es fällt aber ein Niederschlag von Silberjodid aus, den man durch vorsichtiges Konzentrieren des Tropfens wieder in Lösung bringt. Nach dem Abkühlen versetzt man dann mit dem Tropfen Alkohol.

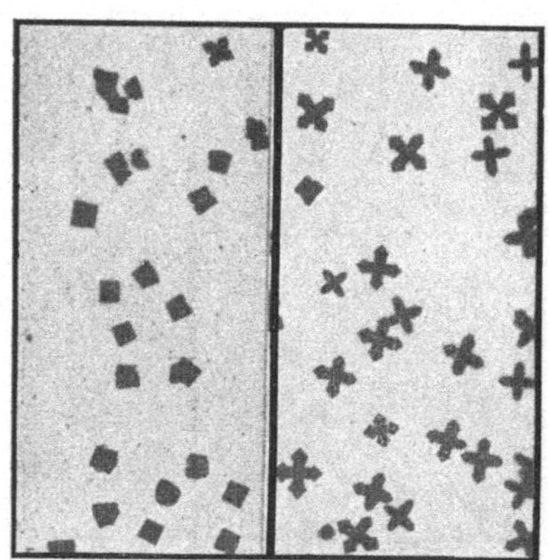

Abb. 3. Caesium-Goldjodid (nach GEILMANN). Vergr. 140fach.

Erfassungsgrenze: 0,16 γ Cs in 0,001 cm^3 geben noch eine deutliche Reaktion; **Grenzkonzentration:** 1:6250 (GRAVESTEIN).

Störungen. Kalium-, Natrium- und Lithium-Ionen stören nicht. Über den Nachweis neben Rubidium liegen folgende Angaben vor. 10% Caesiumchlorid können neben Rubidiumchlorid ohne weiteres nachgewiesen werden. Der Nachweis von 1% Caesiumchlorid neben 99% Rubidiumchlorid gelingt ebenfalls, wenn man das Gemisch zunächst mit 96%igem Alkohol extrahiert (GRAVESTEIN).

e) Abscheidung als Caesium-Goldjodid. Versetzt man eine Lösung von Goldchlorid mit einem Überschuß von Natrium- oder Kaliumjodid, so färbt sich die Lösung kaffeebraun. Auf Zugabe eines Caesiumsalzes entsteht ein krystalliner Niederschlag, der metallisch grünglänzend und in durchscheinendem Licht fast schwarz erscheint. Durch Erwärmen löst sich der Niederschlag auf, um beim Erkalten wieder auszufallen. Das Caesium-Goldjodid, $CsAuJ_4$, krystallisiert in Würfeln oder Kreuzen von der Größe 20 bis 40 μ, die besonders beim langsamen Erkalten der heißen Lösung gut ausgebildet sind (BEHRENS-KLEY sowie GEILMANN).

Angaben über die Empfindlichkeit und Störungen dieser Reaktion fehlen.

4. Abscheidung mit Gold(III)chlorid und Silberchlorid als Caesium-Silber-Goldchlorid. Caesiumchlorid reagiert mit einer stark salzsauren Lösung von Gold(III)chlorid und Silberchlorid unter Bildung eines schwarzbraun gefärbten, krystallinen Niederschlags von Caesium-Silber-Goldchlorid. Das Salz krystallisiert in kleinen Würfeln oder vierseitigen und sechsseitigen Sternen. Das Caesium-Silber-Goldchlorid hat nach BAYER sowie EMICH, die diese Reaktion zuerst angegeben haben, eine hinsichtlich Silber- und Goldgehalt je nach den Versuchsbedingungen wechselnde Zusammensetzung, die der Formel $Cs_3Ag_xAu_{2-\frac{x}{3}}Cl_9$ mit $0 < x < 6$

entsprechen soll. WELLS sowie GEILMANN und HUYSSE formulieren dagegen das Salz als $Cs_2AgAuCl_6$. Gegen Salzsäure ist der Niederschlag beständig, während er durch Wasser unter Aufspaltung in seine Komponenten langsam zersetzt wird.

Das Reagens ist eine Auflösung von Silberchlorid in einer stark salzsauren Goldchloridlösung. BAYER empfiehlt eine Lösung, die in bezug auf Gold und Silber 2- bzw. 0,5%ig ist.

Ausführung. 1 Tropfen der Untersuchungslösung wird auf dem Objektträger eingedunstet und mit 1 Tropfen der Gold-Silberlösung versetzt. Bei Anwesenheit von Caesium entstehen die kleinen schwärzlichen, würfel- oder sternförmigen Krystalle.

Erfassungsgrenze: 0,1 γ Caesium (BAYER).

Störungen. Kalium- und Natrium-Ionen stören den Nachweis nicht. BAYER konnte z. B. noch 1 Teil Caesium neben 200 Teilen Kalium bzw. 50 Teilen Natrium erkennen. Rubidium- und Ammonium-Ionen geben mit dem Reagens eine Fällung von blutroten rhombischen Prismen, die bedeutend größer sind als die Krystalle der Caesiumverbindung. Ammoniumsalze werden also zweckmäßig vor Ausführung der Reaktion entfernt. In Gegenwart von Rubidium kann man Caesium noch nachweisen, wenn der Rubidiumüberschuß nicht größer als 100fach ist (BAYER). In diesem Falle ist die Identifizierung aus dem Grunde möglich, weil einmal die Krystallform und -farbe der beiden Tripelchloride verschieden ist und außerdem die Caesiumverbindung stets zuerst auskrystallisiert. Kupfer- und Bleisalze beeinträchtigen die Reaktion nicht; dagegen stören Quecksilber- und Wismutsalze, da in ihrer Gegenwart andersartige Krystalle ausfallen. Salzsäure und Salpetersäure stören nicht.

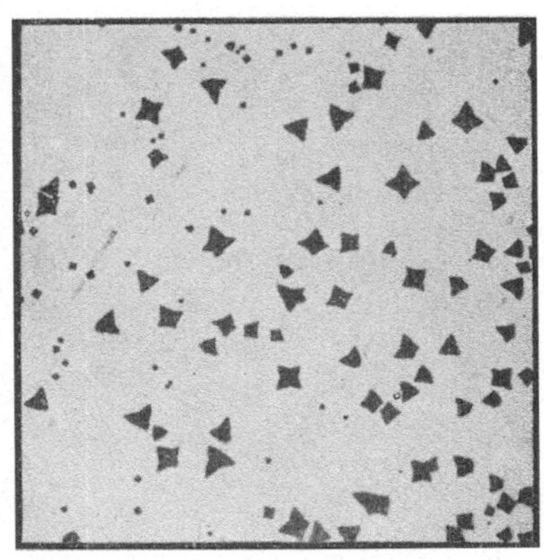

Abb. 4. Caesium-Silber-Goldchlorid (nach GEILMANN). Vergr. 90fach.

5. Abscheidung mit Gold(III)bromid und Silberbromid als Caesium-Silber-Goldbromid. Analog dem Caesium-Silber-Goldchlorid (§ 3, A, 4) ist nach SUSCHNIG auch das entsprechende Bromid zum mikrochemischen Nachweis des Caesiums geeignet. Caesium-Silber-Goldbromid ist in Bromwasserstoffsäure schwer löslich; das Aussehen der Krystalle stimmt mit dem der Chlorverbindung überein: Kleine schwarze Würfel oder Sterne (vgl. Abb. 4). Durch konzentrierte Schwefelsäure oder konzentrierte Essigsäure werden die Krystalle nicht verändert, während sie durch Wasser zersetzt werden, wobei Gold- und Caesiumbromid in Lösung gehen und Silberbromid als Niederschlag zurückbleibt. Das Caesium-Silber-Goldbromid entspricht in seiner Zusammensetzung der Chlorverbindung, Silber und Gold können sich teilweise ersetzen, so daß SUSCHNIG folgende Formel angibt: $Cs_3Ag_xAu_{2-\frac{x}{3}}Br_9$.

Als Reagens dient eine Lösung von Gold(III)bromid und Silberbromid in Bromwasserstoffsäure. Zum Nachweis des Caesiums wird 1 Tropfen der Untersuchungslösung auf dem Objektträger eingedunstet und mit 1 Tropfen Reagenslösung versetzt. In konzentrierten Caesiumsalzlösungen erscheinen die charakteristischen Krystalle sofort. Befindet man sich nur wenig oberhalb der Nachweisgrenze, so können 15 Min. vergehen, bis die Abscheidung zu beobachten ist. Ein Überschuß an Reagens ist zu vermeiden.

Erfassungsgrenze: 0,1 γ Caesium (SUSCHNIG). Die Reaktion hat also dieselbe Empfindlichkeit wie diejenige mit Silber-Goldchlorid.

Störungen. Lithium-, Natrium-, Kalium- und Magnesium-Ionen stören die Reaktion nicht. Calcium-, Strontium- oder Bariumsalze stören nur in ganz konzentrierten Lösungen, da dann Erdalkali-Silber-Goldbromide auskrystallisieren. Ammoniumsalze sind zu entfernen, da das Ammonium-Silber-Goldbromid, wie die Caesiumverbindung, schwerlöslich ist. Auch Rubidium-Ionen werden durch das Reagens als Rubidium-Silber-Goldbromid ausgefällt. Trotzdem kann Caesium noch neben einem 100fachen Rubidiumüberschuß nachgewiesen werden. Das Rubidium-Silber-Goldbromid krystallisiert nämlich in dunkelvioletten bis schwarzen Nadeln aus, und zwar stets zeitlich nach der Caesiumverbindung.

6. Abscheidung mit Dipikrylamin als Dipikrylamin-Caesium. Ebenso wie Kalium und Rubidium kann auch das Caesium mit Dipikrylamin mikrochemisch nachgewiesen werden, da das Caesiumsalz des Dipikrylamins sehr schwer löslich ist und charakteristisch krystallisiert. Die Eignung des von POLUEKTOFF zum Kaliumnachweis empfohlenen Dipikrylaminreagenses zum Caesiumnachweis haben etwa gleichzeitig SCHEINZISS bzw. VAN NIEUWENBURG und VAN DER HOEK untersucht.

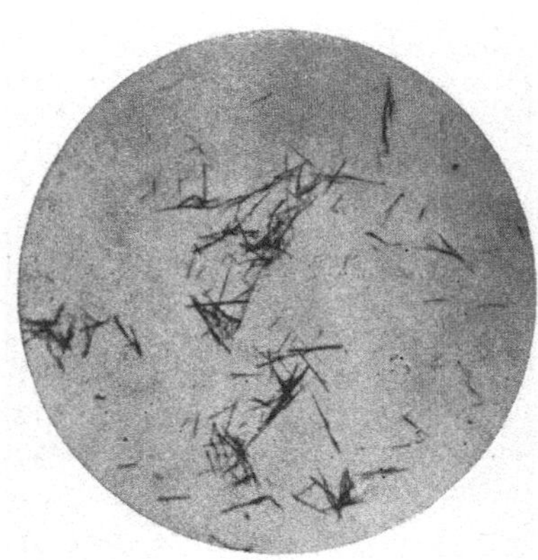

Abb. 5. Caesium-Dipikrylamin aus einer Wasser-Glyzerinmischung (1:1) gefällt. Vergr. 85fach.

Das p-Dipikrylamin (= Hexanitrodiphenylamin), $C_6H_2(NO_2)_3$-NH-$C_6H_2(NO_2)_3$, eine gelbe krystalline Substanz, ist in Wasser unlöslich, löst sich aber in Natronlauge oder Natriumcarbonat unter Bildung des Natriumsalzes mit orangeroter Farbe. Diese schwach alkalische Lösung des Natrium-Dipikrylamins gibt mit den drei schweren Alkalien Krystallfällungen. Das Dipikrylamin-Caesium,

$$C_6H_2(NO_2)_3\text{-NCs-}C_6H_2(NO_2)_3,$$

fällt zunächst als feiner, gelber, pulvriger Niederschlag aus, der sich dann in Krystalle des rhombischen Systems umwandelt: Dunkelorangefarbene Rechtecke, Rhomben und Quadrate von der Größe 40 bis 70 μ. Das Rubidium-Dipikrylamin bildet völlig analoge Krystalle; die Krystalle des Kaliumsalzes sind in ihrer Form denen der Caesiumverbindung ähnlich, aber wesentlich größer (100 bis 150 μ). Das Caesium-Dipikrylamin unterscheidet sich von dem Kaliumsalz auch noch dadurch, daß die Krystalle des ersteren schwarze Punkte oder Streifen und an den Ecken schwarze Dreiecke aufweisen (SCHEINZISS).

Gelegentlich bildet das Caesiumsalz des Dipikrylamins auch Krystalle eines ganz anderen Typs, nämlich lange, feine, stark doppelbrechende Nadeln, die sich meist zu Büscheln, Garben und sternförmigen Aggregaten vereinigen. Diese zweite Krystallform entsteht immer, wenn man die Reaktion in einem Gemisch aus gleichen Teilen Wasser und Glycerin ausführt. Da das Glycerin das Aussehen der Kalium- und Rubidiumkrystalle nicht verändert, empfiehlt sich die Verwendung des Wasser-Glycerinmediums, wenn man Caesium neben Kalium oder Rubidium nachweisen will. In diesem Fall verdampft man 1 Tropfen der Untersuchungslösung auf dem Objektträger zur Trockne, nimmt den Rückstand mit möglichst wenig Wasser auf, fügt Glycerin hinzu und versetzt mit dem Reagens. Nadelförmige Krystalle zeigen die Gegenwart von Caesium an, rhombische Krystalle die von Kalium oder Rubidium an (VAN NIEUWENBURG und VAN DER HOEK).

Nach POLUEKTOFF stellt man die Reagenslösung her, indem man 0,2 g Dipikrylamin in einem Gemisch aus 20 cm³ Wasser und 2 cm³ 1 n-Natriumcarbonatlösung zum Sieden erhitzt und die entstandene Lösung des Natrium-Dipikrylamins nach dem Erkalten filtriert. SCHEINZISS verwendet eine konzentriertere Reagenslösung, nämlich eine 2%ige Lösung des Dipikrylamin-Natriums.

Erfassuugsgrenze: 0,05 γ Caesium in 1 mm³ (SCHEINZISS). Nach VAN NIEUWENBURG und VAN DER HOEK liegt die Nachweisgrenze bei 0,01 γ. Bei Ausführung der Reaktion in dem Wasser-Glyceringemisch ist die Empfindlichkeit bedeutend schlechter (genaue Angaben fehlen).

Störungen. Natrium- und Lithium-Ionen stören nicht. Ammoniumsalze stören nur, wenn sie in großer Konzentration vorliegen. Auch Magnesium- und die Erdalkali-Ionen bilden keine schwerlöslichen Salze des Dipikrylamins, werden aber bei Verwendung der Reagenslösung von POLUEKTOFF als Carbonate gefällt und sind daher in diesem Falle vorher zu entfernen. Beryllium, Zirkon, Blei und Quecksilber geben mit dem Reagens krystalline Niederschläge. Von den verwandten Elementen des Caesiums werden Kalium, Rubidium und Thallium(I) als Dipikrylaminsalze gefällt. Inwieweit diese Ionen stören können, haben SCHEINZISS und VAN NIEUWENBURG und VAN DER HOEK untersucht. In wäßrigem Medium lassen sich nach SCHEINZISS Caesium und Kalium durch die verschiedene Größe und die erwähnte schwarze Zeichnung der Krystalle unterscheiden. Viel sicherer und eindeutiger ist indessen der Nachweis des Caesiums neben Kalium und auch neben Rubidium, wenn man in dem Wasser-Glycerinmedium arbeitet. Allerdings ist dann die Empfindlichkeit der Reaktion nicht so gut. VAN NIEUWENBURG und VAN DER HOEK konnten bei Benutzung des Wasser-Glyceringemisches noch 20 γ Caesium neben 200 γ Kalium oder Rubidium nachweisen.

Vgl. auch die Abbildungen „Kalium" § 3, A, 7 und „Rubidium" § 3, A, 5.

7. ***Abscheidung mit Platinchlorwasserstoffsäure oder Kalium-Hexachloroplatinat.*** Der Nachweis des Caesiums als Caesium-Hexachloroplatinat (vgl. § 2, A, c, 6) wird zweckmäßig auf mikrochemischem Wege durchgeführt, da die mikrochemische Untersuchung in gewissem Grade eine Unterscheidung von den analogen platinchlorwasserstoffsauren Salzen des Kaliums, Rubidiums und Thalliums ermöglicht. Das Caesium-Hexachloroplatinat, Cs_2PtCl_6, das in neutraler bis schwach saurer Lösung durch eine gesättigte Lösung von Kalium-Hexachloroplatinat oder durch eine verdünnte Lösung von Platinchlorid ausgefällt wird, krystallisiert in lichtgelben, scharf ausgebildeten Oktaedern, also in der Form, in der auch das Kalium-, Rubidium- und Thallosalz der Platinchlorwasserstoffsäure ausfallen. Die Unterschiede der vier verwandten, platinchlorwasserstoffsauren Salze liegen in ihrer verschiedenen Löslichkeit und in der Größe der Oktaeder. Die Löslichkeit und die durchschnittliche Krystallgröße nimmt in der Reihe Kalium, Rubidium, Caesium, Thallium stark ab; die Salze krystallisieren daher in der umgekehrten Reihenfolge nacheinander aus, wenn sie nebeneinander in der gleichen Lösung vorliegen.

Als Reagens empfiehlt BEHRENS-KLEY eine 0,5%ige wäßrige Lösung von Platinchlorid oder eine gesättigte Lösung von Kalium-Hexachloroplatinat.

Ausführung. 2 oder 3 Tropfen der Untersuchungslösung werden auf derselben Stelle des Objektträgers zur Trockne eingedampft. Auf den Rückstand bringt man einen größeren Tropfen der Reagenslösung. Benutzt man als Reagenslösung eine Lösung von Kaliumhexachloroplatinat, so wird empfohlen, den Flüssigkeitstropfen mit einem Deckglas zu bedecken, um ein Verdampfen und ein Auskrystallisieren des Kaliumsalzes zu vermeiden. Je nach der vorliegenden Caesiummenge erscheinen die Oktaeder des Caesiumhexachloroplatinats augenblicklich oder nach einiger Zeit. Die Größe der Caesiumkrystalle wird von BEHRENS-KLEY zu 3 bis 5 bzw. 2 bis 6 μ angegeben.

Erfassungsgrenze: 0,1 γ Caesium (BEHRENS-KLEY).

Störungen. Natrium-, Lithium- und Magnesium-Ionen stören nicht. Ammonsalze geben mit dem Reagens eine analoge Fällung und sind daher vor Ausführung der Reaktion durch Abrauchen vollständig zu vertreiben. Über die Störungen durch Kalium, Rubidium und Thallium und den Nachweis des Caesiums neben diesen drei Elementen liegen folgende Untersuchungen von BEHRENS-KLEY sowie GRAVESTEIN vor.

Nachweis des Caesiums neben Kalium, Rubidium und Thallium. Nach BEHRENS-KLEY wird das Thallium zuerst gefällt, die sehr kleinen Oktaeder des Thalliumhexachloroplatinats haben eine Größe von 1 bis 2,5 μ. Danach krystallisiert die Caesiumverbindung in Oktaedern von der Größe 2 bis 6 μ aus. Erst erheblich später sollen die viel größeren Oktaeder des Rubidiumhexachloroplatinats entstehen (Größe 8 bis 20 μ). Zum Schluß erscheinen die Krystalle des Kaliumsalzes mit einer Größe von 30 bis 70 μ. Auf Grund dieser Angaben von BEHRENS-KLEY soll es also möglich sein, Caesium zumindest in Gegenwart von Rubidium- und Kalium-Ionen einwandfrei nachzuweisen, da zwischen den Oktaedern des Caesiums einerseits und denen des Rubidiums und Kaliums andererseits eine deutliche Lücke in der Krystallgröße vorhanden ist.

GRAVESTEIN, der die Angaben von BEHRENS-KLEY für Caesium, Rubidium und Kalium nachgeprüft hat, findet, daß die Größe der auskrystallisierenden Oktaeder von den Konzentrationsverhältnissen stark abhängig ist und daß die Bereiche der Krystallgrößen der einzelnen platinchlorwasserstoffsauren Salze einander überdecken. GRAVESTEIN hält es daher für unmöglich, auf Grund der Oktaedergröße sicher zu entscheiden, ob Caesium und Rubidium zugleich, oder ob nur eins der beiden Metalle anwesend ist. Beim Nachweis kleiner Caesiummengen empfiehlt GRAVESTEIN folgendes Verfahren, das eine Verwechslung mit Kalium ausscheidet: Der in der üblichen Weise ausgefällte Niederschlag kleiner Oktaeder wird von der Lösung abgetrennt und durch Erhitzen zersetzt; der Rückstand wird mit Wasser ausgezogen und diese Lösung von dem Ungelösten getrennt und eingedampft; der Trockenrückstand wird schließlich durch Anhauchen befeuchtet und mit 1 Tropfen gesättigter Kaliumhexachloroplatinatlösung versetzt. Entstehen dann die Oktaeder wieder, so handelt es sich um Caesium (oder Rubidium) und sicher nicht um Kalium.

8. Abscheidung mit Ammoniumsilicomolybdat als Caesiumsilicomolybdat. Caesiumsilicomolybdat, $Cs_4[SiMo_{12}O_{40}\text{-}(H_2O)_x]$, das aus reiner Caesiumsalzlösung durch eine Lösung der 1-Silico-12-Molybdänsäure oder ihres Ammoniumsalzes ausgefällt werden kann (vgl. § 2, A, b, 2), krystallisiert ebenso wie die analoge Rubidiumverbindung in kleinen, gelben, oktaedrischen Krystallen, die meist von kugeliger Gestalt zu sein scheinen. Die Caesium- und Rubidiumkrystalle unterscheiden sich nur durch ihre Größe; das Caesiumsalz bildet Krystallkörner von 2 bis 6 μ, das Rubidiumsalz solche von 10 bis 20 μ (BEHRENS-KLEY, BEHRENS).

Für den mikrochemischen Nachweis empfiehlt BEHRENS als Reagens eine gesättigte wäßrige Lösung von Ammoniumsilicomolybdat. Das Ammoniumsilicomolybdat bereitet er folgendermaßen: Eine Lösung von Ammoniummolybdat in verdünnter Salpetersäure wird mit einer Lösung von Wasserglas in verdünnter Salpetersäure gemischt, die gelbe Mischung wird zum Sieden erhitzt und Ammoniumnitrat zugesetzt. Dabei fällt der gelbe krystalline Niederschlag von Ammoniumsilicomolybdat aus, der ausgewaschen und aus heißem Wasser umkrystallisiert wird. Von diesem gereinigten Salz wird eine gesättigte Lösung hergestellt. Die Untersuchungslösung wird mit Salpetersäure angesäuert und auf dem Objektträger mit der Reagenslösung versetzt. Die Krystalle entstehen sofort, wenn die Untersuchungslösung in bezug auf Caesium mindestens 0,3%ig ist.

Erfassungsgrenze: 0,25 γ Caesium (BEHRENS).

Störungen. Das Reagens gibt mit Lithium-, Natrium- und Kaliumsalzlösungen keine Fällungen. Ammoniumsalze stören, da bei Gegenwart von Ammonium-Ionen Ammoniumsilicomolybdat in Form rundlicher Krystallkörner von der Größe 8 bis 20 μ ausfällt. Ferner stören Rubidium- und Thalliumsalze. Die Rubidiumkrystalle haben etwa dieselbe Größe wie die der Ammoniumverbindung, während das Thallosilicomolybdat als feiner gelblicher Staub ausfällt.

B. Weitere Reaktionen.

1. Abscheidung mit Natrium-Kupfer-Bleinitrit als Caesium-Kupfer-Bleinitrit. Ebenso wie Kalium (Kapitel „Kalium" § 3, A, 2, a) und Rubidium (Kapitel „Rubidium" § 3, A, 7), kann auch Caesium mit Natrium-Kupfer-Bleinitrit mikrochemisch nachgewiesen werden. Versetzt man eine Caesiumsalzlösung mit einer essigsauren Lösung von Natrium-Kupfer-Bleinitrit, so fällt Caesium-Kupfer-Bleinitrit, $Cs_2CuPb(NO_2)_6$, in Form scharfkantiger, tiefbraunschwarzer Würfel aus (BEHRENS-KLEY). Diese Mikroreaktion ist zwar für Caesium außerordentlich empfindlich, hat aber den Nachteil, daß sie nur bei Abwesenheit von Kalium, Rubidium und Thallium eindeutig ist. Die Löslichkeit der isomorphen Kupfer-Bleinitrite nimmt in der Reihe vom Kalium und Ammonium über das Rubidium zum Caesium und Thallium stark ab. Die Größe der Krystalle ist nicht so verschieden wie bei den Chloroplatinaten, so daß mit ihrer Hilfe eine Unterscheidung nicht möglich ist (BEHRENS-KLEY).

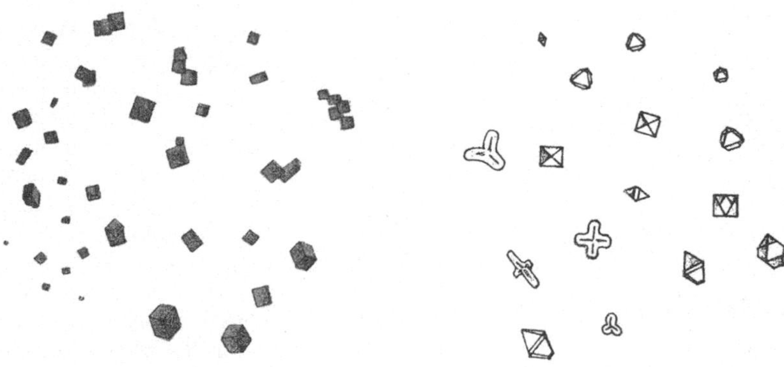

Abb. 6. Caesium-Kupfer-Bleinitrit (HUYSSE). Vergr. 325fach.

Abb. 7. Caesium-Hexachlorostannat (HUYSSE). Vergr. 240fach.

Als Reagens dient nach BEHRENS-KLEY eine Lösung von 20 g Natriumnitrit, 9,1 g Kupferacetat, 16,2 g Bleiacetat und 2 cm³ Essigsäure in 150 cm³ Wasser, die man in gut schließenden, kleinen Flaschen aufbewahrt. Wegen Verlust an salpetriger Säure muß das Reagens häufiger erneuert werden, da ein Überschuß an salpetriger Säure erforderlich ist.

Ausführung. Auf 1 Körnchen der Untersuchungssubstanz läßt man ohne Erwärmen 1 Tropfen der Reagenslösung einwirken. Bei Anwesenheit von Caesium scheiden sich in der grünen Flüssigkeit bald die charakteristischen, dunkelfarbigen Krystalle ab. Wenn die Untersuchungssubstanz in Lösung vorliegt, so ist zu beachten, daß die Lösung keine freie Mineralsäure enthalten darf.

Erfassungsgrenze: 0,003 γ Caesium (BEHRENS-KLEY); **Grenzkonzentration:** 1:330000.

Störungen. Natrium- und Erdalkali-Ionen stören nicht. Kalium-, Ammonium-, Rubidium- und Thallosalze geben mit dem Reagens analoge Fällungen, die — wie schon erwähnt — nicht von denen des Caesium-Kupfer-Bleinitrits unterschieden werden können.

2. Abscheidung mit Zinn(IV)chlorid als Caesium-Hexachlorostannat. Die Fällung des Caesiums als Caesium-Zinnhexachlorid, Cs_2SnCl_6 (§ 2, A, b, 3), eignet sich auch zum mikrochemischen Nachweis. Zinn(IV)chlorid fällt aus nicht allzu verdünnten Caesiumsalzlösungen scharf ausgebildete, farblose Oktaeder von der Größe 30 bis 40 μ, die in Salzsäure bedeutend weniger löslich sind als die Chlorostannate des Kaliums und Rubidiums (BEHRENS-KLEY). Als Reagens dient eine salzsaure Lösung von Zinn(IV)chlorid.

Ausführung. 1 Tropfen der Untersuchungslösung wird auf dem Objektträger zur Trockne gebracht, der Rückstand in Salzsäure gelöst und mit 1 Tropfen der Reagenslösung versetzt (BEHRENS-KLEY).

Erfassungsgrenze: 1,6 γ Caesium (BEHRENS).

Störungen. Ammoniumsalze stören, da Ammonium-Hexachlorostannat in Salzsäure wenig löslich ist. Ammoniumsalze sind daher vorher durch Abrauchen zu entfernen. Da die Löslichkeit der Hexachlorostannate des Caesiums einerseits und des Kaliums und Rubidiums andererseits in Salzsäure sehr verschieden ist, soll nach BEHRENS-KLEY eine Verwechslung mit Kalium und Rubidium kaum zu befürchten sein. Nach GEILMANN gibt aber auch festes Rubidiumchlorid oder Kaliumchlorid mit einer salzsauren Lösung von Zinn(IV)chlorid einen analogen Niederschlag oktaedrischer Krystalle.

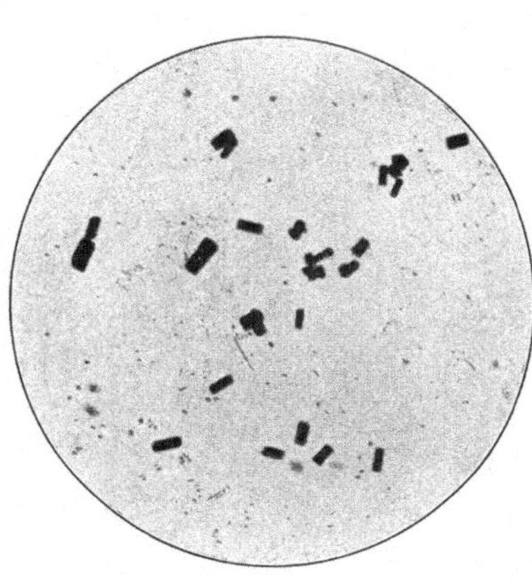

Abb. 8. Caesium-Zink-Goldchlorid.

3. Abscheidung als Caesium-Zink-Goldchlorid bzw. Caesium-Kupfer-Goldchlorid. In der Reihe der komplexen Tripelhalogenide des Golds sind außer den beiden bereits besprochenen Verbindungen, dem Caesium-Silber-Goldchlorid (§ 3, A, 4) und dem Caesium-Silber-Goldbromid (§ 3, A, 5), auch das Caesium-Zink-Goldchlorid und das Caesium-Kupfer-Goldchlorid durch große Schwerlöslichkeit und charakteristische Krystallform ausgezeichnet und daher zum analytischen Nachweis des Caesiums geeignet. Der mikrochemische Nachweis des Caesiums mit Goldchlorid und Zinkchlorid oder Kupferchlorid ist von MARTINI (a) untersucht und empfohlen worden.

a) Abscheidung mit Zinkchlorid und Goldchlorid. Bei der Reaktion der Caesium-Ionen mit Gold(III)chlorid und Zinkchlorid in stark salzsaurer Lösung fällt ein kupferroter, krystalliner Niederschlag aus. Die Krystalle bestehen aus Prismen, die anfangs orangegelb und später blutrot gefärbt sind. Das ausgefallene Tripelchlorid hat nach WELLS (b) die Zusammensetzung $Cs_4ZnAu_2Cl_{12}$.

Als Reagenslösung benutzt MARTINI (a) eine 10%ige Gold(III)chloridlösung, in der er trockenes, gut gepulvertes Zinkchlorid bis zur Sättigung auflöst und die er dann filtriert. 1 Tropfen der Untersuchungslösung wird auf dem Objektträger mit einem kleinen Tropfen der Reagenslösung versetzt. Darauf gibt man konzentrierte Salzsäure in geringem Überschuß hinzu. Bei Anwesenheit von Caesium bilden sich nach kurzer Zeit die charakteristischen Krystalle.

Empfindlichkeit. Nach MARTINI (a) gibt eine 0,1%ige Caesiumsalzlösung eine sehr deutliche Reaktion.

Über **Störungen** liegen nur sehr unvollständige Angaben vor. 1%ige Lösungen von RbCl, KCl oder NaCl geben mit dem Reagens keinen Niederschlag [MARTINI (a)].

b) Abscheidung mit Kupferchlorid und Goldchlorid. Caesiumsalzlösungen geben beim Versetzen mit Kupfer-Goldchlorid in salzsaurer Lösung einen Niederschlag von Caesium-Kupfer-Goldchlorid. Die hellbraunen Krystalle sind denen des Caesium-Zink-Goldchlorids isomorph. Als wahrscheinliche Formel wird $Cs_4CuAu_2Cl_{12}$ angegeben [MARTINI (a)].

Die Reagenslösung bereitet man nach MARTINI (a), indem man in einer 10%igen Gold(III)chloridlösung trockenes Kupfer(II)chlorid bis zur Sättigung auflöst und diese Lösung filtriert. 1 Tropfen der Untersuchungslösung wird auf dem Objektträger mit

1 Tropfen der Reagenslösung und mit einem geringen Überschuß an konzentrierter Salzsäure versetzt.

Die Empfindlichkeit des Nachweises ist die gleiche wie bei der Reaktion mit Gold-Zinkchlorid.

4. Abscheidung mit Gold(III)chlorid und Palladium(II)chlorid als Caesium-Gold(III)-Palladium(II)chlorid. Caesium-Ionen bilden in salzsaurer Lösung mit Gold(III)chlorid und Palladium(II)chlorid eine schwarzbraune feinkrystalline Fällung von Caesium-Gold(III)-Palladium(II)chlorid. Die ausfallenden Krystalle von $Cs_2AuPdCl_7$ sind ihrer Form nach unbeständig, sie ändern sich in Abhängigkeit von der Verdünnung der Lösung von oktaedrischen bis zu kreuzartigen Krystallen. Der Niederschlag löst sich leicht in heißem Wasser und kystallisiert beim Erkalten wieder aus. Bei Behandlung mit Ätzalkalien gehen die Krystalle leicht in Lösung (TANANAEFF; TANANAEFF, KANKANJAN und DARBINJAN).

Als Reagenslösung dient nach TANANAEFF eine äquimolekulare Lösung von Gold(III)chlorid und Palladium(II)chlorid in wäßriger Salzsäure. Ihre Konzentration richtet sich nach der nachzuweisenden Caesiummenge; im allgemeinen verwendet man eine 1%ige Lösung, zum Nachweis sehr kleiner Caesiummengen soll man besser eine 10%ige Lösung benutzen. TANANAEFF bereitet die Lösung, indem er 1,97 g Gold und 1,06 g Palladium in Königswasser löst, die Lösung zur Trockne eindampft, den Rückstand zur Vertreibung der letzten Reste von Salpetersäure in Salzsäure löst und abermals zur Trockne eindampft. Der Rückstand wird schließlich in so viel Salzsäure, wie zur Lösung erforderlich ist, gelöst und mit Wasser auf 100 cm^3 aufgefüllt.

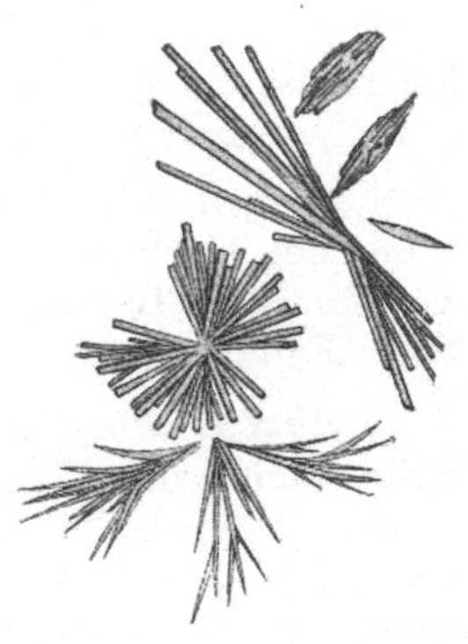

Abb. 9. Caesium-Wismutthiosulfat (HUYSSE). Vergr. 240fach.

1 Tropfen der Untersuchungslösung wird auf dem Objektträger oder auf einem Uhrglas mit 1 Tropfen Reagenslösung versetzt. Bei Anwesenheit von Caesium entsteht der dunkelzimtbraune Niederschlag von $Cs_2AuPdCl_7$.

Nach TANANAEFF ist die **Erfassungsgrenze:** 1 γ in 1 mm^3. TANANAEFF, KANKANJAN und DARBINJAN geben sogar an, daß man Caesium noch in $^1/_{2500}$ n-Lösungen nachweisen kann; also **Grenzkonzentration:** 1:19000. Allerdings gilt diese hohe Empfindlichkeit nur für reine Lösungen. In Gemischen mit anderen Kationen lassen sich nur 3 γ in 0,01 cm^3 nachweisen.

Störungen. Natrium-, Kalium- und Magnesium-Ionen stören den Caesiumnachweis nicht. Rubidium- und Thallium(I)-Ionen geben eine analoge Reaktion. Während bei Anwesenheit von Rubidiumsalzen ein sicherer Nachweis des Caesiums nicht möglich ist, kann das Caesium-Gold(III)-Palladium(II)chlorid von der entsprechenden Thalliumverbindung auf Grund seines Verhaltens gegenüber Natronlauge unterschieden werden. Der Caesiumniederschlag löst sich in Natronlauge auf — das gleiche gilt auch für das Rubidiumtripelchlorid —, der Thalliumniederschlag löst sich dagegen nicht in Natronlauge, sondern wird nur dunkler gefärbt infolge Reduktion der Gold- und Palladium-Ionen zum Metall und Oxydation des Tl^+ zu Tl^{3+}.

Vgl. auch den Tüpfelnachweis mit Gold(III)chlorid und Palladium(II)chlorid, § 4, 2.

5. Abscheidung mit Natrium-Wismutthiosulfat als Caesium-Wismutthiosulfat. Caesium-Ionen bilden ebenso wie Kalium- und Rubidium-Ionen in alkoholisch-wäßriger Lösung beim Versetzen mit Natrium-Wismutthiosulfat einen gelbgrünen, krystallinen Niederschlag von der Zusammensetzung $Cs_3Bi(S_2O_3)_3$. Das Caesium-Wismutthiosulfat krystallisiert in gelbgrünen Nädelchen, die sich häufig zu Bündeln gruppieren. Der Niederschlag ist in Alkohol weniger löslich als das entsprechende Kaliumsalz (HUYSSE).

Als Reagens dient eine Lösung von Natrium-Wismutthiosulfat in verdünntem Alkohol. Die Reagenslösung stellt HUYSSE folgendermaßen her: Basisches Wismutnitrat wird auf einem Uhrglas in wenig Salzsäure gelöst, dann fügt man Wasser hinzu, bis sich ein dicker weißer Niederschlag bildet, der durch Versetzen mit Natriumthiosulfat wieder in Lösung gebracht wird. Man darf nicht mehr Thiosulfat zusetzen, als zur Lösung des Niederschlags erforderlich ist. Die so erhaltene gelb gefärbte Lösung von Natrium-Wismutthiosulfat wird nun mit Alkohol gemischt, bis eine dauernde Trübung entsteht, die auf Zusatz von wenig Wasser sofort wieder verschwindet. Das Reagens ist stets frisch zu bereiten, da es nicht haltbar ist, sondern sich unter Abscheidung von Wismutsulfid allmählich zersetzt.

Die Untersuchungslösung wird auf dem Objektträger zur Trockne gebracht und der Rückstand mit 1 Tropfen Reagenslösung versetzt. Ist Caesium zugegen, so entstehen sofort die gelbgrünen Nadeln und Nadelbündel.

Angaben über die Empfindlichkeit fehlen. Die Empfindlichkeit dürfte aber diejenige des analogen Kaliumnachweises (Nachweisgrenze 0,7 γ Kalium) noch übertreffen, da das Caesium-Wismutthiosulfat noch schwerer löslich ist als das Kaliumsalz.

Störungen. Lithium-, Natrium-, Ammonium-, Magnesium- und Calcium-Ionen stören den Nachweis nicht. Kalium- und Rubidiumsalze geben die gleiche Reaktion wie Caesium. Barium- und Strontiumsalze geben mit Natrium-Wismutthiosulfat weiße Fällungen.

6. Abscheidung mit Wismutsulfat als Caesium-Wismutsulfat. Caesiumsulfat bildet mit Wismutsulfat ein in Wasser und verdünnten Säuren schwerlösliches Doppelsulfat, eine Reaktion, die entsprechend zum mikrochemischen Nachweis des Natriums, Kaliums und Rubidiums dient. Die Krystalle der Wismutdoppelsulfate des Caesiums, Rubidiums und Kaliums (farblose, sechseckige Scheibchen), sind einander sehr ähnlich, während Natrium-Wismutsulfat andersartige Krystalle bildet (vgl. „Natrium" § 3, A, 6 und „Kalium" § 3, A, 6). Trotz der ähnlichen Krystallform ist es aber möglich, Caesium- und Kalium-Wismutsulfat zu unterscheiden, und zwar auf Grund ihrer verschiedenen Löslichkeit gegenüber 2 bis 4 n-Schwefelsäure (KORENMAN und JAGNJATINSKAJA). In Gegenwart von Kalium empfehlen KORENMAN und JAGNJATINSKAJA, den Caesiumnachweis folgendermaßen auszuführen: 1 Tropfen der Untersuchungslösung wird mit Schwefelsäure zur Trockne eingedampft und der Rückstand mit 1 Tropfen Wismutsulfatlösung versetzt. Dabei fallen die Wismutdoppelsulfate aus. Nun wird die Flüssigkeit mittels eines Stückes Filtrierpapier vom Niederschlag entfernt und 1 Tropfen 2 bis 4 n-Schwefelsäure zugegeben. Bleibt der Niederschlag während einiger Minuten ungelöst, so spricht das für die Anwesenheit von Caesium. Nach dieser Methode konnten KORENMAN und JAGNJATINSKAJA noch 3 γ Caesium neben 90 γ Kalium nachweisen.

Rubidium verhält sich analog wie Caesium.

7. Abscheidung mit Natriumbromid und Rhodiumchlorid. Caesium-Ionen bilden mit Natriumbromid und Rhodiumchlorid eine gelblichweiße krystalline Fällung. Der Niederschlag besteht aus kleinen, glänzenden und stark brechenden Oktaedern. Seine Formel ist nicht angegeben [MARTINI (b)].

Als Reagenslösungen dienen 20%ige Lösungen von Natriumbromid bzw. Rhodiumchlorid. Je 1 Tropfen der beiden Reagenslösungen gibt man zu 1 Tropfen der Untersuchungslösung. Bei Gegenwart von Caesium beoachtet man zunächst die Bildung eines feinen irisierenden Häutchens und unter dem Mikroskop erkennt man dann die charakteristischen Oktaeder, die langsam an Größe zunehmen. 0,1%ige Caesiumsalzlösungen geben die Reaktion noch sofort. Bei verdünnteren Untersuchungslösungen empfiehlt MARTINI, die Lösung zur Trockne einzudampfen und den Rückstand mit den Reagenslösungen zu versetzen, oder die von MARTINI (c) früher vorgeschlagene „Kollodiummethode“ anzuwenden. Bei Anwendung der Kollodiummethode bringt man die Untersuchungslösung auf dem Objektträger zur Trockne, läßt über den erkalteten Rückstand 2 bis 3 Tropfen einer 4%igen ätherisch-alkoholischen Kollodiumlösung ausfließen und gibt nach dem Verdampfen des Äther-Alkoholgemisches je 1 Tropfen der beiden Reagenslösungen auf die Kollodiumschicht.

Erfassungsgrenze: 0,1 γ Caesium bei Benutzung der Kollodiummethode.

Störungen. Rubidium-Ionen geben dieselbe Reaktion, während alle übrigen Alkalien nicht stören.

8. Abscheidung mit Gold(III)jodid und Silberjodid als Caesium-Gold-Silberjodid. Der Mikronachweis des Rubidiums von BURKSER und RUBLOF, die Fällung mit Goldjodid und Silberjodid in jodwasserstoffsaurer Lösung (Rubidium, § 3, A, 3), kann in derselben Weise zum Caesiumnachweis benutzt werden. Die Reaktion auf Caesium ist sogar noch empfindlicher als die auf Rubidium. Das ausfallende Caesium-Gold-Silberjodid bildet wurmartige Anhäufungen kleiner Krystalle, die sich zu Sternen und Kreuzen gruppieren (BURKSER und RUBLOF). Die Reaktion auf Caesium ist noch nicht genauer untersucht, da sich BURKSER und RUBLOF hauptsächlich für den Rubidiumnachweis interessiert haben.

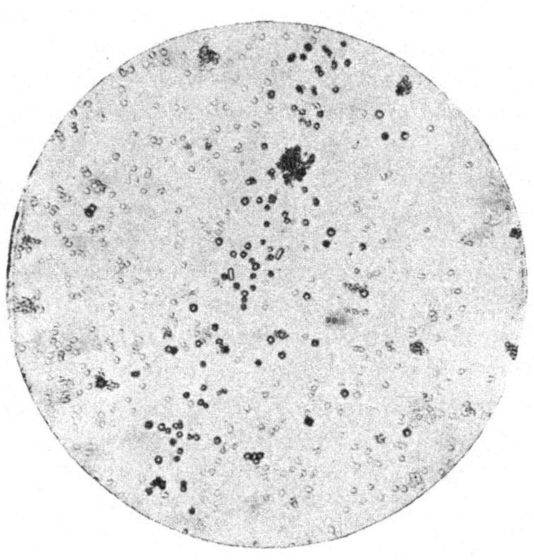

Abb. 10. Abscheidung mit Natriumbromid und Rhodiumchlorid.

Als Reagenslösungen benutzen BURKSER und RUBLOF Lösungen von Goldjodid und Silberjodid in starker Jodwasserstoffsäure. Die erstere wurde durch Auflösen von Gold und Jod in Jodwasserstoffsäure (D 1,5) unter Zusatz von Äther als Katalysator hergestellt und hatte einen Goldgehalt von etwa 4,5%; die zweite Lösung war eine 14%ige Lösung von Silberjodid in Jodwasserstoffsäure.

Die Untersuchungslösung wird auf dem Objektträger zur Trockne eingedampft und mit je 1 Tropfen der beiden Reagenslösungen versetzt. Bei Anwesenheit von Caesium fallen die stern- und kreuzförmigen Krystalle aus.

Für den entsprechenden Rubidiumnachweis liegt die **Erfassungsgrenze** bei 0,01 γ Rubidium; der Caesiumnachweis soll noch empfindlicher sein (BURKSER und RUBLOF).

Störungen. Rubidium-Ionen geben eine analoge Reaktion. Das Rubidium-Silber-Goldjodid bildet schwarze sechseckige Krystalle. Natrium- und Kaliumsalze stören den Caesiumnachweis nicht, Ammonium-Ionen nur bei großer Konzentration.

BURKSER und RUBLOF geben noch an, daß Caesium, Rubidium, Kalium und Ammonium bei Mengen über 1 γ durch die Goldjodidlösung allein schon gefällt werden. Caesium gibt mit Goldjodid reiche wurmartige Anhäufungen von Krystallen, die bei starker Vergrößerung als schwache Kreuzchen, Stäbchen und Hexagone zu erkennen sind (vgl. auch § 3, A, 3, e). Durch Zugabe der Silberjodidlösung lösen sich die Kalium- und Ammoniumkrystalle wieder auf, während sich im Falle des Caesiums und Rubidiums die schwerer löslichen Tripeljodide bilden.

9. Abscheidung mit Natriumperchlorat. DENIGÈS empfiehlt, Caesium mikrochemisch als Perchlorat nachzuweisen. Versetzt man 1 Tropfen einer nicht zu verdünnten Caesiumsalzlösung mit 1 Tropfen einer 5%igen Natriumperchloratlösung, so entsteht wie beim Kalium und Rubidium eine große Zahl typischer Krystalle, die durch Vergleichsproben leicht zu identifizieren sind (DENIGÈS). Empfindlichkeitsangaben fehlen.

Störungen. Lithium-, Natrium-, Ammonium- und Thalliumsalze stören nicht. Kalium- und Rubidium-Ionen geben zwar mit dem Reagens gleichfalls krystalline Fällungen, die Krystalle des Caesiumperchlorats sollen aber nach DENIGÈS von denen des Kaliums und Rubidiums durch Vergleichsproben unterschieden werden können. Ferner geben einige Alkaloide in schwach essigsaurer Lösung Krystallabscheidungen mit Natriumperchlorat (DENIGÈS).

10. Abscheidung mit Natriumpermanganat. KNIGA benutzt Natriumpermanganat zum mikrochemischen Nachweis des Caesiums. Beim Versetzen von Caesiumsalzlösungen mit Natriumpermanganat bildet sich ein violetter krystalliner Niederschlag von Caesiumpermanganat. Die Löslichkeit der Alkalipermanganate nimmt mit steigendem Atomgewicht der Alkalimetalle stark ab. Während Natriumpermanganat in Wasser sehr leicht löslich ist, lösen sich in 100 g Wasser nur 6,51 g $KMnO_4$ bei 20° (WORDEN) bzw. 1,06 g $RbMnO_4$ oder 0,23 g $CsMnO_4$ bei 19° (PATTERSON). Caesiumpermanganat ist isomorph mit Kaliumpermanganat und krystallisiert in dunkelviolett gefärbten, halbmetallisch glänzenden, sehr flächenreichen, oft sehr verzerrten, rhombischen Prismen (MUTHMANN). Wegen der beträchtlichen Empfindlichkeit wird der Caesiumnachweis von KNIGA in den Internationalen Tabellen empfohlen.

Erfassungsgrenze: 0,2 γ Caesium (INTERNATIONALE KOMMISSION: Tabellen der Reagenzien der anorganischen Analyse).

Störungen. Lithium- und Natrium-Ionen stören nicht. Kalium-, Rubidium- und Ammoniumsalze werden durch Natriumpermanganat gleichfalls gefällt, allerdings wegen der größeren Löslichkeit gegenüber dem Caesiumpermanganat erst aus konzentrierteren Lösungen. Es stören Jodid-, Cyanid-, Ferrocyanid-Ionen und reduzierende anorganische und organische Verbindungen.

C. Unsichere Reaktionen.

1. Abscheidung mit Uranylacetat. Caesiumsalze bilden wie alle übrigen Alkalien mit Uranylacetat in essigsaurer Lösung einen gelblichweißen krystallinen Niederschlag. Caesium-Uranylacetat bildet anfangs mehr oder weniger rechteckige oder rautenförmige Krystalle, später erscheinen Haufen von sternförmig angeordneten dünnen Platten, die sich schließlich zu sehr langen und sehr dünnen Platten entwickeln und bei Ansicht von der Seite wie Nadeln aussehen können (CHAMOT und BEDIENT). Abbildungen des Caesium-Uranylacetats siehe bei CHAMOT und BEDIENT.

Als Reagenslösung verwendet man eine etwa 10%ige Lösung von Uranylacetat in verdünnter Essigsäure. Die Untersuchungslösung wird auf dem Objektträger zur Trockne gebracht und mit 1 Tropfen Reagenslösung versetzt. Das Caesium-Uranylacetat bildet leicht übersättigte Lösungen, was die Zuverlässigkeit der Reaktion beeinflußt. Empfindlichkeitsangaben fehlen.

Alle übrigen Alkalien und Thallium geben mit Uranylacetat ebenfalls Krystallfällungen, desgleichen die Erdalkalien und einige Schwermetall-Ionen. Die Krystallformen der Doppeluranylacetate der übrigen Alkalien und des Thalliums seien noch kurz beschrieben: Natrium-Uranylacetat krystallisiert in Tetraedern; die Uranylacetate des Kaliums, Rubidiums und Thalliums bilden vierseitige Prismen mit pyramidalen Enden, zuweilen auch dünne tetragonale Plättchen (CHAMOT und BEDIENT). Ein einwandfreier Caesiumnachweis mit Uranylacetat bei Anwesenheit von Kalium, Rubidium und Thallium ist also nicht möglich.

2. Abscheidung mit Kupferchlorid. Kupferchlorid bildet mit Caesiumchlorid zwei wenig lösliche Doppelsalze. Bei Verwendung eines Überschusses von Kupferchlorid krystallisiert die Verbindung $CsCl \cdot CuCl_2$ in orange bis tief rot gefärbten Nadeln, Bipyramiden oder Sternchen aus. Wenn Caesiumchlorid im Überschuß vorliegt, bildet sich die Verbindung $2\,CsCl \cdot CuCl_2 \cdot 2\,H_2O$, die in gelben tetragonalen Prismen mit aufgesetzten Pyramiden ausfällt (GEILMANN, HUYSSE). Abbildungen der Krystalle siehe bei GEILMANN oder HUYSSE.

3. Abscheidung mit Goldchlorid. Beim Versetzen einer Caesiumchloridlösung mit einer Goldchloridlösung bilden sich goldgelbe Krystalle von Caesium-Goldchlorid. Wenn die Caesiumsalzlösung konzentriert ist, scheiden sich die charakteristischen Krystalle sofort nach dem Reagenszusatz aus, bei verdünnteren Lösungen erscheinen sie dagegen erst beim Eindunsten (GEILMANN). Angaben über die Empfindlichkeit fehlen. Rubidium-Ionen geben mit dem Reagens ebenfalls einen Niederschlag, aber das ausfallende Rubidium-Goldchlorid kann durch seine andersartige Krystallform von dem Caesiumsalz unterschieden werden.

Abb. 11. Caesium-Goldchlorid (nach GEILMANN). Vergr. 100fach.

4. Abscheidung mit Kobalt(II)chlorid, Mangan(II)chlorid, Indiumchlorid oder Blei(II)chlorid. Caesiumchlorid bildet charakteristisch krystallisierende Doppelchloride mit Kobalt(II)chlorid, Mangan(II)chlorid, Blei(II)-chlorid und Indiumchlorid. Die ausfallenden Krystalle haben die Zusammensetzung Cs_3CoCl_5 bzw. $Cs_2MnCl_4 \cdot 2\,H_2O$ bzw. Cs_4PbCl_6 bzw. Cs_3InCl_6. Sie sind allerdings nur zu beobachten, wenn man eine gesättigte Caesiumchloridlösung mit dem festen Reagens versetzt (HUYSSE).

§ 4. Nachweis durch Tüpfelreaktionen.

1. Nachweis mit Platinbromid und Goldbromid. Der bereits besprochene Caesiumnachweis als Caesium-Gold(III)-Platin(IV)bromid (§ 2, A, a, 7) eignet sich besonders für die Tüpfelreaktion. Ein mit Goldbromid und Platinbromid getränktes Papier wird beim Versetzen mit einer Caesiumsalzlösung je nach deren Konzentration grau bis schwarz gefärbt. Die Dunkelfärbung beruht auf der Bildung des schwarzen Caesium-Gold(III)-Platin(IV)bromids, $Cs_2AuPtBr_{12}$ (BURKSER und KUTSCHMENT).

Die Reagenslösung soll auf 2 Moleküle Goldbromid 1 Molekül Platinbromid enthalten und soll in bezug auf die Konzentration an metallischem Gold 1- bis 10%ig sein. Zum Nachweis kleiner Caesiummengen ist ein möglichst konzentriertes Reagens empfehlenswert. Bei Gegenwart von Rubidium arbeitet man am besten mit einer Lösung von 3% Gold und 1,5% Platin.

Ausführung. 1 Tropfen der Reagenslösung wird auf Papier gebracht und der Tüpfelfleck mit 1 Tropfen der Untersuchungslösung versetzt. Bei Gegenwart von Caesium färbt sich der Fleck grau bis schwarz. Aus dem Schwärzungsgrad läßt sich der ungefähre Gehalt an Caesium abschätzen.

1 Tropfen einer 0,025%igen Caesiumsalzlösung gibt noch eine deutliche Reaktion.

Erfassungsgrenze: 0,25 γ Caesium in 1 mm^3; **Grenzkonzentration:** 1:4000 (BURKSER und KUTSCHMENT).

Störungen. Lithium-, Natrium-, Kalium- und Ammoniumsalze stören selbst bei großer Konzentration den Nachweis kleinster Caesiummengen nicht. Rubidium-Ionen geben bei Konzentrationen über 2% eine analoge Reaktion wie Caesium. Wenn die Rubidiumkonzentration unter 2% liegt, stört es nicht. So konnten BURKSER und KUTSCHMENT in einem Gemisch von Caesium- und Rubidiumchlorid mit 3% Caesium das Caesium noch sicher nachweisen, wenn sie eine 1%ige Lösung des Salzgemisches zur Untersuchung benutzten.

2. Nachweis mit Gold(III)chlorid und Palladium(II)chlorid. Der Caesiumnachweis mit Gold(III)chlorid und Palladium(II)chlorid (§ 3, B, 4) kann nach TANANAEFF auch als Tüpfelreaktion ausgeführt werden. Man bringt 1 Tropfen der Untersuchungslösung auf Filtrierpapier und versetzt mit 1 Tropfen der äquimolaren Lösung von Goldchlorid und Palladiumchlorid. Bei Anwesenheit von Caesium erhält man infolge Bildung des Tripelchlorids $Cs_2AuPdCl_7$ einen schwarzbraunen oder dunkelzimtbraunen Fleck. Durch Zugabe von Natronlauge verschwindet der Fleck vollständig.

Bereitung der Reagenslösung siehe § 3, B, 4.

Erfassungsgrenze: 1 γ Caesium in 1 Tropfen von 1 mm^3 (TANANAEFF).

Störungen. Rubidium- und Thallium(I)salze geben dieselbe Reaktion, Thallium allerdings mit dem Unterschied, daß sich der durch Bildung von $Tl_2AuPdCl_7$ hervorgerufene dunkelbraune Fleck bei Behandlung mit Natronlauge schwarz färbt. Die Gegenwart von Natrium-, Kalium- und Magnesiumsalzen stört den Caesiumnachweis nicht.

3. Nachweis mit Kalium-Wismutjodid. TANANAEFF empfiehlt die Reaktion des Caesiums mit Kalium-Wismutjodid (§ 2, A, a, 6 und § 3, A, 3 a) als Tüpfelreaktion. Man gibt 1 Tropfen einer Wismutsalzlösung auf Filtrierpapier und darauf 1 Tropfen Kaliumjodidlösung, wodurch ein gelber bis orangefarbener Fleck entsteht. Setzt man nun 1 Tropfen der Untersuchungslösung hinzu, so färbt sich der Fleck bei Anwesenheit von Caesium infolge Bildung von Caesium-Wismutjodid, $Cs_3Bi_2J_9$, leuchtend rot.

Erfassungsgrenze: 0,7 γ Caesium in 1 Tropfen von 1 mm^3 (TANANAEFF).

Störungen. Lithium-, Natrium- und Kalium-Ionen beeinträchtigen die Reaktion nicht. Nach TANANAEFF soll auch Rubidium nicht stören, was jedoch von KORENMAN und JAGNJATINSKAJA nicht bestätigt wurde. Thallium(I)salze geben mit Kalium-Wismutjodid einen zimtfarbenen Fleck (TANANAEFF).

4. Nachweis mit Kaliumjodid und Zinn(IV)chlorid. Der Nachweis als Caesium-Zinnjodid (§ 3, A, 3 c) wird von TANANAEFF als Tüpfelreaktion ausgeführt. Auf Filtrierpapier gibt man 1 Tropfen Kaliumjodidlösung und darauf je 1 Tropfen Zinn(IV)chloridlösung und Untersuchungslösung. Auf die Mitte des Fleckes läßt man aus einer Capillare ein wenig Kaliumjodidlösung ausfließen, wobei sich — je nach dem Zutritt der letzteren — der Fleck infolge Bildung der Verbindung $CsSnJ_5$ zu schwärzen anfängt, wenn Caesium anwesend ist.

Empfindlichkeitsangaben fehlen.

Diese Reaktion gestattet es, Caesium in Gegenwart von Rubidium- und Thallium-Ionen nachzuweisen, da diese Elemente — ebenso wie die übrigen Alkalien — keine analoge Reaktion geben.

Literatur.

ALLEN, O. D.: Chem. N. 6, 267 (1862); J. pr. 88, 83 (1863); Fr. 2, 70 (1863). — ARBUSOW, A. u. A. KARTASCHOW: J. Russ. phys.-chem. Ges. 46, 284 (1914). — ARCHIBALD, E. H. u. L. T. HALLETT: Am. Soc. 47, 1314 (1925). — ATO, S. u. J. WADA: Sci. Pap. Inst. Tôkyô 4, 263 (1926).

BALL, W. C.: J. chem. Soc. Japan 95, 2126 (1909). — BALL, W. C. u. H. H. ABRAM: J. chem. Soc. Japan 103, 2115 (1913). — BAYER, E.: M. 41, 223 (1920). — BEHRENS, H.: Fr. 30, 137 (1891). — BEHRENS, H. u. P. D. C. KLEY: Mikrochemische Analyse, 3. Aufl., Leipzig 1915. — BENEDETTI-PICHLER, A. A. u. J. T. BRYANT: Ind. eng. Chem. Anal. Edit. 10, 107 (1938). — BIILMANN, E.: Fr. 39, 284 (1900). — BOSSUET, R.: Bl. (4) 51, 681 (1932); C. r. 196, 469 (1933). — BROWNING, P. E. u. S. R. SPENCER: Am. J. Sci. (4) 42, 279 (1916). — BUNSEN, R.: Pogg. Ann. 113, 337 (1861). — BURGESS, L. L. u. O. KAMM: Am. Soc. 34, 652 (1912). — BURKSER, E. S. u. M. L. KUTSCHMENT: Mikrochem. 18, 18 (1935); Chem. J. Ser. B 9, 145 (1936). — BURKSER, E. S. u. S. RUBLOF: Mikrochem. 5, 137 (1927).

CALEY, E. R.: Am. Soc. 52, 953 (1930). — CALZOLARI, F.: G. 42 II, 89 (1912). — CHAMOT, E. M. u. H. A. BEDIENT: Mikrochem. 6, 13 (1928). — CLARK, A. R.: J. Chem. Education 12, 242 (1935); 13, 383 (1936). — CORNWALL, H. B.: Am. Chemist 2, 366 (1872); Fr. 11, 307 (1872).

DAVIES, H. u. W. DAVIES: J. chem. Soc. Japan 123, 2976 (1923). — DENIGÈS, G.: Ann. Chim. anal. 22, 103 (1917). — DUREUIL, E.: C. r. 182, 1020 (1926).

EMICH, F.: M. 39, 775 (1918); 41, 243 (1920).

FELDMANN, R. W.: Fr. 102, 102 (1935). — FLATT, R.: Diss. Zürich, T. H., 1923. — FORMÁNEK, J.: Fr. 39, 412 (1900). — FREUNDLER, P. u. Y. MÉNAGER: C. r. 182, 1158 (1926); Fr. 71, 248 (1927).

GASPAR Y ARNAL, T.: (a) An. Españ. 24, 99 (1926); 30, 398 (1932); Ann. Chim. anal. 14, 342 (1932); (b) An. Españ. 26, 435 (1928); Ann. Chim. anal. 11, 97 (1929); Fr. 80, 213 (1930); (c) Chim. Ind. 20, 631 (1928); An. Españ. 26, 184 (1928); Techn. Ind. u. Schweiz. Chem. Z. 1929, 70; Fr. 79, 210 (1930). — GAZZI, V.: Ann. Chim. applic. 24, 595 (1934). — GEILMANN, W.: Bilder zur qualitativen Mikroanalyse anorganischer Stoffe, Leipzig 1934. — GERLACH, W. u. E. RIEDL: Die chemische Emissionsspektralanalyse, III. Teil, Leipzig 1936. — GODEFFROY, R.: (a) B. 7, 375 (1874); 8, 9 (1875); (b) B. 9, 1363 (1876). — GRAMONT, A. DE: C. r. 171, 1107 (1920). — GRAVESTEIN, H.: Mikrochem., EMICH-Festschrift S. 135, 1930.

HARTLEY, W. N. u. N. W. MOSS: Pr. Roy. Soc. London, Serie A 87, 39 (1912). — HERZOG, A.: Ch. Z. 42, 145 (1918). — HUYSSE, A. C.: Atlas zum Gebrauch bei der mikrochemischen Analyse, Leiden 1932; Fr. 39, 10 (1900).

ILLINGWORTH, J. W. u. J. A. SANTOS: Nature 134, 971 (1934). — INTERNATIONALE KOMMISSION: Tabellen der Reagenzien für anorganische Analyse, Leipzig 1938. — IWAMURA, A.: Bl. agric. chem. Soc. Japan 13, 260 (1938).

JANDER, G. u. F. BUSCH: Z. anorg. Ch. 187, 165 (1930); 194, 38 (1930). — JANDER, G. u. H. FABER: Z. anorg. Ch. 179, 321 (1929).

KIRCHHOFF, G. u. R. BUNSEN: Pogg. Ann. 113, 373 (1861). — KNIGA, A.: Kali (russ.) 7, 32 (1935). — KONINCK, L. L. DE: Fr. 20, 390 (1881). — KONISHI, K. u. T. TSUGE: J. agric. chem. Soc. Japan 12, 216 (1936). — KORENMAN, I. M. u. G. J. JAGNJATINSKAJA: Chem. J. Ser. B 10, 1496 (1937). — KUBLI, J. U.: Diss. Zürich, T. H., 1925.

LEONARD, A. G. G. u. P. WHELAN: Pr. Dublin Soc. 15, 274 (1918). — LOCKE, J.: Am. Chem. J. 26, 166 (1901). — LÖWE, F.: Atlas der Analysenlinien der wichtigsten Elemente, Dresden-Leipzig 1936. — LUNDEGÅRDH, H.: Die quantitative Spektralanalyse der Elemente, 1. Teil, Jena 1929; 2. Teil, Jena 1934.

McCAY, L. W.: Am. Soc. 45, 2958 (1923). — MARTINI, A.: (a) Mikrochem. 7, 231 (1929); (b) 23, 159 (1937); Fr. 118, 446 (1940); (c) Mikrochem. 7, 239 (1929). — MEYER, J.: Helv. 8, 146 (1925). — MONTEMARTINI, C. u. G. MATUCCI: G. 33 II, 189 (1903). — MOSER, L. u. E. RITSCHEL: M. 46, 15 (1925). — MURMANN, E.: Öst. Ch. Z. 26, 140 (1923); 28, 42 (1925). — MUTHMANN, W.: B. 26, 1016 (1893).

NIEUWENBURG, C. J. VAN u. T. VAN DER HOEK: Mikrochem. 18, 175 (1935). — NOYES, A. A. u. W. C. BRAY: A System of qualitative Analysis for the rare Elements, New York 1927.

O'LEARY, W. J. u. J. PAPISH, Ind. eng. Chem. Anal. Edit. 6, 107 (1934); Fr. 98, 359 (1934).

PARMENTIER, F.: C. r. 94, 213 (1882). — PATTERSON, A. M.: Am. Soc. 28, 1734 (1906). — POLUEKTOFF, N. S.: Kali (russ.) 2, 44 (1933); Mikrochem. 14, 265 (1933).

RADA, F. D. DE u. T. GASPAR Y ARNAL: An. Españ. 24, 150 (1926). — REDTENBACHER, J.: J. pr. 94, 442 (1865). — REED, R. D. u. J. R. WITHROW: J. Am. ceram. Soc. 50, 1515 u. 2985 (1928); 51, 1063 (1929). — REICHARD, C.: Fr. 40, 377 (1901). — REMSEN,

J. u. C. E. SAUNDERS: Am. Chem. J. **14**, 152 (1892). — ROSENBLADT, TH.: B. **19**, 2531 (1886). — RUSSANOW, A. K.: Z. anorg. Ch. **214**, 77 (1933); Mineral. Rohstoffe (russ.) **8**, Nr 4, 21 (1933). — RUSSEL, H. N.: Astrophys. J. **61**, 234 (1925).

SARKAR, P. B. u. H. C. GOSWAMI: Sci. and Culture **1**, 210 (1935); J. Indian chem. Soc. **12**, 608 (1935). — SCHEIBE, G.: In W. BÖTTGER, Physikalische Methoden der analytischen Chemie, Bd. I, Leipzig 1933. — SCHEINZISS, O. G.: Betriebslab. **4**, 1047 (1935); Fr. **109**, 197 (1937). — SCHLEICHER, A. u. N. BRECHT-BERGEN: Fr. **101**, 335 (1935). — SCHLEICHER, A. u. L. LAURS: Fr. **108**, 241 (1937). — SCHULER, W.: Ann. Phys. (4) **5**, 934 (1901). — ŠTOLBA, F.: Abh. Böhm. Ges. Wissensch. (6) **4** (1870); Dingl. J. **198**, 225 (1870). — STRECKER, W. u. F. O. DIAZ: Fr. **67**, 325 (1925). — SUSCHNIG, E.: M. **42**, 399 (1921).

TANANAEFF, N. A.: Fr. **88**, 343 (1932). — TANANAEFF, N. A., A. G. KANKANJAN u. M. W. DARBINJAN: Chem. J. Ser. B **6**, 980 (1933). — TOLMATSCHEW, J. M.: Bl. Acad. URSS (7) 905 (1934); C. r. Acad. URSS (N. S.) **1**, 464 (1934). — TWYMAN, F. u. D. M. SMITH: Wavelength Tables for Spectrum Analysis. London 1931.

URBAIN, P. u. M. WADA: Bl. (5) **3**, 163 (1936); C. r. **199**, 1199 (1934).

WAIBEL, F.: Wiss. Veröffentl. Siemens-Konzern **14**, Heft 2, 32 (1935). — WELLS, H. L.: (a) Am. J. Sci. (3) **46**, 188 (1893); Z. anorg. Ch. **4**, 341 (1893); (b) Am. J. Sci. (5) Art. 29. — WELLS, H. L. u. H. W. FOOTE: Am. J. Sci. (4) **3**, 464 (1897). — WORDEN, E. C.: J. Soc. chem. Ind. **26**, 452 (1907).

YAJNIK, N. A. u. G. L. TANDON: J. Indian chem. Soc. **7**, 287 (1930).